高等教育“十三五”部委级规划教材

机械制造技术基础训练

主　编：原一高
副主编：狄　平　陈　铮
主　审：徐新成

東華大學出版社·上海

内容提要

本书为“工程训练”（金工实习）课程的教材，全书分为5篇15章，内容包括工程材料基本知识、铸造、锻压、焊接、车削、铣削、磨削、刨削、钳工、数控加工基础、数控车削、数控铣削、电火花加工、3D打印和激光加工等。

本教材适合于高等工科院校机械类和近机械类专业本、专科学生“工程训练”课程教学使用，对非机械类专业，可根据其专业特点、学时和后续课程需要，有针对性地选择其中的部分内容组织教学。本书还可作为有关工程技术人员和职业技术院校的教学和自学参考书。

图书在版编目（CIP）数据

机械制造技术基础训练 / 原一高主编. —上海：东华大学出版社，2018.9
ISBN 978-7-5669-1449-1

Ⅰ. ①机… Ⅱ. ①原… Ⅲ. ①机械制造工艺—教材 Ⅳ. ①TH16

中国版本图书馆CIP数据核字(2018)第167388号

责任编辑：竺海娟
封面设计：魏依东

机械制造技术基础训练
Jixie Zhizao Jishu Jichu Xunlian

原一高 主编

出　　版：东华大学出版社(上海市延安西路1882号　邮政编码:200051)
本社网址：http://dhupress.dhu.edu.cn
天猫旗舰店：http://dhdx.tmall.com
营销中心：021-62193056　62373056　62379558
印　　刷：常熟大宏印刷有限公司
开　　本：787 mm×1092 mm　1/16
印　　张：19.25
字　　数：490千字
版　　次：2018年9月第1版
印　　次：2024年7月第2次印刷
书　　号：ISBN 978-7-5669-1449-1
定　　价：58.00元

前　言

制造业是国民经济的主体，是立国之本、兴国之器、强国之基。贯彻落实《中国制造2025》对人才培养的要求，加强学生实践和创新能力的培养，打造高素质专业技术人才队伍，对于加快我国经济发展方式的转变，把我国建设成为引领世界制造业发展的制造强国，具有重要意义。

工程训练是我国高校中实施工程教育的实践性公共教育平台，是培养大学生实践和创新能力的重要教育资源。近年来，随着高等院校训练条件的不断改善和实践教学改革的不断深入，工程训练内容不仅包括传统机械制造的各种加工工艺技术，而且也包括以数控加工、电火花加工、激光加工和3D打印技术等为代表的现代加工技术。为了适应高等院校"工程训练"课程改革与建设需要，我们在原《金工实习》教材的基础上，借鉴国内兄弟院校的教学改革成果，编写了《机械制造技术基础训练》教材，更加注重训练过程的先进性和实用性。

《机械制造技术基础训练》一书以训练内容的属性分为5篇。第一篇为"工程材料基本知识"，内容包括金属材料及其热处理；第二篇为"热加工"，内容包括铸造、锻压和焊接；第三篇为"传统切削加工"，内容包括车削、铣削、刨削、磨削和钳工等；第四篇为"数控加工"，内容包括数控车削、数控铣削、加工中心等；第五篇为"特种加工"，内容包括电火花加工、3D打印和激光加工等。

本教材的编写力求简明扼要，突出重点，注重基本概念，讲求实用，强调可操作性和便于自学。在各章节的内容编排上，不仅能与相应的工程技术基础理论课程相结合，保持知识结构的完整性和系统性，而且通过项目实训，使学生能由浅入深、由易到难、循序渐进地学习各种机械制造工艺知识。另外，在优化传统教学内容的基础上适当地加大了现代制造技术的教学内容，以满足快速发展的现代制造业对人才培养的需求。

本教材适合于高等工科院校机械类、近机械类专业的"工程训练"课程教学使用，对非机械类专业，可根据其专业特点、学时和后续课程需要，有针对性地选择其中的部分内容组织教学。

本教材由东华大学工程训练中心教授、专家编写。编写人员有原一高、狄平、张建国、陈铮、黄小玲等。本教材由上海工程技术大学徐新成教授主审，原一高教授担任主编，狄平、陈铮担任副主编。原一高教授负责全书的统稿与修改工作。

本书内容多、范围广，涉及传统与现代制造技术，由于编者水平所限，书中难免有不足和错误之处，恳请读者批评指正。

编者

2018年4月6日

目　录

第一篇　工程材料基本知识

第二篇　热加工

第三篇　传统切削加工

第四篇　数控加工

第五篇　特种加工

第一篇

工程材料基本知识

第一章　常用机械工程材料

材料是人类社会生产和生活的物质基础，是人类文明发展史的重要标志。用于生产制造机械工程构件、零件和工具的材料统称为机械工程材料。常用的机械工程材料可以分为金属材料、非金属材料和复合材料三大类（见图 1-1），其中尤以金属材料的应用最为广泛。本章主要介绍金属材料的成分、性能及其应用方面的有关知识。

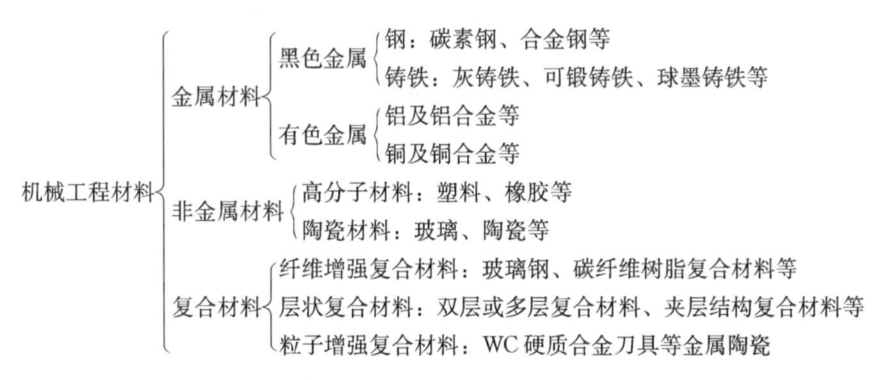

图 1-1　机械工程材料分类

第一节　金属材料的力学性能

金属材料在外力作用下所表现出来的性能称为力学性能，它包括强度、塑性、硬度和冲击韧度等。材料的这些力学性能指标可以通过试验来测定，并以数据来反映，它们是工程设计和材料选用的重要依据。

一、强度

强度是指金属材料在外力作用下抵抗塑性变形和断裂的能力。它是衡量零件本身承载能力（即抵抗失效能力）的重要指标。强度是机械零部件首先应满足的基本要求。

工程上常用的强度指标有屈服强度和抗拉强度，这两个强度指标可通过静拉伸试验来测定。试验时将符合国家标准规定的拉伸试样（图 1-2a）的两端装夹在材料拉伸试验机的两个夹头（图 1-3）上，缓慢加载，试样逐渐变形并伸长，直至被拉断为止（图 1-2c）。在拉伸过程中，试验机可自动绘制出以拉力（载荷）F 为纵坐标，试样变形量 ΔL 为横坐标的拉伸曲线。低碳钢的拉伸曲线如图 1-4 所示。

在低碳钢的拉伸曲线中，OE 段外力较小，载荷与伸长量呈线性关系，当载荷去除后，试样恢复原来的形状和尺寸，即试样处于弹性变形阶段，E 点应力为材料的弹性极限。外力超过 F_E 后，试样除产生弹性变形外，还产生了塑性变形，即外力去除后，试样不能恢复原长。当外力增大到 F_S 时，曲线从 S 点开始几乎为水平线段，这说明载荷不增大而伸长量却在继续增加，这种现象称为“屈服”，S 点称为屈服点。这一阶段的最大和最小应力分别称为上屈服强度和下屈服强度，分别用 R_{EH}和 R_{EL}表示，单位 MPa。

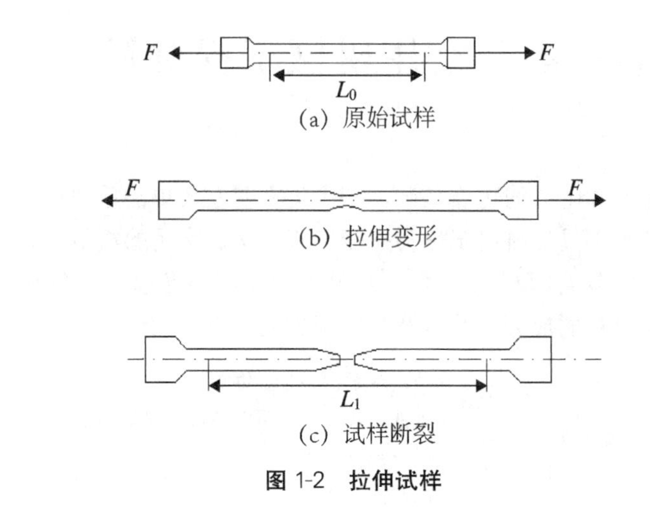

图 1-2 拉伸试样

图 1-3 拉伸试验机夹持部分

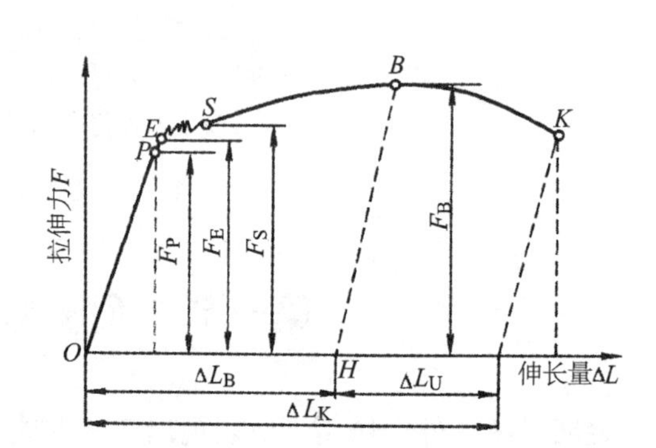

图 1-4 低碳钢拉伸曲线图

试样屈服后，开始产生明显的塑性变形。当拉力超过 F_S 后，随拉力增大，塑性变形明显增大。当拉力增大到 F_B 时，试样局部开始变细，产生“缩颈”（图 1-2b）。由于横截面积缩小，使试样继续变形所需拉力减小，到 F_K 时试样在缩颈处被拉断。试样在拉断前所能承受的最大应力称为抗拉强度，用 R_m来表示，单位 MPa。

屈服强度和抗拉强度是零件设计和选材的重要依据。

二、塑性

塑性是指金属材料在外力作用下产生塑性变形而不断裂的能力。

工程中常用塑性指标有断后伸长率和断面收缩率。断后伸长率是指试样拉断后的伸长量与原来长度之比的百分率，用符号 A 表示；断面收缩率是指试样拉断后，断面缩小的横截面积与原来横截面积之比的百分率，用符号 Z 表示。它们在标准试样的拉伸试验中可以同时测出。

断后伸长率和断面收缩率越大，材料的塑性越好；反之，则塑性越差。良好的塑性是金属材料进行压力加工的必要条件，也是保证机械零件工作安全，不发生突然脆断的必要条件。一般断后伸长率达到5%或断面收缩率达到10%即可满足大多数零件的使用要求。

三、硬度

硬度是指金属材料表面抵抗硬物压入的能力，或者说是指金属表面对局部塑性变形的抗力。硬度指标是检验毛坯或成品件、热处理件的重要性能指标，常用的有布氏硬度和洛氏硬度两种，它们需在相应的硬度计上测出。

1. 布氏硬度

布氏硬度的测定原理：用一定大小的试验力 F(N)，把直径为 D(mm)的淬火钢球或硬质合金球压入被测金属的表面（如图1-5所示），保持规定时间后卸除试验力，用读数显微镜测出压痕平均直径 d (mm)，然后根据压痕直径、压头直径及所用载荷从布氏硬度表中查出材料的布氏硬度值。

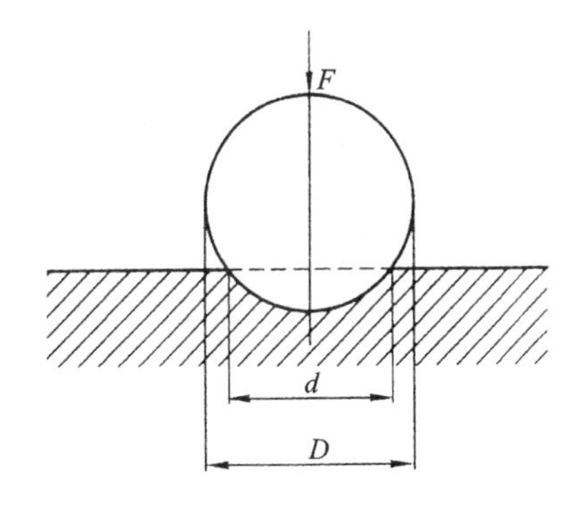

图1-5　布氏硬度的测定原理图

布氏硬度为压痕单位球面积上承受的载荷，单位为N/mm²（但一般都不写出）。用钢球压头时，以HBS表示；用硬质合金压头时，以HBW表示。

布氏硬度的特点：一般来说，布氏硬度值越小，材料越软，其压痕直径越大；反之，布氏硬度值越大，材料越硬，压痕直径越小。布氏硬度测量的优点是具有较高的测量精度，压痕面积大，能在较大范围内反映材料的平均硬度，测得的硬度值比较准确，数据的重复性好。

布氏硬度的应用：布氏硬度测量法适用于铸铁、非铁合金、各种退火及调质的钢材，不宜测量太硬、太薄和表面不允许有较大压痕的试样或工件。

2. 洛氏硬度

洛氏硬度的测定是用一个顶角为120°的金刚石圆锥体或直径为1.588 mm的淬硬钢球，在一定载荷下压入被测材料表面，由压痕深度求出材料的硬度。根据试验材料硬度的不同，可采用三种不同标度HRA、HRB和HRC来表示（见表1-1），其中HRC是机械制造业中应用最多的硬度试验方法。压痕愈浅，硬度愈高。洛氏硬度可从硬度计上直接读出，由于其压痕小，可用于成品的检验。

表1-1　三种洛氏硬度的符号、试验条件和应用举例

符号	压头	载荷/N(kgf)	应用举例
HRA	顶角120°圆锥的金刚石	588(60)	用于硬度极高的材料(如硬质合金等)
HRB	直径1.588 mm淬硬钢球	980(100)	用于硬度较低的材料(如退火钢、铸铁、有色金属等)
HRC	顶角120°圆锥的金刚石	1470(150)	用于硬度很高的材料(如淬火钢、调质钢等)

四、冲击韧度

前面所述均是在静载荷作用下的力学性能指标，但许多机械零件服役过程中还经常受到各种冲击动载荷的作用，如蒸汽锤的锤杆、柴油机的连杆和曲轴等在工作时都受到冲击载荷的作用。承受冲击载荷的工件不仅要求具有高的硬度和强度，还必须要有抵抗冲击载荷的能力。

金属材料在冲击载荷作用下抵抗断裂的能力称为冲击韧度。冲击韧度的测定在冲击试验机上进行。

在一次摆锤冲击试验机试验时，冲击韧度是用一次冲断试样的单位断面积上所消耗的功的大小来表示。当冲断试样所消耗的功愈大，其冲击韧度愈好。试验时，将标准试样（图 1-6）放在摆锤冲击试验机（图 1-7）的支座上，让摆锤从一定高度落下冲击试样。

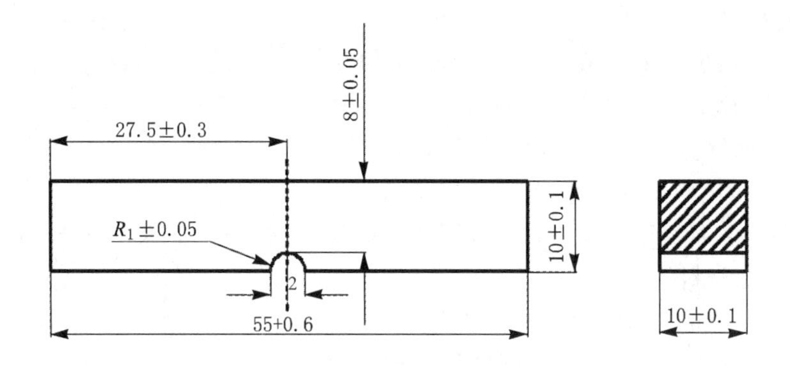

图 1-6　冲击试样

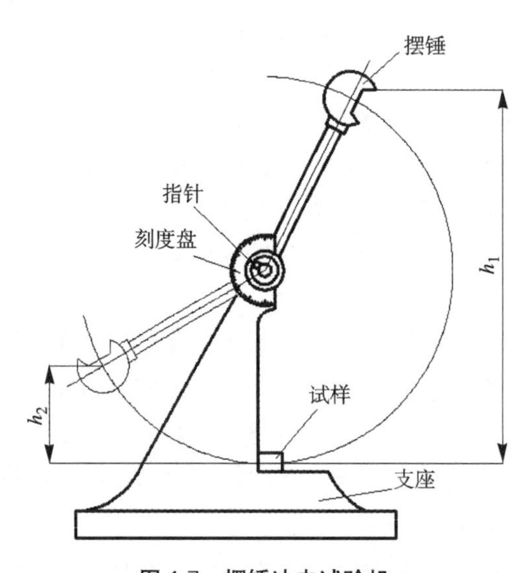

图 1-7　摆锤冲击试验机

材料的冲击韧度可用下式计算

$$\alpha_K = \frac{W_K}{A}$$

式中：α_K—— 冲击韧度（J/cm^2）；

W_K——打断试样的冲击吸收功（J）；

A——试样缺口处的横截面积（cm^2）。

α_K越大，则材料的韧性越好。在冲击载荷下工作的零件，要求材料具有一定的冲击韧度。

第二节　常用机械工程材料

在机械制造和工程上应用最广泛的是金属材料，主要是钢铁材料和铜、铝等有色金属。

一、钢铁材料

钢铁是以铁、碳为主要成分的合金，是应用最广泛的金属材料，包括碳素钢、合金钢和铸铁。碳素钢和铸铁均为铁碳合金，在冶炼时人为地加入合金元素就成为合金钢和合金铸铁。

（一）碳素钢

碳素钢又称为碳钢，是含碳量小于2.11%的铁碳合金，并含有少量S、P、Si、Mn等元素。碳钢具有较好的力学性能和工艺性能，且价格较为低廉，因而应用很广。对碳钢性能影响最大的是钢中碳的质量分数（w_C）。

1. 碳钢的分类

碳钢的常用分类方法有以下三种：

（1）按碳钢中碳的质量分数不同可分为低碳钢（$w_C \leqslant 0.25\%$）、中碳钢（$0.25\% < w_C \leqslant 0.60\%$）和高碳钢（$w_C > 0.60\%$）。

（2）按碳钢的质量分类，主要以钢中有害元素S、P等含量不同来划分，可分为普通碳素钢（$w_S \leqslant 0.050\%$，$w_P \leqslant 0.045\%$），优质碳素钢（$w_S \leqslant 0.035\%$，$w_P \leqslant 0.035\%$）和高级优质碳素钢（$w_S \leqslant 0.025\%$，$w_P \leqslant 0.030\%$，如T8A、T10A钢，在牌号后加“A”）。

（3）按钢的用途不同可分为碳素结构钢（用于制造轴、齿轮等机器零件和桥梁、船舶等工程构件，一般属于中、低碳钢）、碳素工具钢（用于制造刃具、模具、量具等各种工具，一般属于高碳钢）。

2. 碳钢的牌号及用途

碳钢的牌号及用作见表1-2。

（二）合金钢

在碳钢中有意识地加入一种或几种合金元素，以改善和提高其性能，这种钢称为合金钢。如在40钢中加入1%左右的铬就成为4Cr合金钢。合金钢中常加入的合金元素有锰（Mn）、硅（Si）、铬（Cr）、镍（Ni）、钼（Mo）、钨（W）、钒（V）、钛（Ti）、铌（Nb）、锆（Zr）、稀土元素（Re）等。合金钢具有优良的力学性能，多用于制造重要的机械零件、工具、模具和工程构件，以及特殊性能的工件，但其价格较高。

1. 合金钢的分类

按合金元素含量的不同，合金钢可分为低合金钢（合金元素总含量<5%）、中合金钢（合金元素总含量为5%～10%）、高合金钢（合金元素总含量>10%）。

按用途不同，合金钢可分为以下三类：

（1）合金结构钢：用于制造机械零件和工程构件；

（2）合金工具钢：用于制造各种刃具、模具、量具等；

（3）特殊性能钢：用于制造耐蚀、耐磨、耐热等某些特殊性能工件，如不锈钢、耐热钢、耐磨钢等。

2. 合金钢的牌号及用途

合金钢的牌号及用途见表 1-3。

表 1-2　碳钢的牌号及用途

类别	牌号举例	牌号说明	用途举例
普通碳素结构钢	Q235AF（屈服强度为 235 MPa，质量为 A 级的沸腾钢）	牌号由代表屈服强度的字母、屈服强度的数值、质量等级符号、脱氧方法四个部分按顺序组成。Q 为“屈”的汉语拼音首字母，数字为屈服强度（MPa），质量分为四个等级（A、B、C、D），自左至右依次升高，F、Z、TZ 依次表示沸腾钢、镇静钢、特殊镇静钢	常用牌号有 Q215、Q235A、Q275 等，主要用于制造如开口销、螺母、螺栓、桥梁结构件等普通机械零件
优质碳素结构钢	45（平均含碳量为 0.45%）、65Mn	牌号用二位数表示，数字为钢的平均含碳量的万分之几。含 S、P 量合乎优质钢的要求，化学元素符号 Mn 表示钢的含锰量较高	常用牌号有 20、35、45、65 钢等。用于制造轴、齿轮、连杆等重要零件
碳素工具钢	T10、T10A（平均含碳量为 1.0%，A 表示高级优质钢）	牌号由字母 T＋数字组成。T 为“碳”的汉语拼音首字母，数字表示钢中平均含碳量的千分之几。含 S、P 量合乎优质钢的要求，有“A”则应达到高级优质钢的要求	常用牌号有 T8、T10、T12 等，主要用于制造低速切削刀具、量具、模具及其他工具
铸造碳钢	ZG230-450（屈服强度为 230 MPa，抗拉强度为 450 MPa 的碳素铸钢件）	ZG 为“铸钢”的汉语拼音首字母，后面的数字，第一组代表屈服强度（MPa），第二组代表抗拉强度（MPa）	常用来铸造形状复杂而需要一定强度、塑性和韧性的零件

表 1-3　合金钢的牌号及用途

类别	举例	编号说明	用途举例
合金结构钢	20CrMnTi 60Si2Mn	二位数字＋元素符号及数字。前面的二位数字表示钢中平均含碳量的万分之几。元素符号表示所加入的主要合金元素，其后面的数字为该合金元素平均含量的百分之几，当合金元素的平均含量 1.5%时，此数字省略，只标合金元素符号。如合金弹簧钢 60Si2Mn，w_C 为 0.60%，w_{Si}为 2%，w_{Mn}<1.5%；若为高级优质钢，则在钢号后面加“A”	常用合金结构钢牌号有 20CrMnTi，40Cr，60Si2Mn 等，主要用于制造承载较大，机械性能要求较高的机械零件和工程构件
合金工具钢	9SiCr CrWMn	一位数字＋元素符号及数字。前面的一位数字表示钢中的平均含碳量的千分之几。当平均含碳量大于等于 1%时，不标注平均含碳量。“元素符号及数字”的含义与合金结构钢相同。如刃具钢 9SiCr，$w_c = 0.9\%$，$w_{Si、Cr} < 1.5\%$，(Si、和 Cr 的含量都小于 1.5%)；Cr12 表示 w_c ≥1.0%、w_{Cr}＝12%的冷作模具钢	常用合金工具钢牌号有 9Mn2V、9SiCr、CrWMn、W18Cr4V、Cr12MoV 等。主要用于制造形状复杂、尺寸较大的模具，高速切削的刀具和量具等
特殊性能钢	0Cr18Ni9 1Cr13	编号方法基本与合金工具钢相同，当 w_C≤ 0.08%时，在钢号前以“0”表示；当 w_C≤ 0.03%时，在钢号前面以“00”表示。如 3Cr13，表示 w_C 为 0.3%，w_{Cr}为 13%的不锈钢	主要用于制造耐腐蚀要求较高的器件，汽轮机叶片，发动机进气、排气阀门，蒸汽和气体管道，以及车辆履带、挖掘机铲齿、破碎机颚板和铁路道叉等

（三）铸铁

铸铁是含碳量大于2.11%，并含有比钢较多的Si、Mn元素及S、P等杂质的铁碳合金。按碳的存在形式不同，铸铁可分为以下几种：

（1）白口铸铁。铸铁中的碳全部以化合物形式存在，断口呈银白色，性能硬而脆，工程中很少应用，多用作炼钢或铸铁生产的原料。

（2）麻口铸铁。组织介于白口铸铁和灰口铸铁之间，具有较大的脆性，工业上也很少使用。

（3）灰口铸铁。铸铁中的碳全部或大部分以游离的石墨形式存在，断口呈暗灰色。与钢相比，铸铁的抗拉强度、塑性和韧性较差，但具有良好的铸造性、减摩性、减振性、切削加工性和对缺口的低敏感性，而且价格低廉，因而应用广泛。

灰口铸铁的组织相当于由钢的基体和石墨组成，石墨的力学性能很低（R_m=20 MPa，HBS=3～5，A=0%），对铸铁的性能影响很大。按石墨形态不同，灰口铸铁又分为灰铸铁、球墨铸铁、可锻铸铁等，它们的牌号、性能及用途见表1-4。

表1-4　灰口铸铁的牌号、性能及用途

类别	举例	编号说明	用途举例
灰铸铁	HT200（R_m≥200 MPa）	HT为“灰铁”的汉语拼音首字母，其后的数字表示最低抗拉强度（MPa）	石墨呈片状，对基体的割裂破坏作用较大，但对抗压性能影响不大。生产工艺简单，价格低廉，工业中应用最为广泛。常用的牌号有HT150、HT200、HT350等，主要用于制造结构复杂的受力件，如机床床身、机座、导轨、箱体等
可锻铸铁	KTH350-10（R_m≥350 MPa，A=10%，黑心可锻铸铁）	KT为“可铁”的汉语拼音首字母，H表示“黑心”基体（Z表示“珠光体”基体），其后第一组数字表示最低抗拉强度（MPa），后一组数字表示断后伸长率（%）	石墨呈团絮状，对基体的割裂作用比片状石墨要小，因而力学性能比灰铸铁好，有一定的强度和塑性，但仍不能锻造。常用牌号有KTH330-08，KTH370-12、KTZ650-02等，主要用于制造形状复杂、工作时承受冲击、振动、扭转等载荷的薄壁零件，如汽车、拖拉机后桥壳、转向器壳、管子接头和板手等
球墨铸铁	QT400-15（R_m≥400 MPa，A=15%）	QT为“球铁”的汉语拼音首字母，其后第一组数字表示最低抗拉强度（MPa），后一组数字表示断后伸长率（%）	石墨呈球状，对基体的割裂破坏作用最小，故强度和塑性都较好。常用牌号有QT600-3、QT700-2、QT900-2等，主要用于制造一些受力复杂、承受载荷较大的零件，如曲轴、连杆、凸轮轴、齿轮等

二、有色金属材料

通常把铁及其合金称为黑色金属，而把Cu、Al、Zn、Mg、Ti等非铁金属及其合金称为有色金属。有色金属具有优良的性能，虽产量不多，价格也贵，但仍是机械制造和工程上不可缺少的材料。有色金属品种繁多，在生产中常用来制造有特殊性能要求的零件和构件。常用的有铜、铝及其合金。

1. 铜及铜合金

纯铜又称紫铜，具有优良的导电性、导热性和耐蚀性。纯铜的强度低、塑性好，工业纯铜（如T2、T3等）主要用于制造电缆、油管等，很少用来制造机器零件。

黄铜是以锌为主要合金元素的铜合金。加入适量的Zn，能提高铜的强度、塑性和耐蚀性，只加锌的铜合金称为普通黄铜（如 H62、H70 等）；若在其中再加适量的 Pb、Mn、Sn、Si、Al 等元素可形成特殊黄铜（如 HPb59-1、HMn58-2 等），能进一步提高力学性能、耐蚀性和切削加工性；还有可用于铸造的铸造黄铜（如 ZCuZn38）。普通黄铜的牌号是以铜的含量百分数命名的，如 70 黄铜表示含铜量为 70%的铜锌合金，其代号用“黄”字汉语拼音字首“H”表示，其后附以数字表示平均含铜量的百分数，如 70 黄铜的代号为 H70。黄铜主要用于制造弹簧、垫圈、螺钉、衬套及各种小五金。

青铜原指铜锡合金，现把以 Al、Si、Pb 等为主要加入元素的铜合金也称为青铜。青铜按主加元素的不同分为锡青铜（如 QSn4-3）、铝青铜（如 QA15）、铍青铜（如 QBe2），以及用于铸造的铸造青铜（如 ZCuSn10Pb1）等。锡青铜的牌号是以主加入元素命名的，如“4-3 锡青铜”表示含 Sn 4%、含 Zn 3%的 Cu-Sn-Zn 合金，其代号以“青”字汉语拼音字首“Q”表示，其后附以主加入元素的符号，其后数字表示除铜以外的其他合金元素的平均含量百分数，如代号 QSn4-3 表示含 4%Sn 和 3%Zn 的锡青铜。青铜的减摩性、耐蚀性好，主要用于制造轴瓦、涡轮及要求减摩、耐蚀的零件。

2. 铝及铝合金

纯铝的密度小（2.7 g/cm^3），导电导热性仅次于银和铜，在大气中是有良好的耐蚀性，强度低，塑性好。工业纯铝（如 L2、L4 等）主要用于制造电缆和日用器皿等。

铝与 Si、Cu、Mn 等元素组成的铝合金，强度高。铝合金分为形变铝合金和铸造铝合金两种。

形变铝合金的塑性好，常用于制造板材、管材等型材，以及制造蒙皮油箱、铆钉和飞机构件等。按主要性能特点和用途，形变铝合金又可分为防锈铝（如 LF5）、硬铝（如 LY110）、超硬铝（如 LC4）和锻铝（如 LD7）。

铸造铝合金（如 ZA1Si12）的铸造性好，一般用于制造形状复杂及有一定力学性能要求的零件，如仪表壳体、内燃机气缸、活塞、泵体等。

三、非金属材料

长期以来，金属一直是工程上使用的主要材料，这是由于金属材料具有良好的力学性能和工艺性能。但随着科学技术的发展，工程设计对材料的要求愈来愈高，不但要求高强度，而且要求质轻、耐蚀、耐高低温和良好的电气性能等。因此，近年来已有许多非金属材料如塑料、橡胶、陶瓷及复合材料等用于各类工程结构。

非金属材料泛指除金属材料之外的材料，主要有塑料、橡胶、陶瓷、合成纤维、涂料和粘结剂等，它们具有金属材料所没有的特性，应用也越来越广泛。

1. 塑料

塑料是以合成树脂为主体，加入为改善使用性能和工艺性能的添加剂组成的高分子材料。塑料的密度小，具有良好的耐蚀性、电绝缘性、减摩耐磨性和成型工艺性，缺点是强度低、耐热差、易老化。

塑料的应用很广。日常生活及包装中用的称之为通用塑料，如聚乙烯、聚氯乙烯等。在工程构件和机械零件中用的称为工程塑料，它们的力学性能较好或具有某些突出的性能（见表 1-5），主要有聚酰氨、ABS、聚甲醛、聚碳酸酯、有机玻璃、聚四氟乙烯、环氧树脂等。

表 1-5　常用工程塑料性能及应用举例说明

名称	性能特点	应用举例
聚甲醛（POM）	耐疲劳性能高，自润滑性和耐磨性，但耐热性差，收缩性较大	耐磨传动件，如齿轮、轴承、凸轮、运输带等
聚酰胺（PA）	减摩耐磨性、耐蚀性及韧性好，但耐热性不好（<100 ℃），吸水性好，成型收缩率大	耐磨及耐蚀的承载和传动件，如齿轮、蜗轮、密封圈、轴承、螺钉螺母、尼龙纤维布等
聚碳酸酯（PC）	冲击韧性高，耐热耐寒稳定性好（−60～120 ℃），但自润滑和耐磨性较差	受冲击载荷不大但要求尺寸稳定性较高的零件，如轻载齿轮、凸轮、螺栓、铆钉、挡风玻璃、头盔、高压绝缘器件等
ABS	综合性能良好，吸水性差，表面易镀饰金属，原料易得，价格便宜	小型泵叶轮、、仪表罩壳、轴承、汽车零件（如挡泥板、扶手、热空气调节导管）、小轿车车身、纺织器材、电信器材等

2. 橡胶

橡胶突出的特性是高弹性，还具有良好的吸振、耐磨和电绝缘性能。橡胶是用天然橡胶或合成橡胶加入配合剂经硫化处理制成，也属于高分子材料。常用的合成橡胶有丁苯橡胶、顺丁橡胶、丁腈橡胶、氯丁橡胶等。常用于制造轮胎、密封圈、减振器、管路及电绝缘包皮等。

3. 陶瓷

陶瓷是无机非金属材料，具有高的耐热、耐蚀、耐磨、抗压等性能，但硬而脆，抗拉强度低。陶瓷分为普通陶瓷和特种陶瓷两种。普通陶瓷是以黏土和石英等为原料制成，主要用于日常用品、电气绝缘器件、耐蚀管道或容器等；特种陶瓷是以高纯度人工化合物（如氧化铝等）为原料制成，如高强度陶瓷、压电陶瓷、化工陶瓷、耐酸陶瓷等。

四、复合材料

复合材料是指将二种或二种以上物理和化学性质不同的物质，通过人工方法结合而成的工程材料。它由基体和增强相组成。基体起黏剂作用，具有粘结、传力、缓裂的功能。增强相起提高强度（或韧性）的作用。复合材料能充分发挥组成材料的优点，改善或克服其缺点，所以优良的综合性能是其最大优点，已成为新兴的工程材料。

复合材料按增强相形状可分为纤维增强复合材料、层压增强复合材料及颗粒增强复合材料，目前应用最多的是纤维增强复合材料。纤维增强复合材料中起增强相作用的纤维是承受载荷的主要部分，常用的有玻璃纤维、碳纤维、硼纤维、芳纶等。基体可用各种合成树脂，如环氧树脂等。玻璃钢是玻璃纤维/树脂的复合材料，应用较早。碳纤维树脂增强复合材料的密度小，比强度和比模量高，耐蚀和耐热性好，应用最为广泛。碳纤维增强复合材料常用于制作飞机、导弹、卫星的构件，以及轴承、齿轮等耐磨零件和化工器件等。

第三节　钢的热处理

热处理是将金属材料放在一定的介质内加热、保温、冷却，通过改变材料表面或内部的金相组织结构来控制其性能的一种金属热加工工艺。热处理工艺过程如图 1-8 所示。

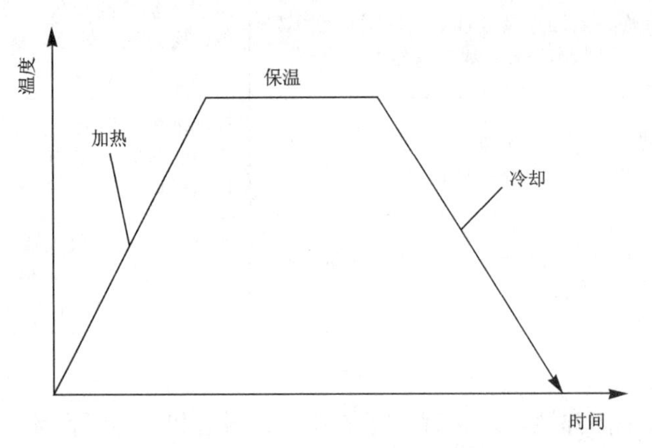

图 1-8　钢的热处理工艺过程

金属热处理工艺大体可分为整体热处理、表面热处理和化学热处理三大类。根据加热介质、加热温度和冷却方法的不同，每一大类又可区分为若干不同的热处理工艺。同一种金属采用不同的热处理工艺可获得不同的组织，从而具有不同的性能。钢铁是工业上应用最广的金属，钢铁的显微组织也最为复杂，因此钢铁的热处理工艺种类繁多。

一、整体热处理

整体热处理是对工件整体加热，然后以适当的速度冷却，获得需要的金相组织，以改变其整体力学性能的金属热处理工艺。钢的整体热处理通常有退火、正火、淬火和回火四种基本工艺。

1. 退火

退火是将工件加热到适当温度，根据材料和工件尺寸采用不同的保温时间，然后进行缓慢冷却，目的是：①使金属内部组织达到或接近平衡状态，降低硬度，改善切削加工性；②消除残余应力，稳定尺寸，减小变形与裂纹倾向；③细化晶粒，调整组织，消除组织缺陷。从而获得良好的工艺性能和使用性能，或者为进一步淬火作组织准备。

钢的退火工艺种类很多，根据加热温度可分为两大类：一类是在临界温度（Ac_1 或 Ac_3）以上的退火，又称为相变重结晶退火，包括完全退火、不完全退火、球化退火和扩散退火（均匀化退火）等；另一类是在临界温度以下的退火，包括再结晶退火及去应力退火等。按照冷却方式，退火可分为等温退火和连续冷却退火。

（1）完全退火和等温退火

完全退火（如图 1-9 工艺Ⅰ）又称重结晶退火，一般简称为退火。它是将钢件加热至 Ac_3 以上 20～30 ℃，保温足够长时间，使组织完全奥氏体化后缓慢冷却，以获得近于平衡组织的热处理工艺。这种退火主要用于亚共析成分的各种碳钢和合金钢的铸、锻件及热轧型材，有时也用于焊接结构。一般常作为一些不重要工件的最终热处理，或作为某些重要工件的预先热处理。

(2) 球化退火

球化退火主要用于过共析的碳钢及合金工具钢（如制造刃具、量具、模具所用的钢种）。其主要目的在于降低硬度，改善切削加工性，并为以后淬火作好准备。

(3) 去应力退火

去应力退火主要用来消除毛坯以及经过切削加工的零件（如铸件、锻件、焊接件、热轧件和冷拉件等）中的残余应力，稳定工件尺寸及形状，减小零件在后续机械加工和使用过程中的变形及开裂倾向。如果这些应力不予以消除，将会引起零件在一定时间以后，或在随后的切削加工过程中产生变形或裂纹。

(4) 不完全退火

不完全退火是将钢加热至 Ac_1～Ac_3（亚共析钢）或 Ac_1～Ac_{cm}（过共析钢），经保温后缓慢冷却以获得近于平衡组织的热处理工艺。

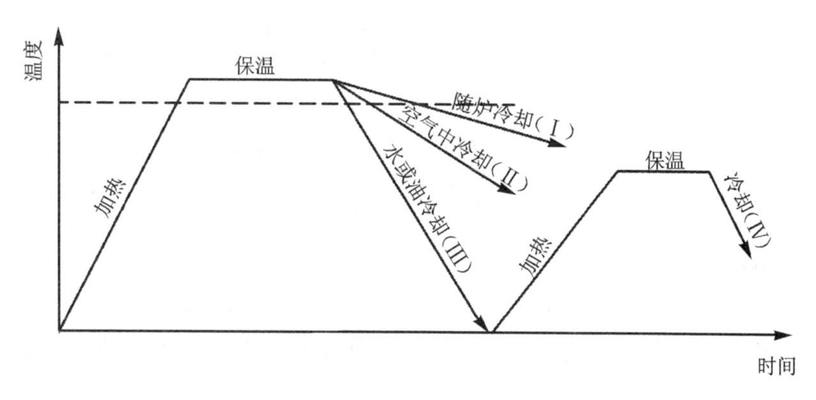

图 1-9　钢的热处理

2. 正火

正火是将工件加热至 Ac_3或 Ac_{cm}以上 30～50 ℃，保温一段时间后，从炉中取出在空气中或吹风冷却的金属热处理工艺（见图 1-9 工艺Ⅱ）。正火的效果与退火相似，只是得到的组织更细，常用于改善材料的切削性能，有时也用于对一些要求不高的零件作为最终热处理。正火的目的主要是提高低碳钢的力学性能，改善切削加工性，细化晶粒，消除组织缺陷，为后续热处理作好组织准备等。

3. 淬火

淬火指将钢件加热到 Ac_3或 Ac_1（钢的下临界点温度）以上某一温度，保持一定的时间，然后以适当的速度冷却，获得马氏体（或贝氏体）组织的热处理工艺（见图 1-9 工艺Ⅲ）。通常也将铝合金、铜合金、钛合金、钢化玻璃等材料的固溶处理或带有快速冷却过程的热处理工艺称为淬火。

淬火时，最常用的冷却介质是水、盐水和油。盐水淬火的工件容易得到高的硬度和光洁的表面，不容易产生淬不硬的软点，但易使工件变形严重，甚至发生开裂。而用油作淬火介质只适用于合金钢或小尺寸的碳钢工件的淬火。

淬火的主要目的是使钢件获得所需的马氏体组织，提高工件的硬度、强度和耐磨性，是钢件强硬化的重要处理工艺，应用广泛。经过淬火处理后材料的潜力得以充分发挥，材料的力学性能得到很大的提高，因此对提高产品质量和使用寿命有着十分重要的意义。

淬火工艺中保证冷却速度是关键，过慢则淬不硬，过快又容易开裂。正确选择冷却液和操作方法也很重要，一般碳钢用水，合金钢用油作冷却剂。

工件淬火后硬度提高较大，但组织较脆，故淬火后应进行回火处理。

4. 回火

回火是指钢件经淬硬后，再加热到 Ac_1 以下的某一温度，保温一定时间，然后冷却到室温的热处理工艺（见图 1-9 工艺Ⅳ）。

钢件回火后的性能主要取决于回火的加热温度，而不是冷却速度。按加热温度不同，回火可分为低温回火、中温回火和高温回火三种（见表 1-6），淬火＋高温回火又称为调质处理。

表 1-6　回火分类

回火名称	加热温度/℃	回火后硬度	回火目的	应用举例
低温回火	150～250	≥55HRC	降低淬火钢的内应力和脆性，而保持淬火钢的高硬度和高耐磨性	滚动轴承、工模具、量具、渗碳零件
中温回火	350～500	35～50HRC	提高钢的强度和弹性	各种弹簧、弹性零件
高温回火	500～650	20～35HRC	获得强度、塑性和韧度都较好的综合力学性能	齿轮、轴、连杆

二、表面热处理

表面热处理是对工件表面进行强化的金属热处理工艺，它不改变零件心部的组织和性能，广泛用于既要求表层具有高的耐磨性、抗疲劳强度和较大的冲击载荷，又要求整体具有良好的塑性和韧性的零件，如曲轴、凸轮轴、传动齿轮等。

表面热处理分为表面淬火和化学热处理两大类。

1. 表面淬火

快速将钢件表面加热到淬火温度，而不等热量传至中心立即快冷将表面淬硬的热处理工艺称为表面淬火。表面淬火主要适用于中碳钢和中碳低合金钢，如 45、40Cr 等。表面淬火前应先进行正火和调质处理，表面淬火后应进行低温回火，这样处理后，工件表层硬而耐磨，心部仍保持较好的韧度，适用于齿轮、曲轴等重要的零件。

常用的表面淬火方法有高频感应加热表面淬火（如图 1-10 所示）和火焰加热表面淬火。高频感应加热表面淬火适用于大批量生产，目前应用较广，但设备较复杂。火焰加热表面淬火方法简单，但质量较差。

2. 化学热处理

把钢件放在某种化学介质中加热、保温，使介质中的活性元素渗入钢件的表层，从而改变零件表层的成分、组织和性能的热处理工艺称为化学热处理。按渗入元素的不同，常用的化学热处理有渗碳、渗氮等。

渗碳是将工件放在有渗碳介质（如丙酮、煤油等）的炉中（如图 1-11 所示）加热到 900～950℃，经数小时保温，使碳原子渗入到工件表层以获得表面高碳含量的渗碳层。渗碳常用于低碳钢和低碳合金钢零件，如 20、20Gr、20CrMnTi 等钢件。渗碳后获得 0.5～2.0 mm 的高碳含量表层，再经淬火和低温回火，使表面具有高硬度、高耐磨性，而心部具有良好的塑性和韧度，使零件既耐磨又抗冲击。渗碳主要用于在摩擦冲击条件下工作的零件，如汽车齿轮、活塞销等。

渗氮是将工件放在有渗氮介质（如氨气）的炉中（如图 1-11）加热到 500～570 ℃，经数小时到几十小时的保温，使氮原子渗入工件表面以获得含氮的表面氮化层。零件渗氮后表面可形成 0.1～0.6 mm 的氮化层，不需淬火就具有比渗碳层更高的硬度、耐磨性、抗疲劳性和一定的耐蚀性、耐热性，而且由于加热温度比渗碳温度要低，因而零件变形小。但渗氮处理的时间长、成本高，主要用于 38CrMoAlA 钢制造的精密丝杠、高精度机床的主轴、化纤机械中的挤压螺杆等精密、耐蚀零件。

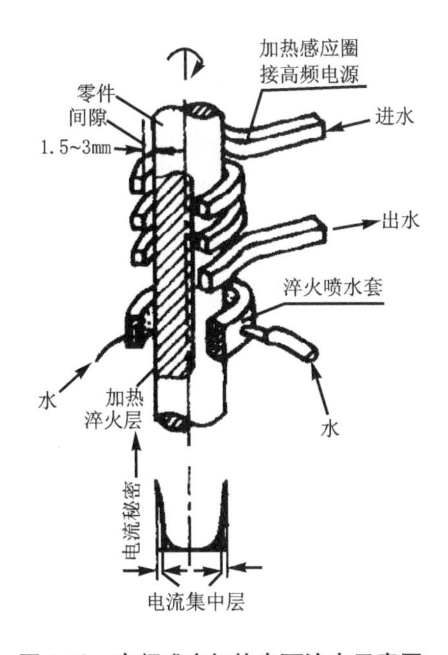

图 1-10　高频感应加热表面淬火示意图

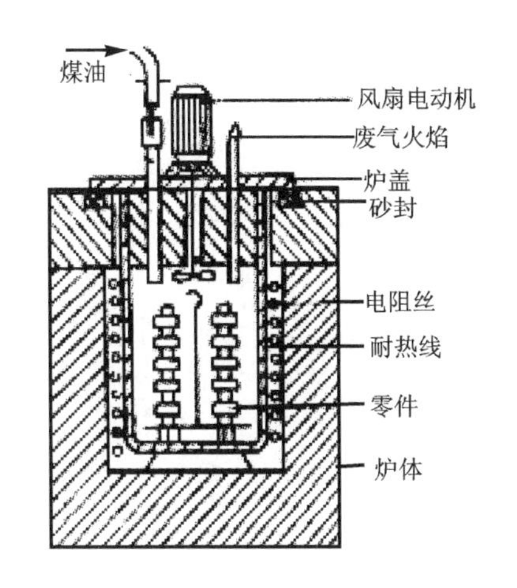

图 1-11　气体渗碳法示意图

复习思考题

1. 写出所学材料力学性能的物理意义和表示符号。

2. 锤子、锯条、锉刀等常用工具主要要求哪些力学性能？请选用合适的钢牌号，并指出该牌号的名称、主要成分及所采用的热处理方法。

3. 碳钢的分类有哪些？写出 Q235、45、T10A 牌号中字母和数字的含义，按照碳的质量分数它们分别属于哪种钢？按质量分属于哪种钢？按用途分属于哪种钢？

4. 写出 16Mn、20CrMnTi、40Cr、60Si2Mn、GGr15、W18Cr4V、4Cr13、0Cr18Ni9Ti 中的数字和字母的含义，它们分别属于何种用途的合金钢？

5. 按石墨形态灰口铸铁如何分类？各举一个牌号说明其编号意义、特点及应用实例。

6. 铸铁与钢相比，其性能有何不同？为什么一般机器的机座、机床的床身等常用灰铸铁制造？

7. 什么是热处理？常用的热处理工艺有哪些？何谓退火、正火、淬火？它们的主要作用分别是什么？

8. 写出低温回火、中温回火、高温回火的加热温度范围、回火目的，并举一应用实例。

9. 表面淬火通常适合哪些钢？应用于何种场合？表面渗碳通常适合哪些钢？应用于何种场合？

10. 铝合金和铜合金有何性能特点？

11. 列出常用工程塑料的名称、主要特性及应用举例。

第二篇

热　加　工

第二章　铸造

铸造是通过制造铸型、熔炼金属，再把金属熔液注入铸型，经凝固和冷却，从而获得所需铸件的成形方法。铸造可以生产出外形尺寸从几毫米到几十米、质量从几克到几百吨、结构从简单到复杂的各种铸件。铸件一般作为毛坯，需要经过机械加工后才能成为机器零件，少数对尺寸精度和表面粗糙度要求不高的零件也可以直接应用铸件。

铸造生产在国民经济中占有很重要的地位，广泛应用于工业生产的很多领域，特别是机械工业以及日常生活用品、公用设施、工艺品等的制造和生产。

铸造生产具有如下特点：

（1）适用范围广。铸件形状可以十分复杂，可获得机械加工难以实现的复杂内腔。

（2）生产成本低。铸件的尺寸、形状与零件相近，节省了大量的材料和加工费用；铸造原料来源广泛，可以利用废旧金属材料，节约了成本和资源。

（3）工艺复杂，生产周期长，劳动条件差；铸件易产生缺陷且不易被发现。

常用的铸造方法有砂型铸造和特种铸造两大类。

第一节　砂型铸造

砂型铸造是利用砂型生产铸件的铸造方法。钢、铁和大多数有色合金铸件都可用砂型铸造方法获得。由于砂型铸造所用的造型材料价廉易得，铸型制造简便，对铸件的单件生产、成批生产和大量生产均能适应，因此砂型铸造是应用最广泛的一种铸造方法，其生产的铸件占铸件总量的80％以上。

一、砂型铸造工艺过程

砂型铸造的生产工艺过程主要包括：①模样、芯盒、型砂、芯砂的制备；②造型、造芯；③合箱；④熔化金属及浇注；⑤落砂、清理及检验等。砂型铸造生产工艺过程如图2-1所示。

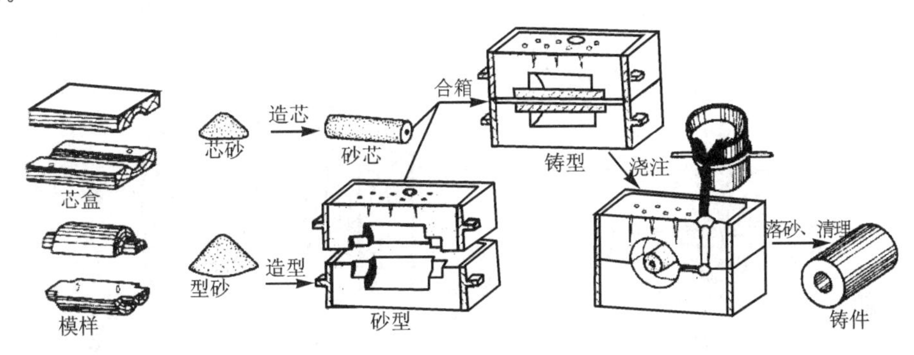

图2-1　砂型铸造生产工艺过程

二、模样和型芯盒

模样和型芯盒是制造砂型和型芯的模具。模样用来造型制得型腔以形成铸件的外形。型芯盒用来制芯，主要用来获得铸件的内腔，也可部分或全部用型芯组成铸型的外形，以简化某些复杂铸件的造型。

生产中常用的模样有木模、金属模和塑料膜等。

根据铸件的复杂程度和造型方法不同，模样分为整体模和分开模。模样是一个整体的称为整体模。模样由两部分或更多部分组成的，称为分开模。分开模样的交界面称为分模面。

制造模样和型芯盒时要考虑以下几个因素：

(1) 分型面。分型面是指砂型的分界面。分型面决定了造型方法及模样的类型。选择分型面时，必须使造型、起模方便。

(2) 收缩量。液态金属冷凝后会收缩，导致铸件尺寸减小，因此模样的尺寸应比铸件尺寸大些。预先放大的尺寸称为收缩量，常以金属的线收缩率表示，如灰口铸铁的收缩率为 0.7%～1.0%，铸钢为 1.5%～2.0%，有色金属为 1.0%～1.5%。

(3) 起模斜度。为了便于从砂型中取出模样，凡垂直于分型面的模样表面都应有 1°～3°的斜度，称为起模斜度。

(4) 加工余量。铸件为后面的机械加工预留的加工尺寸称为加工余量，根据零件的加工要求选定加工余量。

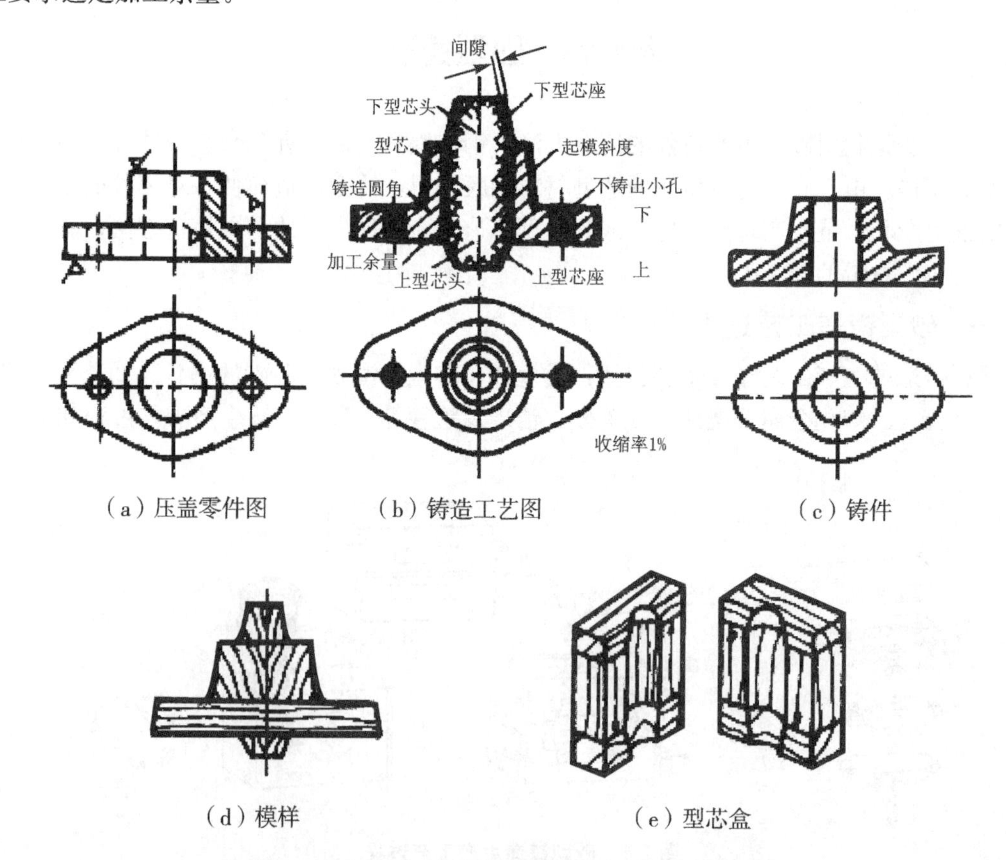

(a) 压盖零件图　(b) 铸造工艺图　(c) 铸件

(d) 模样　(e) 型芯盒

图 2-2　压盖的零件图、铸造工艺图、铸件、模样及型芯盒

（5）铸造圆角　为了防止铸件交角处产生缩孔、裂纹等缺陷，模样上两相邻表面之间的交角应做成圆角。

（6）型芯头　在需要放置型芯的相应部位，模样上应做出型芯头，用于定位、支撑型芯及排气等。

图 2-2 所示为压盖的零件图、铸造工艺图以及铸件模样图和型芯盒。

三、造型材料

制造砂型和型芯的造型材料称为型砂。

型砂通常由原砂、黏结剂和附加物等按一定比例配制而成。原砂为耐高温材料，是型砂的主体，常用二氧化硅含量较高的硅砂或海（河）砂作为原砂。

型砂的质量直接影响铸件的质量，因此型砂应具备如下基本性能：

（1）强度。型砂抵抗外力破坏的能力。若强度不好，砂型可能塌落或被金属液冲毁，易在铸件上产生砂眼、夹砂和塌陷等缺陷。

（2）耐火度。在高温的液态金属作用下，型砂不被烧结或熔化的能力。耐火度低，易在铸件表面产生粘砂等缺陷，使切削加工困难。

（3）透气性。气体通过紧实的砂型而逸出的能力。透气性不好，易在铸件上产生气孔等缺陷。

（4）退让性。铸件冷却收缩时，型砂可被压缩的能力。退让性差，铸件易产生内应力或开裂。

由于型芯在浇注时受到金属液体的冲刷，浇注后又被高温液态金属包围，因此芯砂的强度、耐火度、透气性和退让性都比型砂要求高。

四、造型方法

造型是指用造型材料及模样等工艺装备制造铸型的过程。在两箱砂型铸造中，铸型包含上、下砂箱以及砂型、砂芯和浇注系统等，如图 2-3 所示。

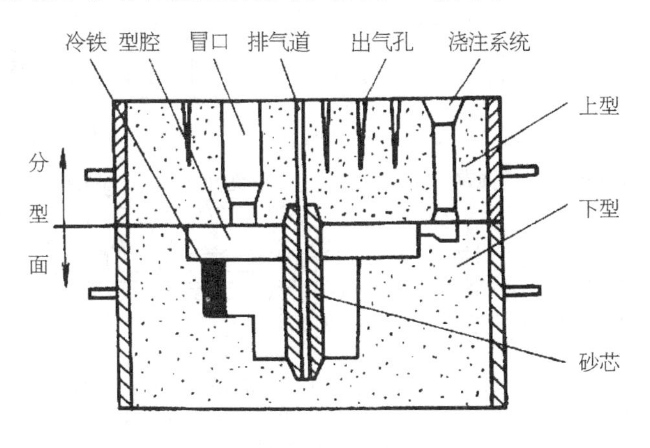

图 2-3　铸型装配图

造型是铸造生产中最主要的工序之一，它对保证铸件质量具有重要影响。造型方法分为手工造型和机器造型两种。

1. 手工造型

手工造型是指全部用手工或手动工具完成的造型工序。其工艺装备简单、操作灵活、适应性强，但造型质量受到操作者技术水平的限制，生产率低，劳动强度大，多用于单件、小批量生产。

常用的手工造型方法有：

（1）整模造型。整模造型的模样为整体结构，最大截面（即分型面）在模样一端且是平面。造型时，模样置于一个砂箱内，可避免错箱，其造型过程如图 2-4 所示。

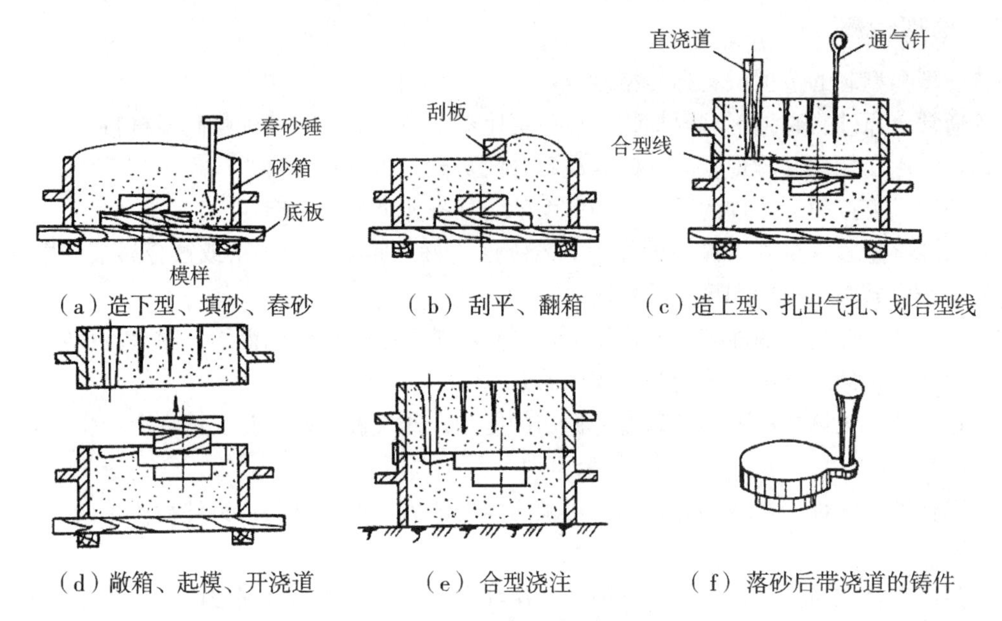

图 2-4　齿轮铸件的整模造型过程

（2）分模造型。分模造型的模样沿分型面分为两半，造型时，两半模样分别置于上箱和下箱内，其造型过程如图 2-5 所示。

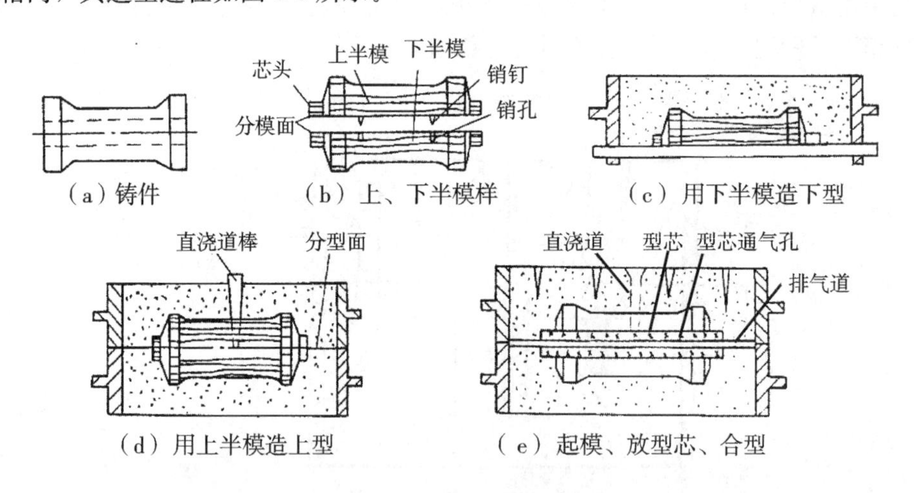

图 2-5　分模两箱造型过程

（3）挖砂造型。挖砂造型的模样通常是做成整体结构，但它的分型面是模样的某个不规则曲面。因此，造型时要将妨碍起模的型砂挖掉。手轮的挖砂造型过程如图 2-6 所示。

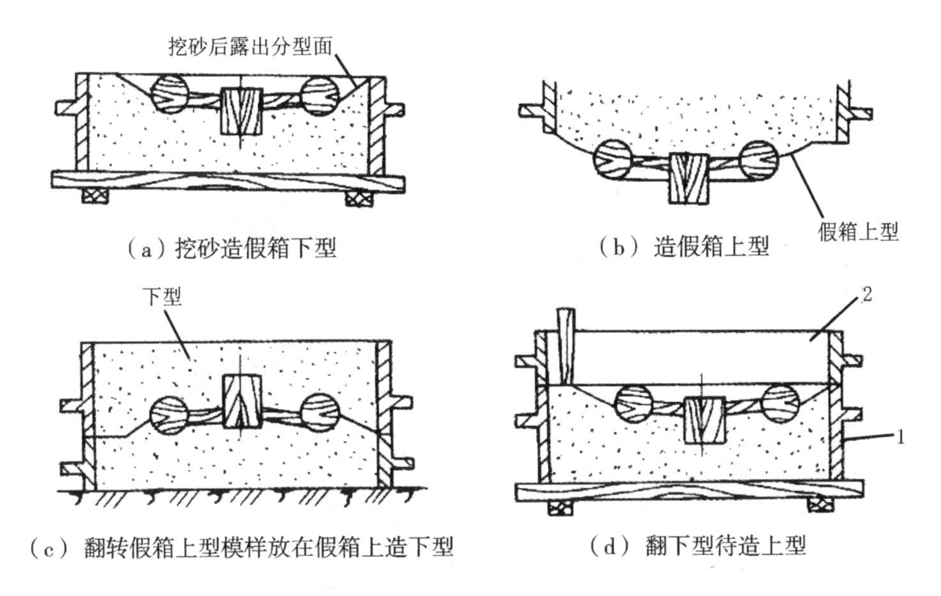

(a) 挖砂造假箱下型
(b) 造假箱上型
(c) 翻转假箱上型模样放在假箱上造下型
(d) 翻下型待造上型

图 2-6　手轮铸件挖砂造型过程

(4) 活块造型。将模样局部阻碍起模的凸台做成活块，起模时先取出主体模样，再从侧面取出活块。其造型过程如图 2-7 所示。

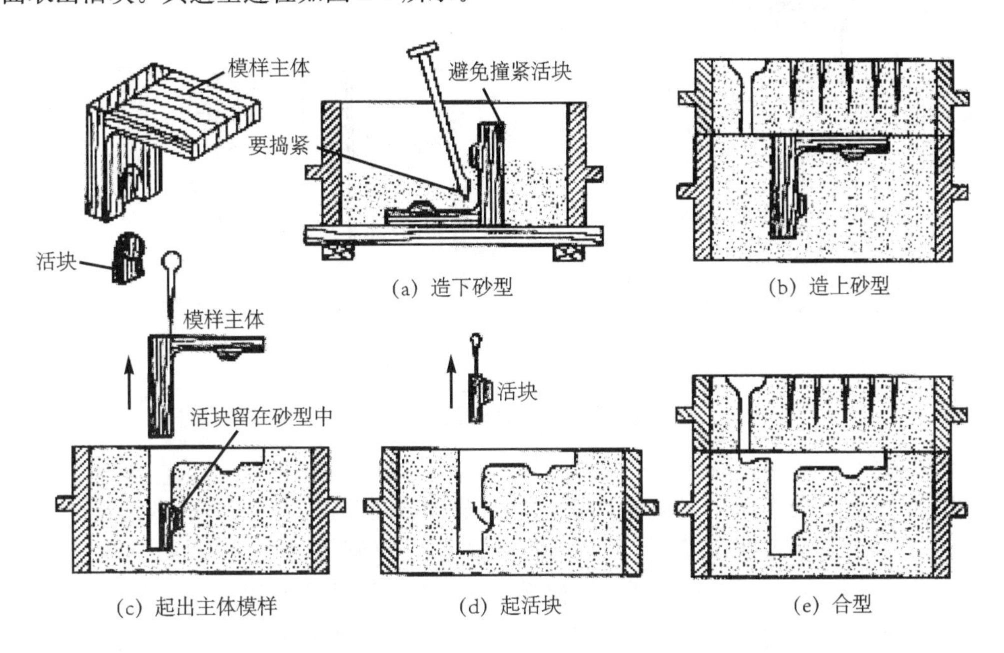

(a) 造下砂型
(b) 造上砂型
(c) 起出主体模样
(d) 起活块
(e) 合型

图 2-7　活块造型

另外，还有三箱造型（图 2-8）和刮板造型等方法。

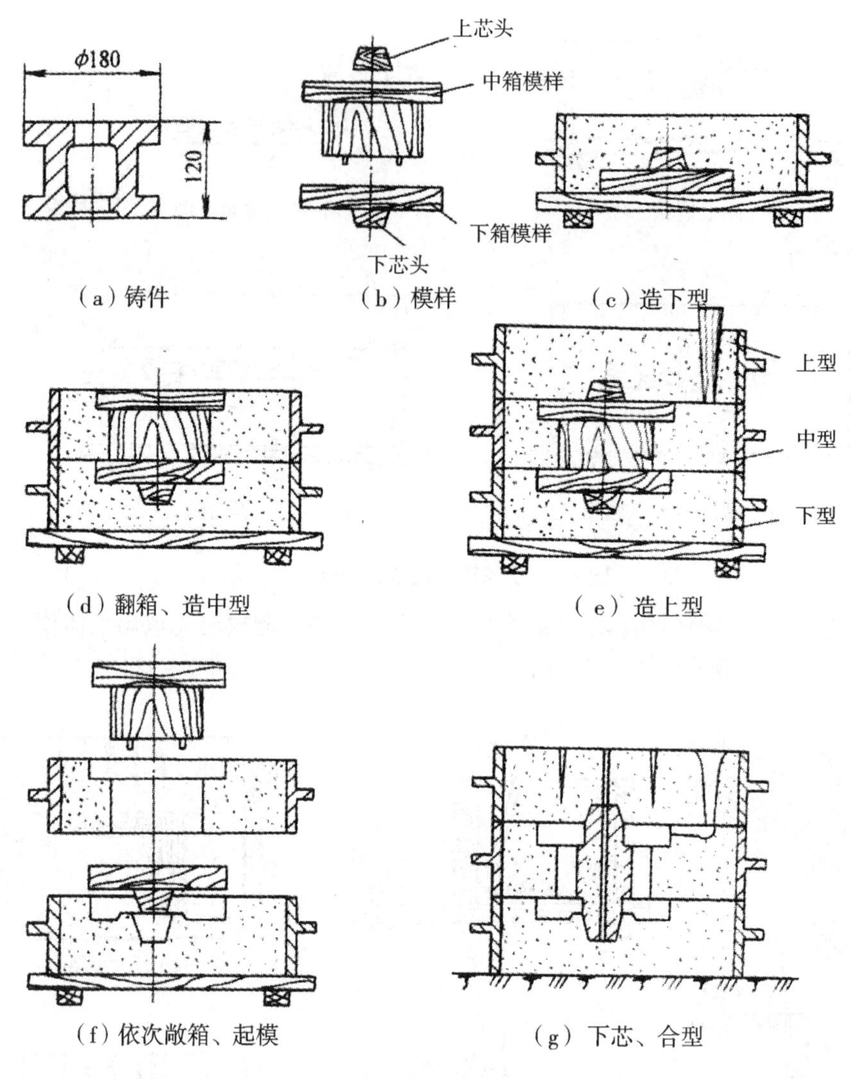

图 2-8　槽轮的三箱造型

2. 机器造型

机器造型是用机器完成全部或至少完成紧砂操作的造型方法，是现代化砂型铸造生产的基本生产方式。与手工造型相比，机器造型可显著提高铸件质量和铸造生产率，改善工人的劳动条件，但是对产品变化的适应性比手工造型差。机器造型的设备投资较大，需由专门造上砂箱和下砂箱的两台机器配对组成生产线，故机器造型不适用于三箱造型。图 2-9 为震实式造型机的工作过程。

(1) 填砂过程。如图 2-9a 所示，将砂箱 3 放在模板 2 上，由输送带送来的型砂通过漏斗填满砂箱。

(2) 震实过程。如图 2-9b 所示，使压缩空气经震击活塞 4、压实活塞 5 中的通道进入震击活塞的底部，顶起活塞、模板及砂箱。当活塞上升到出气孔位置时，将气体排出。震击活塞、模板、砂箱等因自重一起下落，发生撞击震动。然后，压缩空气再次进入震击活塞底部，如此循环，连续撞击，使砂箱下部型砂被震实。

（3）压实过程。如图 2-9c 所示，将压头 1 转到砂箱上方，然后，使压缩空气通过进气孔进入压实气缸 6 的底部，使活塞 5 上升将型砂压实。

（4）起模过程。如图 2-9d 所示，将压缩空气通过进气孔 7 进入气缸 8 底部，推动顶杆 9 上升，使砂箱被顶起而脱离模板，实现起模。

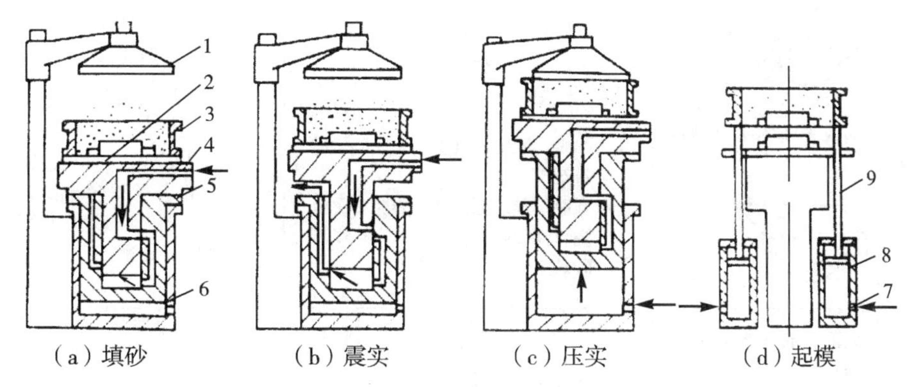

1-压头；2-模板；3-砂箱；4-震击活塞；5-压实活塞；6-压实气缸；7-进气孔；8-气缸；9-顶杆

图 2-9 震实式造型机造型过程

五、浇注系统

浇注系统是指液态金属流入铸型型腔的通道，通常由浇口盆、直浇道、横浇道、内浇道等组成，如图 2-10 所示。

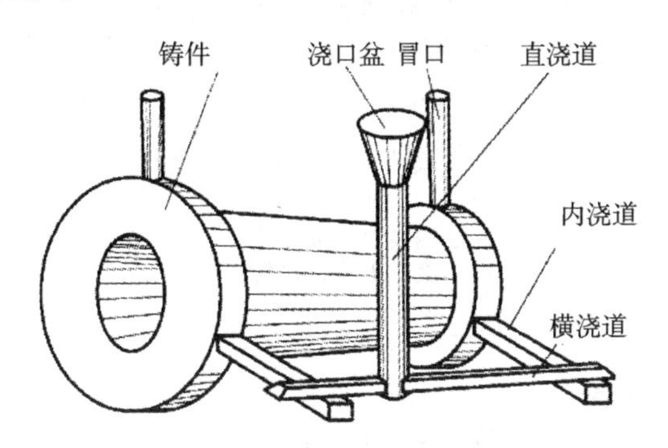

图 2-10 浇注系统的组成

六、铸件缺陷分析

由于铸造生产工序繁多，生产过程影响因素多，因而易于形成各种铸件缺陷。常见的铸件缺陷及产生原因如表 2-1 所示。

表 2-1 铸件的常见缺陷及产生原因

名称	特征	产生的主要原因	预防的主要措施
气孔	铸件内部或表面的光滑孔眼，多呈圆形	（1）铸型透气性差，紧实度过高 （2）起模刷水过多，型砂太湿 （3）浇注温度偏低 （4）型芯、浇包未烘干	（1）严格控制型砂、芯砂的湿度 （2）合理安排排气孔道 （3）提高砂型的透气性
砂眼	铸件内部或表面的带有砂粒的孔眼	（1）型砂强度不够或局部掉砂、冲砂 （2）型腔、浇注系统内散砂未吹净 （3）浇注系统不合理，冲坏砂型、砂芯	（1）提高型砂、芯砂的强度 （2）严格造型和合箱的操作规范，防止散砂落入型腔并且稳妥合箱
缩孔	铸件厚大部分有不规则的内壁粗糙的孔洞 缩孔	（1）铸件设计不合理，壁较薄 （2）合金流动性差 （3）浇注温度低，浇注速度慢	（1）合理设计冒口 （2）控制好浇注温度
黏砂	铸件表面黏有砂粒，表面粗糙	（1）浇注温度太高 （2）型砂选用不当，耐火性差 （3）砂型紧实度太低，型腔表面不致密	（1）提高型砂的耐火度 （2）适当加厚涂料层 （3）控制好浇注温度
浇不足	铸件未浇满	（1）合金流动性差或浇注温度过低 （2）铸件壁太薄 （3）浇注速度过慢或断流 （4）浇注系统太小，排气不畅	（1）提高浇注温度和速度 （2）保持有足够的金属液
冷隔	铸件上有未完全熔合的接缝	（1）铸件设计不合理，壁较薄 （2）合金流动性差 （3）浇注温度低，浇注速度慢	（1）提高浇注温度，浇注不要中断 （2）合理开设浇注系统
裂纹	铸件开裂，裂纹处呈氧化色 裂纹	（1）型（芯）砂退让性差 （2）铸件薄厚不均，收缩不一致 （3）浇注温度太高 （4）合金含硫、磷较高	（1）合理设计铸件结构 （2）规范落砂及清理操作
错型	铸件在分型面处错开	（1）合型时上、下型错位 （2）造型时上、下模有错移 （3）上、下砂箱未夹紧 （4）定位销或记号不准	（1）尽可能采用整模在一个砂箱内造型 （2）采用能准确定位和定向的砂箱

（续表）

名称	特征	产生的主要原因	预防的主要措施
偏心	铸件孔的位置偏移中心线	(1) 下芯时型芯下偏 (2) 型芯本身弯曲变形 (3) 芯座与芯头尺寸不配，或之间的间隙过大 (4) 浇口位置不当，金属液冲歪型芯	(1) 提高型芯强度 (2) 下芯前检查与修型
夹砂	铸件表面有一层瘤状物或金属片状物，表面粗糙，与铸件间夹有一层型砂	(1) 型砂受热膨胀，表层鼓起或开裂 (2) 型砂湿态强度较低 (3) 砂型局部过紧，水分过多 (4) 内浇道过于集中，使局部砂型烘烤严重 (5) 浇注温度过高，浇注速度太慢	(1) 提高砂型强度 (2) 控制浇注温度
变形	铸件发生弯曲、扭曲等变形	(1) 铸件结构设计不合理，壁厚不均匀 (2) 铸件冷却时收缩不均匀 (3) 落砂时间过早	改进铸件结构设计

第二节　特种铸造

随着科学技术的发展和生产水平的提高，对铸件质量、劳动生产率、劳动条件和生产成本有了进一步的要求，因而铸造生产有了很大的发展，创造了各种与砂型铸造不同的其他铸造方法。特种铸造是指砂型铸造以外的其他铸造方法。常用的特种铸造方法有熔模铸造、陶瓷型铸造、金属型铸造、压力铸造、离心铸造等。

一、熔模铸造

熔模铸造是用易熔材料（如石蜡、硬脂酸）制成蜡模组，在蜡模组表面上涂敷几层耐火材料，硬化成壳，加热型壳熔去蜡模，然后焙烧，即成为浇注用的铸型，如图 2-11 所示。熔模铸造适用于形状复杂、精度高、难以加工的小型铸件。

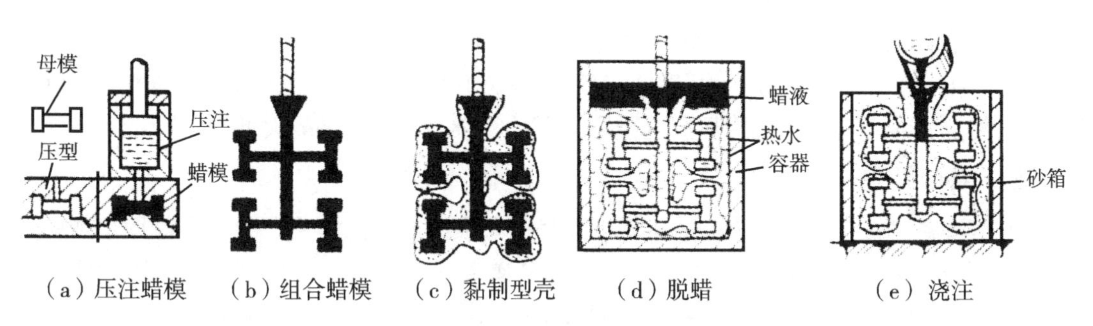

(a) 压注蜡模　(b) 组合蜡模　(c) 黏制型壳　(d) 脱蜡　(e) 浇注

图 2-11　熔模铸造过程

二、陶瓷型铸造

陶瓷型铸造是利用陶瓷质耐火材料制成铸型，如图 2-12 所示。陶瓷型铸造兼有砂型铸造和熔模铸造的优点，操作及设备简单，铸型精度高，是各种模具常用的精密铸造方法。

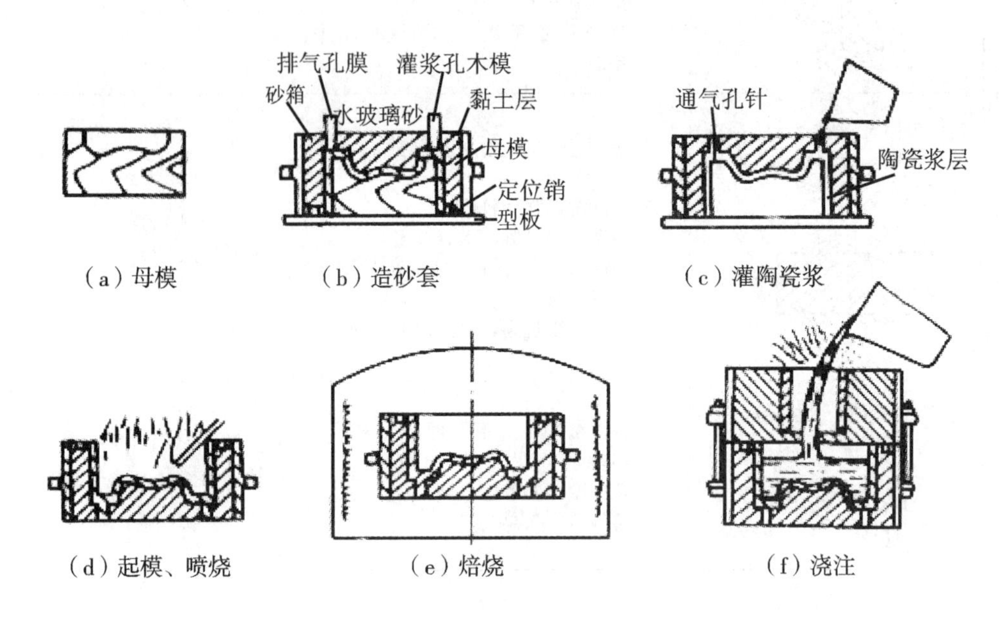

图 2-12　陶瓷型铸造主要工艺过程

三、金属型铸造

金属型铸造是用钢或铸铁等耐热金属制成铸型，用于浇铸低熔点合金铸件的铸造方法，如图 2-13 所示。铸型可以反复使用，并且金属型散热快，铸件组织致密，力学性能好。

金属型铸造主要适用于形状较简单、壁厚均匀且不太薄，大批量生产的有色金属材料。

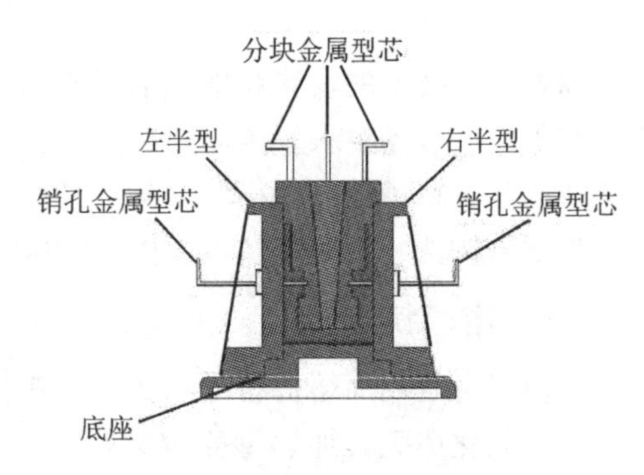

图 2-13　金属型铸造

四、压力铸造

压力铸造是将液态金属在高压作用下迅速压入金属铸型中，并在压力下冷却凝固获得铸件的一种铸造方法，如图 2-14 所示。由于它是高压、高速成形，生产率高，且又在压力下结晶凝固，故铸件具有组织致密、力学性能好、尺寸精度高等特点。压力铸造主要用于有色金属、形状复杂、薄壁小件的大批量生产。

五、离心铸造

离心铸造是将液态金属浇入高速旋转的铸型中，在离心力的作用下充型并凝固形成铸件的一种铸造方法，如图 2-15 所示。由于液态金属是在离心力的作用下凝固，因而组织致密，无缩孔、气孔、渣眼等缺陷，铸件的力学性能好，并且浇注空心旋转体铸件不需用型芯和浇注系统，简化了生产过程，金属损耗也少。离心铸造主要用于生产管类、筒类回转体铸件，也可生产双金属铸件及重力铸造难以生产的薄壁铸件。

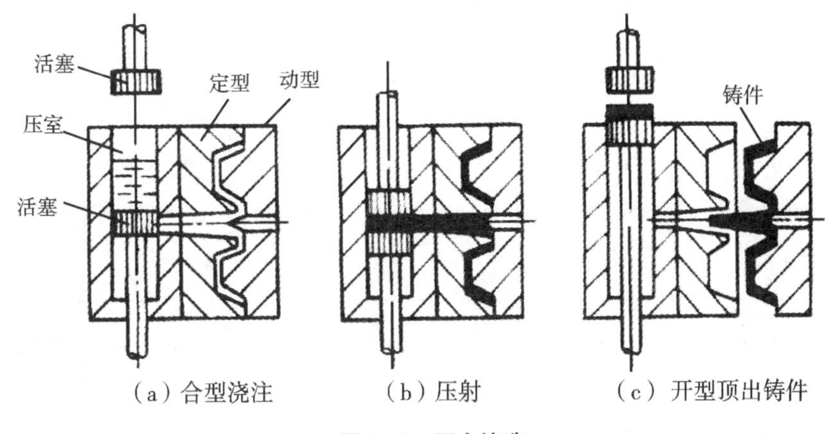

（a）合型浇注　　（b）压射　　（c）开型顶出铸件

图 2-14　压力铸造

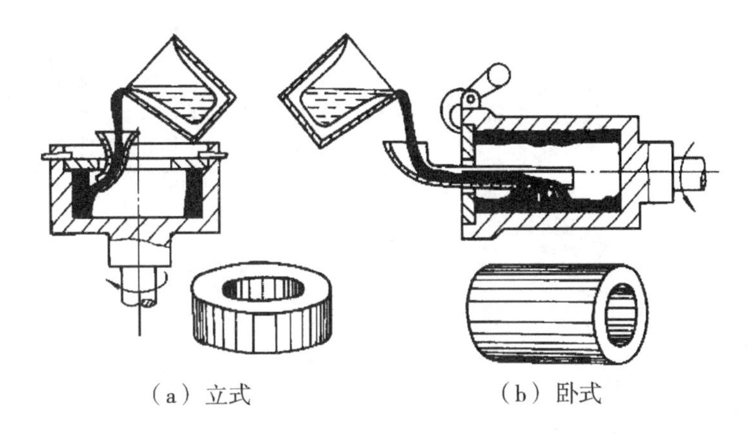

（a）立式　　（b）卧式

图 2-15　离心铸造示意图

六、常用铸造方法比较

各种铸造方法都有其特点及应用范围，在选择铸造方法时，只有对铸件的合金性质、结构、质量要求、生产批量和条件、铸造经济性等进行全面分析比较，才能达到优质、高产、低成本的目的。几种铸造方法的比较如表 2-2 所示。

表 2-2　常用铸造方法的比较

铸造方法	砂型铸造	熔模铸造	陶瓷型铸造	金属型铸造	压力铸造	离心铸造
适用合金的范围	不限制	以碳钢和合金钢为主	以高熔点合金为主	以有色合金为主	用于有色合金	多用于黑色金属、铜合金
适用铸件的大小及重量范围	不限制	一般小于 25 kg	大中型件，最大达数吨	中小件，铸钢可达数吨	一般中小型铸件	中小件
铸件尺寸精度	IT15～IT14	IT14～IT11	IT10～IT7	1T14～IT12	1T13～IT11	1T14～IT12
适用铸件的最小壁厚范围 /mm	灰铸铁件 3，铸钢件 5，有色合金 3	通常 0.7，孔 ϕ1.5～ϕ2.0	通常 > 1，孔>ϕ2	铝合金 2～3，铸铁>4，铸钢>5	铜合金<2，其他 0.5～1，孔 ϕ7	最小内孔为 ϕ7

（续表）

铸造方法	砂型铸造	熔模铸造	陶瓷型铸造	金属型铸造	压力铸造	离心铸造
表面粗糙度/μm	粗糙	12.5～1.6	12.5～3.2	12.5～6.3	3.2～0.8	—
尺寸公差/mm	100±1.0	100±0.3	100±0.35	100±0.4	100±0.3	—
金属利用率/%	70	90	90	70	95	70～90
铸件内部质量	结晶粗	结晶粗	结晶粗	结晶细	结晶细	结晶细
生产率（在适当机械化、自动化后）	可达 240 箱/时	中等	低	中等	高	高
应用举例	各类铸件	刀具、机械叶片、测量仪表、电机设备等	各类模具	发动机、汽车、飞机、拖拉机、电器零件等	汽车、电器仪表、照相器材、国防工业零件等	各种套、环、筒、辊、叶轮等

复习思考题

1. 砂型铸造工艺有哪些特点？
2. 砂型铸造包括哪些主要生产工序？
3. 铸型由哪几部分组成？试说明各部分的作用。
4. 型砂的组成包括哪些？对型砂性能有哪些要求？
5. 起模时为什么要在模样周围涂水，多涂好吗？起模时用铁棒敲起模针起什么作用？
6. 手工造型方法主要有哪几种？手工造型与机器造型各具有什么优缺点？
7. 典型的浇注系统有哪几部分？各部分的作用是什么？
8. 浇口设计不当，容易引起什么铸造缺陷？
9. 如果两箱造型上下型箱没有定位位置，用什么办法解决？
10. 铸型合箱后为什么要扣箱、加压铁？
11. 浇注温度过高和过低会出现什么问题？
12. 试述气孔、缩孔、砂眼、夹杂四种缺陷的特征。
13. 有缺陷铸件是否都是废品？

第三章　锻　压

锻压是锻造和冲压的总称，属于金属压力加工生产方法的一部分。

锻造可使金属材料在外力作用下产生塑性变形，从而获得所需尺寸、形状及性能改善。金属材料经过锻造后，其内部组织更加致密，成分均匀，晶粒细化，且形成有利的纤维组织，从而提高了材料的力学性能。锻造在国民经济中占有很高地位，在国防工业、机床制造业、电力工业、农业等领域应用非常广泛，齿轮、机床主轴、汽车曲轴、起重机吊钩等都是以锻件为毛坯加工的。按所用的设备和工（模）具的不同，锻造可分为自由锻、胎模锻和模锻；根据锻造温度的不同，锻造可分为热锻、温锻和冷锻。

冲压是在压力作用下，通过模具使板料产生分离或变形的一种方法。冲压件具有结构轻、刚度大等优点，是板料成形的主要方法，在各种机械、仪器、仪表、电子器件以及各种生活用品中占有重要地位。

用于锻压的材料必须具有良好的塑性，以便在压力加工时易产生塑性变形而不破坏。低碳钢、铜、铝及其合金等可用于锻压，铸铁等脆性材料不能进行锻压加工。

第一节　锻造

一、下料

下料是根据锻件的形状、尺寸和重量从选定的原材料上截取相应的坯料。中小型锻件一般以热轧圆钢或方钢为原材料。锻件坯料的下料方法主要有剪切、锯割、氧-乙炔气切割等。

二、金属（坯料）的加热

1. 加热目的

锻造前对金属坯料加热，其目的是为了提高坯料的塑性，降低变形抗力，以改善锻造性能。随着温度的升高，金属材料的强度降低而塑性增加，因此可以用较小的外力使坯料产生较大的塑性变形而不破裂。

2. 锻造温度范围

金属的加热应控制在始锻温度与终锻温度范围内。当加热温度过高时，晶粒急剧长大，使金属的力学性能降低，这种现象称为“过热”。若加热温度更高（接近熔点），晶粒边界被氧化甚至熔化，破坏了晶粒间的结合，使金属完全失去锻造性能而成为无法挽救的废料，这种现象称为“过烧”。锻造时，金属允许加热的最高温度称为始锻温度。

金属在锻造过程中，随着温度逐渐降低，塑性也降低，变形抗力增大，不但锻造困难，而且容易开裂，因此，必须停止锻造。金属允许锻造的最低温度称为终锻温度。

常用金属材料的锻造温度范围如表 3-1 所示。

表 3-1　常用材料的锻造温度范围

材料种类	始锻温度/℃	终锻温度/℃
低碳钢	1 200～1 250	800
中碳钢	1 150～1 200	800
合金结构钢	1 100～1 180	850
低合金工具钢	1 100～1 150	850
铝合金	450～500	350～380
铜合金	800～900	650～700

三、锻造方法

按变形温度，锻造又可分为热锻（锻造温度高于坯料金属的再结晶温度）、温锻（锻造温度低于金属的再结晶温度）和冷锻（常温）。钢的开始再结晶温度约为 727 ℃，但一般采用 800 ℃作为划分线，高于 800 ℃的称为热锻，在 300～800 ℃的称为温锻或半热锻。根据坯料的移动方式，锻造可分为自由锻、挤压、模锻、闭式模锻、闭式镦锻。根据锻模的运动方式，锻造又可分为摆辗、摆旋锻、辊锻、楔横轧、辗环和斜轧等方式。摆辗、摆旋锻和辗环也可用于精锻加工。

根据采用的设备、工具和成形方式的不同，常用锻造方法可分为自由锻和模锻。

1. 自由锻

自由锻是利用冲击力或压力使金属坯料在锻造设备的上下砥铁之间产生变形，从而获得所需形状及尺寸的锻件。

自由锻所用设备根据它对坯料作用力的性质，分为锻锤和液压机两大类。锻锤是利用产生冲击力使金属坯料变形，生产中使用的锻锤是空气锤和蒸汽-空气锤，用来锻造小型或中小型锻件。液压机是利用产生的静压力使金属坯料变形，生产中使用的液压机主要是水压机，用来锻造大型锻件。

自由锻工序按其作用不同分为基本工序、辅助工序、精整工序三大类。

自由锻的基本工序是使金属坯料产生一定程度的塑性变形，以达到所需形状和尺寸的工艺过程。如镦粗、拔长、弯曲、冲孔、切割、扭转和错移等，如表 3-2 所示。

表 3-2　自由锻的基本工序

名称	用途	简图
镦粗	降低坯料高度，增加截面面积	注：镦粗部分高度 H 与直径 D 之比要小于或等于 2.5，否则容易产生纵向弯曲。
冲孔	在坯料上锻制出通孔（厚料用双面冲孔）	（a）单面冲孔　（b）双面冲孔

（续表）

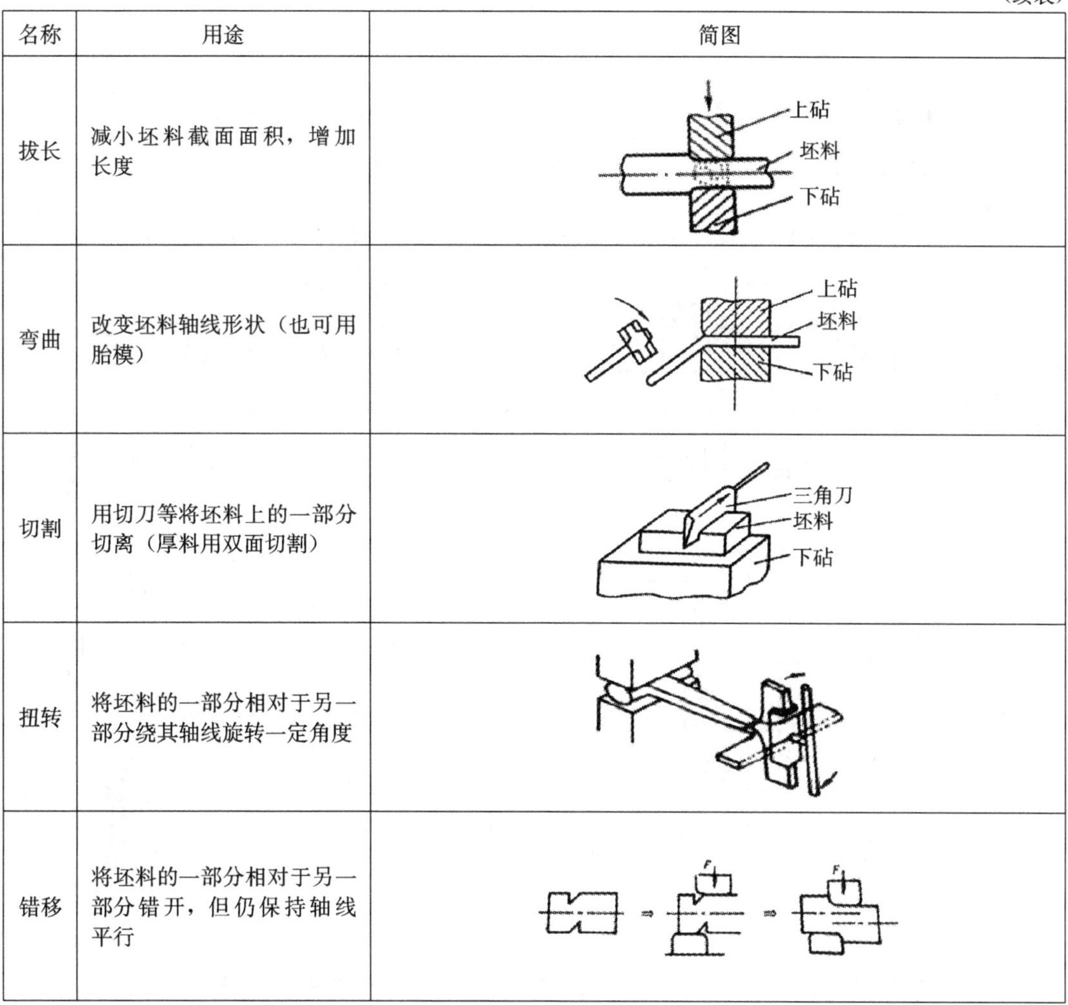

名称	用途	简图
拔长	减小坯料截面面积，增加长度	上砧 坯料 下砧
弯曲	改变坯料轴线形状（也可用胎模）	上砧 坯料 下砧
切割	用切刀等将坯料上的一部分切离（厚料用双面切割）	三角刀 坯料 下砧
扭转	将坯料的一部分相对于另一部分绕其轴线旋转一定角度	
错移	将坯料的一部分相对于另一部分错开，但仍保持轴线平行	F F

典型的自由锻件示例如表 3-3 和表 3-4 所示。

表 3-3　齿轮坯自由锻造过程

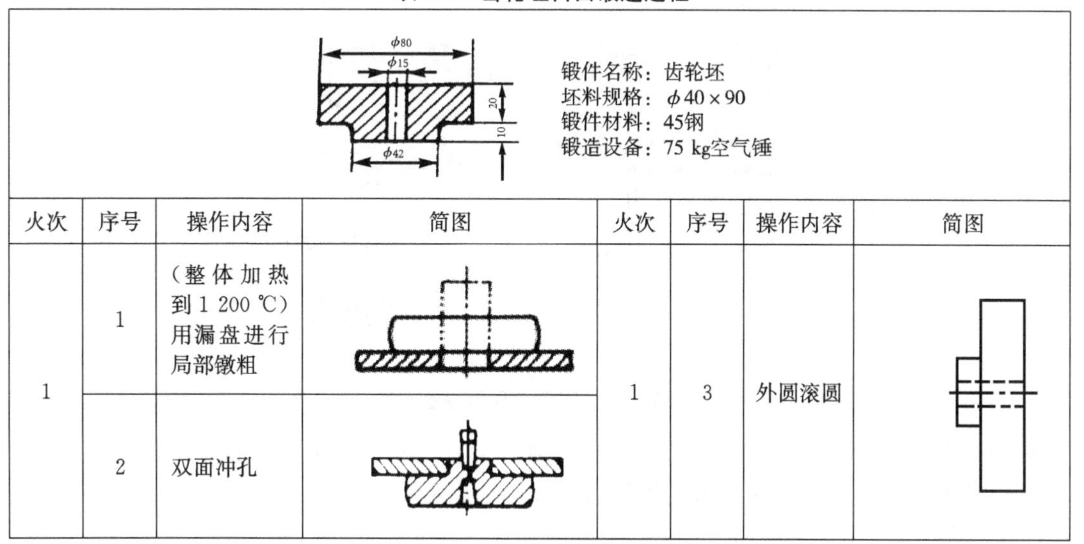

锻件名称：齿轮坯
坯料规格：$\phi 40 \times 90$
锻件材料：45钢
锻造设备：75 kg空气锤

火次	序号	操作内容	简图	火次	序号	操作内容	简图
1	1	（整体加热到 1 200 ℃）用漏盘进行局部镦粗		1	3	外圆滚圆	
	2	双面冲孔					

表 3-4　六角螺栓的自由锻过程

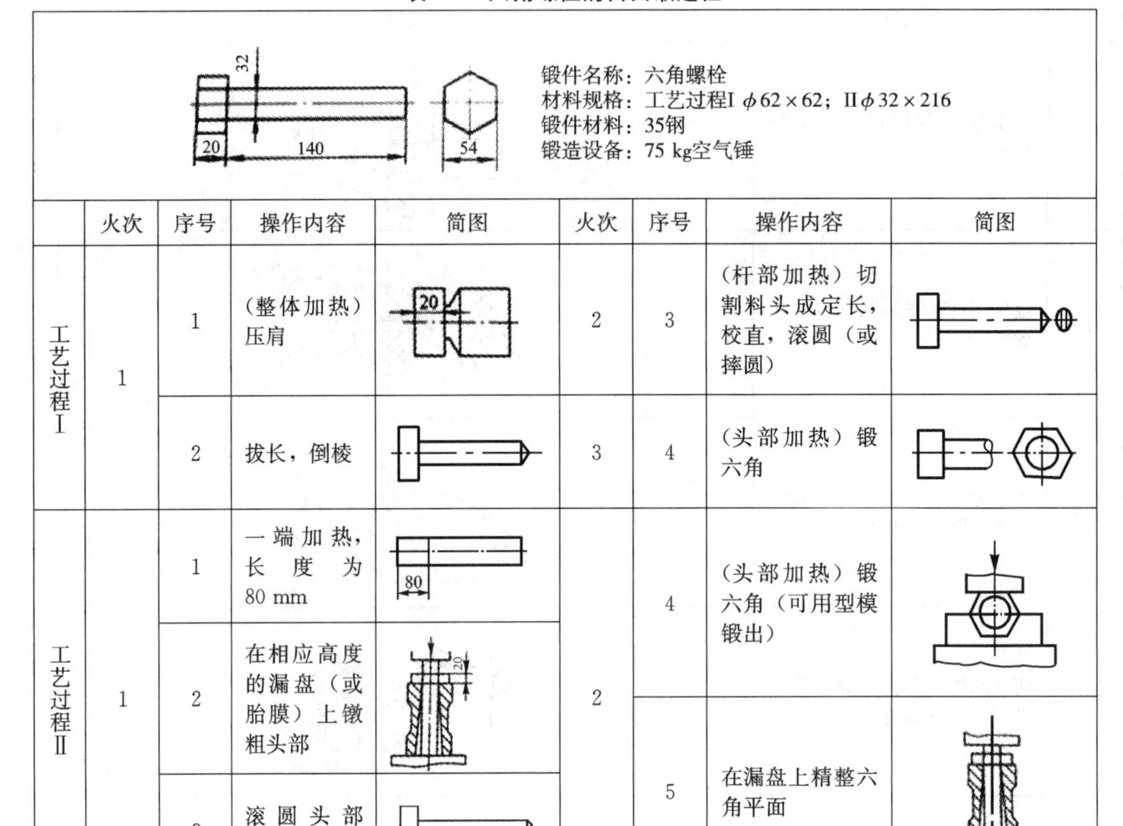

锻件名称：六角螺栓
材料规格：工艺过程Ⅰ $\phi 62 \times 62$；Ⅱ$\phi 32 \times 216$
锻件材料：35钢
锻造设备：75 kg空气锤

	火次	序号	操作内容	简图	火次	序号	操作内容	简图
工艺过程Ⅰ	1	1	（整体加热）压肩		2	3	（杆部加热）切割料头成定长，校直，滚圆（或摔圆）	
		2	拔长，倒棱		3	4	（头部加热）锻六角	
工艺过程Ⅱ	1	1	一端加热，长度为80 mm		2	4	（头部加热）锻六角（可用型模锻出）	
		2	在相应高度的漏盘（或胎膜）上镦粗头部			5	在漏盘上精整六角平面	
		3	滚圆头部（可用摔模）					

2. 模锻

模锻是将加热后的坯料置于模膛内受压变形，使其充满模膛而获得锻件的方法。有锤上模锻、热模锻压力机上模锻、平锻机上模锻等。锤上模锻的工作原理如图 3-1 所示。

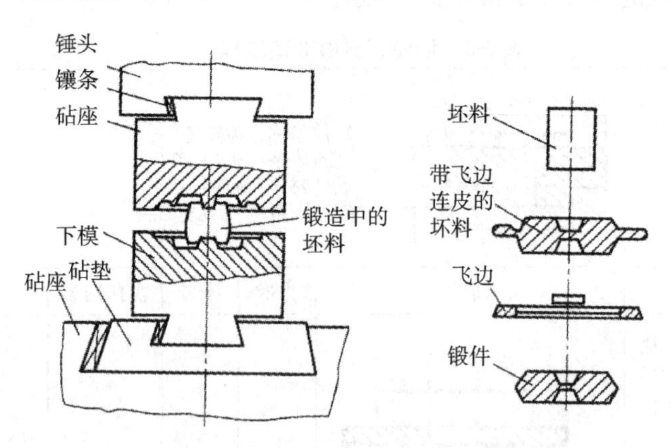

图 3-1　锤上模锻工作示意图

模锻生产率高，锻件形状较复杂、尺寸精确、加工余量小，模具成本高，多适用于中小型锻件的大批量生产。汽车摇臂的模锻过程如图 3-2 所示。

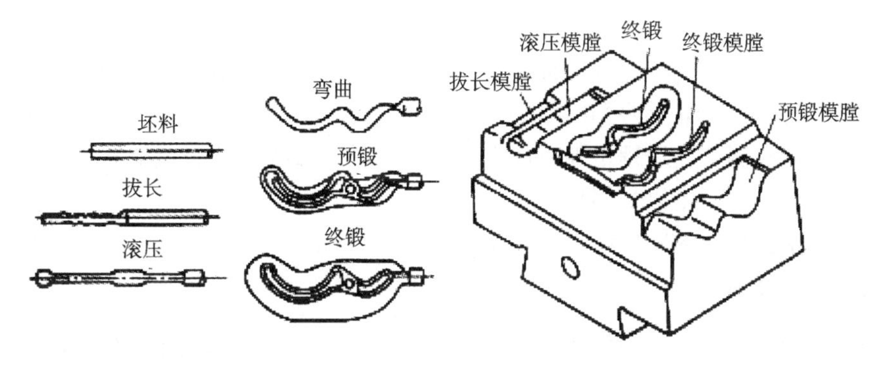

图 3-2　汽车摇臂的模锻过程

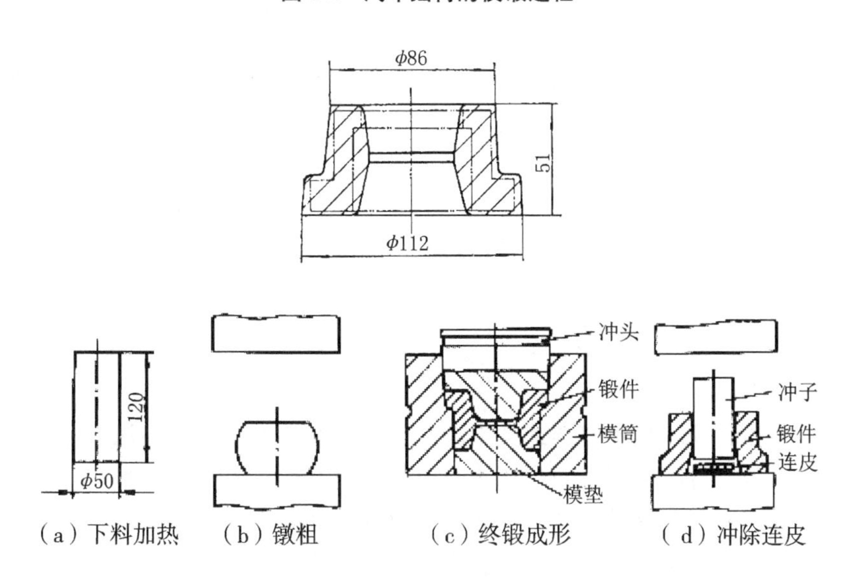

图 3-3　法兰盘胎膜锻示意图

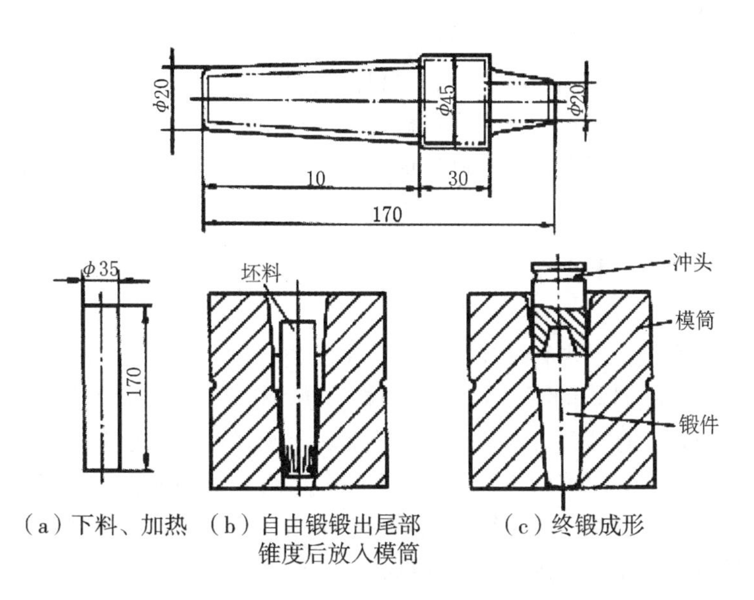

图 3-4　钻卡头接柄锻件图

3. 胎模锻

胎模锻是自由锻变化到模锻的一种过渡方式，它是在自由锻造设备上使用简单的模具（胎模）来生产模锻件。胎模锻用自由锻方法制坯，在胎模中终锻成形。胎模不是固定在锻锤上的，锻造时根据工艺过程可随时放上或取下。胎模锻生产比较灵活，它适合于中小批量简单锻件的生产，但胎模易损坏。

法兰盘和钻卡头接柄的胎模锻如图 3-3 和图 3-4 所示。

四、锻件的冷却

锻件的冷却是指锻件从终锻温度至室温的过程。如果冷却方式选择不当，易产生裂纹，使锻件报废。锻件的冷却方式有以下三种：

（1）空冷。将锻件放在空气中冷却，它是一种冷却速度较快的方式。

（2）坑冷。将锻件放在填有石灰或砂子的地坑里或箱中冷却，它的冷却速度小于空冷。

（3）炉冷。将锻件放人炉中缓慢冷却，它的冷却速度最慢。

通常，碳素结构钢和低合金钢的中小型锻件锻后均采用空冷；成分较复杂的高碳钢、合金钢锻件应采用坑冷；厚截面的大型锻件可采用炉冷。

第二节　板料冲压

板料冲压是利用冲模使板料分离或变形，从而获得冲压件的加工方法。这种加工方法多在常温下进行，故又称冷冲压。只有当板料厚度超过 8～10 mm 时，才采用热冲压。

板料冲压的原材料是具有较高塑性的金属材料（如低碳钢、铜及其合金、铝及其合金等）和非金属材料（如石棉板、硬橡皮、胶木板、皮革等）。

板料冲压具有如下特点：

（1）冲压件的尺寸精度较高、表面质量稳定、互换性好；

（2）冲压件重量轻、强度高、刚度大、材料消耗少；

（3）冲压操作简单，工艺过程易实现机械化和自动化，生产率高，产品成本低；

（4）冲模结构复杂、精度要求高、制造成本较高，故只适用于大批量冲压生产。

一、冲压设备

常用的冲压设备有冲床和剪床。

1. 冲床

冲床又称曲柄压力机，是进行冲压加工的基本设备。常用的冲床如图 3-5 所示。冲床的上模和下模分别安装在滑块的下端和工作台上，电动机通过 V 形胶带带动大带轮（飞轮）转动。踩下踏板，离合器闭合并带动曲轴旋转，再经过连杆带动滑块沿导轨作上下往复运动，进行冲压加工。如果将踏板踩下后立即抬起，离合器随即脱开，滑块冲压一次后便在制动器的作用下，停止在最高位置；如果踏板不抬起，滑块就进行连续冲压。滑块的上模的高度以及冲程的大小，可通过曲柄连杆机构进行调节。

2. 剪床

剪床又称剪板机，用于将板料切断。剪板机的外形及传动原理如图 3-6 所示。电动机带动带轮使轴 2 转动，通过齿轮传动及牙嵌离合器 3 带动曲轴 4 转动，使装有上刀片的滑块 5 上下运动，完成剪切动作。6 是工作台，其上装有下刀片。制动器 7 与离合器配合，可使滑块停在最高位置。

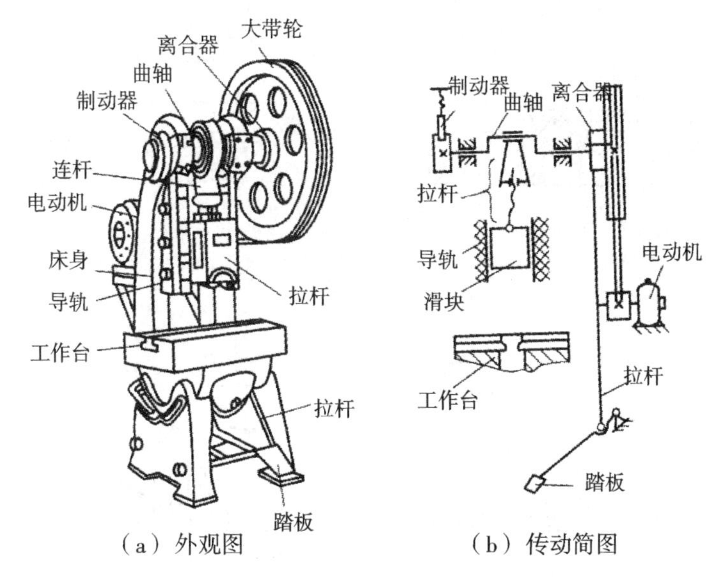

（a）外观图　　（b）传动简图

图 3-5　开式冲床

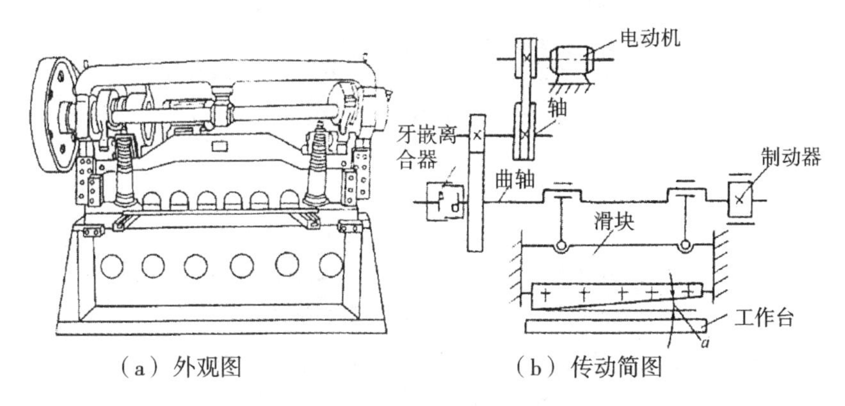

（a）外观图　　（b）传动简图

图 3-6　剪板机

二、冲压模具

冲压模具分为简单模、连续模和复合模。

简单模是在冲床的一次行程中只完成一道工序，如图 3-7 所示。它结构简单，容易制造，适用于小批量、低精度冲压件生产。

连续模是在冲床的一次行程中，在模具的不同部位上同时完成数道冲压工序，如图 3-8 所示。它生产效率高，易于实现自动化，但要求定位精度高，制造比较麻烦，成本也较高，适用于一般精度、大批量冲压件的生产。

复合模是利用冲床的一次行程，在模具的同一位置完成两道以上工序，如图 3-9 所示。它可保证较高的零件精度、平整性及生产率，但制造复杂，成本高，适用于高精度、大批量冲压件的生产。

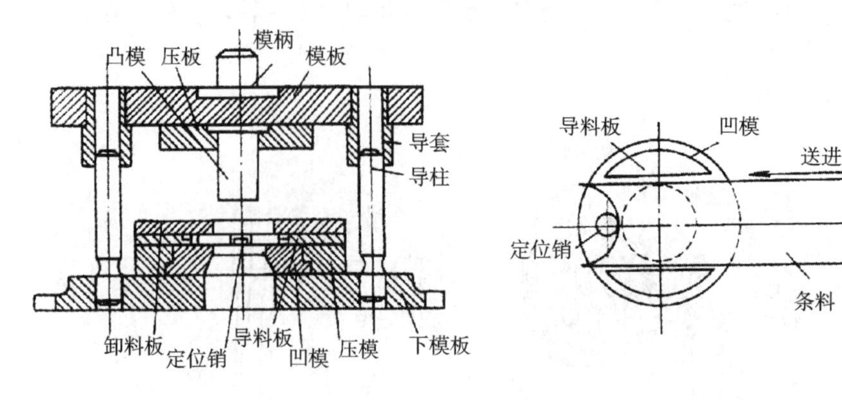

图 3-7　简单冲模

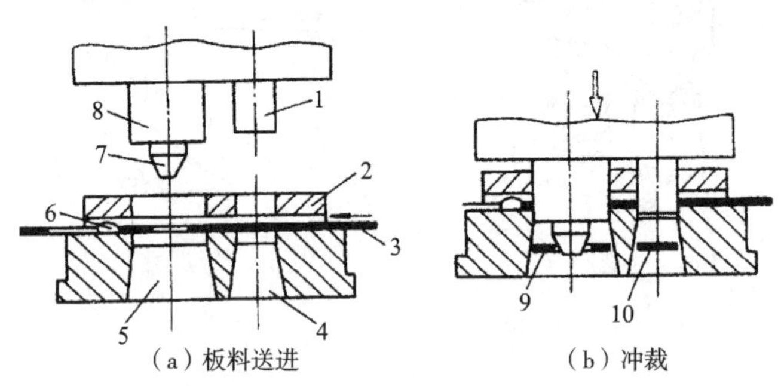

1–冲孔凸模；2–导板；3–条料；4–冲孔凹模；5–落料凹模
6–定位销；7–导正销；8–落料凸模；9–冲裁件；10–废料

图 3-8　连续冲模

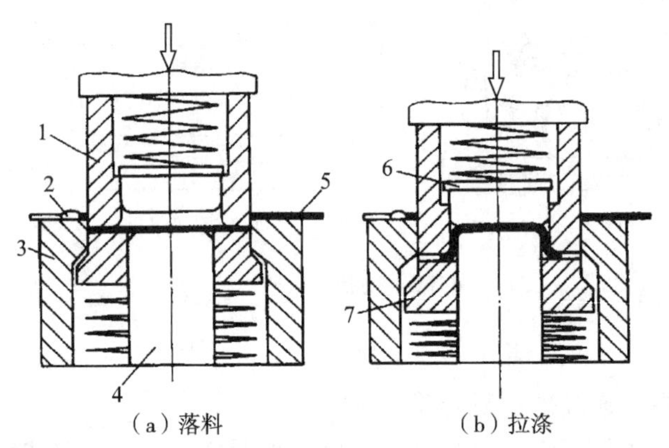

1–凸凹模；2–定位销；3–落料凹模；4– 拉深凸模；5–条料；6–顶出器；7–拉深压板

图 3-9　复合冲模

三、板料冲压的基本工序

板料冲压的基本工序分为分离工序和变形工序两大类。

1. 分离工序

分离工序是使坯料的一部分与另一部分沿一定的轮廓线相互分离的工序，如落料、冲孔、切断、修整等。分离工序的内容及应用如表 3-5 所示。

表 3-5　分离工序

工序名称	简图	工序内容	应用
切断	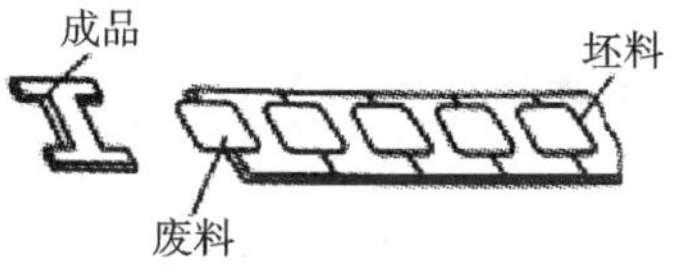	用剪床或冲模沿不封闭曲线切断	加工形状简单的平板件或板材的下料
冲孔	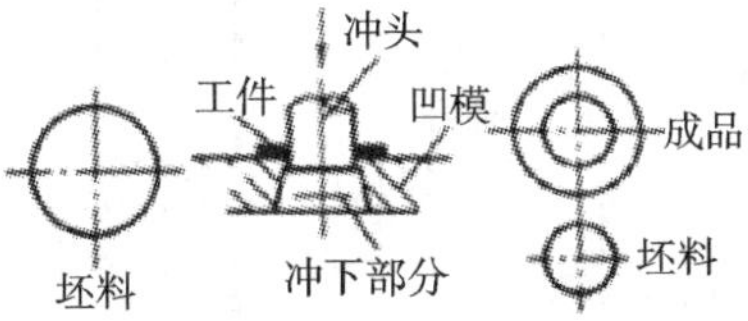	用冲模沿封闭轮廓线分离的工序。冲下部分为废料，冲孔后的板料是成品，要求冲头与凹模的间隙小，刃口锋利	制造各种带孔形的冲压件
落料	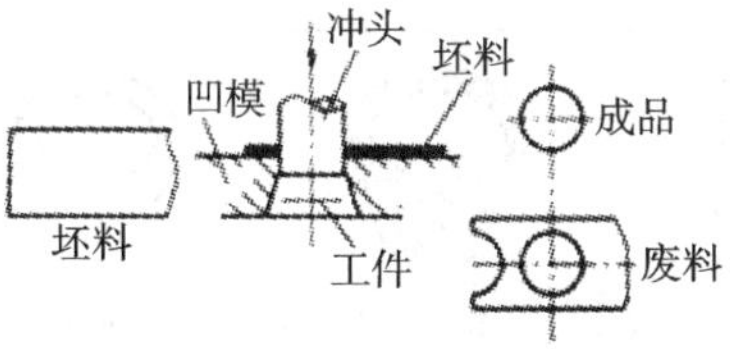	用冲模沿封闭轮廓线分离的工序。冲下部分为成品，余下部分是废料。要求冲头与凹模的间隙很小，刃口锋利	制造各种形状的平板件，或作为成形工序前的下料工序

2. 变形工序

变形工序是使坯料的一部分与另一部分在不破坏的条件下发生塑性变形的工序，如拉深、弯曲、翻边、成形等。变形工序内容及应用如表 3-6 所示。

图 3-6　变形工序

工序名称	简图	工序内容	应用
弯曲	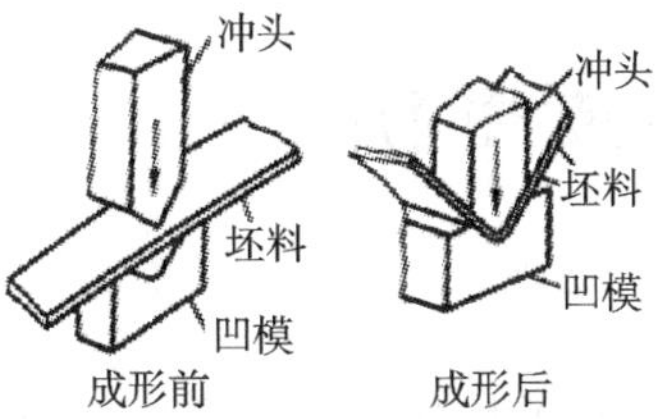	用冲模将平直的板料弯成一定角度或圆弧的成形工序。模具角度等于冲压件要求角度减去回弹角。凸模端部和凹模边缘必须成圆角	制造各种弯曲形状的冲压件
拉深（拉延）	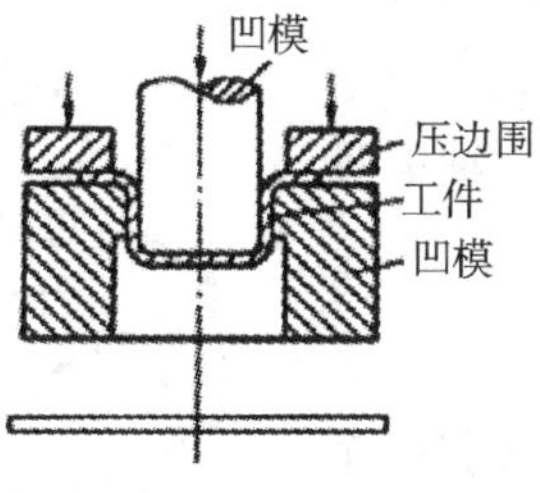	用冲模将平板状的坯料加工成中空形状零件的成形工序。凸模与凹模的顶角须以圆弧过渡；冲头与凹模的间隙等于板厚的 1.1～1.5 倍	制造各种形状的中空冲压件
翻边	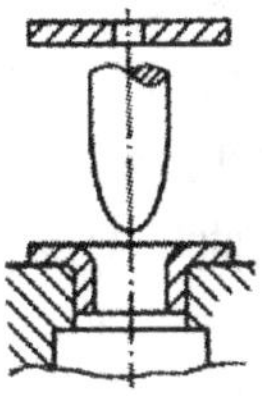	用冲模在带孔的平板工件上用扩孔的方法获得凸缘的成形工序，或者将平板料的边缘按曲线或圆弧弯成竖立的边缘的成形工序	制造带凸缘或具有翻边的冲压件

四、典型冲压件工艺示例

易拉罐及其生产工艺流程见表 3-7。

表 3-7　易拉罐冲压工艺流程

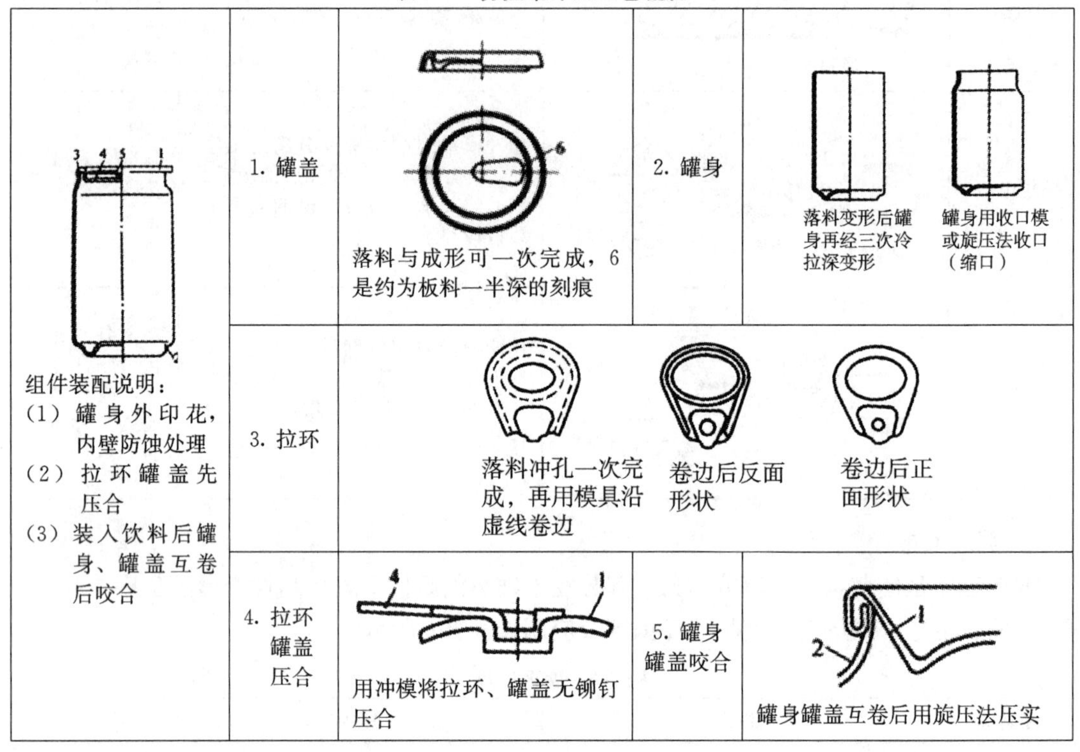

组件装配说明： （1）罐身外印花，内壁防蚀处理 （2）拉环罐盖先压合 （3）装入饮料后罐身、罐盖互卷后咬合	1. 罐盖	落料与成形可一次完成，6是约为板料一半深的刻痕	2. 罐身	落料变形后罐身再经三次冷拉深变形；罐身用收口模或旋压法收口（缩口）
	3. 拉环	落料冲孔一次完成，再用模具沿虚线卷边；卷边后反面形状；卷边后正面形状		
	4. 拉环罐盖压合	用冲模将拉环、罐盖无铆钉压合	5. 罐身罐盖咬合	罐身罐盖互卷后用旋压法压实

第三节　锻压新技术简介

一、径向锻造（旋转锻造）

对轴向旋压转送进的棒料或管料施加径向脉冲打击力，锻成沿轴向具有不同横截面制件的工艺方法称为径向锻造（图 3-10）。径向锻造主要适用于实心台阶轴、锥度轴、空心轴，以及内孔形状复杂或内孔直径很小的长直空心轴锻件（如内螺纹孔、内花键孔、枪管来复线等）。

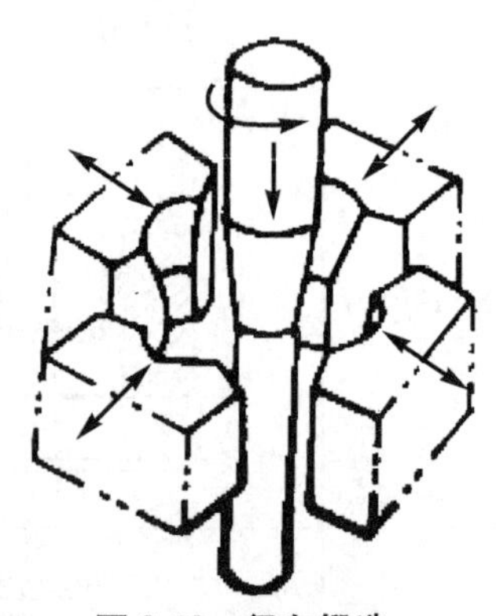

图 3-10　径向锻造（旋转锻造）

二、摆动碾压

上模的轴线与被辗压工件（放在下模）的轴线倾斜一个角度，模具下面绕轴心旋转，一面对坯料进行压缩（每一瞬时仅压缩坯料横截面的一部分），这种加工方法称为摆动辗压，见图 3-11。若上模母线是一直线，则辗压的表面为平面；若母线为一曲线，则能辗压出上表面为形状较复杂的曲面锻件。

摆动辗压目前在我国发展很迅速，主要适用于加工回转体类、盘类或带法兰的半轴类锻件，如汽车后半轴、扬声器导磁体、止推轴承圈、碟形弹簧、齿轮和铣刀毛坯等。

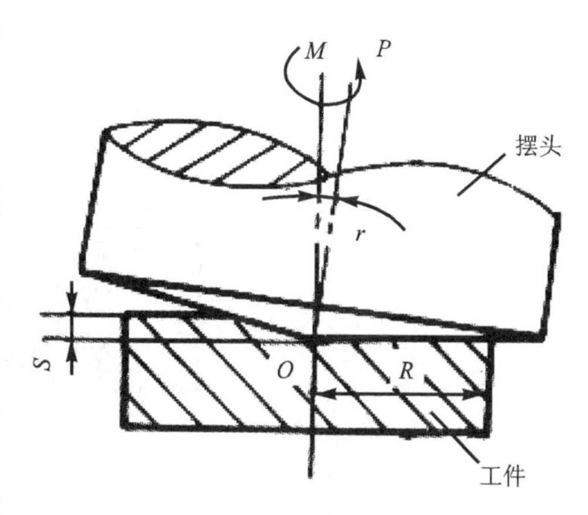

图 3-11　摆动辗压

三、液态模锻

将定量的熔化金属倒入凹模型腔内，在金属即将凝固或半凝固状态（即液、固两相共存）下用冲头加压，使其凝固以得到所需形状锻件的加工方法称为液态模锻。液态模锻是一种介于铸锻之间的工艺方法，可实现少无切削锻造；可用于生产各种有色金属、碳钢、不锈钢以及脆性灰口铸铁和球墨铸铁工件；可生产出用普通模锻无法成形而性能要求高的复杂工件，例如铝合金活塞，镍、黄铜高压阀体，铜合金涡轮，球墨铸铁齿轮和钢法兰等锻件。但液态模锻不适于制造壁厚小于 5 mm 的空心工件，因为会造成结晶组织不均匀，无法保证锻件质量。

四、粉末锻造

金属粉末经压实后烧结，再用烧结体作为锻造毛坯的锻造方法称为粉末锻造。粉末锻造是在普通粉末冶金和精密模锻工艺基础上发展起来的，与普通模锻相比，具有锻造工序少、锻造压力小、材料利用率高、精度可达精密模锻水平等优点，可实现少无切削加工。其制品的组织结构均匀、无成分偏析，一般适用于齿轮、花键等复杂零件的成形。

五、超塑性成形

利用金属在特定条件（一定的温度、变形速度、组织条件）下所具有的超塑性（高的塑性和低的变形抗力）来进行塑性加工的方法称为超塑性成形。它包括细晶超塑成形和相变超塑性成形。

超塑性成形的零件晶粒细小均匀、尺寸稳定、性能好。目前主要成形方法有超塑性模锻、板料气压成形及模具热挤压成形等。超塑性成形的技术图如图 3-12 所示。

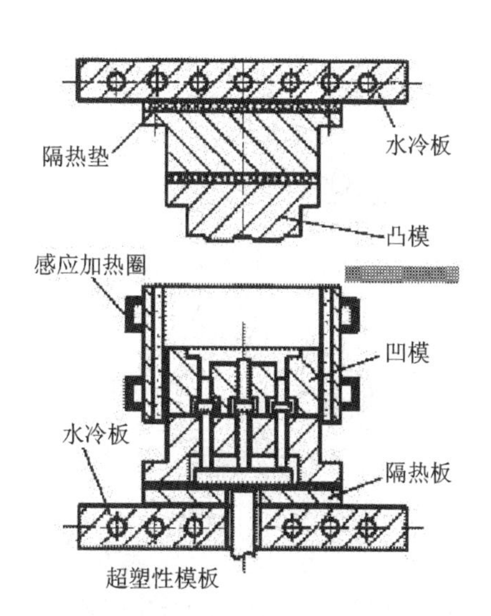

图 3-12　超塑性成形技术图

六、高速高能成形

高速高能成形的共同特点是在极短时间（几毫秒）内，将化学能、电能、电磁能或机械能传递给被加工的金属材料，使之迅速成形。其主要加工方法有：

（1）爆炸成形。利用炸药爆炸时所产生的高能冲击波，通过不同介质使坯料产生塑性变形的方法，见图 3-13。

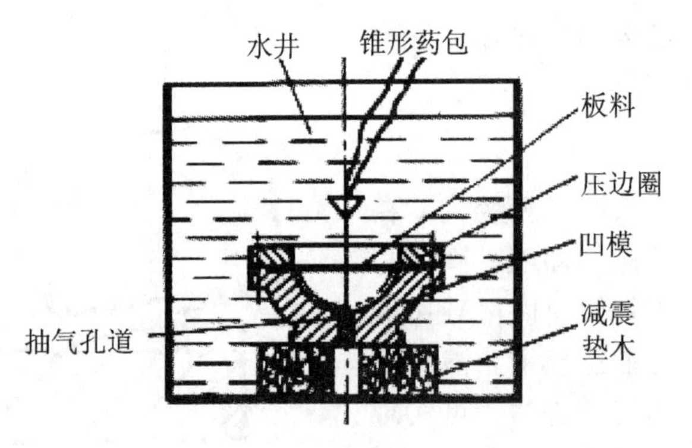

图 3-13　爆炸成形示意图

(2) 电液成形。利用在液体介质中高压放电时所产生的高能冲击波，使坯料产生塑性变形的方法，见图 3-14。

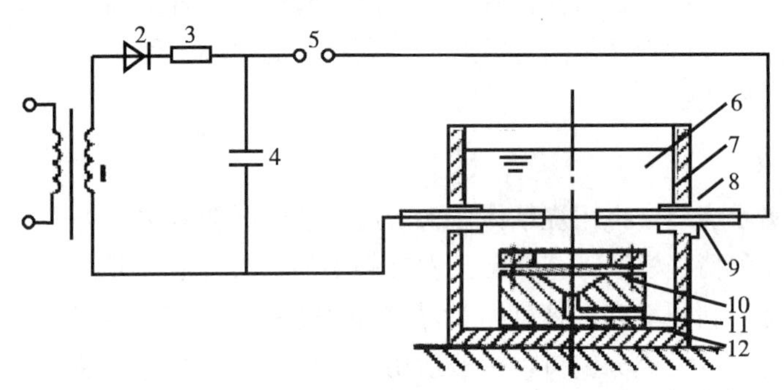

1-升压变压器；2-整流器；3-充电电阻；4-电容器；5-辅助间隙；
6-水；7-水槽；8-绝缘；9-电极；10-毛坯；11-抽气机；12-凹模

图 3-14　电液成形示意图

(3) 电磁成形．利用电流通过线圈所产生的磁场，其磁力作用于坯料使工件产生塑性变形的方法，见图 3-15。

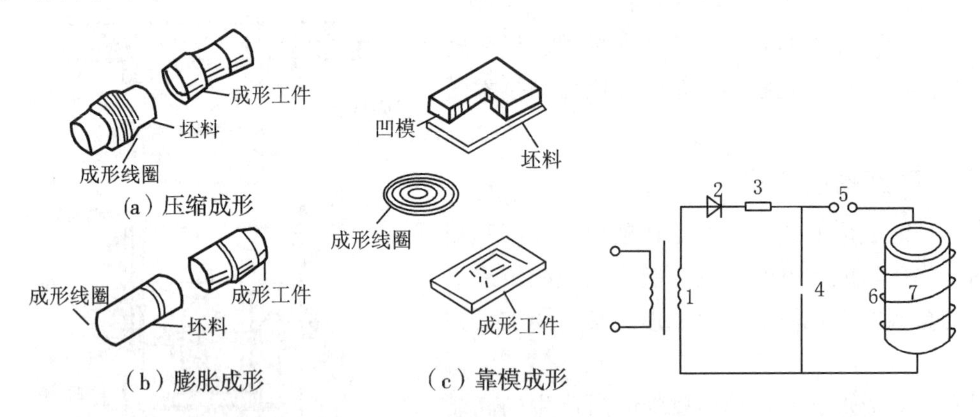

1-升压变压器；2-整流器；3-限流电阻；4-电容器；5-辅助间隙；6-工作线图；7-毛坯

图 3-15　电磁成形种类及原理图

高速高能成形由于成形速度高、加工时间短，因此可以加工工艺性差的材料，且产品的加工精度高。

1. 锻造有什么特点？

2. 锻造坯料加热的目的是什么？

3. 确定锻造温度范围的原则是什么？坯料加热时，常产生的主要缺陷有哪些？

4. 坯料加热过程中，哪些缺陷是不可避免的？哪些缺陷是无法挽救的？哪些缺陷是通过重新加热方法可以纠正的？

5. 哪些金属材料可以锻造？哪些金属材料不能锻造？

6. 自由锻造的基本工序包括哪些？

7. 镦粗时，为避免镦弯，坯料的高径比应为多少？

8. 板料冲压的基本工序包括哪些？

9. 下列哪种方法制成齿轮的齿形较好？并说明理由。

（1）用等于齿轮直径的圆钢铣削成齿形；

（2）用等于齿轮厚度的圆钢铣削成齿形；

（3）用小于齿轮直径的圆钢镦粗后铣削成齿形。

第四章　焊　接

焊接通常是通过加热或加压，或两者并用，使分离的金属形成原子间结合的一种连接方法。被连接的两个物体可以是同类或不同类的金属（钢铁及非铁金属），也可以是非金属（石墨、陶瓷、塑料、玻璃等），还可以是金属与非金属。焊接时，被焊工件材料统称为母材，焊条、焊丝、焊剂和钎料称为焊接材料。用焊接方法连接的接头称为焊接接头，熔化焊的焊接接头包括焊缝、熔合区和热影响区三部分。

按焊接过程的特点，焊接方法可分为三大类：熔化焊、压力焊、钎焊。熔化焊是将焊接接头局部加热到熔化状态，随后冷却凝固成一体，不加压力进行焊接的方法；压力焊是通过对焊件施加压力，加热（或不加热）进行焊接的方法；钎焊是采用低熔点的填充材料（钎料）熔化后填充焊接接头的间隙，通过钎料的扩散而实现焊件连接的焊接方法。

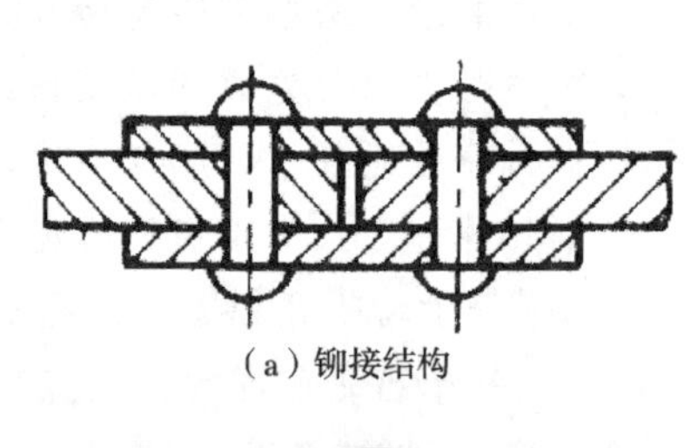

（a）铆接结构

（b）焊接结构

图 4-1　焊接与铆接的比较

焊接方法的特点有：

（1）节省材料和工时。采用焊接方法制造金属结构，可比铆接节省材料 10%～20%，且缩短生产周期。图 4-1 为两种连接结构的比较。

（2）简化工艺。在制造大型、复杂的结构和零件时，可用型材或板材先制成部件，然后再装焊成大构件，从而简化了制造工艺。

（3）连接性能好。焊缝具有良好的力学性能，能耐高温高压，且具有良好的密封性。

但是，焊接技术尚有一些不足之处，如对某些材料的焊接有一定困难，焊接不当会产生焊接缺陷，焊接接头组织与性能不均匀，易产生不利的残余应力和变形等。

第一节　焊条电弧焊

焊条电弧焊是指用手工操作焊条进行焊接的电弧焊方法，故也被称作手工电弧焊。焊条电弧焊是利用电弧热局部熔化焊件和焊条以形成焊缝的一种熔焊方法，是目前生产中应用最多、最普遍的一种金属焊接方法。

焊接前，焊钳和焊件分别与电焊机的两个输出极相连接，并将焊条夹持在焊钳中，如图 4-2 所示。焊接时，在焊件与焊条之间引弧，电弧区焊件与焊条局部熔合形成熔池，凝固后形成焊缝。

手工电弧焊操作方便、灵活、设备简单，并适用于各种焊接位置和接头型式，因而得到广泛应用。

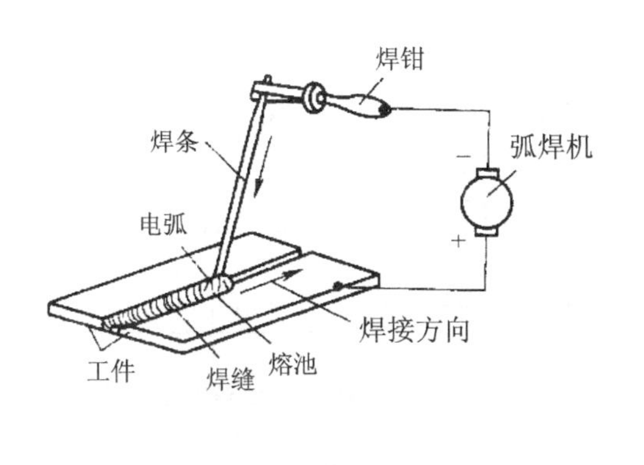

（a）焊条电弧焊焊接过程示意图

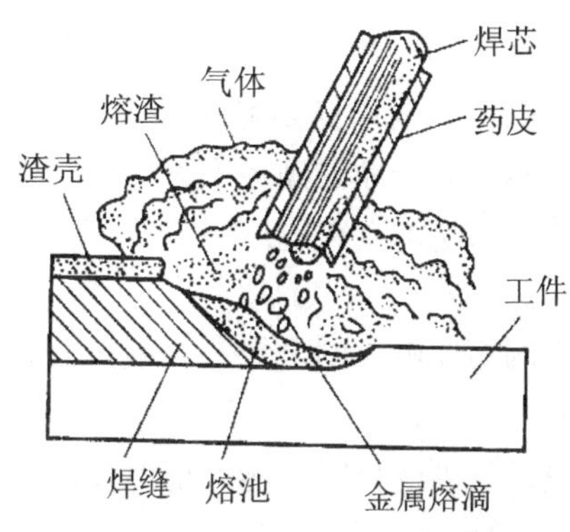

（b）焊条电弧焊焊缝形成过程示意图

图 4-2 焊条电弧焊焊缝形成过程

一、焊接电弧

焊接电弧是在焊条端部与焊件之间的空气电离区内产生的一种强烈而持久的放电现象。

通常气体是不导电的。焊接时，先将焊条与焊件瞬时接触，发生短路，强大的短路电流流经少数几个接触点（如图 4-3a 所示），这些接触点的电流密度极大，使其温度急剧升高并熔化。当焊条迅速提起时，在焊条与焊件间电场的作用下，高温金属从负极表面发射电子，并撞击空气中的分子和原子，使空气电离成正离子和负离子（如图 4-3b 所示）。电子、负离子流向正极，正离子流向负极，这些带电质点的定向运动形成了焊接电弧（如图 4-3c 所示）。

焊接电弧在燃烧时，放出强光和大量的热能，焊接就是利用这种热能（中心温度达 5 000～8 000 K）来熔化金属形成焊缝的。

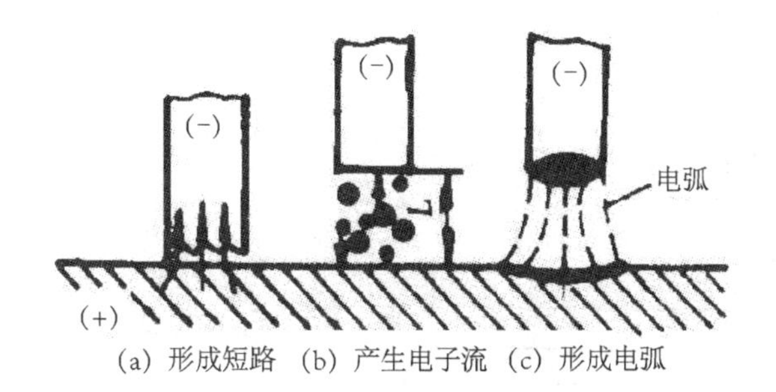

(a) 形成短路 (b) 产生电子流 (c) 形成电弧

图 4-3 焊接电弧的形成

二、弧焊机

1. 弧焊机的电源特性

弧焊机是焊条电弧焊的主要设备，作为焊条电弧焊的电源，与一般电源的不同之处是具有电压陡降的外特性。

2. 焊接时手工电弧焊电源设备的要求

手工电弧焊的电源设备简称电焊机。对电焊机有两个基本要求：

1）具有陡降的特性

一般用电设备都要求电源电压稳定，不随负载变化而变化，近似水平的特性，如图 4-4 中曲线 1 所示。但是焊接用的电源电压则要求随负载增大而迅速降低，如图 4-4 中曲线 2 所示，这样才能满足下列的焊接要求：

(1) 具有一定的空载电压以满足引弧需要，引弧过程的电压要高。

(2) 限制短路电流的增大（一般不超过所需焊接电流的 1.5 倍）。

(3) 电弧长度变化时，能保证电弧的稳定。

2）焊接电流具有调节特性

焊接电弧的热量与焊接电流成正比，焊件的厚度不同，所需的焊接电流应在一定范围内可以调节。

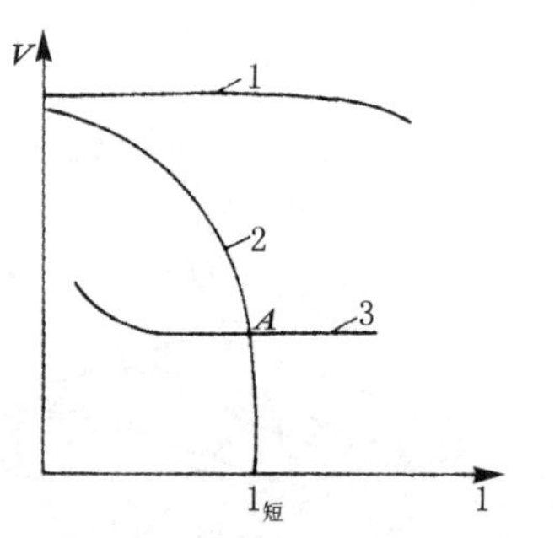

图 4-4　普通电源和焊接电源的特性

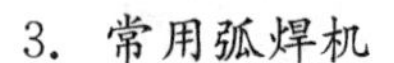

3. 常用弧焊机

常用的弧焊机有交流和直流两类。

交流弧焊机是一种特殊的变压器，如 BX1-330 型弧焊机，其中“B”表示弧焊变压器，“X”表示下降特性电源，“1”为系列品种序号，“330”表示弧焊机的额定焊接电流为 330 A。

目前通用的直流弧焊机有：

(1) 整流器式直流弧焊机。它是用大功率整流元件组成的整流器，如常见的型号 ZXG-300，其中“Z ”表示弧焊整流器，“X”表示下降特性，“G ”表示采用硅整流器，“300”表示弧焊整流器额定焊接电流为 300 A。

(2) 逆变式直流弧焊机。逆变式直流弧焊机作为新一代的弧焊电源，其特点是直流输出，具有电流波动小、电弧稳定，焊机重量轻、体积小（整机重量仅为传统焊机的 1/5～1/10）、能耗低等优点，得到了越来越广泛的应用。

三、焊条

焊条电弧焊的焊条由金属焊芯和药皮两部分组成，如图 4-5 所示。

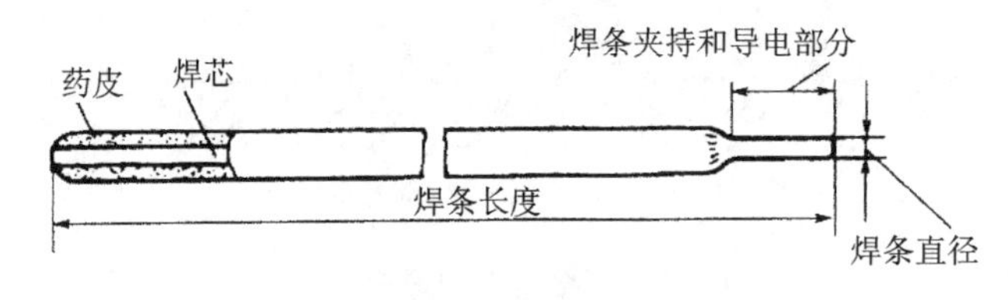

图 4-5　焊条的组成

1. 焊芯

金属焊芯作为电极，传导焊接电流，产生电弧。焊芯熔化又作为焊缝的填充金属，因此焊芯的化学成分直接影响焊缝质量，通常焊芯由含碳、硫、磷较低的专用优质低碳钢丝（如 08A）制成。

2. 药皮

药皮是由多种矿石粉、有机物粉、铁合金粉和黏结剂调和后包敷于焊芯表面，主要起造气、造渣、稳弧、脱氧和渗合金等作用。

3. 焊条种类和型号

焊条的种类按焊条的用途可分为：低碳钢和低合金高强度钢焊条（简称结构钢焊条）、不锈钢焊条、堆焊焊条、铸铁焊条、镍及镍合金焊条、铜及铜合金焊条、铝及铝合金焊条等，其中应用最多的是低碳钢和低合金高强度钢焊条。

按焊条药皮熔化后的熔渣特性可分为：（1）酸性焊条，是药皮以酸性氧化物（如 SiO_2、TiO_2 等）为主的焊条，一般用于焊接低碳钢和不太重要的钢结构；（2）碱性焊条，是药皮以碱性化合物（如 CaO 等）为主的焊条，碱性熔渣的脱氧较完全，又能有效地消除焊缝金属中的硫，合金元素烧损少，所以焊缝金属的机械性能和抗裂性均较好，可用于合金钢和重要碳钢结构件的焊接。

GB/T 5117—2012 中焊条型号按熔敷金属力学性能、药皮类型、焊接位置、电流类型、熔敷金属化学成分和焊后状态等进行划分。焊条型号由以下五部分组成：

第一部分用字母 E 表示焊条；

第二部分为字母 E 后面紧邻的两位数字，表示熔敷金属的最小抗拉强度；

第三部分为字母 E 后面的第三和第四两位数字，表示药皮类型、焊接位置和电流类型；

第四部分为熔敷金属的化学成分分类代号，可为“无标记”或短划线“-”后的字母、数字或字母和数字的组合；

第五部分为熔敷金属的化学成分代号之后的焊后状态代号。

四、手工电弧焊工艺

1. 接头形式和坡口形式

常用的接头形式有对接接头、搭接接头、角接接头和 T 形接头，如图 4-6 所示。为了保证焊透，必要时在焊件接头处要开出一定形式的坡口。对接接头坡口形式如图 4-7 所示，坡口的根部要留 2 mm 的钝边，防止烧穿。

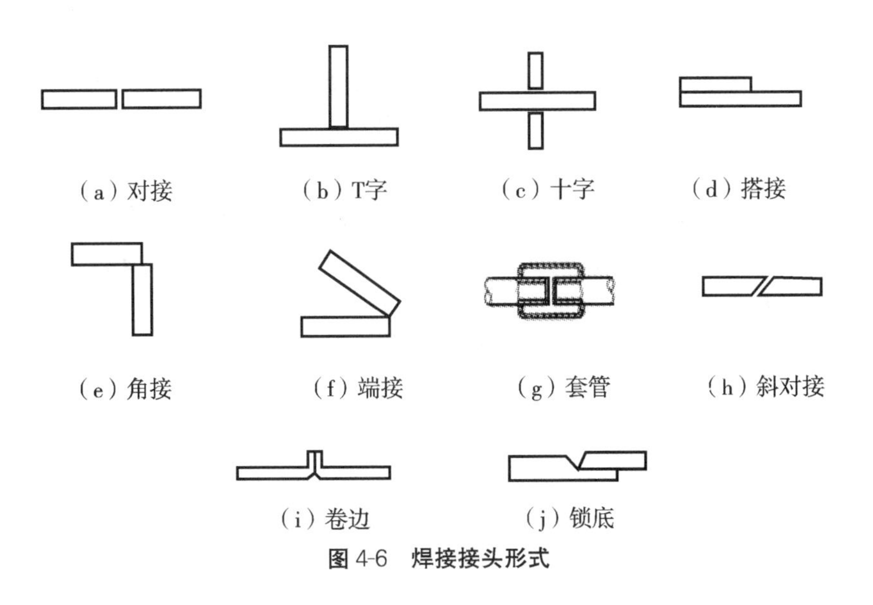

图 4-6　焊接接头形式

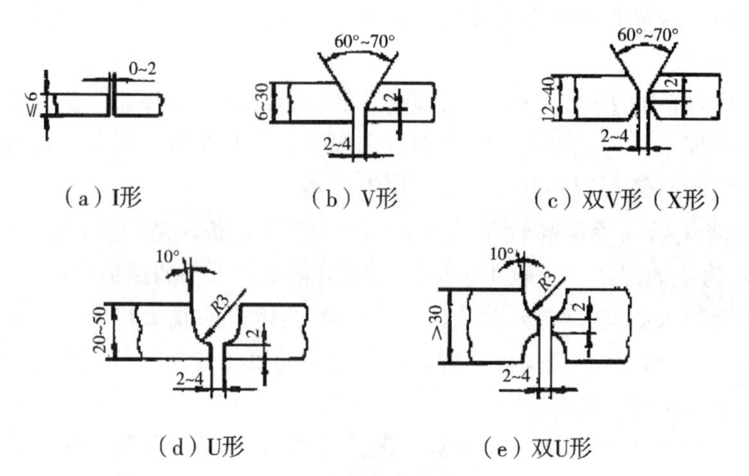

（a）I形　（b）V形　（c）双V形（X形）

（d）U形　（e）双U形

图 4-7　对接接头坡口形式

2. 焊接位置

焊接位置有平焊、立焊、横焊和仰焊。对接接头的各种焊接位置如图 4-8 所示。平焊操作最方便，熔化金属不会外流，易于保证焊接质量；横焊和立焊则较难操作；仰焊最难，不易掌握。

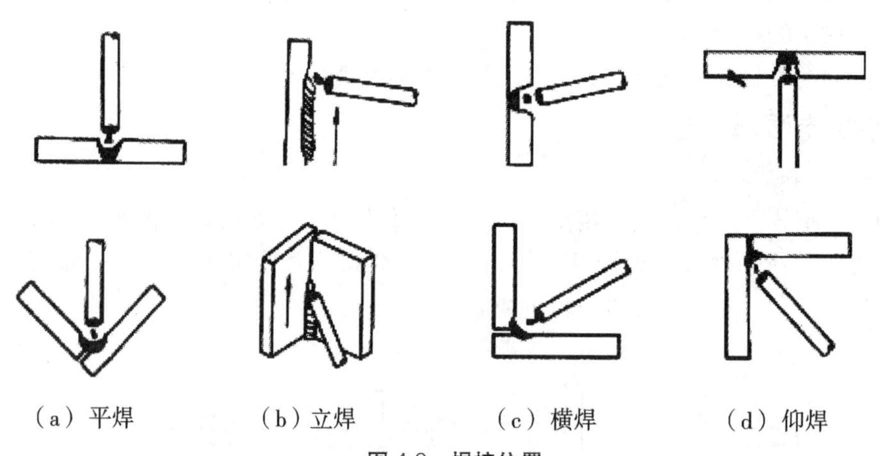
（a）平焊　（b）立焊　（c）横焊　（d）仰焊

图 4-8　焊接位置

3. 焊接工艺参数的选择

手工电弧焊的工艺参数主要有焊条直径、焊接电流、电弧长度和焊接速度等。

根据焊件厚度按表 4-1 选择焊条直径，立焊、横焊、仰焊时应选较细的焊条，再根据焊条直径选择焊接电流，可按下面的经验公式确定：

$$I = (30 \sim 60)d$$

式中：I——焊接电流（A）；

d——焊条直径（mm）。

表 4-1　焊条直径的选择

焊件厚度/mm	焊条直径/mm
2	1.6～2.0
3	2.5～3.2
4～7	3.2～4.0
8～12	4.0～5.0
≥13	4.0～5.8

按该公式选择的焊接电流只是一个大概范围，实际施焊时还要根据焊件厚度、接头形式、焊接位置、焊条种类等因素，通过试焊进行调整。应尽量采用短弧焊接，电弧长度不要超过焊条直径。为了提高生产率，在保证焊透的情况下，尽可能提高焊接速度。

第二节　其他常用电弧焊方法

一、埋弧自动焊

埋弧自动焊是电弧在焊剂层下燃烧，利用控制系统实现自动引弧，送进焊丝和移动电弧的电弧焊方法。埋弧自动焊的实施过程为：焊接电源接在导电嘴和工件之间用来产生电弧，焊丝由焊丝盘经送丝机构和导电嘴送入焊接区，颗粒状焊剂由焊剂漏斗经软管均匀地堆敷到焊缝接头区，焊丝及送丝机构、焊剂漏斗和焊接控制盘等通常装在一台小车上，以实现焊接电弧的移动。埋弧自动焊的焊缝形成过程如图 4-9 所示。

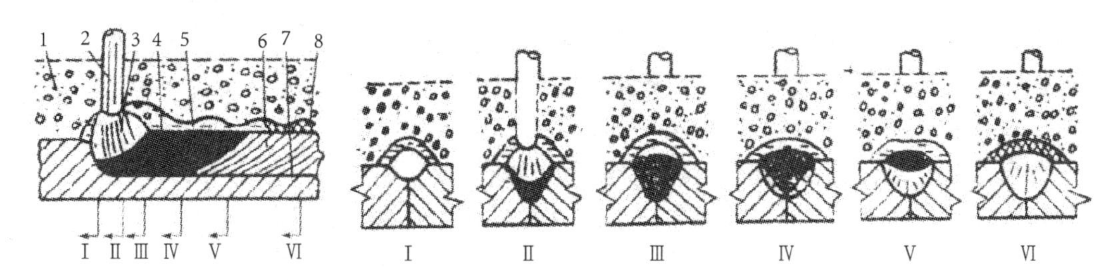

1–焊剂；2–焊丝；3–电弧；4–熔池；5–熔渣；6–焊缝；7–焊件；8–渣壳

图 4-9　埋弧自动焊电弧和焊缝的形成

埋弧自动焊与手工电弧焊相比，具有如下特点：

(1) 生产效率高。一方面焊丝导电长度缩短，电流和电流密度提高，因此电弧的熔深和焊丝熔敷效率都大大提高（一般不开坡口单面一次熔深可达 20 mm）；另一方面由于焊剂和熔渣的隔热作用，电弧基本上没有热辐射散失，飞溅也少，虽然用于熔化焊剂的热量损耗有所增大，但总的热效率仍然大大提高。

(2) 焊缝质量高。熔渣隔绝空气的保护效果好，焊接参数可以通过自动调节保持稳定，对焊工技术水平要求不高，焊缝成分稳定，机械性能比较好。

(3) 劳动条件好。除了减轻手工焊接操作的劳动强度外，它还没有弧光辐射，这是埋弧焊的独特优点。

但受其本身特点限制，仅适宜于平焊位置的平直焊缝、大直径环缝的焊接，横焊、立焊、仰焊位置以及复杂焊缝均不能用埋弧焊。

埋弧自动焊的焊接工艺参数主要有焊接电流、电弧电压、焊丝直径、焊接速度等。一般情况下，为保证焊缝成形质量，焊丝直径粗，电流应增大，电弧电压也要相应提高。

二、二氧化碳气体保护焊

如图 4-10 所示，二氧化碳（CO_2）气体保护焊采用 CO_2 气体作为保护介质，焊丝作电极和填充金属。CO_2 气体价格低廉，焊接成本低，只有手工电弧焊和自动埋弧焊的 40%～50%，保护效果好，电弧热量集中，电流密度大，熔深大，不用清渣，生产率高，操作灵活，适用于各种焊接，易于实现自动化。主要缺点是焊缝成形差，飞溅较大，弧光强，抗风能力差，焊接设备较为复杂，维修不便。由于氧化性较强，不宜焊接不锈钢、高合金钢及易氧化材料，主要用于低碳钢和低合金钢的焊接。

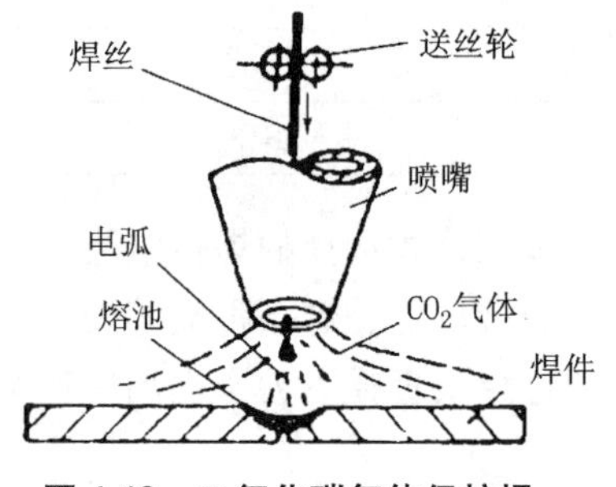

图 4-10　二氧化碳气体保护焊

三、钨极氩弧焊

钨极氩弧焊也称为非熔化极氩弧焊，它以氩气作为保护气体，电极材料为钨，不熔化，可以填充或不填充焊丝材料，如图 4-11 所示。由于氩气是惰性气体，不与金属发生化学反应且不溶解于金属而引起气孔，是一种理想的保护气体，能获得高质量的焊缝。钨极氩弧焊是明弧焊接，便于观察熔池，易于控制，可以进行各种空间位置的焊接，易于实现自动化。但是氩气价格贵，焊接成本高。钨极氩弧焊电弧稳定，保护效果好，无材料、板厚、位置的限制，缺点是熔深浅、生产率低，抗风抗锈能力差，设备较为复杂，维修较为困难，通常适用于易氧化的有色金属（如铝、镁、钛及其合金）、高强度合金钢及某些特殊性能钢（如不锈钢、耐热钢）等材料薄板的焊接。

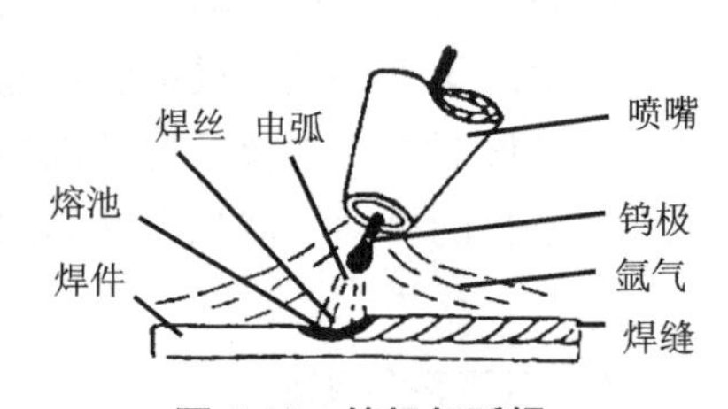

图 4-11　钨极氩弧焊

四、熔化极氩弧焊

熔化极氩弧焊的基本原理与 CO_2 焊相似，只是保护气体为氩气，使用焊丝作为电极，电流密度大，焊缝熔深大，焊接效率高，电弧稳定，无飞溅，焊接质量高，适用于各种材料、各种位置的焊接，尤其适用于有色金属、活泼金属和不锈钢的中厚板材焊接。

第三节　气焊和气割

气焊是利用气体火焰作热源的焊接方法。最常用的气焊是氧-乙炔焊，它是利用可燃气体乙炔（C_2H_2）和助燃气体氧气（O_2）混合燃烧的高温火焰进行焊接的，如图 4-12 所示。气焊火焰燃烧时产生的大量 CO_2 与 CO 气体包围熔池，排开空气，有保护熔池的作用。

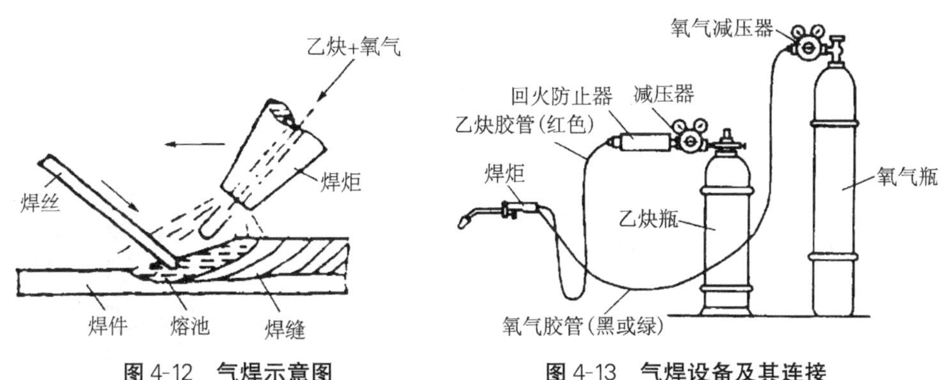

图 4-12　气焊示意图　　　　**图 4-13　气焊设备及其连接**

与电弧焊相比，气焊的热源温度较低，最高为 3 150 ℃，且热量分散，加热缓慢，对熔池保护性差，所以气焊生产率低，焊件变形大，接头质量不高。但气焊火焰易于控制，操作灵活，气焊设备不需要电源，故气焊常用于 3 mm 以下的低碳钢薄板、铸铁件的焊补，以及质量要求不高的铜、铝及其合金焊接。

气焊所用设备及气路连接如图 4-13 所示。

气焊火焰按氧气和乙炔的混合体积比例不同，可得到三种不同性质的火焰，如图 4-14 所示。

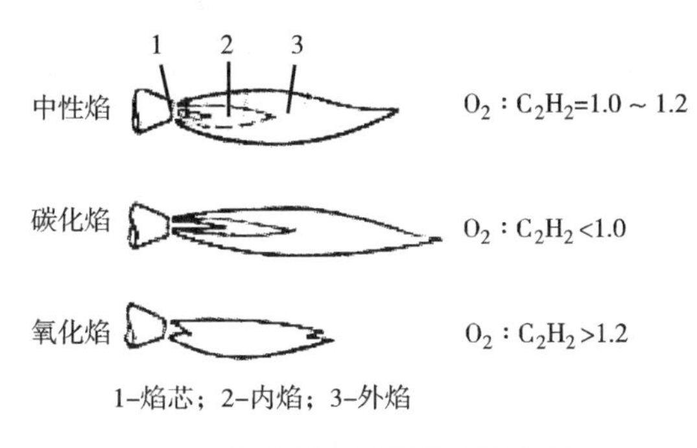

图 4-14　氧-乙炔气焊火焰

（1）中性焰。气体燃烧充分，故被广泛应用。

（2）碳化焰。乙炔燃烧不完全，对焊件有增碳作用，适用于焊接高碳钢、铸铁、硬质合金钢等。

（3）氧化焰。火焰燃烧时有多余氧，对熔池有氧化作用，一般气焊时不宜采用，只有在气焊黄铜时才用轻微氧化焰。

气焊时用的焊丝只作为填充金属，它是表面不涂药皮的金属丝。各种金属焊接时应采用相应的焊丝。

气焊时加入焊剂的目的是保护熔池金属，去除焊接过程中产生的氧化物，增加液态金属的流动性。气焊低碳钢时一般不用焊剂，焊接铸铁、合金钢及有色金属时则需用相应的焊剂 。

气焊施焊前先要点火。点火时先微开氧气调节阀阀门，再打开乙炔阀门，然后进行点火。接着按要求的火焰性质来调整氧气和乙炔气的混合比例。气焊结束时应熄火，首先关乙炔阀门，使火焰熄灭，再关氧气阀门。

气割是一种利用氧-乙炔气体火焰的热能将工件切割处预热到一定温度后，喷出高速切割氧流，使其燃烧并释放出热量实现切割的方法，如图 4-15 所示。它所使用的设备除用割炬代替焊炬外，其余与气焊相同。割炬与焊炬相比，增加了高压切割氧的管路和阀门。在切割过程中，割件金属没有熔化，是金属燃烧的过程。与纯机械切割相比，气割具有效率高、适用范围广等特点。

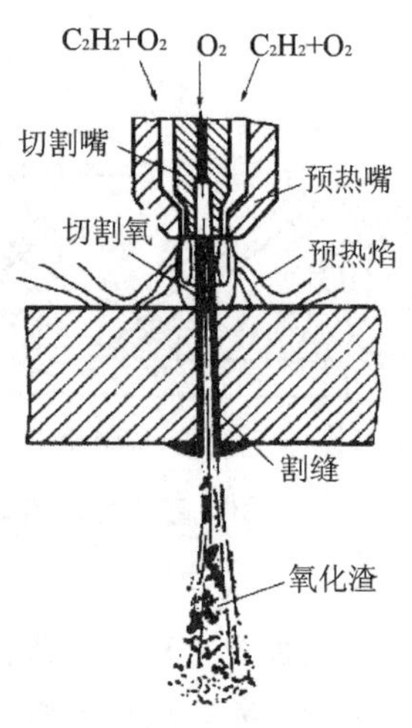

图 4-15　气割过程

第四节　压力焊

压力焊是在焊接过程中需要对工件施加一定压力的焊接方法，主要类型有电阻焊、摩擦焊、真空扩散焊、超声波焊和爆炸焊等。

一、电阻焊

电阻焊是利用电流通过焊件接头的接触面及邻近区域产生的电阻热，将焊件连接处局部加热到熔化或塑性状态，并在压力作用下实现连接的一种压焊方法。电阻焊的主要方法有点焊、缝焊、对焊等，如图 4-16 所示。电阻焊的生产率高，不需要填充金属，焊接变形小，操作简单，易于实现机械化和自动化，但对工件接头的形式和厚度有一定限制，因此适用于大批量生产中薄板的搭接以及棒料、管料的对接等。

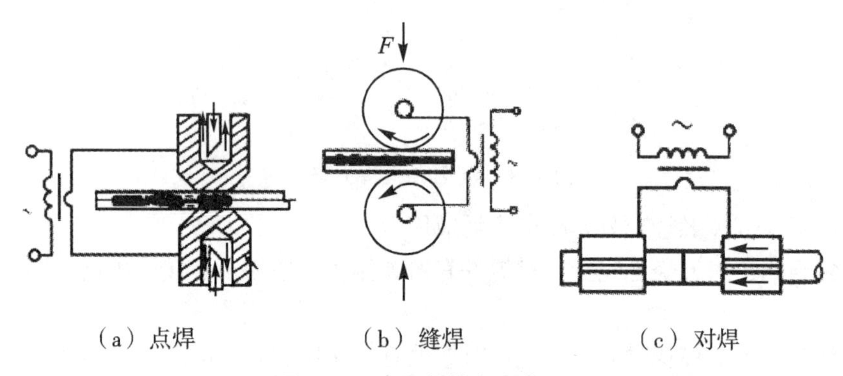

图 4-16　电阻焊的主要类型

二、摩擦焊

摩擦焊是利用两个相对高速旋转工件的端面接触摩擦而产生的热量，将金属加热到塑性状态，然后在一定压力下形成焊接接头的一类压力焊方法，如图 4-17 所示。焊接时，先将两个工件以对接形式夹在焊机上，然后使一个工件作高速旋转运动，另一个工件夹持在止转夹具上逐渐靠近压紧，当两端面接触产生的摩擦热将工件加热至高温塑性状态时，停止工件旋转，同时增大顶锻压力，将工件在塑性变形中焊接在一起。

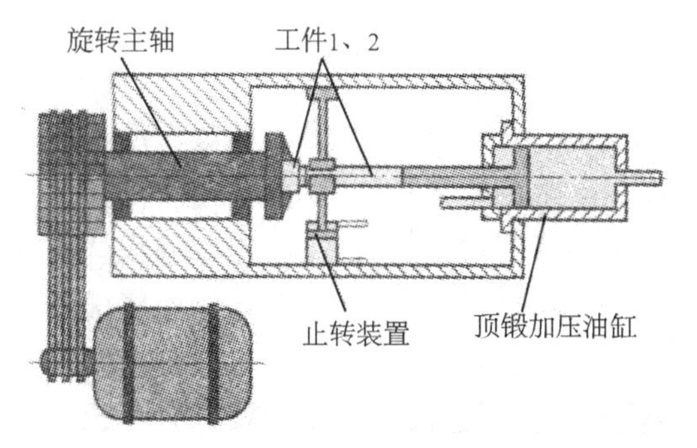

图 4-17　摩擦焊

第五节　钎焊

钎焊是利用熔点比焊件金属低的钎料加热熔化后，依靠毛细作用填充焊缝间隙，并与焊件相互扩散，冷却凝固后将处于固态的两焊件连接成整体的焊接方法。钎焊的加热方法有火焰、电阻、炉内、真空、感应、盐浴等形式，焊接时可根据需要进行选择。钎焊时一般都要加钎剂，作用是改善钎料的润湿性，消除接头表面的氧化物及杂质。

1. 钎焊的种类

根据钎料熔点的不同，钎焊可分为软钎焊和硬钎焊两种。

（1）软钎焊的接头强度低，用于受载不大的构件、仪器仪表等，如焊线路板的锡焊就是用锡铅钎料、烙铁加热的软钎焊。

（2）硬钎焊的接头强度较高，用于承载较大的构件、工具、刀具等，如焊硬质合金刀片与车刀柄就是用铜锌钎料、电阻加热或感应加热（亦可用火焰加热）的硬钎焊，简称铜焊。

2. 钎焊的接头形式

钎焊的常用接头形式见图 4-18。

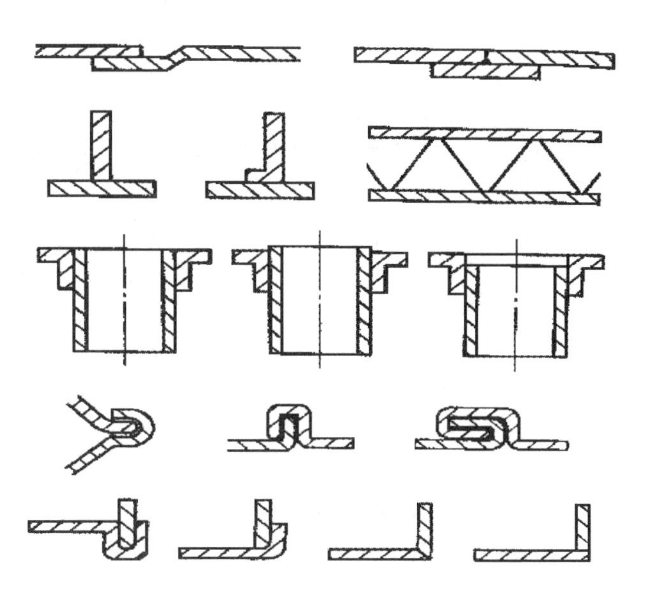

图 4-18　钎焊的接头形式

3. 钎焊的特点与应用

与一般熔化焊相比，钎焊的特点如下：

(1) 钎焊加热温度较低，接头光滑平整，组织和机械性能变化小，变形小，工件尺寸精确。

(2) 可焊异种金属，也可焊异种材料，且对工件厚度差无严格限制。

(3) 有些钎焊方法可同时焊多个焊件、多个接头，生产率很高。

(4) 钎焊设备简单，生产投资费用少。

(5) 接头强度低，耐热性差，且焊前清理要求严格，钎料价格较贵。

(6) 钎焊采用熔点低于母材的合金作钎料，钎料熔化而焊件不熔化。

钎焊生产率高、焊接变形小，焊件尺寸精确，可以焊接异种金属，易于实现机械化和自动化。钎焊主要适用于焊接电子元件、精密仪表机械、异种金属构件以及某些复杂的薄板结构等。

第六节　焊接质量分析

一、常见缺陷

常见的焊接缺陷及原因分析如表 4-2 所示。

表 4-2　焊接质量分析

缺陷名称	图例	特征	原因分析
焊缝外形的尺寸不理想		焊缝余高过高或过低，熔宽过大或过小，或宽窄不均，角焊缝单边下陷量过大	(1) 焊接电流过大或过小 (2) 焊接速度不当 (3) 装配间隙不均匀或坡口开得不当
咬边		在焊件与焊缝交界处产生沟槽或凹陷	(1) 电流过大 (2) 焊接速度太快 (3) 焊条角度不对或电弧过长
焊瘤		熔化金属流淌到焊缝之外的未熔化的母材上所形成的金属瘤	(1) 焊接电流过小 (2) 焊接速度过慢 (3) 电弧过长和运条不正确
未焊透		焊接接头根部未完全熔合	(1) 坡口角度小 (2) 焊接电流过小 (3) 焊接速度过快
烧穿		熔池金属过多而漏出或焊缝上形成穿孔	(1) 坡口形状不当 (2) 焊接电流太大，焊接速度太慢 (3) 母材过热
气孔		凝固时熔池内的气体未能逸出所形成的孔洞	(1) 接头处有油、锈等 (2) 焊条受潮 (3) 电弧过长 (4) 熔池金属冷却太快

（续表）

缺陷名称	图例	特征	原因分析
夹渣		焊缝内部残留的非金属夹杂物	（1）焊接速度太慢 （2）熔池金属凝固太快 （3）多层焊时，前层焊渣没有清除干净
裂纹		焊缝及热影响区产生的缝隙	（1）母材含磷、硫高，成分不当 （2）焊缝冷却太快 （3）焊接结构设计不合理 （4）焊接顺序不合理

二、焊接检验

焊接质量检验是焊接生产过程中的重要环节，通过对焊接质量的检验，发现焊接缺陷，及时采取措施，确保焊接产品的可靠性。

常用的检验方法有以下几种。

1. 外观检验

外观检验主要是用肉眼或低倍放大镜（5～20 倍）检验焊缝外形及尺寸是否符合要求，焊缝表面是否有裂纹、气孔、咬边、焊瘤等各种外部缺陷。

2. 致密性检验

对于贮存气体或液体的压力容器或管道，如锅炉、贮气球罐、蒸汽管道等，焊后都要进行焊缝致密性检验。

（1）水压检验。将容器装满水，并施加一定的压力，观察焊缝是否有漏水处。若发现有水滴或水渍出现，则表示该处有缺陷，需要进行补焊。

（2）气压检验。将容器充以压缩空气，并在焊缝四周涂以肥皂水，如果发现肥皂水起泡，则说明该处有穿透性缺陷；也可将容器注入压缩空气并放入水槽，视有否气泡冒出。

（3）煤油检验。在焊缝的一面涂上白垩粉水溶液，待干燥后，在另一面涂刷煤油。由于煤油的渗透力很强，若焊缝有穿透性缺陷时，煤油会渗透过来，使涂有白垩粉的面上出现缺陷的黑色斑痕。

3. 无损检测

（1）磁粉检验。利用磁粉在处于磁场中的焊接接头上的分布特征，检验铁磁性焊件表面或近表面处的缺陷。

（2）渗透检验。利用带荧光染料（荧光法）或红色染料（着色法）渗透剂的渗透作用，显示接头表面的微裂纹。

（3）射线检验。根据射线对金属具有较强穿透能力的特性和衰减规律，对焊接接头内部缺陷进行无损检验。

（4）超声波检验。利用超声波在金属及其他均匀介质中传播时，由于在不同介质的界面上产生反射，来检验焊接接头的缺陷。

第七节　焊接新技术简介

一、电子束焊

电子束焊是一种高能束流焊接方法。一定功率的电子束经电子透镜聚焦后，其功率密度可以提高到 106 W/cm^{2}以上，是目前已实际应用的各种焊接热源之首。电子束传送到焊接接头的热量和其熔化金属的效果与束流强度、加速电压、焊接速度、电子束斑点质量以及被焊材料的热物理性能等因素有密切的关系。

电子束焊的优点：(1) 电子束穿透能力强，焊缝深宽比大；(2) 焊接速度快，热影响区小，焊接变形小；(3) 焊缝纯度高，接头质量好；(4) 再现性好，工艺适应性强；(5) 可焊材料多，电子束焊不仅能焊接金属和异种金属材料的接头，也可焊接非金属材料，如陶瓷、石英玻璃等。电子束焊的缺点：(1) 设备比较复杂，投资大，费用较昂贵；(2) 要求接头位置准确，间隙小而且均匀，因而焊接前对接头的加工、装配要求严格；(3) 真空电子束焊接时，被焊工件尺寸和形状常常受到工作室的限制；(4) 电子束易受杂散电磁场的干扰，影响焊接质量；(5) 焊接时会产生 X 射线，因此操作人员需要严加防护。

二、激光焊

激光是指激光活性物质（工作物质）受到激励，产生辐射，通过光放大而产生一种单色性好、方向性强、光亮度高的光束，经透射或反射镜聚焦后可获得直径小于 0.01 mm、功率密度高达 $10^6 \sim 10^{12}$ W/cm^{2}的能束，可用作焊接、切割及材料表面处理的热源。激光焊实质上是激光与非透明物质相互作用的过程，这个过程极其复杂，微观上是一个量子过程，宏观上则表现为反射、吸收、加热、熔化、气化等现象。

与常规电弧焊方法相比，激光焊具有以下特点：(1) 聚焦后的激光束功率密度可达 $10^5 \sim 10^7$ W/cm^2，甚至更高，加热速度快，热影响区小，焊接应力和变形小，易于实现深熔焊和高速焊，特别适于精密焊接和微细焊接；(2) 可获得深宽比大的焊缝，焊接厚件时可不开坡口一次成形；(3) 适宜于焊接一般焊接方法难以焊接的材料，如难熔金属、热敏感性强的金属以及热物理性能差异悬殊、尺寸和体积悬殊工件间的焊接，甚至可用于非金属材料的焊接，如陶瓷、有机玻璃等；(4) 可借助反射镜使光束达到一般焊接方法无法施焊的部位，YAG 激光和半导体激光可通过光导纤维传输，可达性好；(5) 可穿过透明介质对密闭容器内的工件进行焊接，如可用于置于玻璃密封容器内的铍合金等剧毒材料的焊接；(6) 激光束不受电磁干扰，不存在 X 射线防护问题，也不需要真空保护。激光焊也存在以下缺点：(1) 难以焊接反射率较高的金属；(2) 对焊件加工、组装、定位要求相对较高；(3) 设备一次性投资大。

三、搅拌摩擦焊

搅拌摩擦焊（FSW）是基于摩擦焊技术的基本原理，由英国焊接研究所于 1991 年发明的一种新型固相连接技术。与传统摩擦焊及其他焊接方法相比，搅拌摩擦焊有以下优点：

(1) 焊接接头质量高，不易产生缺陷。焊缝是在塑性状态下受挤压完成的，属于固相焊接，因而其接头不会产生与凝固冶金有关的一些如裂纹、气孔以及合金元素的烧损等焊接缺陷和脆化现象，适于焊接铝、铜、铅、钛、锌、镁等有色金属及其合金以及钢铁材料、复合材料等，也可用于异种材料的连接。

（2）不受轴类零件的限制，可进行平板的对接和搭接，可焊接直焊缝、角焊缝及环焊缝，可进行大型框架结构及大型筒体制造、大型平板对接等，扩大了应用范围。

（3）易于实现机械化、自动化，质量比较稳定，重复性高。搅拌摩擦焊工艺参数少，焊接设备简单，容易实现自动化，从而使焊接操作十分简便，焊机运行和焊接质量的可靠性大大提高。

（4）焊接成本较低，效率高。无需填充材料、保护气体，焊前无需对焊件表面预处理，焊接过程中无需施加保护措施。

（5）焊接变形小，焊件尺寸精度较高。由于搅拌摩擦焊为固相焊接，其加热过程具有能量密度高、热输入速度快等特点，因而焊接变形小，焊后残余应力小。

（6）绿色焊接。焊接过程中无弧光辐射、烟尘和飞溅，噪声低，因而搅拌摩擦焊是一种高质量、低成本的“绿色焊接方法”。

但是，搅拌摩擦焊也存在一些不足，主要表现在：（1）焊接工具的设计、过程参数及力学性能只对较小范围、一定厚度的合金适用；（2）搅拌焊头的磨损相对较大；（3）焊接速度不高；（4）需要特定的夹具，设备的灵活性差。

目前，搅拌摩擦焊技术已在飞机制造、机车车辆和船舶制造等领域得到广泛的应用，主要用于铝合金、铜合金、镁合金、钛合金、铅、锌等有色金属材料的焊接，黑色金属如钢材等的焊接也已成功实现。

四、机器人焊接

利用机器人进行焊接操作，主要装置包括机器人和焊接装备，如图 4-19 所示。机器人由机器人本体和控制柜（硬件及软件）组成。而焊接装备，以弧焊及点焊为例，则由焊接电源（包括其控制系统）、送丝机（弧焊）、焊枪（钳）等部分组成。对于智能机器人还应有传感系统，如激光或摄像传感器及其控制装置等。为了适应不同的用途，机器人最后一个轴的机械接口通常是一个连接法兰，可接装不同工具或称末端执行器。焊接机器人就是在工业机器人的末轴法兰装接焊钳或焊（割）枪，使之能进行焊接、切割或热喷涂。机器人焊接的优点包括：（1）保证焊接品质的稳定性；（2）提高生产效率，增加产量；（3）机器人替代焊工，降低日益增长的人工费用对产品成本的压

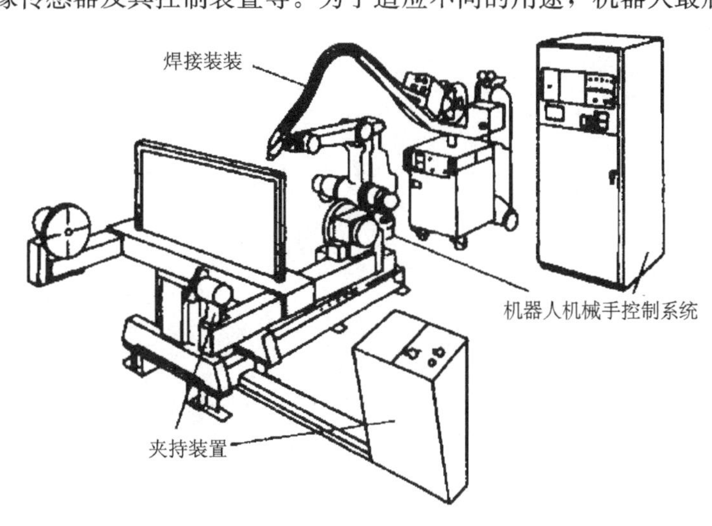

图 4-19　机器人焊接示意图

力；(4) 人性化管理，将焊工从恶劣的环境中解放出来。

1. 什么是焊接？根据焊接过程的特点不同，焊接可分为哪几类？
2. 电焊条由什么组成？各组成部分的作用是什么？
3. 手工电弧焊操作应注意哪些事项？
4. 什么是氩弧焊？氩弧焊有何特点？主要用于什么金属的焊接？
5. 电阻焊的焊接原理是什么？有哪些电阻焊的方法？
6. 如何确定焊接电流？焊接电流太大或太小对焊件质量有何影响？
7. 气焊时点火、调节火焰、熄火需要注意什么？
8. 常见的焊接缺陷有几种？
9. 有哪些方法能检测焊缝的内部缺陷？

第三篇

传统切削加工

第五章　切削加工的基本知识

利用刀具和工件之间的相对运动，从毛坯或半成品上切去多余的金属，以获得所需要的几何形状、尺寸精度和表面粗糙度的零件，这种加工方法叫金属切削加工，也叫冷加工。金属切削加工方式很多，一般可分为车削加工、铣削加工、钻削加工、镗削加工、刨削加工、磨削加工、齿轮加工及钳工等。金属切削加工是机械制造业中广泛采用的加工方法，凡是要求具有一定几何尺寸精度和表面粗糙度的零件，通常都采用切削加工方法来制造。

金属切削加工所用的机器称为金属切削机床，简称机床，它是加工机械零件的主要设备。在机械制造工业中，金属切削机床担负的劳动量占40％～60％。因为机床是制造机器和生产工具的机器，所以又称为工作母机。

第一节　切削运动与切削用量

一、切削运动

在切削加工过程中，刀具与工件之间的相对运动称为切削运动。根据在切削过程中所起的作用不同，切削运动又分为主运动和进给运动。

1. 主运动

使刀具和工件之间产生切削的主要相对运动。其在切削运动中速度最高、消耗机床动力最多。如图5-1中，车削时工件的旋转、钻床上钻削时钻头的旋转、铣削时铣刀的旋转、牛头刨床上刨刀的往复直线运动以及磨削时砂轮的旋转均为主运动。

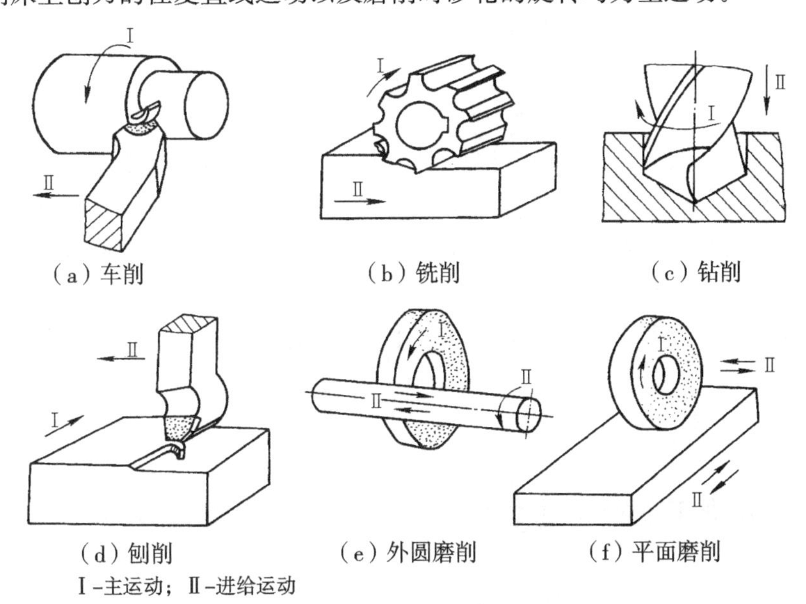

Ⅰ-主运动；Ⅱ-进给运动

图5-1　几种主要切削加工的运动形式

2. 进给运动

与主运动配合，使被切削的金属层不断投入切削的运动称为进给运动。通常，在切削加工中主运动只有一个，进给运动可以是一个或几个。例如车削时车刀的纵向或横向移动，磨削外圆时工件的旋转和工作台带动工件的纵向移动。

二、切削用量

切削用量主要有切削速度 v、进给量 f 和背吃刀量（旧标准称切削深度）a_p，又称切削三要素，是用来表示和衡量机械加工的工艺参数。在了解切削用量之前应当注意到，在切削过程中，工件上有三种表面，以车削外圆为例，切削过程中工件形成了待加工表面、过渡表面和已加工表面，参见图5-2。待加工表面即需要切去金属的表面；已加工表面即切削后得到的表面；过渡表面即正在被切削的表面，过渡表面亦称切削表面或加工表面。

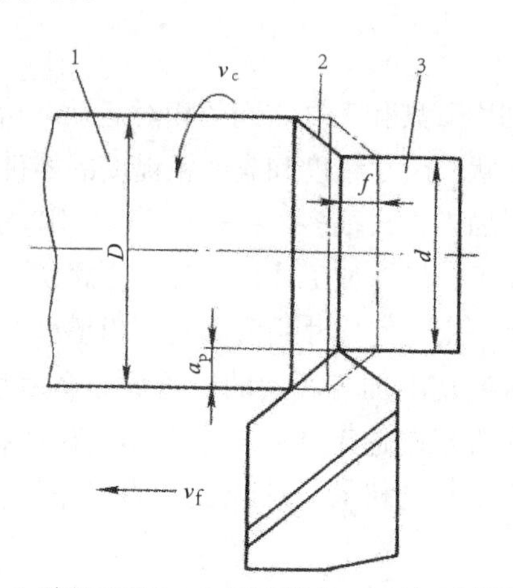

1–待加工表面；2–过渡表面；3–已加工表面

图 5-2 工件上的三种表面及切削用量

1. 切削速度

在单位时间内，工件与刀具沿主运动方向的相对位移量，以 v_c 表示，单位为 m/ s。即

$$v_c = \frac{\pi D n}{1000 \times 60} \text{ (m/ s)}$$

式中：D——工件待加工表面直径（mm）；

n——工件转速（r/min）。

当主运动是往复直线运动时（如刨削），切削速度由下式确定：

$$v_c = \frac{2L n_r}{1000 \times 60} \text{ (m/ s)}$$

式中：L——往复运动的行程长度（mm）；

n_r—— 主运动每分钟的往复次数，（次/min）。

2. 进给量

在单位时间内，刀具在进给方向上相对于工件的位移量，称为进给速度，用来表示进给运动的大小，用 v_f表示，单位为 mm/s 或 mm/min。在实际生产中，常用每转进给量来表示，即工件或刀具每转一周，刀具在进给方向上相对工件的位移量，简称为进给量，也称走刀量，用 f 表示，单位为 mm/r。

以车削为例，当主运动为旋转运动时，进给量 f 与进给速度 v_f之间的关系为

$$v_f = fn$$

式中：n——主运动转速（r/s 或 r/min）。

3. 背吃刀量

待加工表面与已加工表面间的垂直距离，以 a_p表示，单位为 mm，即

$$a_p = \frac{D-d}{2} \text{ (mm)}$$

式中：D——工件待加工表面直径（mm）；

d——工件已加工表面直径（mm）。

正确选择切削用量是保证加工质量、提高生产率、降低生产成本的前提条件。切削用量的选择要根据刀具材料、刀具的几何角度、工件材料、机床的刚性、切削液的选择等来确定。刀具的磨损对生产率的影响较大，如果切削用量选得太大，刀具容易磨损，刃磨时间长，生产率降低；如果切削用量选得太小，加工时间长，生产率也会降低。在切削用量三要素中，对刀具磨损影响最大的是切削速度，其次是进给量，而对加工零件的表面质量影响比较大的是进给量和背吃刀量。

综上所述，选择切削用量的基本原则是：

（1）粗加工时，尽量选择较大的背吃刀量和进给量，以提高生产率，并选择适当的切削速度。

（2）精加工或半精加工时，一般选择较小的背吃刀量和进给量，以保证表面加工质量，并根据实际情况选择适当的切削速度。

第二节　金属切削刀具

一、刀具材料的性能及选用

（一）刀具材料的性能

在切削过程中，刀具和工件直接接触的切削部分要承受极大的切削力，尤其是切削刃及紧邻的前、后刀面，长期处在切削高温环境中工作，并且切削中的各种不均匀、不稳定因素，还将对刀具切削部分造成不同程度的冲击和振动。例如：高速切削钢材时切屑与前刀面接触区的温度常保持在 800～900 ℃，中心区甚至超过 1 000 ℃。为了适应如此繁重的切削负荷和恶劣的工作条件，刀具材料应具备以下几方面性能。

1. 足够的硬度和耐磨性

硬度是刀具材料应具备的基本性能。刀具硬度应高于工件材料的硬度，常温硬度一般应在 60HRC 以上。通常材料的硬度愈高，耐磨性愈好。刀具材料应具有高的硬度和耐磨性，以提高切入工件的能力，并承受剧烈的摩擦。

耐磨性是指材料抵抗磨损的能力，它与材料硬度、强度和组织结构有关。材料的硬度越高，耐磨性越好；组织中碳化物和氮化物等硬质点的硬度越高、颗粒越小、数量越多且分布越均匀，则耐磨性越好。例如：碳素钢的硬度为 62HRC，高速钢的硬度为 63～70HRC，硬质合金的硬度为 89～93HRA。刀具材料的硬度大小顺序为：金刚石＞立方氮化硼＞陶瓷＞金属陶瓷＞硬质合金＞高速钢＞工具钢。

2. 足够的强度与韧性

切削时刀具要承受较大的切削力、冲击和振动，为避免崩刃和折断，刀具材料应具有足够的强度和韧性，以防止刀具的脆性断裂和崩刃。常用抗弯强度和冲击韧度表示。刀具材料的抗弯强度大小顺序为：高速钢＞硬质合金＞陶瓷＞金刚石和立方氮化硼。刀具材料的冲击韧度大小顺序为：高速钢＞硬质合金＞立方氮化棚、金刚石和陶瓷。

3. 足够的耐热性、热硬性和较好的导热性

耐热性是指刀具材料在高温下保持足够的硬度、耐磨性、强度和韧性、抗氧化性、抗

黏结性和抗扩散性的能力（亦称为热稳定性）。材料在高温下仍保持高硬度的能力称为热硬性（亦称高温硬度、红硬性），它是刀具材料保持切削性能的必备条件。刀具材料的高温硬度越高，耐热性越好，允许的切削速度越高。刀具材料的热导率大，有利于将切削区的热量传出，降低切削温度。

4. 较好的工艺性和经济性

为了便于刀具加工制造，刀具材料应具备较好的工艺性能，如热轧、锻造、焊接、热处理和机械加工等。

值得注意的是，上述几项性能之间可能相互矛盾（如硬度高的刀具材料，其强度和韧性较低），没有一种刀具材料具备所有性能的最佳指标，而是各有所长。因此，在选择刀具材料时应综合考虑、合理选用。

（二）刀具材料的选用

目前常用刀具材料有碳素工具钢、合金工具钢、高速钢、硬质合金、陶瓷、立方氮化硼以及金刚石等。常用刀具材料的主要性能和应用范围如表 5-1 所示。

表 5-1　常用刀具材料的主要性能、牌号和用途

种类		常用牌号		抗弯强度/GPa	热硬温度/℃	硬度	应用举例
工具钢	碳素工具钢	T8A、T10A、T12A		2.16	200～250	60～65HRC	手动工具，如锯条、锉刀、刮刀等
	低合金工具钢	9SiCr、CrWMn		2.35	300～400	60～65HRC	手动或低速刀具，如丝锥、板牙、拉刀等
	高速钢	W18Cr4V、W6Mo5Cr4V2		2.40～4.50	600～700	62～70HRC	各种刀具，特别是形状复杂的刀具，如钻头、铣刀、齿轮刀具等，可切削各种黑色金属、非铁金属、非金属等
硬质合金	钨钴类	K类	YG6X、YG8	1.00～2.20	800	89～92HRA	连续切削铸铁、非铁金属及其合金的粗车，间断切削的精车等
	钨钛钴类	P类	YT15、YT30	0.80～1.40	900	89～93HRA	碳钢及合金钢的粗加工、半精加工、精加工等
	钨钛钽（铌）钴类	M类	YW1、YW2	≈1.40	1 000～1 100	≈92HRA	耐热钢、高锰钢、不锈钢等难加工材料的半精加工与精加工，一般金属加工等
陶瓷刀具		AM		0.44～0.83	1 200	92～94HRA	粗精加工冷硬铸铁、调质钢和淬硬合金钢等
超硬材料	立方氮化硼	FD		≈0.29	1 400～1 500	8 000～9 000HV	精加工调质钢、淬硬钢、高速钢、高强度耐热钢及非铁金属等
	人造金刚石	FJ		≈0.21～0.48	700～800	9 000HV	非铁金属高精度、小表面粗糙度切削，R_a 可达 0.12～0.40 μm

碳素工具钢及低合金工具钢因耐热性较差，通常只用于手工工具及切削速度较低的刀具。陶瓷、金刚石和立方氮化硼仅用于有限的场合。目前，刀具材料中用得最多的是高速钢和硬质合金。

高速钢（HSS）是含有较多钨、铬、钒等合金元素的高合金工具钢，在工厂中常称为白钢或锋钢。它允许的切削速度比碳素工具钢（T10A、T12A）及合金工具钢（9SiCr）高13倍，故称为高速钢。高速钢具有较高的硬度和耐热性，在切削温度达550～600 ℃时，仍能保持60HRC的高硬度进行切削，适于制造中、低速切削的各种刀具。同时，高速钢还具有较高的耐磨性、强度和韧性。与硬质合金相比，其最大的优点是可加工性好并具有良好的综合力学性能。其退火硬度为207～255HBW，与优质中、高碳钢的退火硬度相近，能够用一般材料刀具顺利切削加工出各种复杂形状。在加热状态（900～1 100 ℃）下能反复锻打制成所需的毛坯。高速钢的抗弯强度是硬质合金的3～5倍，冲击韧度是硬质合金的8～30倍。总之，高速钢的切削性能比其他工具钢好得多，而可加工性又比硬质合金好得多。目前高速钢仍是世界各国制造复杂、精密和成形刀具的基本材料，是应用最广泛的刀具材料之一。

硬质合金是用高硬度、难熔的金属碳化物（WC、TiC、TaC 、NbC等）和金属黏结剂（Co、Ni等）在高温条件下烧结而成的粉末冶金制品。硬质合金刀具的寿命比高速钢刀具高几倍到几十倍，可加工包括淬硬钢在内的多种材料。但硬质合金的强度和韧性比高速钢差，承受切削振动和冲击的能力较差。硬质合金是常用的刀具材料之一，常用于制造车刀和面铣刀，也可用硬质合金制造深孔钻、铰刀、拉刀和滚刀。

陶瓷刀具的硬度可达到90～95HRA，硬度虽然不及人造金刚石和立方氮化硼高，但大大高于硬质合金和高速钢刀具，耐磨性好，它的化学稳定性好，抗黏结能力强，但抗弯强度很低，故陶瓷刀具可以加工传统刀具难以加工的高硬材料，适合于高速切削和硬切削的精加工。陶瓷刀具具有很好的高温力学性能，耐热温度可达1 200～1 450 ℃（此时硬度为80HRA），在1 200 ℃以上的高温下仍能进行切削。因此，陶瓷刀具可以实现干切削，从而可省去切削液。

人造金刚石是碳的同素异形体，是通过合金触媒的作用在高温高压下由石墨转化而成的。人造金刚石的硬度很高，是除天然金刚石之外最硬的物质，它的耐磨性极好，与金属的摩擦因数很小，但它与铁族金属的亲和力大，故人造金刚石多用于对有色金属及非金属材料的超精加工以及作磨具磨料用。

立方氮化硼（简称CBN），用与金刚石制造方法相似的方法合成的第二种超硬材料，在硬度和热导率方面仅次于金刚石，热稳定性极好，在大气中加热至1 000 ℃也不发生氧化。CBN对于钢铁材料具有极为稳定的化学性能，可以广泛用于钢铁制品的加工。

（三）刀具涂层

在切削加工中，刀具性能对切削加工的效率、精度、表面质量有着决定性的影响。刀具的硬度和强度、韧性之间似乎总是存在着矛盾，硬度高的材料往往强度和韧性低，而要提高韧性往往是以硬度的下降为代价的。在刀具基体上涂覆一层或多层硬度高、耐磨性好的金属或非金属化合物薄膜（如TiC、TiN、Al_2O_3等），从而解决了刀具存在的硬度、强度和韧性之间的矛盾，是切削刀具发展的一次革命。涂层刀具多在数控车床、数控铣床、加工中心等高速切削机床上使用。

刀具涂层技术主要是通过化学气相沉积（CVD）或物理气相沉积（PVD）的方法，在刀具表面上获得几微米到十几微米厚的硬质膜。刀具涂层在切削加工中表现出的主要性能如下：

（1）高的硬度及耐磨性。硬质合金的常温硬度一般可达 89～93HRA。涂层具有比硬质合金更高的硬度，例如，TiC 涂层的硬度可达 2 900～3 200HV。因此，涂层刀具的抗机械摩擦与抗各种磨损的能力得到提高。与未涂层刀具相比，涂层硬质合金刀具可采用较高的切削速度，或能在同样的切削速度下大幅度地提高刀具寿命。

（2）高的化学稳定性。根据涂层物质的不同，其与工件材料在高温条件下的反应不同，如 Al_2O_3涂层的化学稳定性特别好，与工件材料在高温下几乎不发生反应，TiC 与工件在高温下的反应也非常轻微。因此，涂层刀片与硬质合金基体相比较具有较好的抗化学磨损能力，可有效提高刀具的使用寿命。

（3）高的抗黏结性能。涂层材料（如 TiC、TiN、Al_2O_3等）与工件材料的亲和性较小，不易产生黏结，高温切削时不易产生黏结磨损，可在一定程度上提高刀具的寿命。

（4）低的摩擦因数。涂层材料与被加工材料之间的摩擦因数较小，故切削力有一定减小。

二、刀具切削部分的几何角度

刀具上承担切削工作的部分称为刀具的切削部分。金属切削刀具的种类虽然很多，但它们在切削部分的几何形状与参数方面却有着共性，不论刀具构造如何复杂，它们的切削部分总是近似地以外圆车刀的切削部分为基本形态。如图 5-3 所示，各种复杂刀具或多齿刀具的刀齿的几何形状都相当于一把车刀的刀头。现代切削刀具引入“不重磨”概念之后，刀具切削部分的统一性获得了新的发展，许多结构迥异的切削刀具，其切削部分都不过是一个或若干个“不重磨式刀片”。下面以车刀为例进行分析。

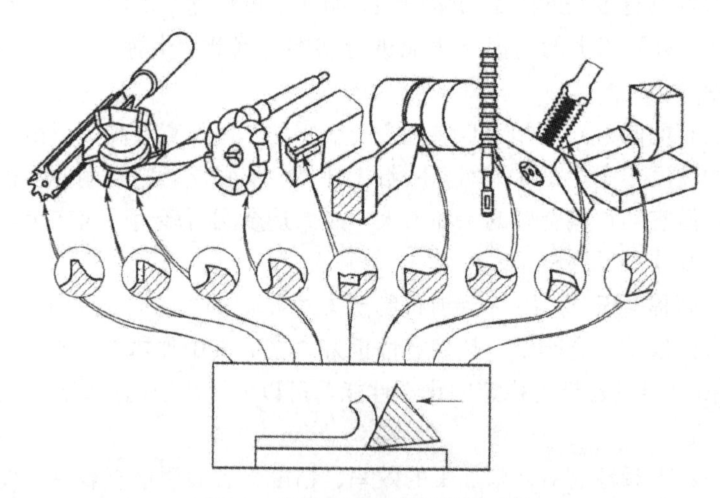

图 5-3　各种刀具切削部分的形状

1. 车刀的组成

车刀由刀头（切削部分）和刀体组成。刀头起切削作用，刀体用来支撑刀头和装夹车刀。刀头由“三面二刃一尖”组成，如图 5-4 所示，即由前刀面、主后刀面、副后刀面、主切削刃、副切削刃、刀尖组成。

前刀面——切屑沿其流出的表面。

主后刀面——刀具与工件过渡表面相对的表面。

副后刀面——刀具与工件的已加工表面相对的表面。

主切削刃——前刀面与主后刀面的交线，承担主要切削。

副切削刃——前刀面与副后刀面的交线，承担少量切削和修光。

刀尖—主切削刃与副切削刃的相交部分，通常是一段圆弧或直线过渡刃。

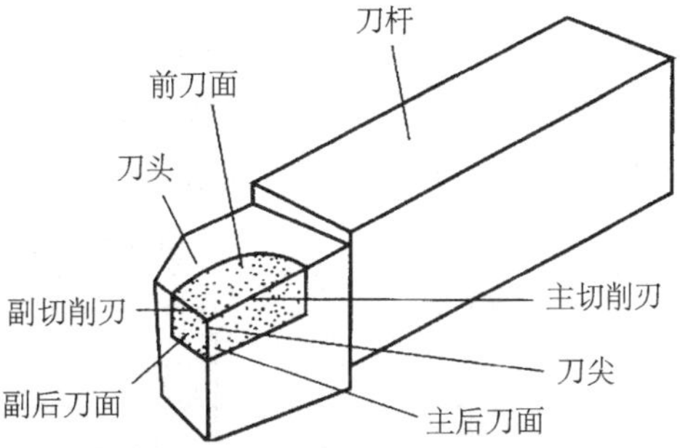

图 5-4　外圆车刀切削部分的组成要素

2. 切削楔的面和角度

所有刀具切削刃的形状都是楔形，如图 5-5 所示。刀具切削时所产生的各种力和温度会导致切削楔的磨损，因此，切削刃必须在高温下耐磨，并且具有足够的韧度。

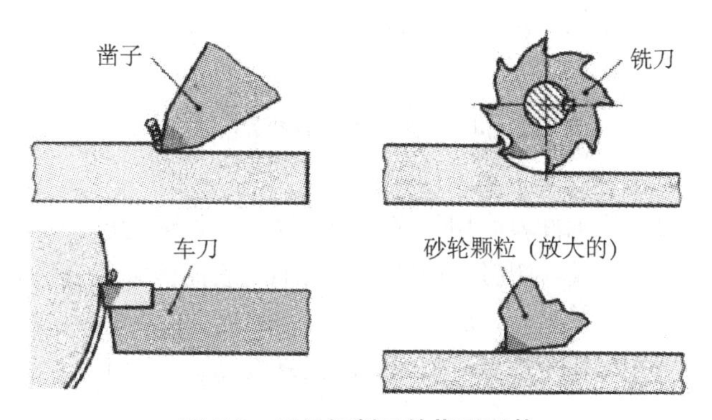

图 5-5　刀具切削刃的楔形形状

切入材料硬度比刀具软的工件内的切削楔由前刀面和主后刀面组成，如图 5-6 所示，这两个面之间的角度称为楔角 β。它的大小取决于待切削的材料，如表 5-2 所示。

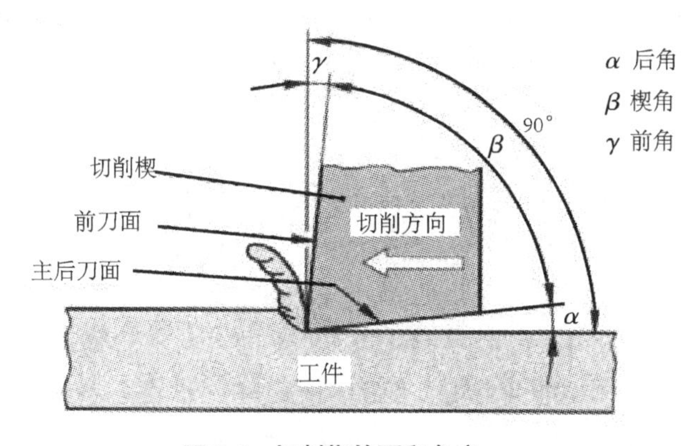

图 5-6　切削楔的面和角度

楔角越小，切削楔切入工件材料越容易。但是，为了在加工具有较高强度的材料时刀刃不被打坏，必须保持足够大的楔角。

前角 γ 是切削面与垂直于加工面的一个垂直面之间的夹角。为将所有出现的力抑制至最小，这个角度应尽可能地选大。加工较硬材料、间断切削、切削材料较脆时，前角必须要小甚至是负角度，以免打坏刀刃。前角 γ 是切削楔中最重要的角度，因为它直接影响切屑的形成、刀具的耐用度和切削力。

后角 α 是切削后面与加工面之间的夹角，其作用是降低刀具与工件之间的摩擦。后角的选择原则是，其大小恰好可保证刀具足够自由地进行切削。

表 5-2　切削楔上各角度的大小

楔角 β		前角 γ		后角 α	
大	小	大	小	有点大	小
适合加工强度较高的硬材料，例如高合金钢	适合加工软材料，例如铝合金	适合加工软材料，精整加工时	适合加工硬材料、易脆材料、有切削中断要求、粗加工	适合加工软材料和可弹性变形的材料，例如塑料	适合加工硬材料和产生短切屑的材料，例如高合金钢

第三节　金属切削过程

金属切削过程是指刀具从工件表面切除多余的金属，使之成为已加工表面的过程。在金属切削过程中，被切除的金属成为切屑，切削层及已加工表面的弹性变形和塑性变形表现为切削阻力，同时切削层发生挤裂变形，被切削的工件与刀面之间的剧烈摩擦产生切削热。切屑、切削阻力、切削热都直接与刀具、切削用量的选择有关，影响工件的加工质量。

一、切屑的形成及种类

金属切削过程也是切屑形成的过程，它与金属的挤压过程很相似，其实质是工件表层金属受到刀具挤压后，金属层产生弹性变形、塑性变形、挤裂、切离几个变形阶段而形成切屑。由于被加工材料性能和切削条件的不同，切屑的形成过程和形态也不相同。常见的切屑有三种，即带状切屑、节状切屑和崩碎切屑，如图 5-7 所示。

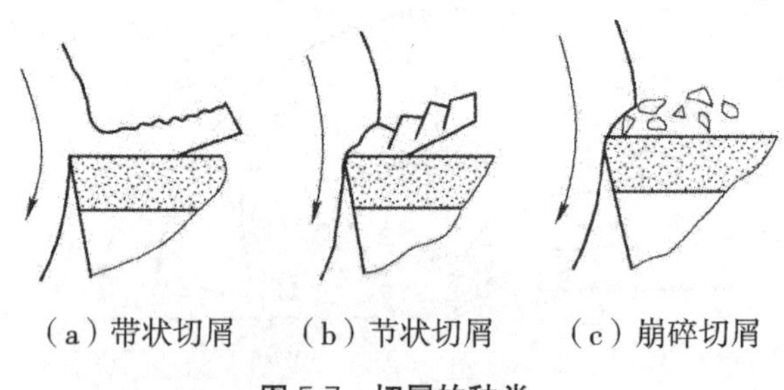

（a）带状切屑　（b）节状切屑　（c）崩碎切屑

图 5-7　切屑的种类

（一）带状切屑

这是最常见的一种切屑，它呈连续不断的带状，底面光滑，背面显现毛茸。当用较大前角的刀具、较高的切削速度和较小的进给量加工塑性材料（如低碳钢）时，容易得到带状切屑。这类切屑的变形小，切削力平稳，加工表面光洁，是较为理想的切削状态。但切屑连绵不断，容易缠绕在工件或刀具上，影响操作，并损伤工件表面，甚至伤人。生产中常采用在车刀上磨出断屑槽等断屑措施来防止。

（二）节状切屑

这类切屑顶面呈锯齿形，底面有裂纹。用较低的切削速度、较大的进给量、较小前角的刀具切削中等硬度的钢材时多获得此类切屑。形成这类切屑时，切削力变化大，切削过程不够平稳，工件表面也较粗糙。

（三）崩碎切屑

这类切屑呈不规则的碎块，它是在切削铸铁、青铜等脆性材料时，金属层产生弹性变形后突然崩裂所致。形成这类切屑时，冲击、振动较大，切削力集中在切削刃附近，使切削过程不平稳，刀具刃口易崩刃或磨损，导致已加工表面粗糙。

二、切削力 、切削热和切削液

（一）切削力

在金属切削过程中，切削层及已加工表面上的金属会产生弹性变形和塑性变形，因此有抗力作用在刀具上；又因为工件与刀具间、切屑与刀具间都有相对运动，所以还有摩擦力作用在刀具上。这些力的合力称为切削阻力，简称切削力。

为了分析切削力对工件、刀具、机床的影响，一般将总切削力 F 分解为相互垂直的三个分力：主切削力 F_c、背向力 F_p和进给力 F_f，如图 5-8 所示。

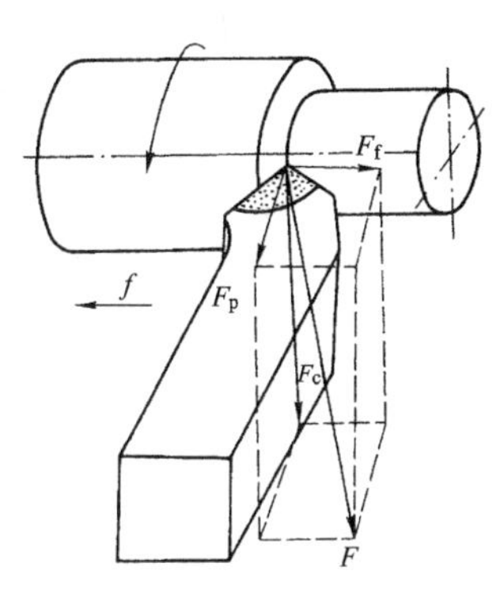

图 5-8 切削力的分解

1. 主切削力 F_c

主切削力是总切削力在切削速度方向的分力，又称垂直切削分力或切向力。F_c 是分力中最大的一个，占总切削力的 90%左右，它是计算切削功率、刀具强度和选择切削用量的主要依据。

2. 背向力 F_p

背向力是总切削力在切深方向的分力，又称为切深抗力或径向力。F_p会使工件在水平方向弯曲变形，容易引起切削过程中的振动，因而影响工件的加工精度。

3. 进给力 F_f

进给力是总切削力在进给方向的分力，又称走刀抗力或轴向力。F_f是计算机床进给机构零件强度的依据。

总切削力和各切削分力之间的关系式为

$$F=\sqrt{F_c^2+F_p^2+F_f^2}$$

切削力的大小与工件材料、刀具的几何角度及切削用量有关，可用专门仪器测定。

（二）切削热和切削液

在切削加工过程中，工件的金属切削层发生挤裂变形，切屑与前刀面之间有剧烈摩擦，在后刀面与加工表面之间也有摩擦，由这些变形和摩擦产生的热称为切削热。切削热虽然有一大部分被切屑带走，但仍然有相当一部分传给了工件和刀具。传给工件的热量会使工件变形，严重的甚至烧伤工件表面，影响加工质量；传到刀具上的热量会使刀刃处的温度升高，而温度过高会降低切削部分的硬度，加速刀具的磨损。所以，切削热对切削过程是不利的。

为了延长刀具的使用寿命，降低切削热的影响，提高工件加工表面的质量并提高生产效率，可在切削过程中使用切削液。

目前常用的切削液一般分为两大类：一类是以冷却为主的水溶液，主要包括电解质水溶液（苏打水）、乳化液（乳化油膏加水）等；另一类是以润滑为主的油类，主要包括矿物油、动植物油、混合油和活化矿物油等。

第四节 切削加工零件的技术要求简介

为使切削加工的零件达到设计要求，以保证装配的产品工作精度和使用寿命，必须按零件的不同作用提出合理的要求，统称为零件的技术要求。零件的技术要求包括尺寸精度、形状精度、位置精度、表面粗糙度以及零件热处理与表面处理（如电镀、发黑）等几个方面，如图 5-9 所示，前四项均由切削加工保证。

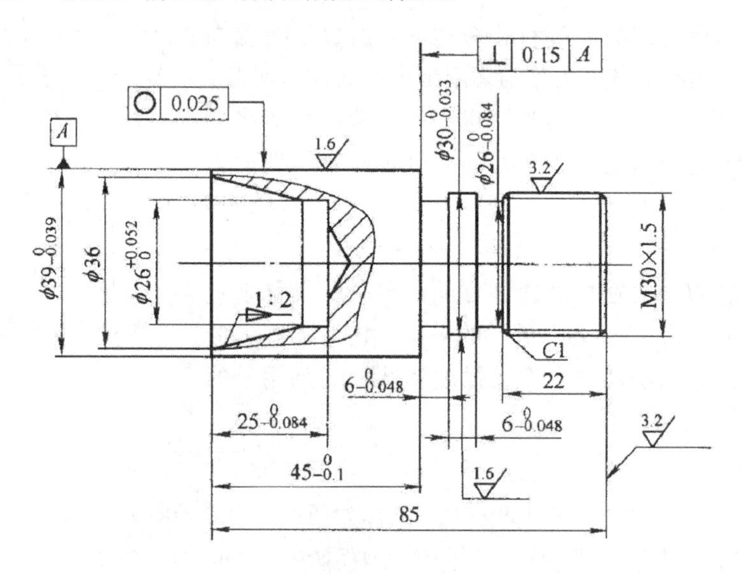

图 5-9 零件技术要求部分示例

一、尺寸精度

尺寸精度是指零件的实际尺寸对于理想尺寸的准确程度。尺寸精度的高低用尺寸公差控制。零件在制造过程中，由于加工或测量等因素的影响，完工后的实际尺寸总存在一定的误差。为保证零件的互换性，必须将零件的实际尺寸控制在允许变动的范围内，这个允许的尺寸变动量称为尺寸公差。

尺寸公差是加工中所允许的零件尺寸的变动量。国家标准 GB/T 4458.5—2003 规定，标准的尺寸公差分为 20 个等级，即 IT01、IT0、IT1、…、IT18。IT01 的公差值最小，尺寸精度最高。从 IT01～IT18 相应的公差值依次增加，精度依次降低。其中 IT01—IT13 用于配合尺寸，其余用于非配合尺寸。

在基本尺寸相同的情况下，尺寸公差愈小，则尺寸精度愈高。尺寸公差等于最大极限尺寸与最小极限尺寸之差，或等于上偏差与下偏差之差。切削加工所获得的尺寸精度与使用的设备、刀具和切削条件等密切相关。零件的尺寸误差在所允许的误差范围（即公差范围）之内就是合格产品。例如图 5-9 所示 $\phi39_{-0.039}^{0}$，零件尺寸在 ϕ38.961～ϕ39.000 mm 之内皆为合格产品。

例 ϕ39 0 —上偏差；−0.039 —下偏差；39 —基本尺寸

最大极限尺寸＝39－0＝39.000 mm

最小极限尺寸＝39－0.039＝38.961 mm

尺寸公差＝最大极限尺寸－最小极限尺寸＝39.000－38.961＝0.039 mm

或尺寸公差＝上偏差－下偏差＝0－（－0.039）＝ 0.039 mm

二、形状精度

零件的形状精度是指零件在加工完成后，轮廓表面的实际几何形状与理想形状之间的符合程度。如圆柱面的圆柱度、圆度、平面的平面度等。零件轮廓表面形状精度的高低用形状公差来表示，公差数值越大，形状精度越低。

形状精度主要与机床本身的精度有关，如车床主轴在高速旋转时，旋转轴线有跳动就会使工件产生圆度误差；又如车床纵、横拖板导轨不直或磨损，则会造成圆柱度和直线度误差。因此，对于形状精度要求高的零件，一定要在高精度的机床上加工。当然，操作方法不当也会影响形状精度，如在车外圆时用锉刀修饰外表面后，容易使圆度或圆柱度变差。

根据 GB/T 1958—2004 规定，形状公差有 6 项，如表 5-3 所示。如图 5-9 所示的圆度为 | ○ | 0.025 |，表示 Φ39 的外圆柱面的实际轮廓必须位于半径差为公差值 0.025 mm 的两同轴圆柱面之间。

表 5-3　形状公差及符号

项目	直线度	平面度	圆度	圆柱度	线轮廓度	面轮廓度
符号	—	▱	○	⌭	⌒	⌓

三、位置精度

位置精度是指零件上的点、线、面的实际位置相对于理想位置的符合程度。位置精度的高低用位置公差来表示，公差数值越大，位置精度越低。位置精度主要与工件装夹、加工顺序安排及操作人员技术水平有关。如车外圆时多次装夹可能造成被加工外圆表面之间的同轴度误差值增大。根据 GB/T 1958—2004 规定，位置公差有 8 项，如表 5-4 所示。如图 5-9 所示的垂直度为 | ⊥ | 0.15 | A |，表示实际表面应限定于在间距等于 0.15 mm 并垂直于基准轴线 A（ϕ39 的圆柱轴线）的两平行平面之间。

表 5-4 位置公差及符号

项目	平行度	垂直度	倾斜度	位置度	同轴度	对称度	圆跳动度	全跳动度
符号	//	⊥	∠	⌖	◎	⌯	↗	⌰

四、表面粗糙度

在切削加工中，由于切削用量、振动、刀痕以及刀具与工件间的摩擦，总会在加工表面上产生微小的峰谷，当波距和波高之比小于 50 时，这种表面的微观几何形状误差称为表面粗糙度。表面粗糙度一般是由所采用的加工方法和其他因素所形成的，例如加工过程中刀具与零件表面间的摩擦、切屑分离时表面层金属的塑性变形以及工艺系统中的高频振动等。由于加工方法和工件材料的不同，被加工表面留下痕迹的深浅、疏密、形状和纹理都有差别。

常用轮廓算术平均偏差 R_a 值表示表面粗糙度，单位为 μm。表面粗糙度是评定零件表面质量的一项重要指标，它对零件的配合、疲劳强度、耐磨性、抗腐蚀性、密封性和外观均有影响。R_a 值愈小，表面愈光滑。有些旧手册上也用光洁度来衡量表面粗糙度。根据 GB/T1031—2009 及 GB/T131—2006 规定，常用的表面粗糙度 R_a 值与光洁度的对应关系见表 5-5。

表 5-5 常用 R_a 值与光洁度的对应关系

R_a（μm）⩽	50	25	12.5	6.3	3.2	1.6	0.8	0.4	0.2	0.1
光洁度级别	▽1	▽2	▽3	▽4	▽5	▽6	▽7	▽8	▽9	▽10

常用表面粗糙度符号的含义介绍如下：

1. √基本符号，表示表面可用任何方法获得。当不加粗糙度值或有关说明时，仅适用于简化代号标注。

2. √表示非加工表面，如通过铸造、锻压、冲压、拉拔、粉末冶金等不去除材料的方法获得的表面或保持毛坯（包括上道工序）原状况的表面。

3. √表示加工表面，如通过车、铣、刨、磨、钻、电火花加工等去除材料的方法获得的表面。上面的数字表示 R_a 的上限值，如图 5-9 所示1.6√，表示实际表面粗糙度 R_a 的上限值为 1.6 μm。

第五节 金属切削机床的基本知识

一、机床的分类

根据 GB/T 15375—2008《金属切削机床型号编制方法》，金属切削机床按其工作原理，结构性能特点及使用范围划分为如下 11 类：

车床（C）：主要用于加工回转表面的机床。

铣床（X）：用铣刀在工件上加工各种表面的机床。

刨插床（B）：用刨刀加工工件表面的机床，主要加工平面。

磨床（M）：用磨具或磨料加工工件各种表面的机床。

钻床（Z）：主要用钻头在工件上加工孔的机床。

镗床（T）：主要用镗刀加工位置精度要求较高的已有预制孔的机床。

拉床（L）：用拉刀加工工件各种内、外成形表面的机床。

螺纹加工机床（S）：用螺纹切削工具在工件上加工内、外螺纹的机床。

齿轮加工机床（Y）：用齿轮切削工具加工齿轮齿面或齿条齿面的机床。

锯床（G）：切断或锯断材料的机床。

其他机床（Q）：其他仪表机床、管子加工机床、木螺钉加工机床、刻线机、切断机、多功能机床等。

机床的分类代号用汉语拼音大写字母表示。机床的种类虽然很多，但最基本的有五种，即车床、铣床、刨床、磨床和钻床。其他各种机床都是由这五种机床演变而成的。

当某类机床除有普通形式外，还有某种通用特性时，则在分类代号之后用相应的代号表示。例如，CM6132 型精密车床，在“C”后面加“M”。表 5-6 是常用的通用特性和结构特性代号，其位于分类代号之后，用大写汉语拼音字母表示。

表 5-6　机床通用特性和结构特性代号

通用特性	高精度	精密	自动	半自动	数控	加工中心（自动换刀）	仿形	轻型	加重型	简式或经济型	柔性加工单位	数显	高速
代号	G	M	Z	B	K	H	F	Q	C	J	R	X	S
读音	高	密	自	半	控	换	仿	轻	重	简	柔	显	速

二、机床的组成及运动

（一）机床的组成

各类机床通常由以下基本部分组成，如图 5-10 所示。

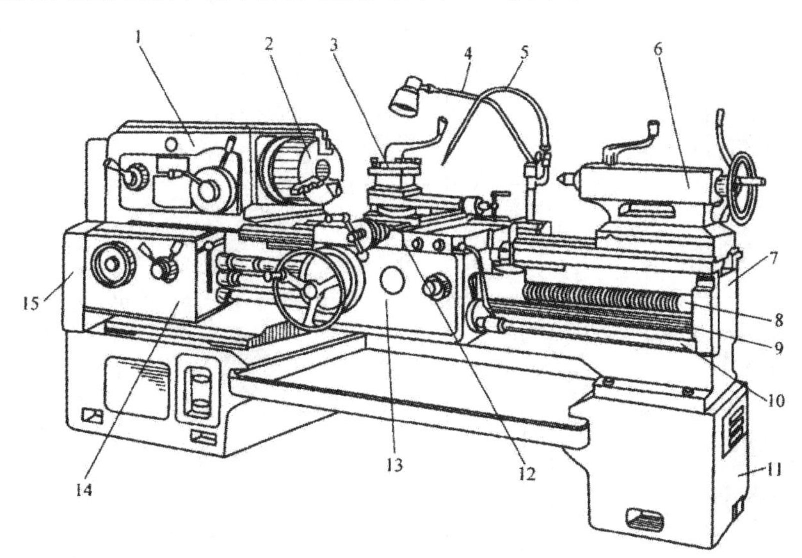

1–主轴箱；2–卡盘；3–四方刀架；4–照明灯；5–切削液管；6–尾座；7–床身；8–丝杠；9–光杠；10–操纵杆；11–床腿；12–床鞍；13–溜板箱；14–进给箱；15–挂轮箱

图 5-10　CA6140 型卧式车床

1. 动力源。提供机床动力和功率的部分，通常由电动机组成。

2. 传动系统。包括主传动系统（如车床、铣床和钻床的主轴箱，磨床的磨头）、进给传动系统（实现机床进给运动的构件，进行机床的调整、进退刀等，如车床的进给箱、溜板箱，铣床和钻床的进给箱，刨床的变速机构等）和其他运动的传动系统。有些机床的主轴组件和变速箱合在一起或为主轴箱。

3. 刀具安装系统。用于安装刀具，如车床、刨床的刀架，铣床的主轴，磨床磨头的砂轮轴等。

4. 工件安装系统。用于装夹工件，如车床的卡盘和尾架，刨床、铣床、钻床、平面磨床的工作台等。

5. 支撑系统。机床的基础构件，起支撑和连接机床各部件的作用，如各类机床的床身、立柱、底座等。

6. 控制系统。控制各工作部件的正常工作，主要是电气控制系统，有些机床局部采用液压或气动控制系统，数控机床则是数控系统。

（二）金属切削机床的传动

机床的传动有机械、液压、气动和电气等多种形式，其中最常用的传动形式是机械传动和液压传动。机床上常用的机械传动包括带传动、齿轮传动、齿条传动、蜗杆传动和丝杠螺母传动等。在传动系统图中常用简图符号表示，见表 5-7。

表 5-7　传动系统中常用简图符号

名称	图形	符号	名称	图形	符号
轴			普通轴承		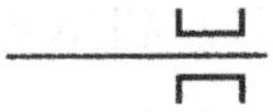
滚动轴承		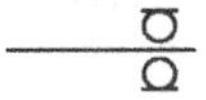	推力滚动轴承		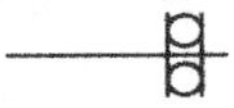
推力滚动轴承		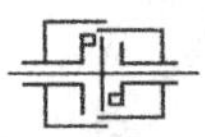	双向滑移齿轮		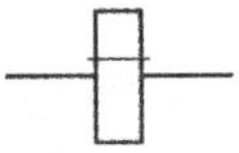
摩擦离合器（双向式）			整体螺母传轮		
平带传动		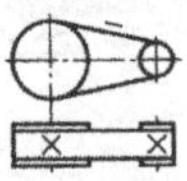	V 带传动		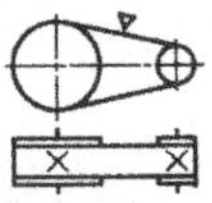
齿轮传动		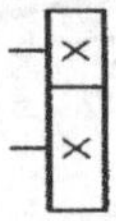	蜗杆传动		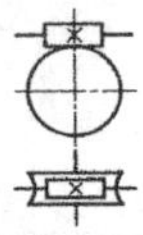
齿条传动		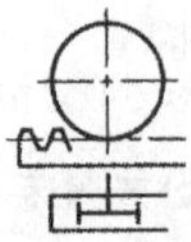	锥形齿轮传动		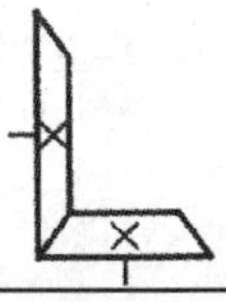

第六节　测量技术简介

一、测量及测量误差

（一）测量

在机械制造中，加工后的零件，其几何参数（尺寸、几何公差及表面粗糙度等）需要测量，以确定它们是否符合技术要求和实现其互换性。测量是指为确定被测量的量值而进行的实验过程，其实质是将被测几何量 L 与计量单位 E 的标准量进行比较，从而确定比值 q 的过程，即 $L/E=q$ 或 $L=qE$。

一个完整的测量过程应包括以下四个要素：

1. 测量对象。在机械制造中的测量对象是几何量，包括长度、角度、表面粗糙度、轮廓、形状和位置误差等。

2. 计量单位。在机械制造中常用的单位为毫米（mm）。

3. 测量方法。指测量时所采用的测量原理、计量器具及测量条件的总和。

4. 测量精确度。指测量结果与真值的一致程度。

（二）测量误差

造成测量误差的根源有检验对象（如工件）的不完善性、量具器械（如刻度盘）、测量仪器本身（如千分尺），以及测量程序和测量动作中的问题。除以上各项外，影响测量结果的因素还有周围环境（如温度、粉末、湿度、气压）和从事测量工作的人员的个人特点（如对工作的重视程度、熟练程度、视力、判断能力、思想集中程度）等。

系统测量误差是指在相同测量条件下总是以相等大小出现的测量误差，因而是可以把握的一种误差。例如在车削或磨削加工的自动测量中所产生的温度误差总是一个恒定值，这样一种误差可以通过计算从测量结果中消除掉。

随机测量误差其大小不一，因为造成这种误差的原因不明。它始终作为误差存在于测量结果之内，重复测量（例如一批测量 20 次）可求得误差的平均值，并作为经常存在的误差在测量结果中加以考虑。测量中误差的根源主要有：

1. 温度影响。由于热胀冷缩，物体在不同温度下的长度不同，因此，测量的标准温度规定为 20 ℃。对钢制工件来说，大多数情况下量具与工件的温度相等就够了。要防止工件和量具受太阳照射、发热体加热、手接触加热等，要保持温度均匀。

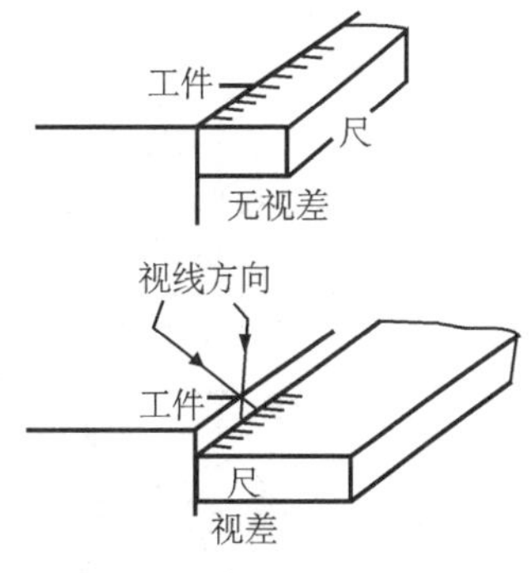

图 5-11　由视差产生的误差

2. 由视差引起读数误差。当量具的刻线与工件不在一个平面内时，从侧向观察就会引起判读误差。当指针与刻度盘之间有一个距离时也会产生这种误差，如图 5-11 所示。

3. 位置误差。当量具的测量表面斜对着工件表面，或工件歪放在量具内时，将产生相当大的误差，如图 5-12 所示。

4. 由于用力不当产生的误差。测量者以一个测量力抵住工件，如果用力过大，量具可能变弯，接触部位可能压扁。在精密量仪中测量力大多靠一定弹簧可靠地保持为一个始终不变的值，如图 5-13 所示。

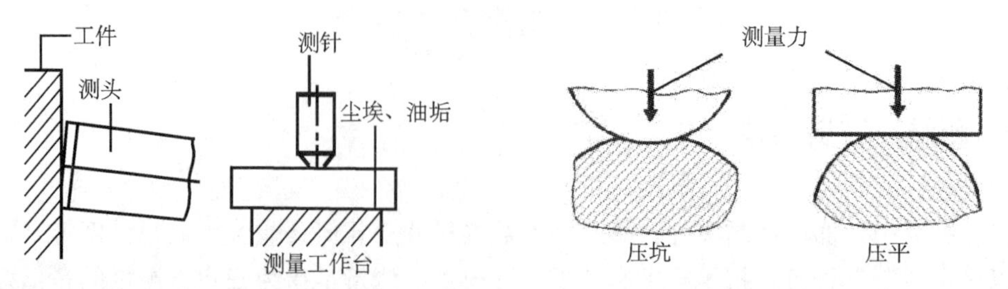

图 5-12　位置误差　　　　图 5-13　用力不当产生的误差

5. 量具误差。运动部件之间的间隙和摩擦、测头行程误差、刻度的分度误差等产生量具的误差，这个误差大小可以通过一系列试验测得，例如量具误差为±0.002 mm。如图 5-14 所示，由于游标卡尺可能有倾斜，卡尺会产生一个测量误差，测量对象越靠卡口的外侧，测量误差就越大。

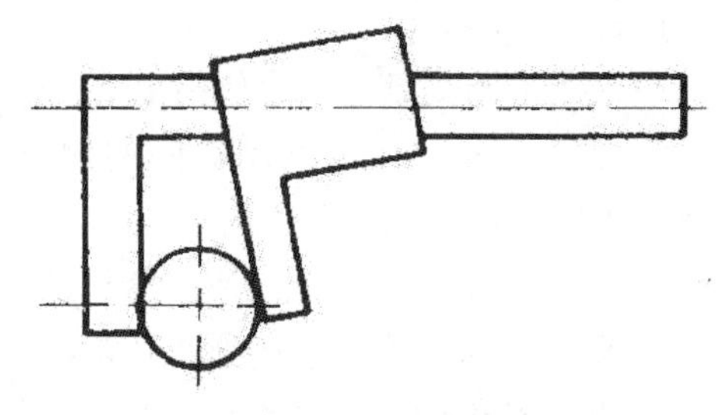

图 5-14　游标卡尺有倾斜

二、常用量具

为了保证制造的零件符合图样规定的尺寸、形状、位置精度和表面粗糙度要求，需要用测量器具进行检测。量具是用来测量零件线性尺寸、角度及零件形位误差的工具。为保证被加工零件的各项技术参数符合设计要求，在加工前后和加工过程中，都必须用量具进行检测。选择使用量具时，应当适合于被测零件的形状、测量范围和被检测量的性质 。

常用的量具有钢尺、游标卡尺、千分尺、百分表、角尺、塞尺、万能角度尺及专用量具（塞规、卡规）等，根据不同的检测要求选择不同的量具。测量采用的长度单位通常为 mm。

1. 游标卡尺

游标卡尺是一种比较精密的量具，在机械制造中是最为常用的一种量具，它可以直接量出工件的内径、外径、宽度、深度等。常用的游标卡尺读数准确度为 0.02 mm，常用的游标卡尺的测量范围有 0～150 mm、0～200 mm、0～300 mm 等规格，如图 5-15 所示。

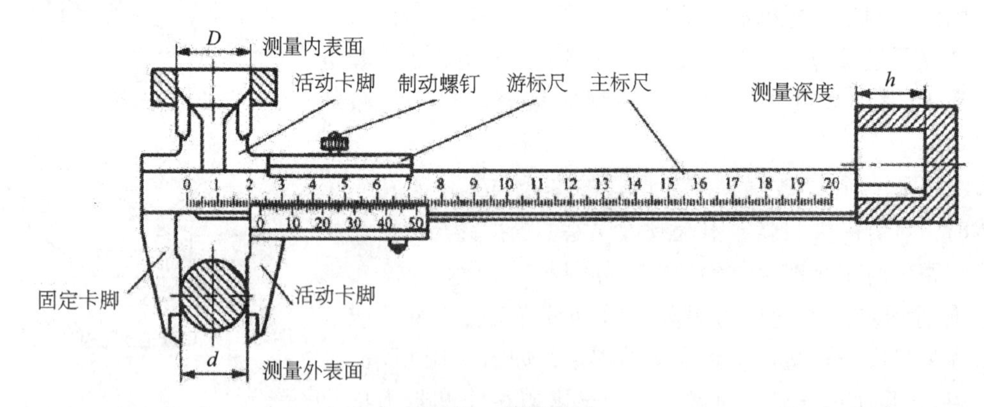

图 5-15　游标卡尺

测量时，先读整数位，在主标尺上读取，由游标零线以左的最近刻度读出整毫米数；再读小数位，在游标尺上读取，由游标零线以右的且与主尺上刻度线正对的刻度决定，游标零线以右与主尺身上刻线对准的刻线数乘上 0.02 mm 读出小数；将上面整数和小数两部分尺寸加起来，即为所测工件尺寸，如图 5-16 所示。

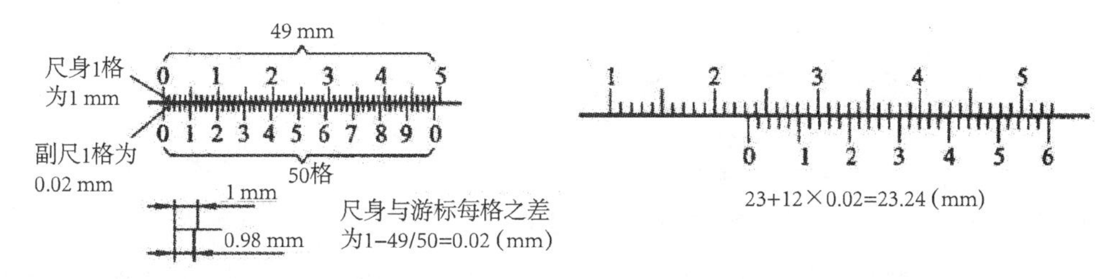

图 5-16　游标卡尺的读数方法

用游标卡尺测量工件时，应使内外量爪逐渐与工件表面靠近，最后达到轻微接触。在测量过程中，要注意游标卡尺必须放正，切忌歪斜，并多次测量，以免测量不准，如图 5-17 所示。

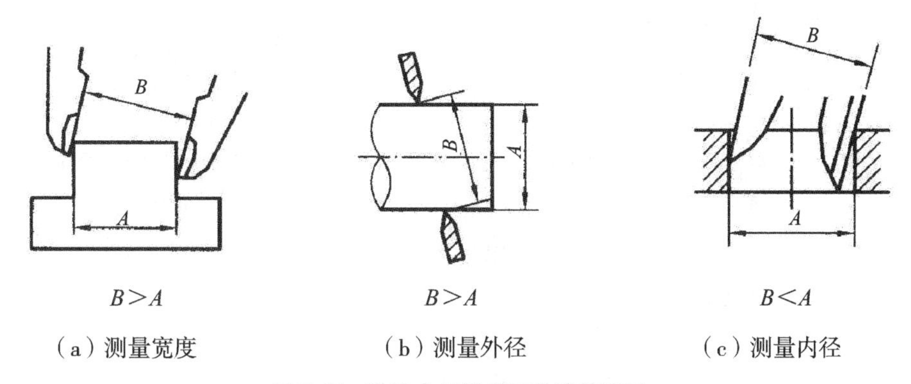

（a）测量宽度　　（b）测量外径　　（c）测量内径

图 5-17　游标卡尺测量不准确的原因

使用游标卡尺进行测量时应注意：校对零点时，擦净尺框与内外量爪，贴合量爪后查尺身、游标零线是否重合，不重合，则在测量后修正读数；测量时，内外量爪不得用力紧压工件，以免量爪变形或磨损而降低测量的准确度；游标卡尺仅用于测量已加工的光滑表面，粗糙工件和正在运动的工件不宜测量，以免量爪过快磨损。

2. 千分尺

千分尺又称螺旋测微器，是比游标卡尺更为精确的测量工具。按照用途可分为外径千分尺、内径千分尺和深度千分尺等。外径千分尺通常测量精度为 0.01 mm，其测量范围有 0～25 mm、25～50 mm 和 50～75 mm 等规格。测量范围为 0～25 mm、测量精度为 0.01 mm 的外径千分尺的外形如图 5-18 所示。弓形尺架的左端装有测砧，右端的固定套管在轴线方向上刻有一条中线（基准线），上下两排刻线相互错开 0.5 mm，形成主尺。微分筒左端圆周刻有 50 条刻线，形成副尺。由于螺杆的螺距为 0.5 mm，因此，微分筒每转一周，螺杆沿轴向移动 0.5 mm。因此，微分筒转过一格，螺杆沿轴向移动的距离为 0.5/50=0.01 mm，所以可准确到 0.01mm。由于还能再估读一位，可读到毫米的千分位（微米，μm），故称千分尺。

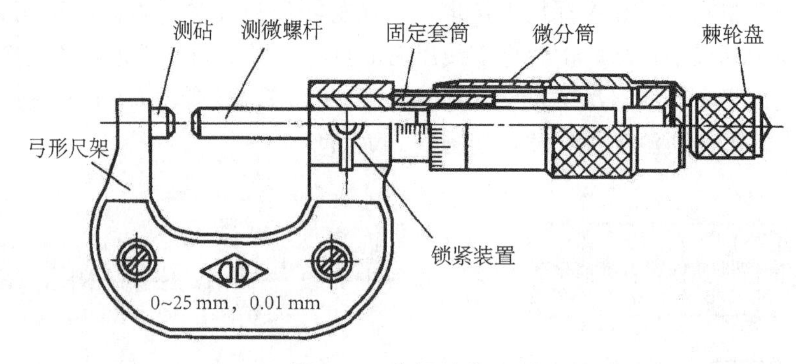

图 5-18　外径千分尺

测量时，先读整数位，从固定套筒上读取，如 0.5 mm 分格露出，则在整数读数的基础上加 0.5 mm；再读小数位，直接从活动套筒上读取；将上面整数位和小数位两部分尺寸加起来，即为测量尺寸，如图 5-19 所示。

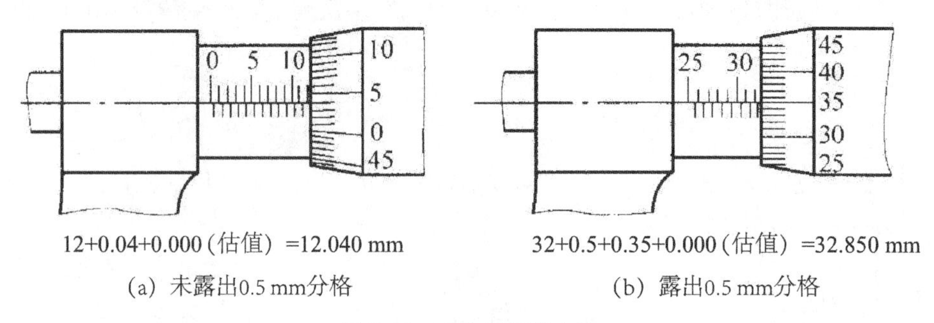

（a）未露出0.5 mm分格　　（b）露出0.5 mm分格

图 5-19　千分尺读数方法

使用千分尺的注意事项：

（1）校对零点。将砧座与螺杆擦干净后接触，观察当活动套筒上的边线与固定套筒上的零刻度线重合时，活动套筒上的零刻度线是否与固定套筒上的中线零点对齐。如不对齐，则在测量时根据原始误差修正读数，或送量具检修部门校对。

（2）工件的测量表面应擦干净，并准确放在千分尺的测量面间，不得偏斜。千分尺不允许测量粗糙表面。

（3）当测量螺杆快要接触工件时，必须使用端部棘轮（此时严禁使用活动套筒，以防用力过度测量不准）。当棘轮发出“嘎吱”的打滑声时，表示表面压力适当，应停止拧动，进行读数。读数时尽量不要从工件上拿下千分尺，以减少测量面的磨损。如必须取下来读数，应先用锁紧装置锁紧测微螺杆，以免螺杆移动而读数不准。

（4）测量时不能先锁紧螺杆，后用力卡过工件，这样会导致螺杆弯曲或测量面磨损，从而降低测量准确度。

（5）读数时要注意 0.5 mm 分格，以免漏读或错读。

3. *百分表*

百分表是一种指示式的比较量具，其测量精度为 0.01 mm，量程为 10 mm。百分表只能测出尺寸的相对数值，不能测出绝对数值，常用于测量零件的几何形状和表面相互位置误差。在机床上安装工件时，也常用于精密找正。百分表的外形如图 5-20 所示。刻度盘上刻有 100 格刻度，转数指示盘上刻有 10 格刻度。当大指针转动一格时，相当于测量头移动 0.01 mm。大指针转动一周，则小指针转动一格，相当于测量头移动 1 mm。测量时，两指针所示读数之和，即尺寸的变化量。百分表使用时，通常是装在与其配套的磁性表座或普通表架上，如图 5-21 所示。百分表典型应用情况如图 5-22 所示。

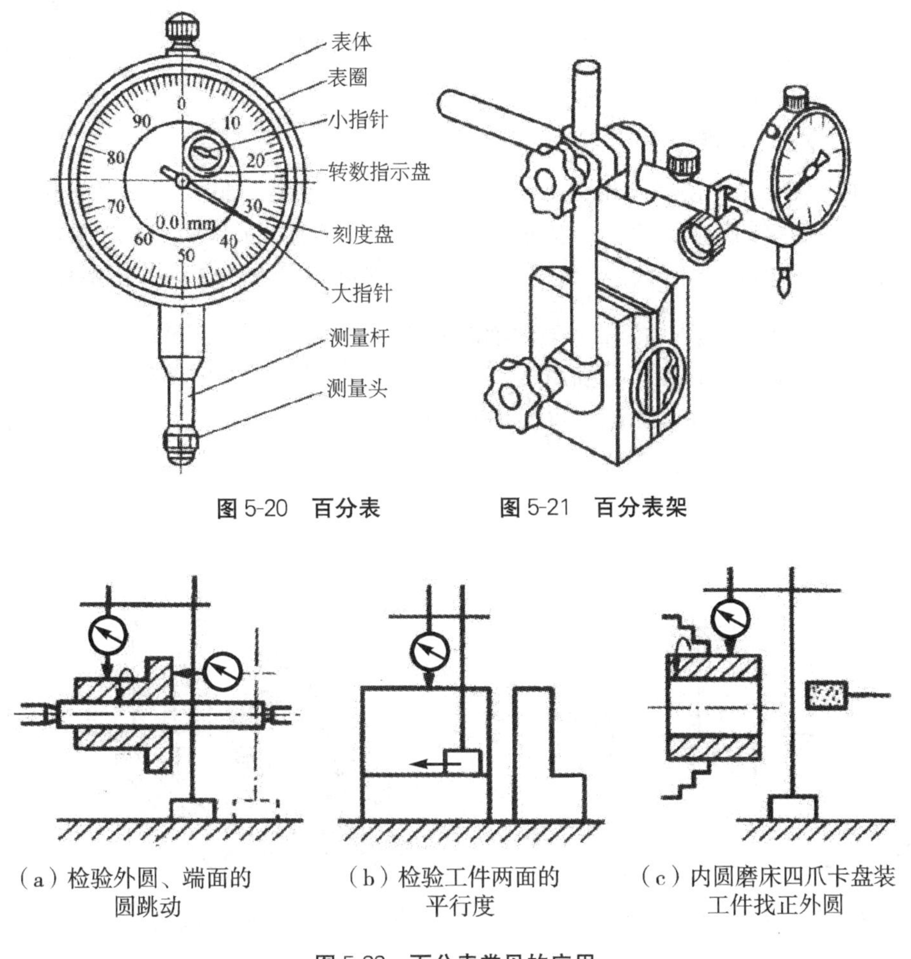

图 5-20　百分表　　　　**图 5-21　百分表架**

（a）检验外圆、端面的圆跳动　（b）检验工件两面的平行度　（c）内圆磨床四爪卡盘装工件找正外圆

图 5-22　百分表常见的应用

第七节　夹具

机械加工过程中，为了保证加工精度，必须使工件在机床中保持正确的加工位置（定位），并使之固定、夹牢（夹紧），这个定位、夹紧的过程即为工件的安装。工件的安装在机械加工中占有重要地位，直接影响着加工质量、生产率、劳动条件和加工成本。

机床上用来安装工件的装备称为机床夹具，简称夹具。夹具总体上可分为通用夹具、专用夹具、可调夹具和组合夹具等。通用夹具一般已标准化，由专业工厂生产，作为机床附件供给用户，三爪卡盘、四爪盘、平口钳等属于这类夹具。专用夹具只用于某一工件的某一工序，通常由使用厂根据需要自行设计与制造。可调夹具一般是指当加工完一种工件后，经过调整或更换个别元件，即可加工另外一种工件的夹具，在多品种、小批量生产中得到广泛应用。组合夹具是一种模块化的夹具，标准的模块元件具有较高精度和耐磨性，可组装成各种夹具，夹具用毕即可拆卸，留待组装新的夹具。由于使用组合夹具可缩短生产准备周期，模块元件能重复多次使用，可减少专用夹具数量等，因此，组合夹具在单件或中小批量、多品种生产和数控加工中是一种较经济的夹具。

工件的装夹是将工件在机床夹具中定位和夹紧的过程。定位是工件在机床或夹具中占有正确位置的过程。夹紧是工件定位后将其固定，使其在加工过程中保持定位位置不变的过程。

一、六点定位原理

在机械加工中，必须使工件相对于夹具、这样刀具和机床之间保持正确的相对位置，这样才能加工出合格的零件。夹具中的定位元件就是用来确定工件相对于夹具的位置的。如图 **5-23** 所示，任何一个工件在夹具中未定位前，都可看成为在空间直角坐标系中的自由物体，即都有六个自由度：沿三个坐标轴的移动自由度，分别用 $\vec{X}$、$\vec{Y}$、$\vec{Z}$ 表示，以及绕三个坐标轴转动的转动自由度，分别用 $\overset{\curvearrowright}{X}$、$\overset{\curvearrowright}{Y}$、$\overset{\curvearrowright}{Z}$ 表示。要使工件在空间处于稳定不变的位置，就必须设法消除这六个自由度。也就是说，在组装夹具时，要用六个支承点来限制工件的六个自由度，称为“六点定位”。

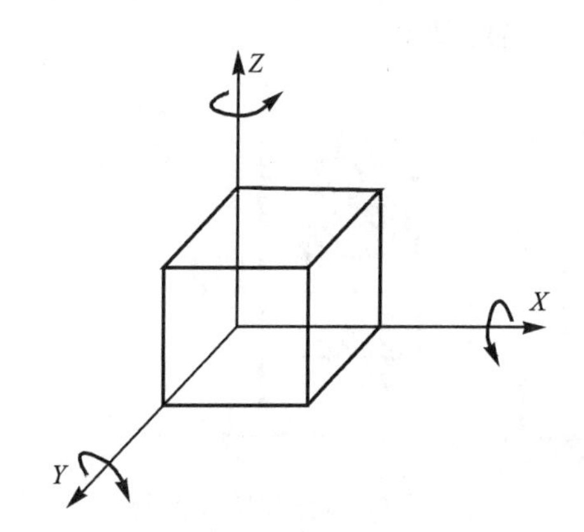

图 5-23　物体的六个自由度

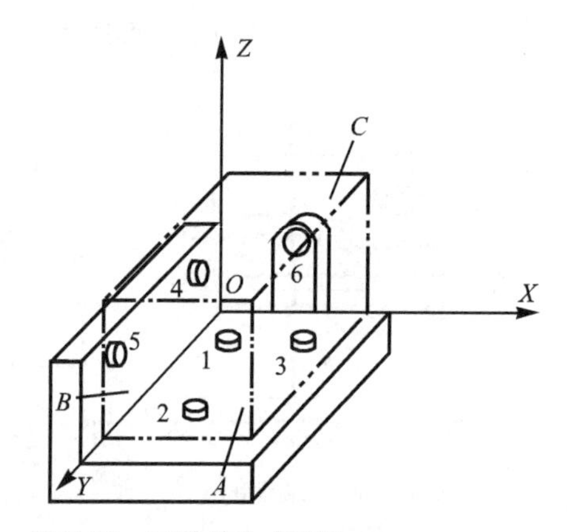

图 5-24　工件的六点定位

对于要加工的工件，通常是按它的三个直角坐标平面分布六个支承点。六个支承点在工件三个直角坐标平面上的分布也是有规律的，其中第一个平面叫主要基准面，分布三个支承点；第二个平面叫导向基准面，分布两个支承点；第三个平面叫支承基准面，分布一个支承点。每一个支承点限定一个自由度，六个支承点就限定了六个自由度，使工件在空间的相对位置确定下来。如图 5-24 所示，***XOY*** 平面是主要基准面，在 ***XOY*** 平面内布置三个支承点，限制了 $\overset{\curvearrowright}{X}$、$\overset{\curvearrowright}{Y}$、$\vec{Z}$ 三个自由度；*YOZ* 平面是导向基准面，在 *YOZ* 平面内布置二个支承点，限制了 $\vec{X}$、$\overset{\curvearrowright}{Z}$ 二个自由度；*XOZ* 平面是支承基准面，在 *XOZ* 平面内布置一个支承点，限制了 $\vec{Y}$ 一个自由度。

在具体应用中，限制了几个自由度就叫几点定位。定位时要限制几个自由度，需根据工序要求而定。如图 5-25a 所示，在方体零件上铣（磨）顶平面，此时只需限制工件 $\overset{\curvearrowright}{X}$、$\overset{\curvearrowright}{Y}$、$\vec{Z}$ 三个自由度；如图 5-25b 所示，在顶平面上铣通槽，由于在 *Y* 方向无工序尺寸要求，因此，只需限制工件五个自由度，而 $\vec{Y}$ 自由度可不限制；如果加工图 5-25c 工件，必须限制六个自由度。在满足加工要求的条件下，六个自由度都被限制的情况称为完全定位；而六个自由度不需要全被限制的情况称为不完全定位。

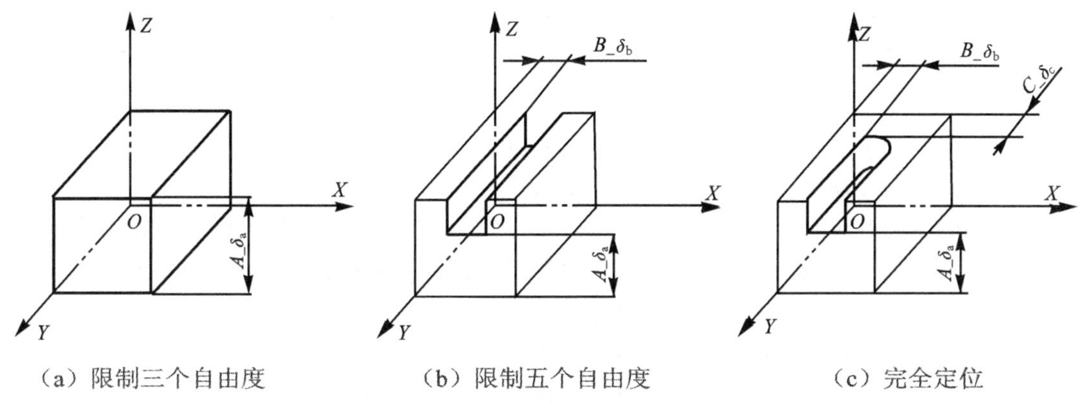

图 5-25　工件的部分定位和完全定位

六点定位原理是定位任何形状工件普遍适用的原理。当定位面是圆弧面或其他形状时，也同样按这个原理去分析。在实际组装中，除利用工件平面作为定位基准面外，还常采用外圆柱面和内圆柱面作为定位基准面。常用的定位元件及其限制自由度的情况如下：

（1）长 V 形铁（长圆柱销或两个 V 形铁）——四点定位；

（2）短 V 形铁——二点定位；

（3）活动 V 形铁——一点定位；

（4）圆形定位销（盘）——二点定位；

（5）菱形定位销（盘）—— 一点定位；

（6）固定顶尖——三点定位；

（7）活动顶尖——二点定位。

组装夹具时还应遵循下列一些原则：在确定工件的定位方法时，要根据工件的形状和加工要求，减少不必要的定位点，或适当地增加一些辅助的定位点，使组装工作简化或夹具的效能提高。譬如，单工件磨平面，只要用一个与加工平面平行的基准面定位即可，把工件放在平面磨床磁力台上加工就是一例；又如，有些工件装在夹具上，除要限制其六个自由度外，为了保证工件的稳定性或防止变形，有时还要装一些辅助支承点。

在主要基准面上的三个定位点所分布的面积应尽可能大一些，以提高定位精度和保证稳定，但尽量不要使用整体的大平面，以减少定位误差和易于清除切屑。在导向基准面上的两个定位点距离应尽可能大一些，以提高工件定位的准确度。一点定位不要使用大平面，否则容易加大定位误差。

二、夹紧原理

工件的夹紧是指工件定位以后（或同时）采用一定的装置把工件压紧、夹牢在定位元件上，使工件在加工过程中不会由于切削力、重力或惯性力等的作用而发生位置变化，以保证加工质量和生产安全。能完成夹紧功能的这一装置就是夹紧装置。在考虑夹紧方案时，首先要确定的就是夹紧力的三要素，即夹紧力的方向、作用点和大小，然后再选择适当的传力方式及夹紧机构。

压紧力的大小主要由切削力的大小、方向和工件的重量等因素决定（车削用夹具还要考虑到离心力的作用)。很明显，从防止工件在加工过程中位置变动的角度考虑，希望压紧力大一些，但是压紧力过大会引起工件及夹具变形，甚至损坏元件，反而影响加工精度，所以又希望压紧力小一点。因此，要根据具体情况适当掌握压紧力的大小，在保证工件正常加工的条件下，尽可能采用小一点的压紧力。

压紧力的方向对压紧力大小的影响很大。如果压紧力的方向和切削力的方向完全一致，则只需很小的压紧力，加工中工件也不会走动。否则就要加大压紧力才能达到要求，尤其应该避免切削力和压紧力方向相反的夹紧型式。

压紧力的作用点对能否充分有效地使用压紧力有很大的影响。一般地说，压紧力的作用点应尽量距切削力作用点近一些，这对于刚性较差的工件特别重要。另外，通过压紧点的压紧力必须垂直地作用在主要基准面的支承点上不能“压空”，以免工件变形，影响加工精度和造成事故。在用力较大的压紧中，压紧力的作用点、压紧用螺栓的受力点以及压板的支承点，应作用于同一元件上，以避免夹具由于压紧变形而影响加工精度。

夹紧结构的型式很多，采用什么型式合适，主要由工件的形状、加工方法和夹具的结构等决定。图 **5-26**～图 **5-29** 所示为夹紧结构的几个实例。

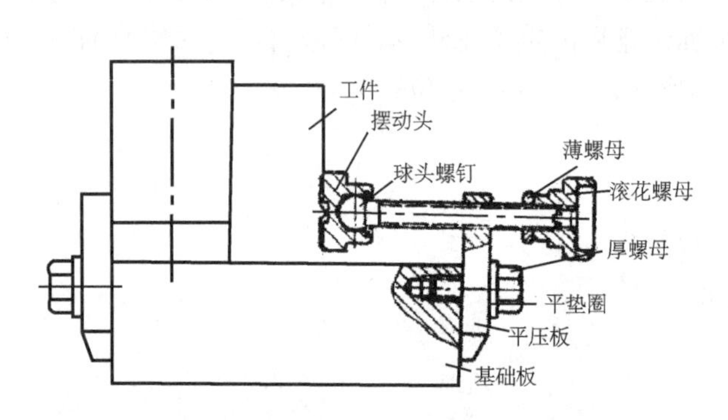

图 5-26　利用压紧摆动头和滚花螺母组装的压紧结构

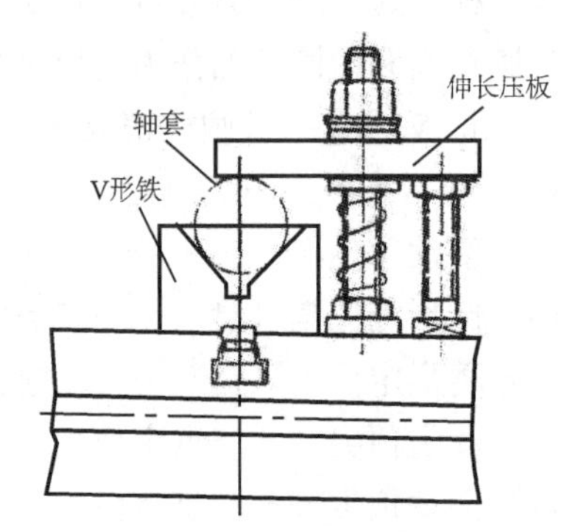

图 5-27　利用伸长压板组装的压紧结构

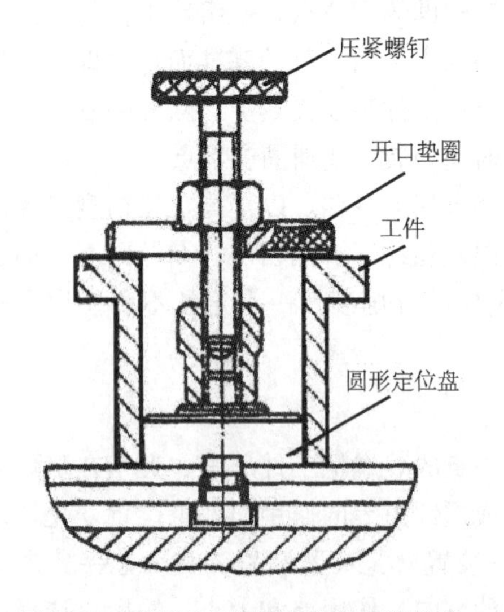

图 5-28　利用开口垫圈组装的压紧结构

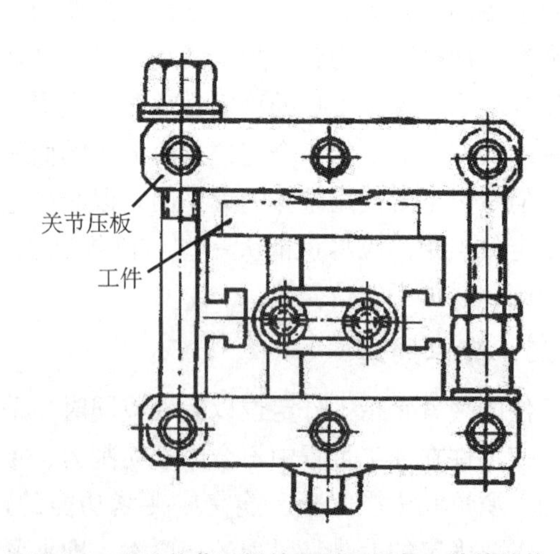

图 5-29　利用关节压板的圆弧面压紧工件的结构

第八节　机械加工工艺过程

一、生产过程与工艺过程

在机械制造中，将原材料转变为成品之间的各个相互关联的劳动过程的总和称为生产过程。在生产过程中，直接改变生产对象的形状、尺寸、相对位置和性能，使之成为成品或半成品的过程称为工艺过程。生产过程与各工艺过程间的关系如图 5-30 所示。机械制造工艺过程一般就是指零件的机械加工工艺过程和机器的装配工艺过程。

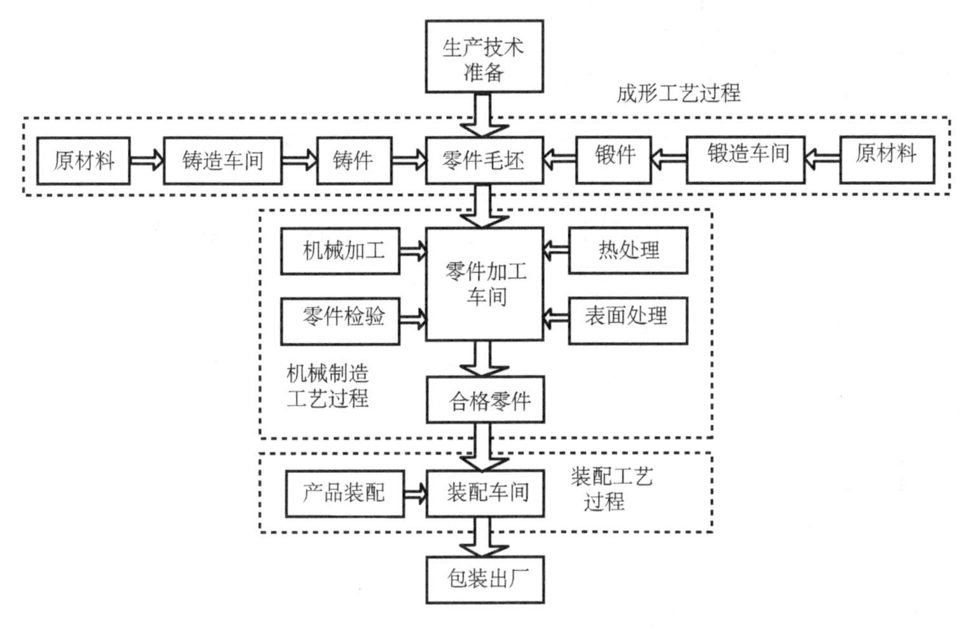

图 5-30　产品的生产过程与各工艺过程间的关系

一个完整的机械加工工艺过程是由多个工序组成的，每个工序又可分多次安装来实现，每一次安装可分为几个工步，每一个工步又有多次走刀。工序、安装、工步、走刀的定义如表 5-8 所示，它们之间的相互关系如图 5-31 所示 。

表 5-8　工序、安装、工步、走刀的定义

名称	定　义
工序	一个或一组工人在一个工作场地对同一个（或几个）工件连续完成的工艺过程
安装	工件（或装配单元）经一次装夹后完成的工序内容
工步	在加工表面、加工工具、加工参数不变的条件下，连续完成的那部分工序
走刀	同一工步中，若加工余量大，需要用一把刀具多次切削，每次切削就是一次走刀

二、计算机辅助工艺设计（CAPP）

随着计算机技术的发展及其在机械制造业中的广泛应用，使得计算机辅助工艺设计应运而生。CAPP 是计算机辅助工艺规划或设计的英文缩写，是指借助于计算机软硬件技术和支撑环境，利用计算机进行数值计算、逻辑判断和推理等功能来制订零件机械加工工艺过程。借助于 CAPP 系统，可以解决手工工艺设计效率低、一致性差、质量不稳定、不易达到优化等问题。也是利用计算机技术辅助工艺师完成零件从毛坯到成品的设计和制造过程。

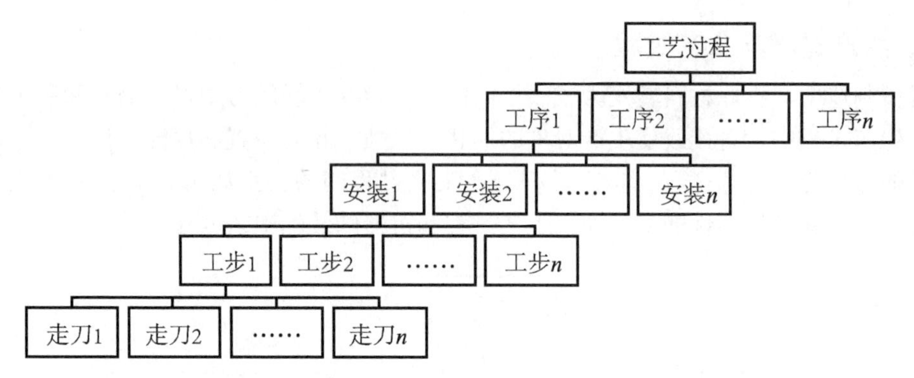

图 5-31　工序、安装、工步、走刀之间的相互关系

由于计算机集成制造系统（CIMS）的出现，计算机辅助工艺规划（CAPP）上与计算机辅助设计（CAD）相接，下与计算机辅助制造（CAM）相连，是连接设计与制造之间的桥梁，设计信息只能通过工艺设计才能生成制造信息，设计只能通过工艺设计才能与制造实现功能和信息的集成。由此可见 CAPP 在实现生产自动化中的重要地位。

1. 切削加工中有几种切削运动？
2. 请列举车削、铣削、钻削、外圆磨削、平面磨削主要切削加工的运动形式。
3. 切削加工中的切削三要素是什么？
4. 请简述刀具材料的性能及选用原则。
5. 以车刀为例，请简述刀头如何由“三面二刃一尖”组成。
6. 请简述楔角、前角、后角的定义及在切削加工中的作用。
7. 请简述金属切削过程中切屑的形成及分类。
8. 简述金属切削过程中切削力的产生。
9. 简述切削加工零件的技术要求。
10. 机床通常由几部分组成？
11. 金属切削机床的传动有几种形式？
12. 简述测量过程应包括的四个要素。
13. 简述六点定位原理。
14. 简述产品的生产过程与各工艺过程间的关系。

第六章 车削

车削是机械加工中最基本、最常用的加工方法。车削是以工件旋转作为主运动，车刀移动作为进给运动的切削加工方法。通常在机械加工车间，车床占机床总数的 30%～50%，因此它在机械加工中占有重要的地位。

车削可以加工各种内外回转体表面及端部平面，可以加工各种金属材料（除很硬的材料外）和尼龙、橡胶、塑料、石墨等非金属材料，可以完成上述表面的粗加工、半精加工和精加工。车削的应用范围很广，其所能完成的工作如图 6-1 所示。

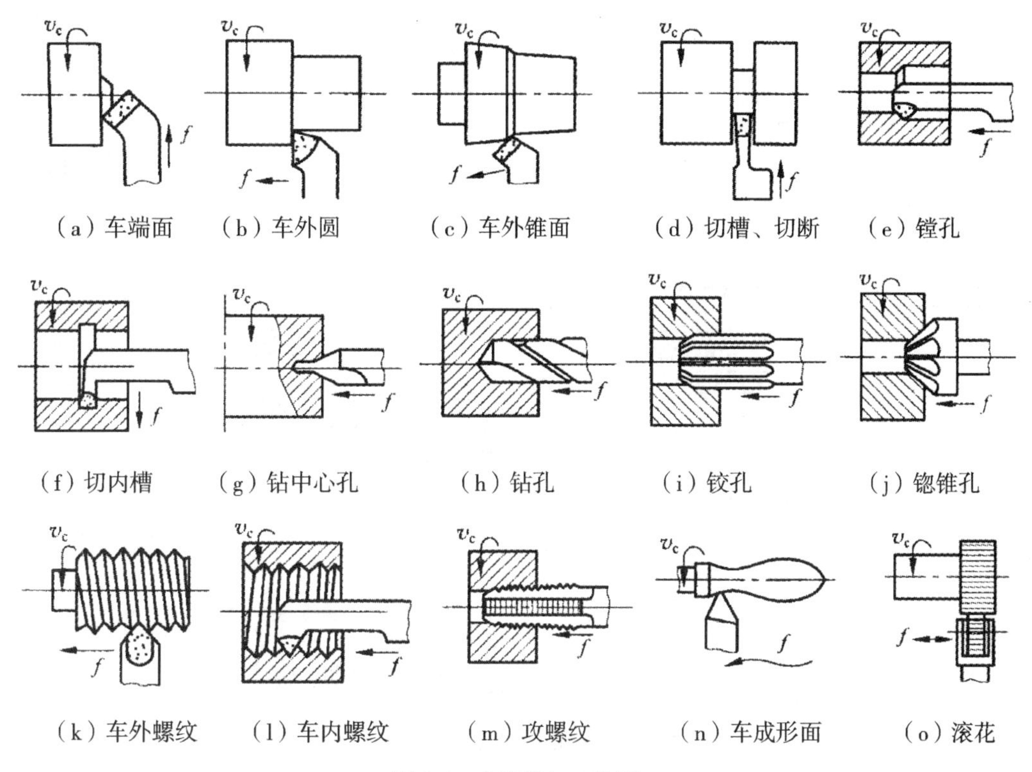

图 6-1 车床的加工范围

车削加工与其他切削加工方法比较有如下特点：

(1) 车削适应性强，应用广泛，适用于加工不同材质、不同精度的各种旋转体类零件；

(2) 车削所用的刀具结构简单，制造、刃磨和安装都较方便；

(3) 车削加工一般是等截面连续切削，因此切削力变化小，较刨、铣等切削过程平稳，可选用较大的切削用量，生产率也较高；

(4) 车削加工尺寸精度通常可达 IT10～IT7，表面粗糙度 R_a 达 6.3～0.8 μm；精车尺寸精度可达 IT6～IT5，R_a 可达 0.4～0.2 μm。

第一节　车床

车床的种类很多，主要有卧式车床、转塔车床、立式车床、多刀车床、自动及半自动车床、仪表车床、仿形车床、数控车床等。无论是成批大量生产，还是单件小批量生产，以及在机械的维修方面，车削加工都占有重要的地位。其中，卧式车床是最常用的车床，其特点是适应性强，适用于加工各种工件。下面以 C6132 型卧式车床为例，说明普通车床的型号与组成。

一、普通车床的型号

各类车床均按一定规律组合的汉语拼音和数字进行编号，以表示机床的类型和主要规格。在 C6132 车床编号中，其中 C 是车床“车”字汉语拼音的首字母，为机床类型的代号；6 为机床组别代号，表示卧式车床组；1 为系别代号，表示卧式车床；32 为车床的主要参数，表示最大加工直径为 320 mm。

二、普通车床的组成

图 6-2 为 C6132 型卧式车床外形图，其组成部分主要有：床身、变速箱、主轴箱、进给箱、溜板箱、刀架、尾座等。

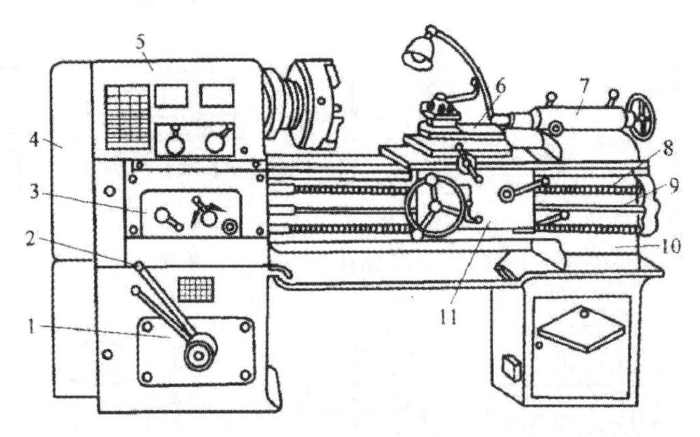

1–变速箱；2–变速手柄；3–进给箱；4–挂轮箱；5–主轴箱；6–刀架；
7–尾座；8–丝杠；9–光杠；10–床身；11–溜板箱

图 6-2　C6132 型卧式车床外形

1. 床身

床身用来支承和安装车床上各个部件，如主轴箱、进给箱、溜板箱和尾座等，保证其具有正确的相对位置。床身上面有供刀架和尾座纵向移动用的导轨，床身安装在床脚上，床脚内分别安装变速箱和电气箱，床脚用地脚螺栓固定在地基上。

2. 变速箱

主轴的变速主要由变速箱完成。变速箱内有变速齿轮，通过改变变速手柄的位置来改变主轴的转速。

3. 主轴箱

主轴箱又称床头箱，内装主轴及变速齿轮，变速箱的运动通过皮带传动输入主轴箱。

主轴箱内具有快、慢两档变速机构，通过变速手柄可在变速箱中变换 6 种不同转速，在主轴箱中再变换高、低档，总共可得 12 种转速。这种分离驱动的设计使主轴箱的结构大为简化，并可减少主轴的振动，有利于提高车床的加工精度。主轴还通过另一些挂轮将运动传给进给箱。

4. 进给箱

进给箱内装有进给系统的变速机构，它将主轴的旋转运动经过交换齿轮架上的齿轮传给光杠或丝杠。进给箱内有多组齿轮变速机构，通过手柄改变变速齿轮的位置，可使光杠和丝杠获得不同的转速，以得到加工所需的进给量或螺距。

5. 溜板箱

溜板箱是车床进给运动的操纵箱，它将光杠或丝杠的转动传给刀架，实现刀具的纵向、横向进给和螺纹车削。溜板箱内设有互锁机构，使光杠、丝杠两者不能同时使用。

6. 刀架

刀架用来装夹车刀并使其作纵向、横向和斜向运动。它是多层结构，如图 6-3 所示。

(1) 中刀架（中滑板），作手动或自动横向进给运动。

(2) 方刀架，用来装夹车刀，可同时安装四把车刀，以供车削时选用。

(3) 转盘，与刀架用螺栓紧固，松开螺母便可在水平面内扳转任意角度。

(4) 小刀架（小滑板），一般作手动短行程的纵向进给运动，还可转动角度作斜向进给运动，车削锥面。

(5) 大刀架（床鞍），与溜板箱连接，带动车刀沿床身导轨作纵向移动。

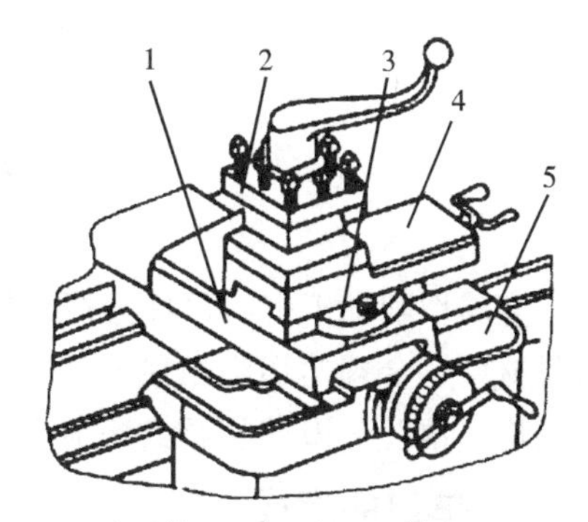

1–中刀架；2–方刀架；3–转盘；4–小刀架；5–大刀架

图 6-3　刀架

7. 尾座（尾架）

如图 6-4 所示，可将尾座紧固于床身导轨的所需位置，用以安装顶尖，支承较长轴类工件或安装钻头、铰刀等刀具，对工件进行孔加工。尾座能在床身导轨上作纵向移动，并可通过压板和固定螺钉将其固定在床身上。松开固定螺钉，用调节螺钉可调整顶尖的横向位置，以便使顶尖中心对准主轴中心或偏离一定距离，车削长圆锥面。松开套筒锁紧手柄，转动手轮带动丝杠，能使螺母及与它相连的套筒相对尾座体移动一定距离。如将套筒退缩到最后位置，即可自行卸出顶尖或钻头等工具。

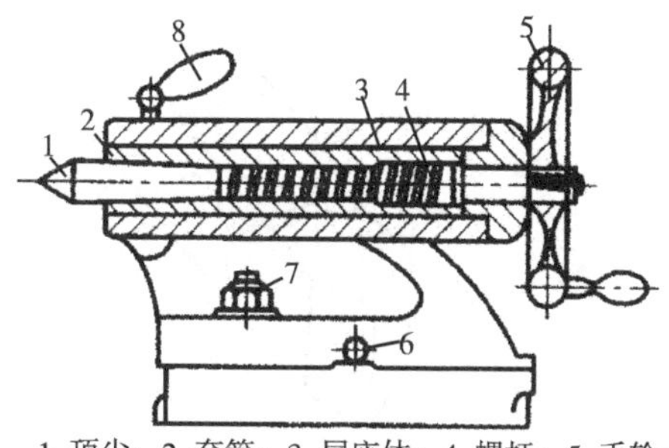

1–顶尖；2–套筒；3–尾座体；4–螺杆；5–手轮；6–调节螺钉；7–固定螺钉；8–套筒锁紧手柄

图 6-4　尾座

三、车床的传动

C6132 型卧式车床的传动框图如图 6-5 所示。电动机输出的动力，经皮带传动传给变速箱、主轴箱，通过变速箱、主轴箱外的手柄变换位置，从而使主轴得到各种不同的转速。主轴通过卡盘带动工件作旋转运动（主运动）；同时，主轴的旋转通过交换齿轮、进给箱、光杠（或丝杠）、溜板箱的传动，使拖板带动装在刀架上的车刀沿床身导轨或大拖板上导轨作纵、横直线进给运动。

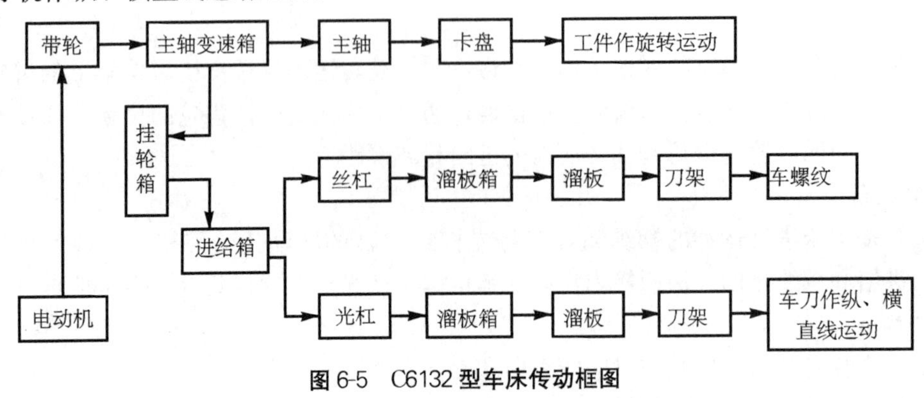

图 6-5　C6132 型车床传动框图

第二节　车刀

在金属切削加工中，刀具直接参与切削，为使刀具有良好的切削性能，必须选择合适的刀具材料、合理的切削角度及适当的结构。虽然车刀的种类及形状多种多样，但其材料、结构、角度、刃磨及安装基本相似。

一、车刀的组成

车刀由刀柄和刀体两部分组成。刀柄是刀具的夹持部分，刀体是刀具上夹持刀条或刀片（或由其形成切削刃）的部分，如图 6-6 所示。

刀体是刀具的切削部分，由三面（前面、主后面和副后面）、两刃（主切削刃、副切削刃）和一尖（刀尖）组成，如图 6-7 所示。

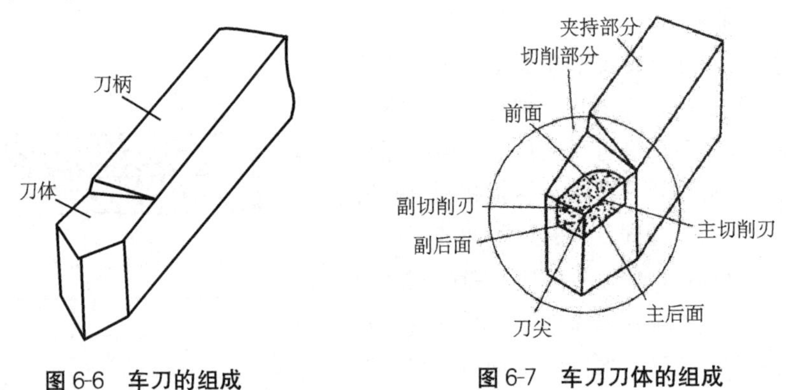

图 6-6　车刀的组成　　图 6-7　车刀刀体的组成

（1）前面，也称前刀面，指刀具上切屑沿其流过的表面。

（2）主后面，也称后刀面，指与工件上过渡表面相对的表面 。

（3）副后面，也称副后刀面，指与工件上已加工表面相对的表面。

（4）主切削刃，指前刀面与主后面的交线，在切削过程中担任主要切削工作。

(5) 副切削刃，指前刀面与副后面的交线，靠近刀尖部分的副切削刃参与少量切削工作。

(6) 刀尖，指主切削刃与副切削刃的连接处相当少的一部分切削刃，通常磨成一小段过渡圆弧，目的是提高刀尖强度和改善散热条件。

二、常用车刀的种类和用途

按材料分类有高速钢或硬质合金制车刀。常用高速钢制造的车刀有右偏刀、尖刀、切刀、成形刀、螺纹刀、中心钻、麻花钻（钻头和铰刀也是车床上常用的刀具），应用广泛。常用硬质合金车刀多用于高速车削。

车刀按其用途可分为外圆车刀（90°车刀）、端面车刀（45°车刀）、切断刀、镗刀、成形车刀和螺纹车刀等，如图 6-8 所示。

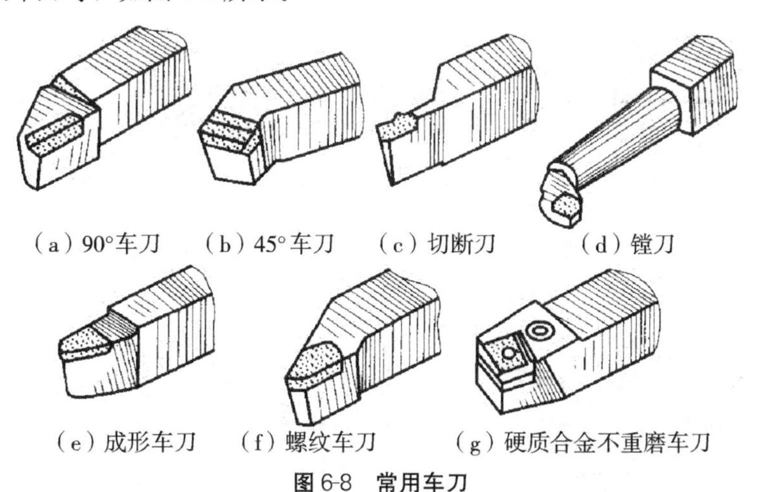

图 6-8 常用车刀

各种车刀的基本用途如图 6-9 所示，简述如下：

(1) 90°车刀（偏刀），用于车削工件的外圆、台阶和端面。

(2) 45°弯头车刀，用于车削工件的外圆、端面和倒角。

(3) 切断刀，用于切断工件或在工件上切出沟槽。

(4) 镗刀，用于镗削工件内孔与端面。

(5) 成形车刀，用于车削台阶处的圆角、圆槽或特殊形状表面的工件。

(6) 螺纹车刀，用于车削螺纹。

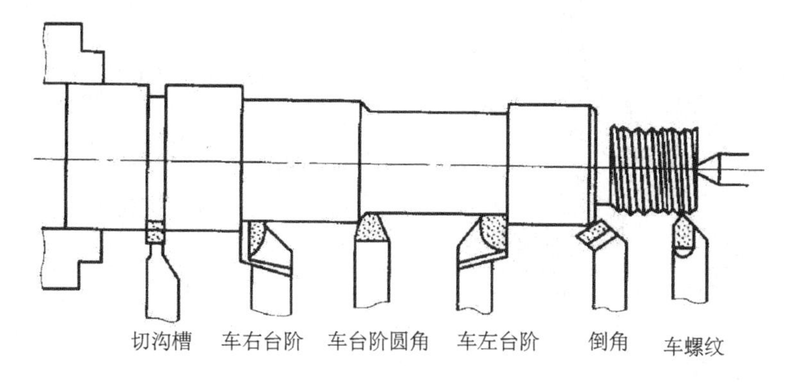

图 6-9 各种车刀的用途

车刀按结构形式可分为以下几种：

（1）整体式车刀，车刀的切削部分与夹持部分材料相同，用于在小型车床上加工零件或加工有色金属及非金属。高速钢刀具即属此类，如图 6-10a 所示。

（2）焊接式车刀，车刀的切削部分与夹持部分材料完全不同，切削部分材料多以刀片形式焊接在刀杆上。常用的硬质合金车刀即属此类，它适用于各类车刀，特别是较小的刀具，如图 6-10b 所示。

（3）机夹式车刀，可分为机夹重磨式和不重磨式，前者用钝可集中重磨，后者切削刃用钝后可快速转位再用，也称机夹可转位式刀具，特别适用于自动生产线和数控车床。机夹式车刀避免了刀片因焊接产生的应力、变形等缺陷，刀杆利用率高，如图 6-10c、d 所示。

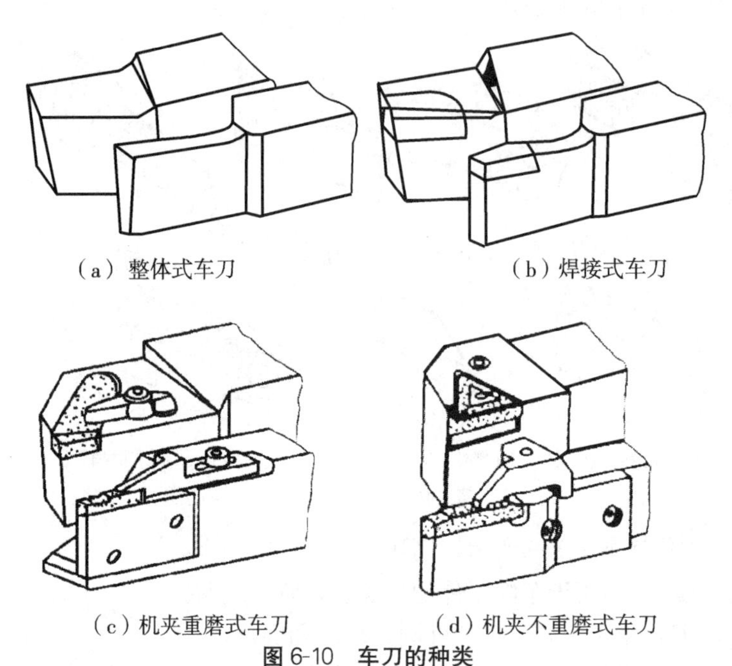
（a）整体式车刀　（b）焊接式车刀

（c）机夹重磨式车刀　（d）机夹不重磨式车刀

图 6-10　车刀的种类

三、车刀的安装

车刀使用时必须正确安装，如图 6-11 所示。

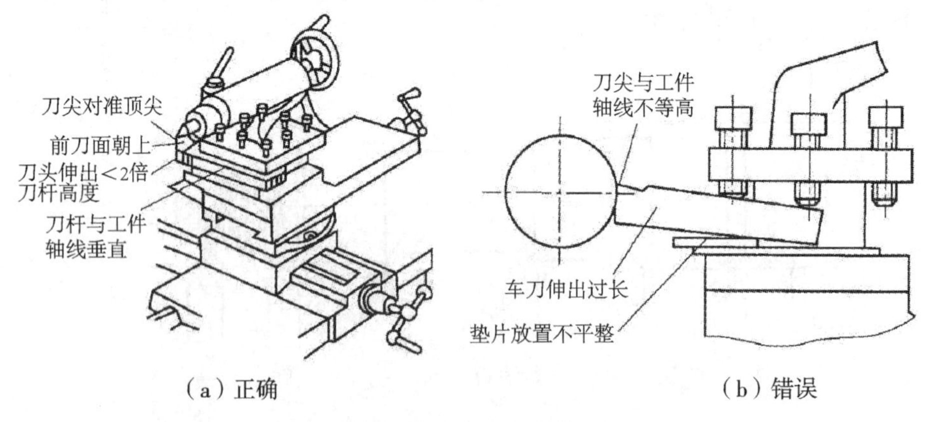

（a）正确　（b）错误

图 6-11　车刀的安装

车刀安装的基本要求如下：

（1）车刀刀杆应与工件的轴线垂直，其底面应平放在方刀架上；

（2）刀尖应与车床主轴轴线等高，装刀时只要使刀尖与尾座顶尖对齐即可；

（3）刀头伸出刀架的距离一般不超过刀杆厚度的 2 倍，如果伸出太长，刀杆刚度减小，切削时容易产生振动，影响加工质量；

（4）刀杆下面的垫片应平整，且片数不宜太多（少于 3 片）；

（5）车刀位置装正后，应用刀架螺钉压紧，一般用 2 个螺钉并交替拧紧。

第三节　工件的安装及所用附件

车床常备有一定数量的附件（主要是夹具），用来满足各种不同的车削工艺需求。普通车床常用的附件有三爪自定心卡盘、四爪单动卡盘、顶尖、心轴、中心架、跟刀架、花盘、弯板等。

车削时，工件旋转的主运动是由主轴通过夹具来实现的。安装的工件应使被加工表面的回转中心与车床主轴的回转中心重合，以保证工件有正确的位置。切削过程中，工件会受到切削力的作用，所以必须夹紧，以保证车削时的安全。由于工件的形状、大小等不同，用的夹具及安装方法也不一样。

1. 三爪自定心卡盘安装

这是车床上最常用的安装方法。三爪自定心卡盘的构造如图 6-12 所示，将方头扳手插入卡盘的任一方孔内转动时，小锥齿轮带动大锥齿轮转动，它背面的平面螺纹使三个卡爪同时作径向移动，卡紧或松开工件。

用三爪自定心卡盘安装工件操作简便，能自动定心，但定位精度不高（出厂精度为 0.05～0.15 mm），它适合于安装短棒料、盘套类零件及三面或六面体零件。

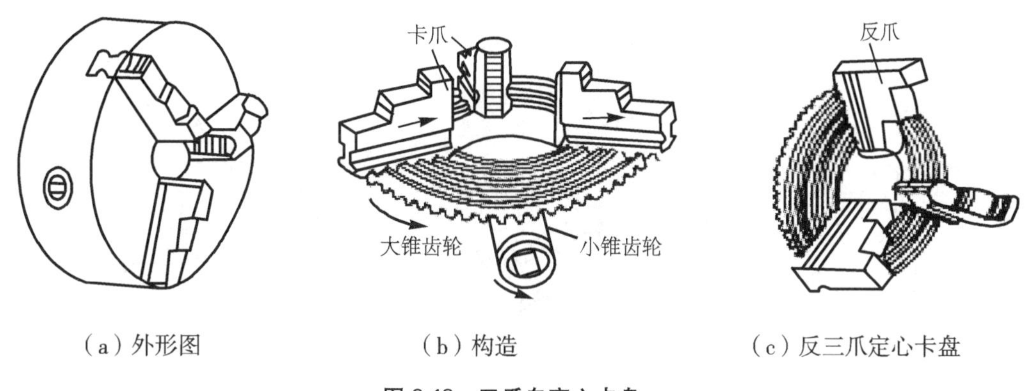

（a）外形图　　（b）构造　　（c）反三爪定心卡盘

图 6-12　三爪自定心卡盘

三爪自定心卡盘最适合装夹圆形截面的中小型工件，但也可装夹截面为正三边形或正六边形的工件。当工件直径较小时，工件置于三个卡爪之间装夹，如图 6-13a 所示；当工件孔径较大时，可将三个卡爪伸入工件内孔中，利用长爪的径向张力装夹盘、套、环状零件，如图 6-13b 所示；当工件直径较大时，可将三个顺爪换成三个反爪进行装夹如图 6-13c 所示。

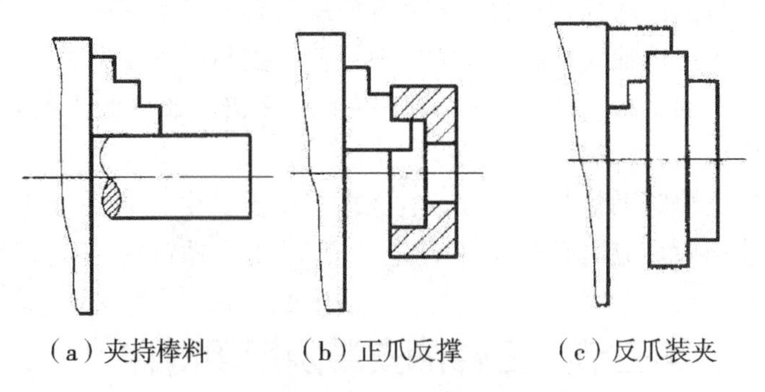

图 6-13　用三爪自定心卡盘装夹工件的方法

2. 四爪单动卡盘安装

四爪单动卡盘的结构如图 6-14 所示。四个卡爪可独立移动，它们分别装在卡盘体的四个径向滑槽内。卡爪背面是半个螺母，与槽内的螺杆相旋合。螺杆一端有方孔，当扳手插入方孔内转动时，螺杆就带动该卡爪作径向移动。

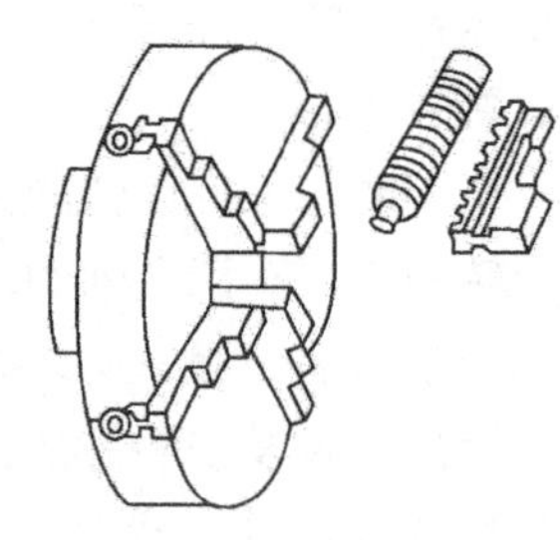

图 6-14　四爪单动卡盘

四爪单动卡盘装夹的特点是卡紧力大，用途广泛。它虽不能自动定心，但通过校正后，安装精度较高。四爪单动卡盘不但适于装夹圆形工件，还可装夹方形、长方形、椭圆或其他形状不规则的工件，适用于单件小批量生产。

由于四爪卡盘的四个爪是独立移动的，可加工偏心工件，如图 6-15a 所示 。在安装工件时必须仔细地找正工件，一般用划针盘按工件外圆表面或内孔表面找正，也常按预先在工件上已画好的线找正，如图 6-15b 所示。如零件的安装精度要求很高，三爪自定心卡盘不能满足要求，也往往在四爪卡盘上安装，此时须用百分表找正，如图 6-15c 所示 ，安装精度可达 0.01 mm 。

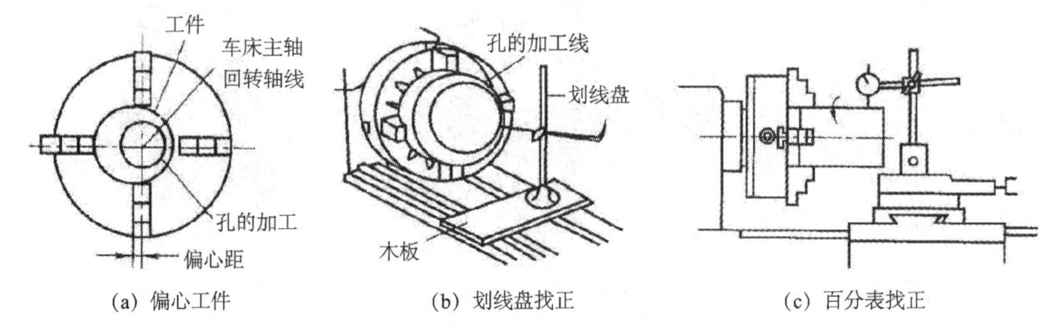

图 6-15　用四爪卡盘安装工件时的找正

3. 花盘和弯板安装

加工某些形状不规则的工件时，为保证工件上需加工的表面与安装基准面平行或外圆、孔的轴线与安装基准面垂直，可以把工件直接压紧在花盘上加工，花盘的结构如图 6-16 所示。花盘是个直接装在车床主轴上的铸铁大圆盘，盘面上有许多长短不等的径向槽，用来穿放压紧螺栓。花盘端平面的平面度较高，并与车床的主轴轴线垂直，所用垫铁高度和压板位置要有利于夹紧工件。用花盘安装工件时要仔细找正。

弯板多为90°角铁块，如图6-17所示，其上也有长短不等的直槽，用以穿放紧固螺栓。弯板必须具有较高的刚度。它可装夹形状复杂且要求孔的轴线与安装面平行或要求两孔的轴线垂直的工件。用花盘、弯板安装工件也要仔细找正。

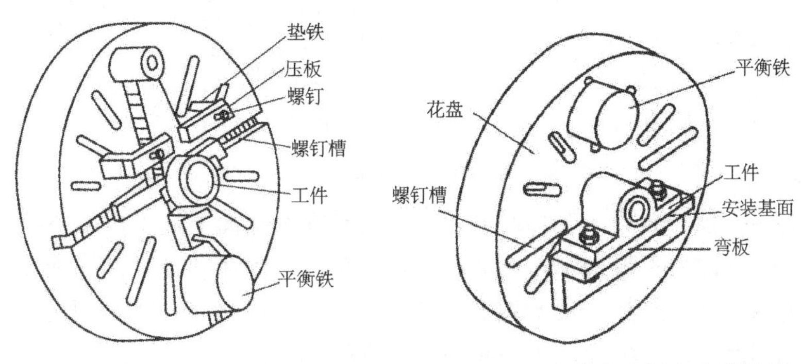

图6-16　在花盘上安装零件　　图6-17　在花盘弯板上安装零件

用花盘、弯板安装形状不规则的工件，重心往往偏向一边，因此需要在另一边加平衡铁予以平衡，以保证旋转时平稳。一般在平衡铁装好后，用手多次转动花盘，如果花盘能在任意位置上停下来，说明已平衡，否则必须重新调整平衡铁在花盘上的位置或增减重量，直至平衡为止。

4. 顶尖安装

对同轴度要求比较高且需要调头加工的轴类工件，常用顶尖装夹工件。顶尖装夹又分为一夹一顶安装和双顶尖安装两种方式。对于较短的轴类工件，可采用一尖一顶安装，即工件一端用三爪卡盘夹紧，另一端钻出中心孔，用后顶尖顶紧，如图6-18所示。对于较长的或必须经过多次装夹才能完成加工的轴类工件，或在车削后还需进行铣、磨的工件，要求有同一个装夹基准，这时可在工件两端钻出中心孔，工件安放在前、后顶尖之间，用顶尖、卡箍、拨盘安装工件，主轴通过拨盘带动紧固在轴端的卡箍（又称鸡心夹头）使工件转动，则采用双顶尖安装，如图6-19所示。

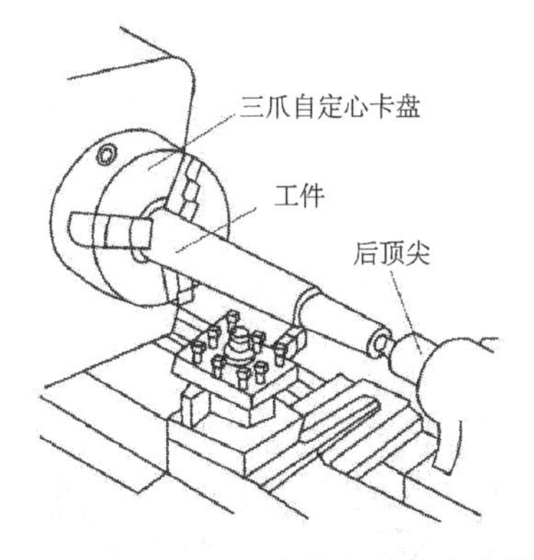

图6-18　使用卡盘和后顶尖安装工件

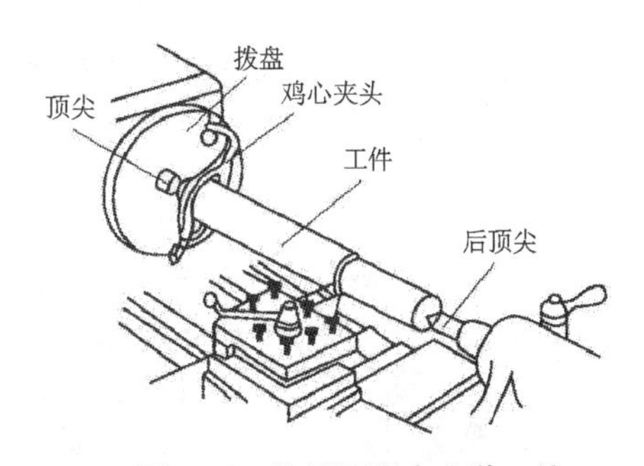

图6-19　使用双顶尖安装工件

常用的顶尖有固定顶尖和回转顶尖两种，如图6-20所示。前者不随工件一起转动，会因摩擦发热烧损、研坏顶尖或中心孔，但安装工件比较稳固，精度较高；后者随工件一起转动，克服了固定顶尖的缺点，但安装工件不够稳固，精度较低。一般粗加工、半精加工可用回转顶尖，精加工用淬火的固定顶尖，且应合理选择切削速度。

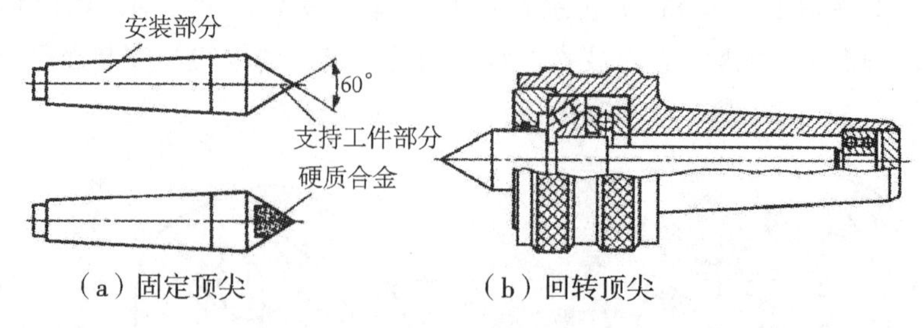

图 6-20　顶尖

用顶尖安装工件前，要先车工件端面，用中心钻在两端面上加工出中心孔，如图 6-21 所示。图 6-21a 中心钻为不带护锥，中心孔 60°为 A 型，锥面和顶尖的锥面相配合，前端的小圆柱孔是为保证顶尖与锥面紧密接触，并可贮存润滑油。图 6-21b 中心钻为带护锥，双锥面中心孔为 B 型，120°锥面用于防止 60°锥面被碰坏。

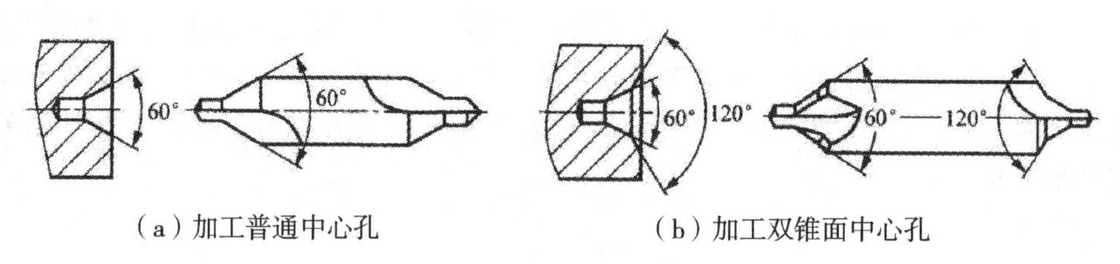

图 6-21　中心孔及中心钻

用顶尖安装工件时应注意：

(1) 卡箍上的支承螺钉不能支承得太紧，以防工件变形。

(2) 由于靠卡箍传递扭矩，所以车削工件的切削用量要小。

(3) 钻两端中心孔时，要先用车刀把端面车平，再用中心钻钻中心孔。

5. 中心架和跟刀架的使用

当车削细长轴（长度与直径之比大于 10）时，由于工件本身的刚度不足，为防止工件在切削力作用下产生弯曲变形而影响加工精度，常用辅助支承——中心架或跟刀架。

图 6-22 所示为中心架车削长轴外圆。中心架固定在车床导轨上，以缩短切削时工件支撑跨距，三个支承爪支承于预先加工的外圆面上。中心架一般适于阶梯轴、长轴端面、中心孔和内孔等的加工。

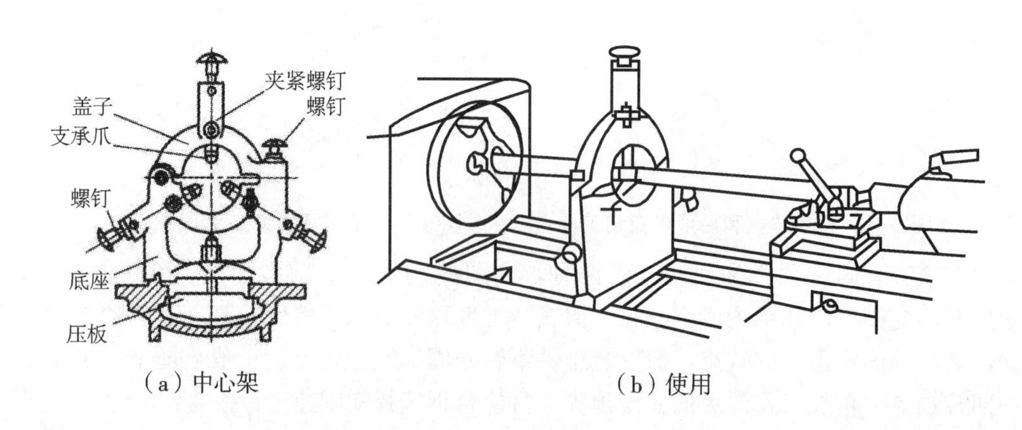

图 6-22　中心架的应用

跟刀架是被固定在车床床鞍上使用的，如图 6-23 所示。车削时，跟刀架固定于床鞍上，随床鞍和刀架一起纵向移动，适于精车或半精车细长光轴工件的支承。

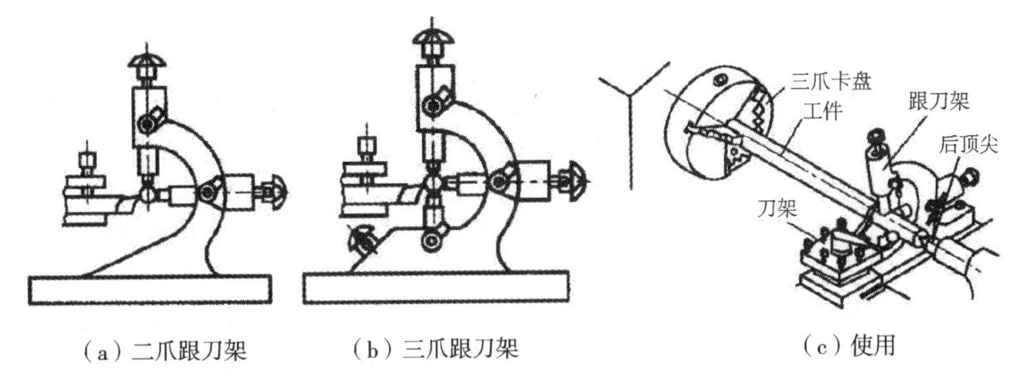

（a）二爪跟刀架　（b）三爪跟刀架　（c）使用

图 6-23　跟刀架的使用

使用中心架和跟刀架时，工件被支承部分应是加工过的外圆表面，并应加机油润滑，工件的转速不能过高，以防止工件与支承爪之间摩擦过热而烧坏或使支承爪磨损。

6. 用心轴安装

盘套类零件的外圆面和端面对内孔常有同轴度和垂直度的要求，如果在三爪卡盘的一次装夹中，不能完成全部相关外圆面、端面和内孔的精加工，则应先精加工内孔，再以内孔定位，将工件装到心轴上再加工其他有关表面。心轴的种类很多，最常用的心轴有圆柱心轴和锥度心轴两种，如图 6-24 所示。

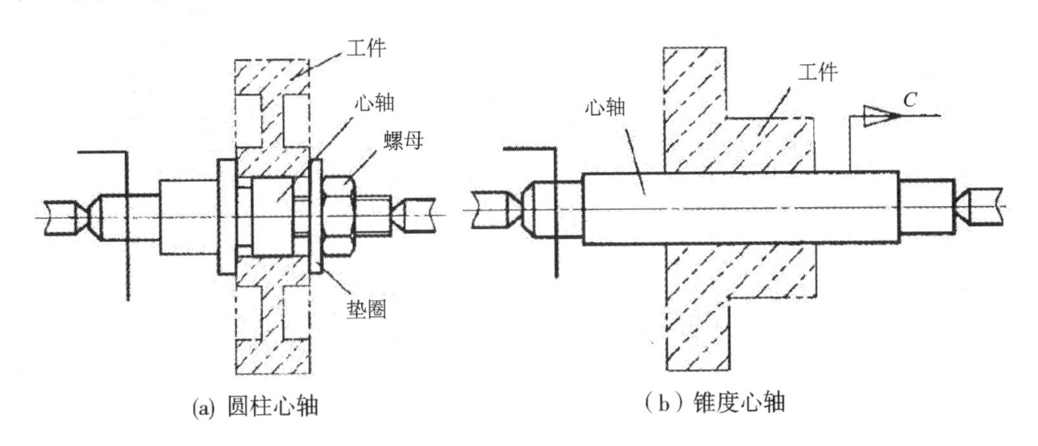

(a) 圆柱心轴　（b）锥度心轴

图 6-24　用心轴装夹工件

当工件的长度比孔径小时，一般用圆柱心轴装夹，工件装入心轴后加上垫圈，用螺母锁紧，其夹紧力较大，多用于加工盘类零件。圆柱心轴可以一次装夹多个工件，从而实现多件加工。当工件的长度大于孔径时，常用锥度心轴装夹。工件压入心轴后靠摩擦力与心轴固紧传递运动。锥度心轴装卸方便，对中准确，但不能承受较大的切削力，多用于精加工盘、套类零件。

第四节　车削操作方法

1. 刻度盘的使用

在车削加工中，为了迅速而准确地控制尺寸，必须正确掌握中滑板和小滑板刻度盘的使用，并熟悉其刻度值。以中滑板为例，当用手转动手柄，带动刻度盘转一周时，丝杠也转动一周，此时，丝杠螺母带动中滑板和刀架横向移动一个导程的距离。

对于 C6132 型卧式车床，其滑板丝杠导程为 4 mm，刻度盘圆周等分成 200 格，则刻度盘每转 1 格时，中滑板和刀架横向移动的距离为 4/200＝0.02 mm，工件的直径变化量为 0.04 mm。

加工零件外表面时，车刀向零件中心移动为进刀，远离中心为退刀，而加工内表面时则与其相反。进刀时必须慢慢转动刻度盘手柄，使刻线转到所需要的格数。调整刻度时，如果刻度盘手柄摇过头或试切后发现尺寸不对，不能直接将刻度盘退回至所需刻度值位置。因为丝杠与螺母之间存在间隙，会产生空行程（即刻度盘转动而溜板并未移动），所以不能将刻度盘直接退回到所需的刻度。此时一定要向相反方向全部退回，以消除空行程，然后再转到所需要的格数。按如图 6-25 所示的方法进行纠正，以消除传动的反向间隙。

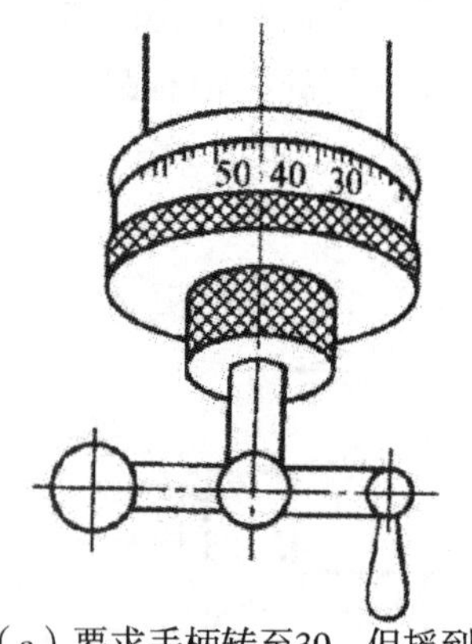

（a）要求手柄转至30，但摇到了40

（b）错误：直接退回到30

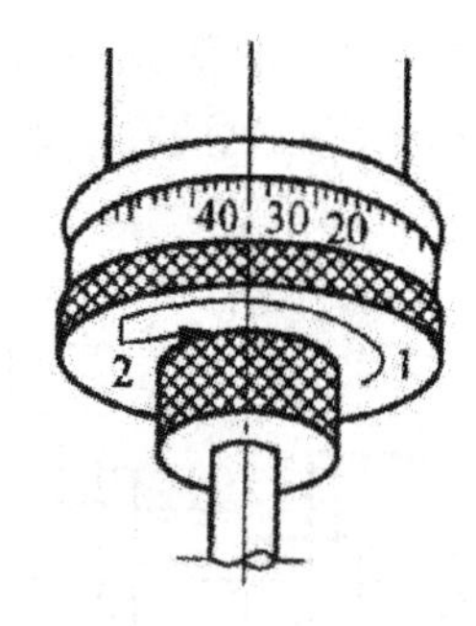

（c）准确：反转约1周后再转至30

图 6-25　刻度盘手柄摇过头的纠正方法

2. 试切的方法与步骤

工件装夹在车床上以后，需要根据加工余量和精度要求确定走刀次数和每次走刀的背吃刀量。靠刻度盘调整控制工件尺寸往往不能满足加工要求，这就需要采用试切的方法。以车外圆为例说明试切的方法与步骤，如图 6-26 所示。

试切到合格尺寸后，扳上自动手柄，可以用自动方式切削。加工好的零件要进行测量检查，以确保零件质量。

3. 粗车与精车

工件切削表面的加工余量一般需要经过几次走刀才能切除，为了提高生产率，保证加工质量，一般将车削加工分为粗车和精车。先粗车，后精车。

粗车的目的是尽快去除被切削表面的大部分加工余量，使之接近最终的形状和尺寸，留精车余量 0.5～5.0 mm。选择中等或中等偏低的切削速度，一般背吃刀量取 1～3 mm，进给量取 0.3～1.5 mm/r。

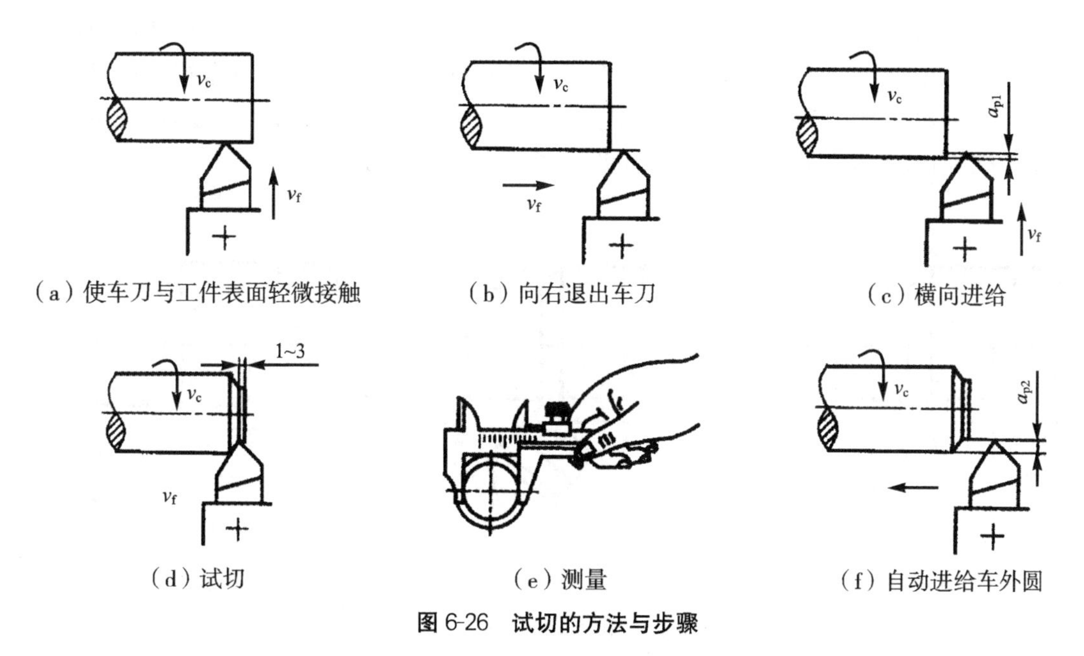

（a）使车刀与工件表面轻微接触 （b）向右退出车刀 （c）横向进给

（d）试切 （e）测量 （f）自动进给车外圆

图 6-26 试切的方法与步骤

精车的目的是去除粗车后的加工余量，保证零件的加工精度和表面粗糙度。一般取较高的切削速度，背吃刀量取 0.3～0.5 mm，进给量取 0.1～0.3 mm/r 。也可以采用低速精车，此时的背吃刀量和进给量小于高速精车 。

有时，可以根据需要在粗车和精车之间加入半精车，其切削参数介于粗车和精车之间。

第五节 车削基本工艺

车床的切削运动是指工件的旋转运动（图 6-27）和车刀的移动（图 6-28）。工件的旋转运动为主运动，车刀的移动为进给运动，进给运动分为横向进给和纵向进给两种。

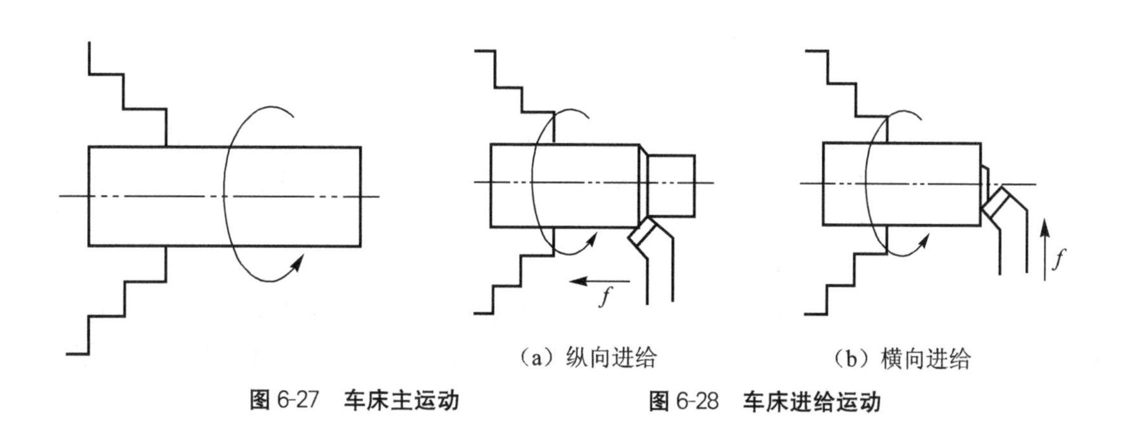

（a）纵向进给 （b）横向进给

图 6-27 车床主运动 **图 6-28 车床进给运动**

一、车外圆和台阶

将工件车削成圆柱形表面的加工称为车外圆。车削外圆及台阶是车床上旋转表面加工最基本、最常见的操作。车外圆时常用图 6-29 所示的各种车刀，75°外圆车刀可用来加工无台阶的光滑轴和盘套类的外圆；45°外圆车刀不仅可用来车削外圆，且可车端面和倒角；90°外圆车刀可用于加工有台阶的外圆和细长轴。此外，直头车刀和弯头车刀的刀头部分强度好，一般用于粗加工和半精加工，而 90°外圆车刀常用于精加工。

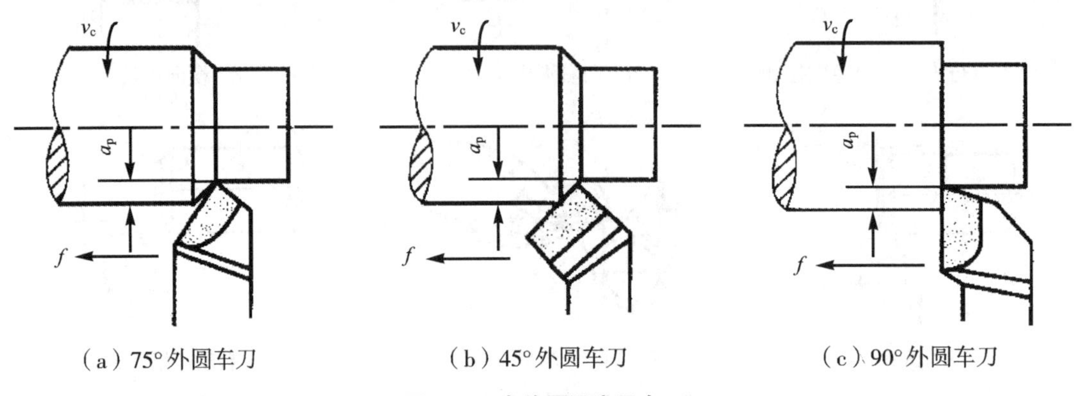

（a）75°外圆车刀　（b）45°外圆车刀　（c）90°外圆车刀

图 6-29　车外圆及常用车刀

二、车端面

对工件的端面进行车削的方法叫车端面。常用端面车削的几种情况如图 6-30 所示。车端面常用的车刀是偏刀和弯头车刀。

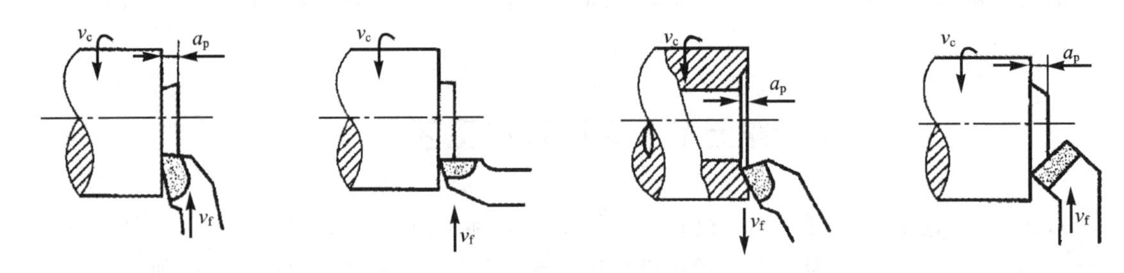

图 6-30　车端面

三、车槽和切断

1. 车槽

在工件表面上车沟槽的方法叫车槽。槽的形状有外槽、内槽和端面槽，如图 6-31 所示。车槽时，主切削刃宽度等于槽宽，在横向进刀中一次车出；车宽槽时，主切削刃宽度可小于槽宽，需经几次车出。

2. 切断

切断要用切断刀，其主切削刃较窄，刀头较长。安装时，主切削刃应平行于工件轴线，并与工件轴线等高。切削用量取得小些，以防止刀头振动和折断。常用的切断方法有直进法和左右借刀法两种，如图 6-32 所示。直进法常用于切断铸铁等脆性材料，左右借刀法常用于切断钢等塑性材料。

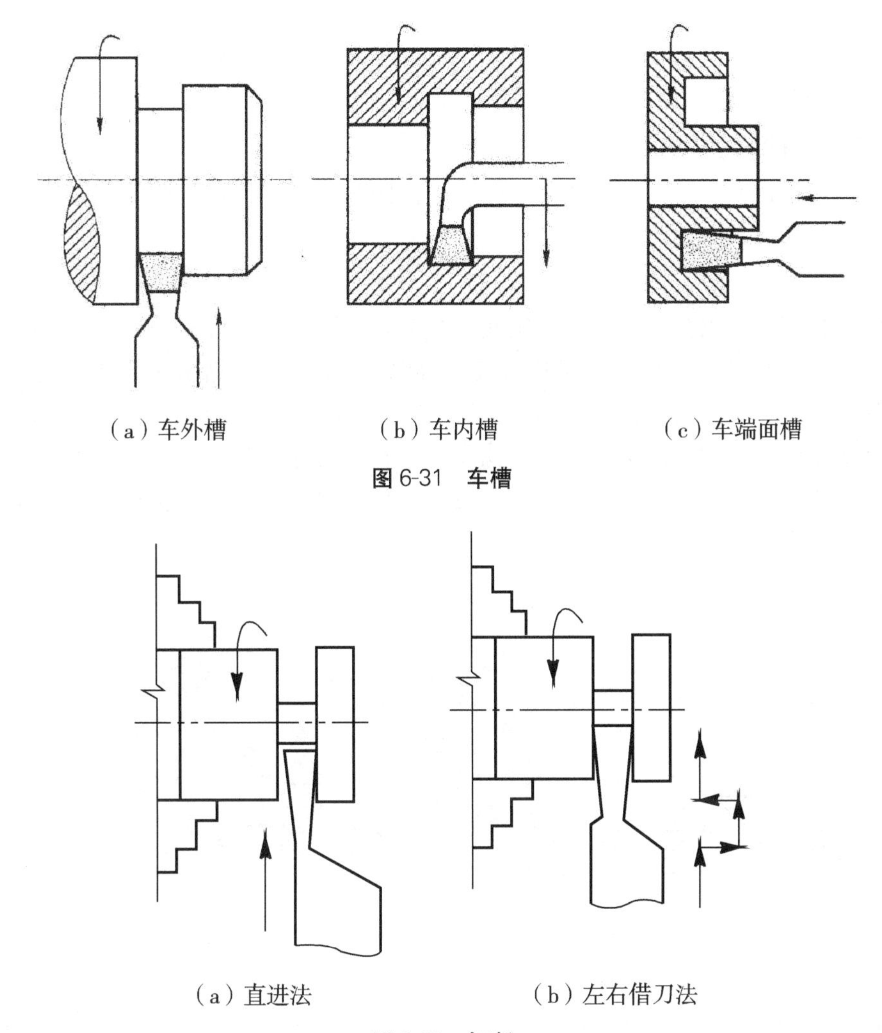

（a）车外槽　　（b）车内槽　　（c）车端面槽

图 6-31　车槽

（a）直进法　　（b）左右借刀法

图 6-32　切断

切断时应注意以下几点：

(1) 切断一般在卡盘上进行，如图 6-33 所示。工件的切断处应距卡盘近些，避免在顶尖安装的工件上切断。

(2) 切断刀的刀尖必须与工件中心等高，否则切断处将剩有凸台，且刀头也容易损坏，如图 6-34 所示。

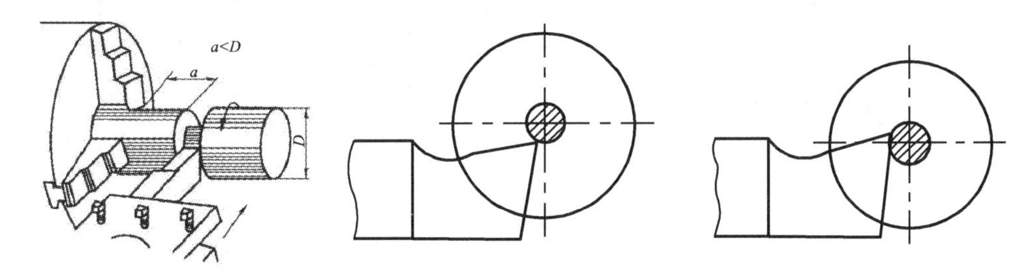

图 6-33　在卡盘上切断　　**图 6-34　切断刀的刀尖必须与工件中心等高**

(3) 切断刀伸出刀架的长度不要过长，进给要缓慢均匀。将切断时，必须放慢进给速度，以免刀头折断。

(4) 切断钢件时需要加切削液进行冷却润滑，切铸铁时一般不加切削液，但必要时可用煤油进行冷却润滑。

四、钻孔与镗孔

在车床上可用钻头、镗刀、扩孔钻、铰刀进行钻孔、镗孔、扩孔和铰孔，应用最多的是钻孔和镗孔。

1. 钻孔

利用钻头将工件钻出孔的方法称为钻孔。在车床上钻孔大都用麻花钻头装在尾座套筒的锥孔中进行，如图 6-35 所示。钻削时，工件旋转为主运动，钻头只作纵向进给运动，钻孔精度达 IT11～IT10，表面粗糙度 R_a为 12.5～6.3 μm，多用于粗加工孔。工件装夹在卡盘上，钻头安装在尾架套筒锥孔内。钻孔前，一般要先将工件端面车平，用中心钻在端面钻出中心孔作为钻头的定位孔，以防引偏钻头。钻削时，要加注切削液；孔较深时，应经常退出钻头，以利冷却和排屑。

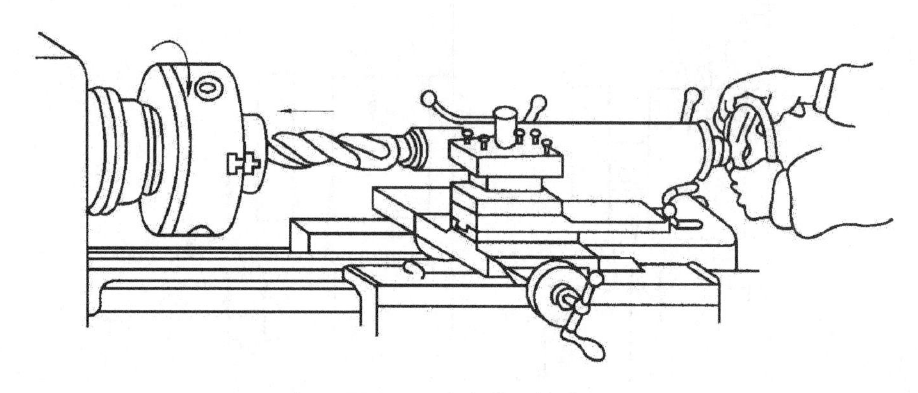

图 6-35 在车床上钻孔

带锥柄的钻头装在尾座套筒的锥孔中，如图 6-36a 所示；如果钻头锥柄号数小，可加过渡套筒，如图 6-36b 所示。直柄钻头用钻夹头夹持，钻夹头安装于尾座套筒中，如图 6-36c 所示。

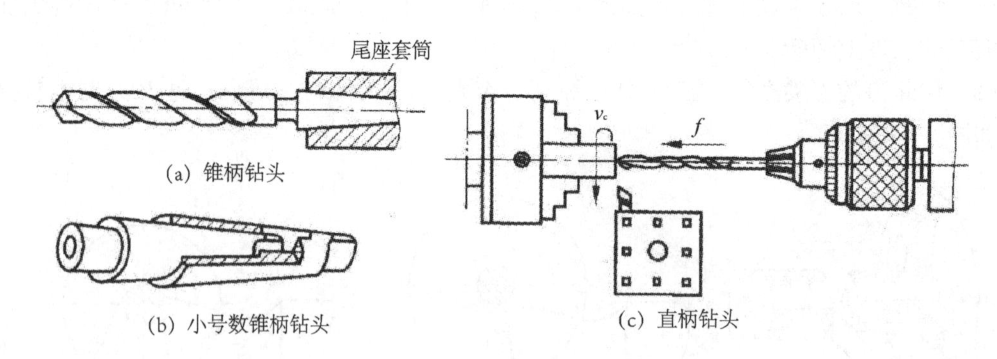

图 6-36 钻头的安装

2. 扩孔

扩孔是用扩孔钻（图 6-37）对钻过的孔进行半精加工，扩孔不仅能提高钻孔的尺寸精度等级，降低表面粗糙度值，而且能校正孔的轴线偏差。扩孔可作为孔加工的最后工序，也可作为铰孔前的准备工序。扩孔加工余量一般为 0.5～2.0 mm，尺寸精度为 IT10～IT9，表面粗糙度 R_a为 6.3～3.2 μm 。

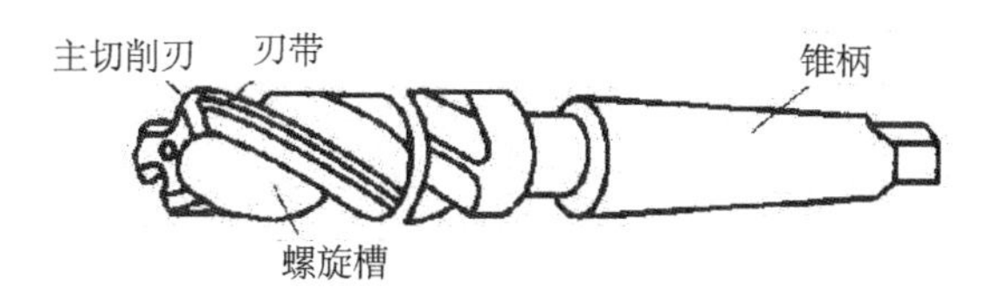

图 6-37 扩孔钻

3. 铰孔

用铰刀（图 6-38）从工件孔壁上切除微量金属层，可以提高孔的精度和减小表面粗糙度值。铰孔的精度等级为 IT8～IT7，表面粗糙度 R_a为 1.6～0.8 μm，属孔的精加工。铰孔是用铰刀对扩孔或半精车孔的精加工，铰孔余量一般为 0.05～0.25 mm，尺寸精度为 IT8～IT7，表面粗糙度 R_a为 1.6～0.8 μm。

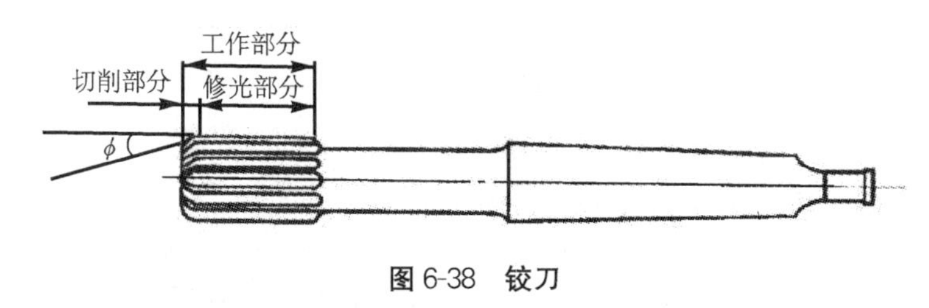

图 6-38 铰刀

钻孔—扩孔—铰孔是在车床上加工直径较小、精度较高、表面粗糙度较小的孔的主要加工方法。

4. 镗孔

钻出的孔或铸孔、锻孔若需进一步加工，可进行镗孔。在车床上对工件的孔进行车削的方法叫镗孔（又叫车孔），镗孔分为镗通孔和镗不通孔，如图 6-39 所示。镗孔是对已有的孔作进一步加工，以扩大孔径、提高精度、降低表面粗糙度和纠正原孔的轴线偏差。镗孔可以作粗加工，也可以作精加工。镗孔余量一般为 0.05～0.25 mm，尺寸精度为 IT8～IT7，表面粗糙度 R_a为 1.6～0.8 μm。镗通孔基本上与车外圆相同，只是进刀和退刀方向相反。

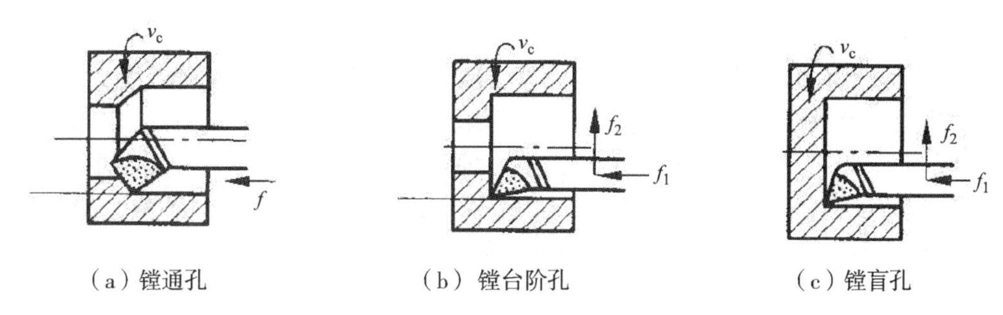

图 6-39 车床镗孔及所用的镗刀

五、车圆锥面

将工件车削成圆锥表面的方法称为车圆锥。在普通车床上车圆锥面的常规方法有：宽刀法、转动小刀架法、偏移尾座法、靠模法。如图 6-40 所示，锥度计算公式为：

圆锥角为 α，圆锥斜角为 $\frac{\alpha}{2}$；

大端直径 $D = d + 2L \times \tan\frac{\alpha}{2}$；

小端直径 $d = D - 2L \times \tan\frac{\alpha}{2}$；

锥度 $C = \frac{D-d}{L} = 2\tan\frac{\alpha}{2}$ 。

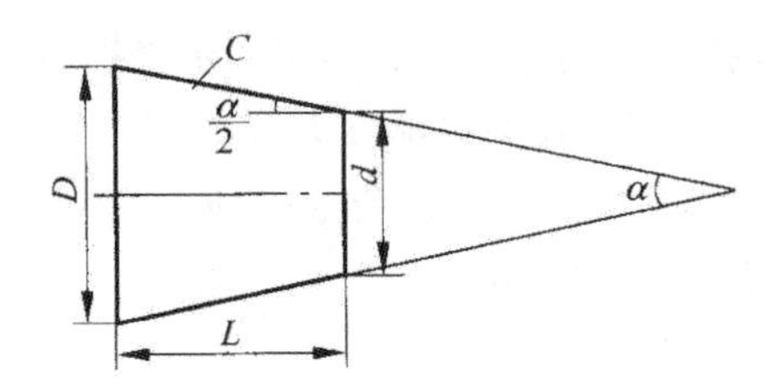

图 6-40　圆锥体的主要尺寸

在普通车床上加工圆锥面最常用方法是转动小刀架法，如图 6-41 所示。使其导轨与主轴轴线成圆锥半角 $\alpha/2$，再紧固其转盘，摇进给手柄车出锥面。

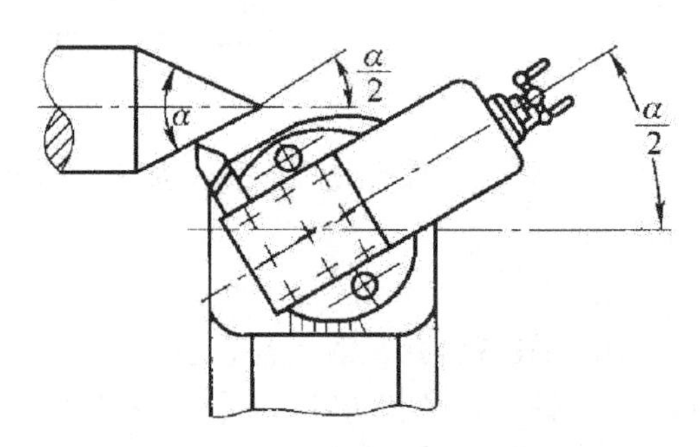

图 6-41　转动小刀架车圆锥

此法调整方便，操作简单，加工质量较好，可加工任意锥角的内外圆锥面。但受小刀架行程长度的限制，只能车削较短的圆锥面，且只能手动进给，劳动强度较大。所以，它多用于单件小批量生产中加工较短的圆锥面。此法加工的工件表面粗糙度 R_a 为 12.5～3.2 μm。

六、车削螺纹

1. 螺纹概述

螺纹加工方法很多，车削方法加工螺纹应用较广。将工件表面车削成螺纹的方法称为车螺纹。螺纹按牙型分为三角螺纹、方牙螺纹、梯形螺纹等，如图 6-42 所示。三角螺纹作连接和紧固之用，方形螺纹和梯形螺纹作传动之用。各种螺纹又有右旋和左旋之分，以及单线和多线螺纹之分。按螺距大小又可分为公制、英制、模数制及径节制螺纹，其中以单线、右旋的公制三角螺纹（普通螺纹）的应用最为广泛。

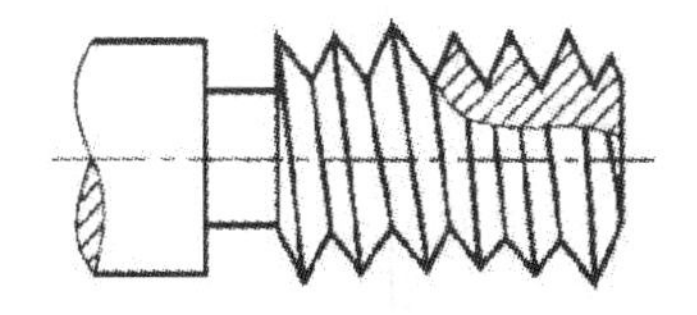

（a）三角螺纹

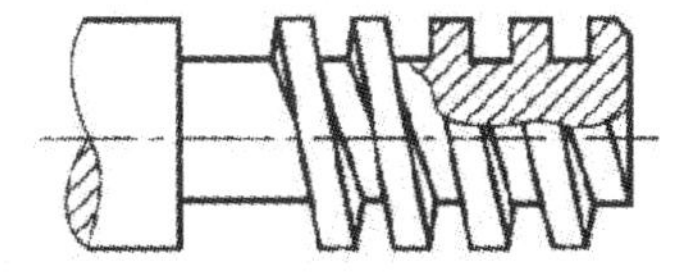

（b）方形螺纹

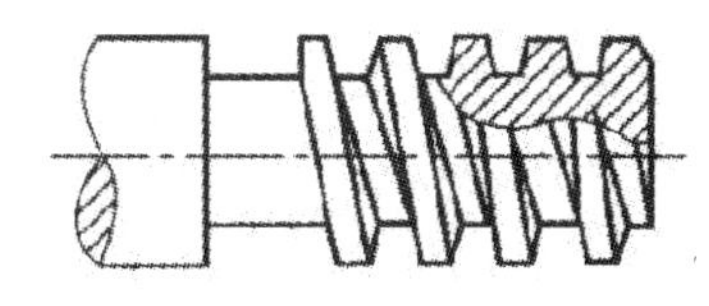

（c）梯形螺纹

图 6-42　螺纹的种类

普通螺纹的基本牙型和各直径所处位置如图 6-43 所示。普通螺纹的牙型为三角形对称牙型，牙型角为 60°。D 为内螺纹的基本大径（公称直径），d 为外螺纹的基本大径（公称直径）；D_1 为内螺纹的基本小径，d_1 为外螺纹的基本小径；D_2 为内螺纹的基本中径，d_2 为外螺纹的基本中径。中径是一个假想圆柱的直径，该圆柱的母线通过螺纹牙厚与槽宽相等的地方。P 为螺距，螺距是相邻两牙在中径线上对应两点之间的轴向距离。螺纹形状尺寸由牙型、中径和螺距三个基本要素决定，称为螺纹三要素。粗牙普通螺纹的标记用“字母 M＋公称直径”表示；细牙普通螺纹的标记用“字母 M＋公称直径×螺距”表示。普通螺纹各参数之间有如下关系：

$d=D$

$d_1=D_1=d-1.08P$

$d_2=D_2=d-0.65P$

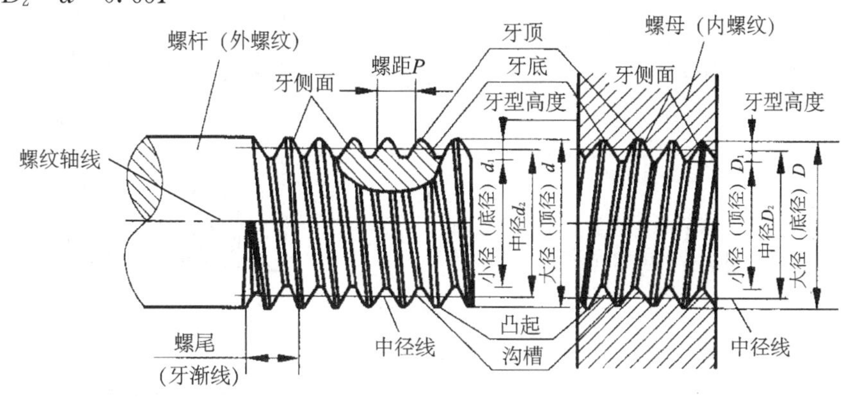

图 6-43　普通螺纹的结构要素

2. 螺纹车削加工

装刀时，刀具的前刀面应与工件轴线共面（即刀尖与工件轴线等高），且牙型角的角平分线应与工件轴线垂直，用样板对刀校正，如图 6-44 所示。

车螺纹应先车好外圆（或内孔）并倒角，然后按表 6-1 的操作过程进行加工。这种方法称为正反车法，适用于加工各种螺纹。

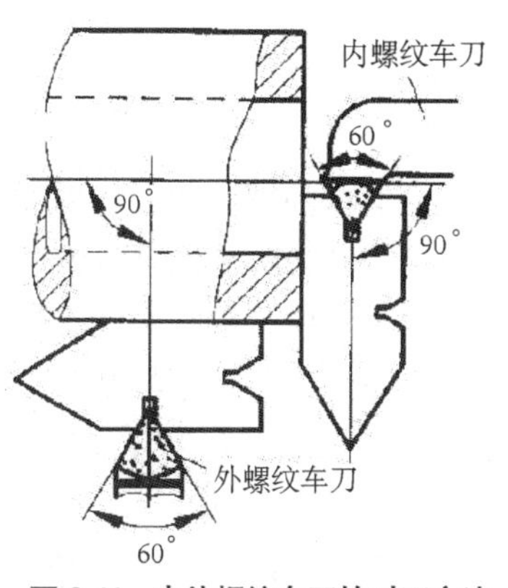

图 6-44　内外螺纹车刀的对刀方法

表 6-1　车螺纹的操作过程

序号	操作内容	示意图
1	开车，使车刀与工件轻微接触记下刻度盘读数，向右移出车刀	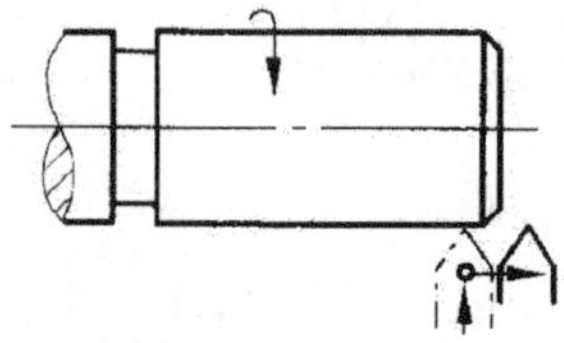
2	合上开合螺母，在工件表面上车出一条螺纹线，横向退出车刀，停车	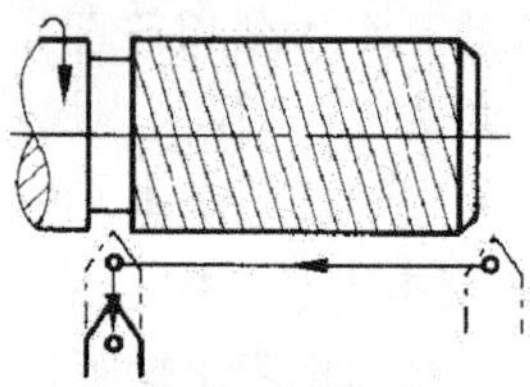
3	开反车使车刀退到工件右端，停车，用钢直尺检查螺距是否正确	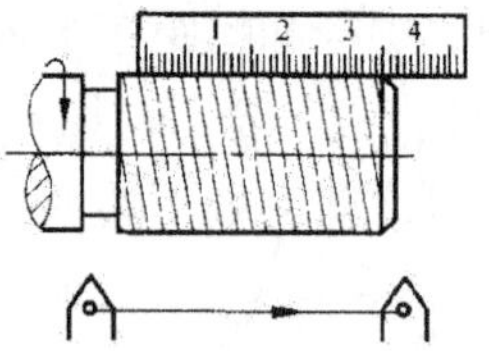
4	利用刻度盘调整背吃刀量，开车车削。车钢料时，加机油润滑	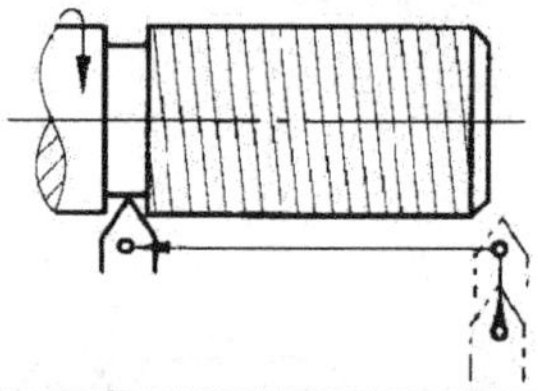
5	车刀将至行程终了时，应做好退刀停车准备。先快速退出车刀，然后停车，开反车退回刀架	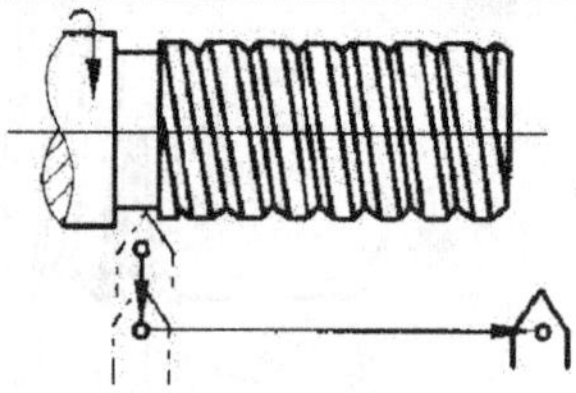
6	再次横向进给，继续切削，其切削过程路线如右图所示	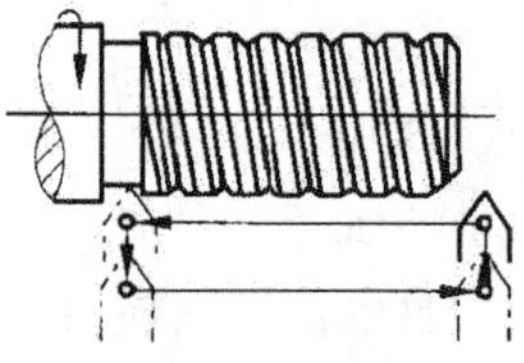

在车床上车削螺纹的实质就是使车刀的进给量等于工件的螺距。为保证螺距的精度，应使用丝杠与开合螺母的传动来完成刀架的进给运动。车螺纹要经过多次走刀才能完成。在多次走刀过程中，必须保证车刀每次都落入已切出的螺纹槽内，否则就会发生“乱扣”。当丝杠的螺距是工件螺距的整数倍时，可任意打开合上开合螺母，车刀总会切入原已切出的螺纹槽内，不会“乱扣”；若不为整数倍时，多次走刀和退刀时均不能打开开合螺母，否则将发生“乱扣”。

在车床上也可以用圆板牙加工普通外螺纹，用丝锥加工普通内螺纹，如图 6-45 所示，具体加工操作可参照钳工套螺纹和攻螺纹。

（a）用圆板牙加工普通外螺纹

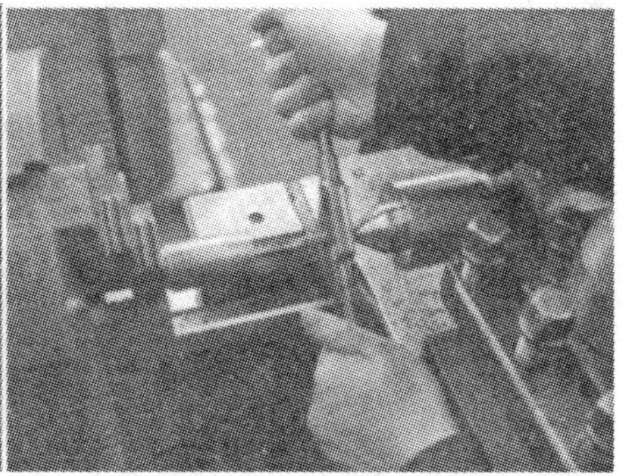
（b）用丝锥加工普通内螺纹

图 6-45　在车床上加工普通螺纹

3. 螺纹的检测

螺纹的螺距可用钢尺测量，牙型角可用螺纹样板测量，也可用螺距规同时测量螺距和牙型角，如图 6-46 所示。在工程训练教学中，有时也用与被加工螺纹相配合的螺母或螺栓来检验。

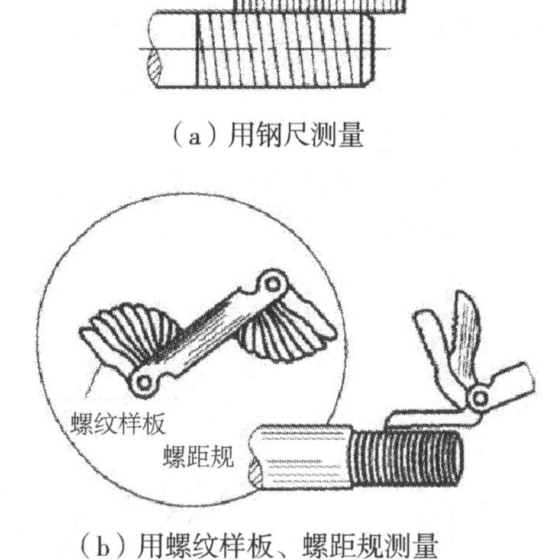

（a）用钢尺测量

（b）用螺纹样板、螺距规测量

图 6-46　测量螺距和牙型角

七、车成形面

以一条曲线为母线绕以固定轴线旋转而成的表面称为成形面（回转成形面），如卧式车床上小刀架的手柄、变速箱操纵杆上的圆球、滚动轴承内外圈的圆弧滚道等。车成形面有双手控制法、用成形车刀法、用靠模法等方法，下面以双手控制法为例介绍成形面的车前。

车削时，用双手同时转动操纵横刀架和小刀架的手柄，把纵向和横向的进给运动合成一个运动，使切削刃的运动轨迹与回转成形面的母线尽量一致，如图 6-47 所示。加工过程中往往需要多次用样板度量，如图 6-48 所示。这种方法不需要特殊设备和复杂的专用刀具，成形面的大小和形状一般不受限制，但因手动进给，加工精度不高，故此法只适宜于单件小批生产中加工精度不高的成形面，但适合工程训练教学。

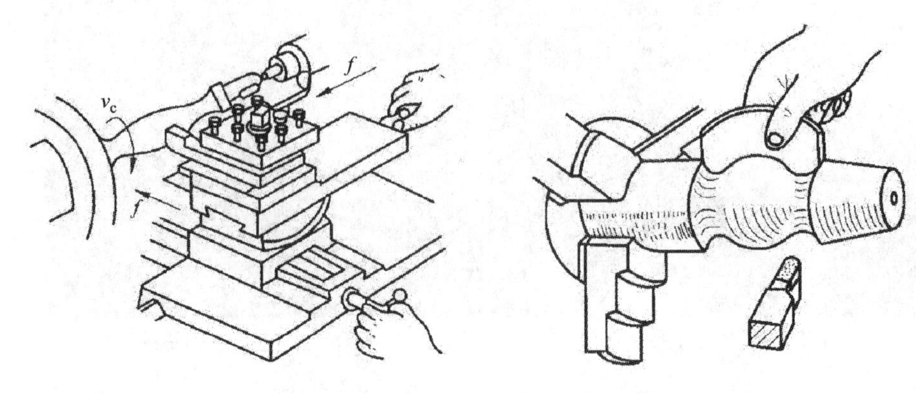

图 6-47　双手控制法车成形面　　　　图 6-48　用样板度量成形面

八、滚花

许多工具和机器零件的手柄部分，为了便于握持和增加美观，常在其表面上滚压出不同的花纹，如螺纹量规、绞杠扳手和百分尺套管等。滚花是在车床上用滚花刀挤压工件，使其表面产生塑性变形而形成花纹，如图 6-49 所示。滚压时，工件低速旋转，滚压刀径向挤压后再作纵向进给。滚花的径向压力很大，所以工件要有足够的刚度，而且转速要低些；同时还要充分供给切削液，以免磨坏滚花刀，并可防止因细屑滞塞在滚花刀内而产生乱纹。

滚花刀按花纹的式样分为直纹和网纹两种，每种又分为粗纹、中纹和细纹。按滚花轮的数量又可分为单轮（滚直纹）、双轮（滚网纹，两轮分别为左旋和右旋斜纹）和六轮（由三组粗细不等的斜纹轮组成，以备选用）滚花刀，如图 6-50 所示。

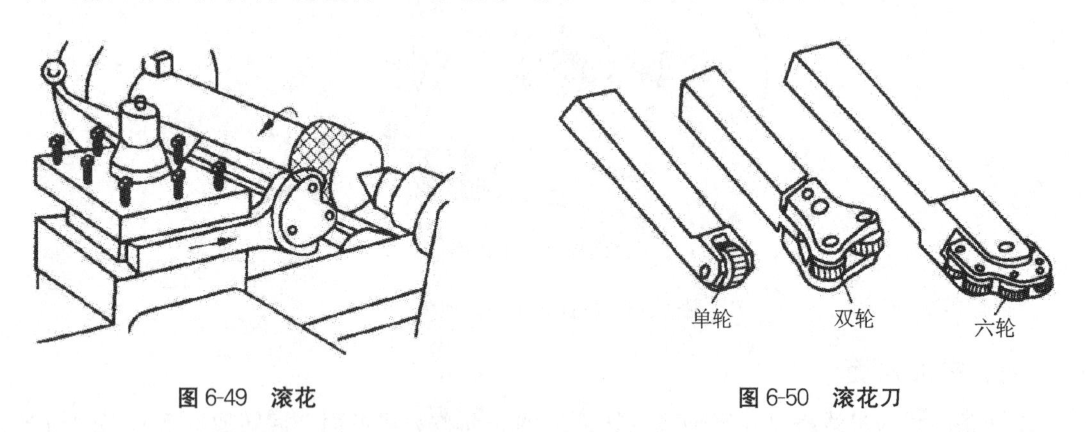

图 6-49　滚花　　　　图 6-50　滚花刀

第六节　车削实训实例

车削加工过程的拟定一般应考虑以下几个方面：

（1）根据零件图，了解零件的形状、尺寸、材料和数量，以确定毛坯的种类、生产类型。

（2）根据零件的精度、表面粗糙度等技术要求，确定所用车床和安装方法，力求在保证加工质量的前提下安装次数尽量少。同时，合理地安排加工顺序：先车削工件安装用的定位基准面和重要的表面，再车削一般表面；先粗车，后精车；并兼顾其他工序的加工顺序。

（3）确定各表面的加工方法、切削用量、测量方法及后续工序的加工余量。

一、轴类零件的车削工艺

以轴类零件（销轴，如图 6-51 所示）为例，销轴的材料为 45 钢。

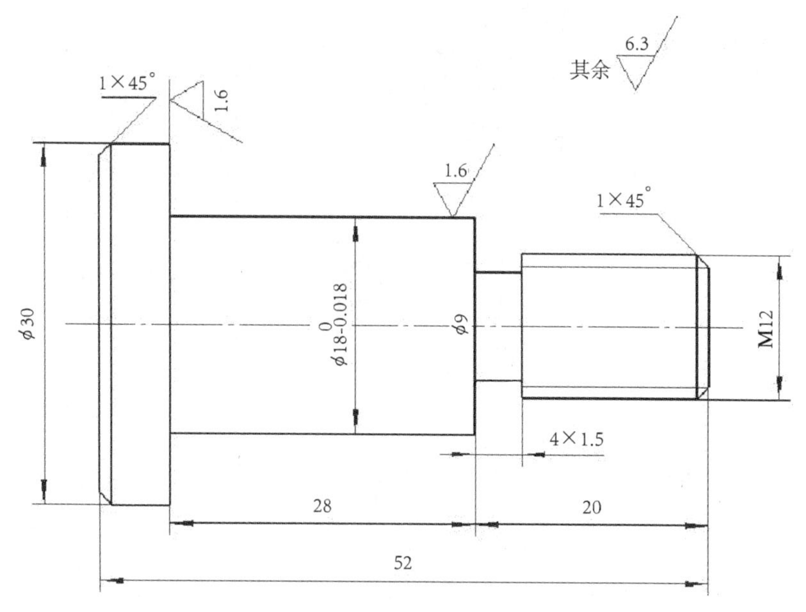

图 6-51　销轴零件图

销轴的车削加工工艺如表 6-2 所示。

表 6-2　销轴的车削加工工艺

序号	加工内容	加 工 简 图	装夹方法	检测方法
1	三爪卡盘夹持棒料，伸出长度 65 mm，45°车刀车端面		三爪自定心卡盘	钢直尺
2	90°车刀粗车各外圆 ϕ30×56 mm ϕ19×26 mm ϕ13×20 mm	56 26 20 ϕ13 ϕ30 ϕ19	三爪自定心卡盘	游标卡尺

（续表）

序号	加工内容	加 工 简 图	装夹方法	检测方法
3	切断刀切退刀槽 4×1.5 mm	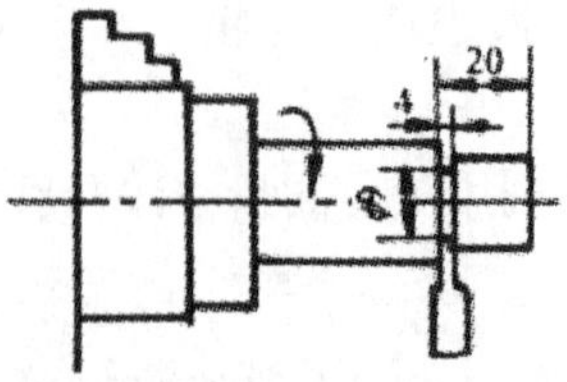	三爪自定心卡盘	游标卡尺
4	90°车刀粗车各外圆 ϕ18×26 mm、ϕ12×16 mm	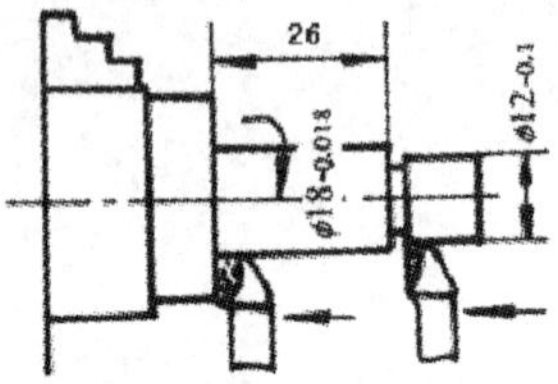	三爪自定心卡盘	千分尺
5	45°车刀倒角 1×45°	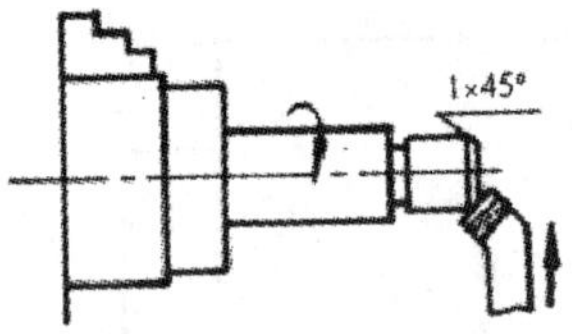	三爪自定心卡盘	目测
6	螺纹车刀车 M12 螺纹	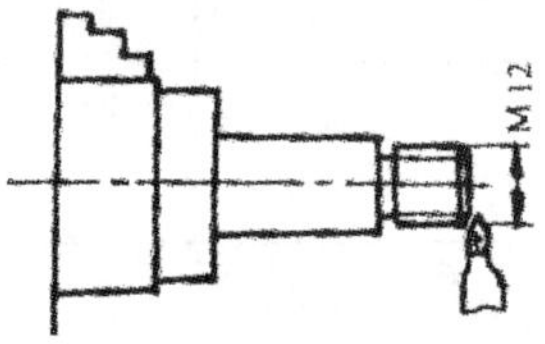	三爪自定心卡盘	M12 螺母
7	切断刀切断，端面留加工余量 1 mm，全长 53 mm	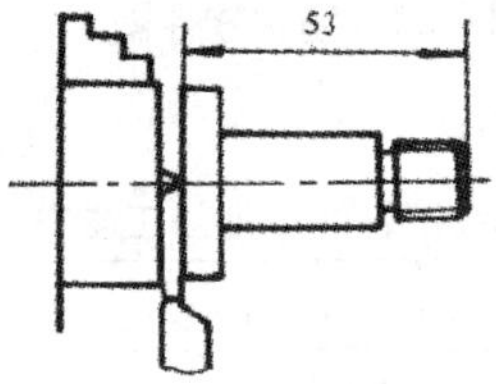	三爪自定心卡盘	游标卡尺
8	45°车刀调头，车端面，倒角	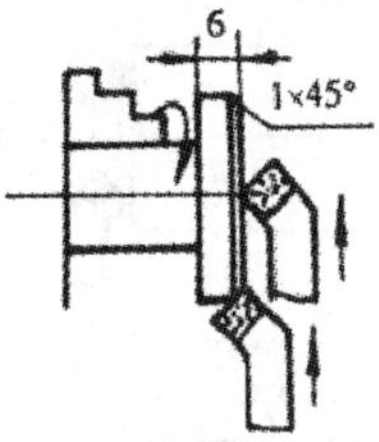	三爪自定心卡盘	游标卡尺
9	检验			游标卡尺、千分尺、M12 螺母

二、盘套类零件的车削工艺

盘套类零件主要由外圆、孔和端面等组成，除尺寸精度和表面粗糙度要求外，一般须保证外圆与孔的同轴度或径向圆跳动等。为此，可采用先粗车、后精车的方法，在精车中应尽可能将有位置精度要求的外圆、孔和端面在一次装夹中加工出来。如果有位置精度要求的表面不能在一次装夹中加工完成，则通常先将孔加工出来，然后以孔定位，将工件装夹于心轴上，再加工外圆和端面。盘套类零件的车削实例可查阅相关资料，在此受篇幅限制不再列举。

1. 简述车削加工的特点。
2. 车床的主运动是什么？进给运动是什么？
3. 车床的切削用量包括哪些内容？
4. 车床有哪些主要部分，各有何作用？
5. 简述 C6132 车床编号的含义。
6. 简述车刀的组成，车刀切削部分的组成。
7. 车刀的安装有哪些基本原则？
8. 车床上常用的工件装夹方法有哪些，如何选用？
9. 简述螺纹的基本三要素。
10. 简述滚压加工的注意事项。

第七章　铣削

在铣床上利用铣刀的旋转和工件的移动对工件进行切削加工，称为铣削加工。工作时刀具旋转（作主运动），工件移动（作进给运动）；工件也可以固定，但此时旋转的刀具还必须移动（同时完成主运动和进给运动）。铣削用的机床有卧式铣床、立式铣床、大型龙门铣床，这些机床可以是普通机床，也可以是数控机床。

铣削生产率较高，是金属切削加工中的常用方法之一。由于可以采用不同类型和形状的铣刀，配以铣床附件分度头、回转工作台等的应用，铣削加工范围很广泛，可用来加工平面、台阶、斜面、沟槽、成形表面、齿轮等，也可用来钻孔、镗孔、切断等，如图 7-1 所示。铣削加工的精度一般可达 IT9～IT7，表面粗糙度 R_a 值一般为 6.3～1.6 μm。

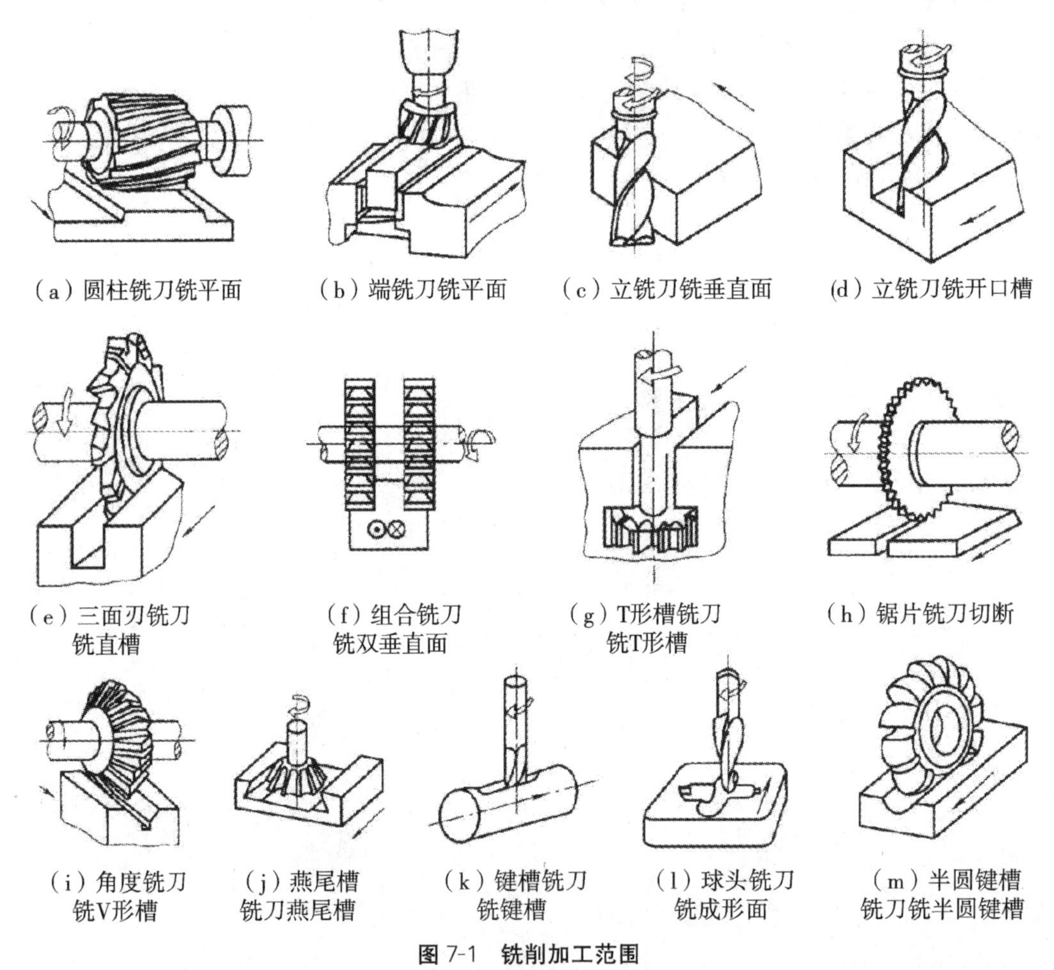

(a) 圆柱铣刀铣平面　(b) 端铣刀铣平面　(c) 立铣刀铣垂直面　(d) 立铣刀铣开口槽

(e) 三面刃铣刀铣直槽　(f) 组合铣刀铣双垂直面　(g) T形槽铣刀铣T形槽　(h) 锯片铣刀切断

(i) 角度铣刀铣V形槽　(j) 燕尾槽铣刀燕尾槽　(k) 键槽铣刀铣键槽　(l) 球头铣刀铣成形面　(m) 半圆键槽铣刀铣半圆键槽

图 7-1　铣削加工范围

由于铣刀是典型的多齿刀具，铣削时可以多个齿刃同时切削，利用硬质合金镶片刀具，可采用较大的切削用量，且切削运动连续，所以生产率高。铣削时，铣刀的每个齿刃轮流参与切削，齿刃散热条件好。但切入、切出时切削热的变化及切削力的冲击会加速刀具的磨损及破损。由于铣刀齿刃的不断切入、切出，切削面积和切削力都在不断地变化，容易产生振动和打刀现象，从而影响加工精度和刀具使用寿命。

第一节 铣床

铣床的种类很多，最常用的是卧式铣床、立式铣床、工具铣床、龙门铣床、仿形铣床、数控铣床等，其中卧式铣床与立式铣床应用最广。卧式铣床与立式铣床的主要区别就是它们各自的主轴的空间位置不同，卧式铣床的主轴是水平的且平行于工作台面，而立式铣床的主轴是垂直于工作台面的。

一、卧式万能升降台铣床

卧式万能升降台铣床简称卧式铣床，它是铣床中应用较多的一种。其主轴水平放置，与工作台面平行，故称为卧式铣床。卧式铣床具有功率大、转速高、刚性好、工艺范围广、操作方便等优点，主要适用于小批量生产，也可用于成批生产。

以 X6132 型为例，铣床的外形及组成如图 7-2 所示。在型号 X6132 中，X 为铣床类别代号（铣床类），61 表示万能升降台铣床的组、系代号（万能升降台铣床组系别），6 表示卧式铣床，1 表示万能铣床，32 为主参数代号，表示工作台台面宽度的 1/10，即工作台台面宽度为 320 mm。

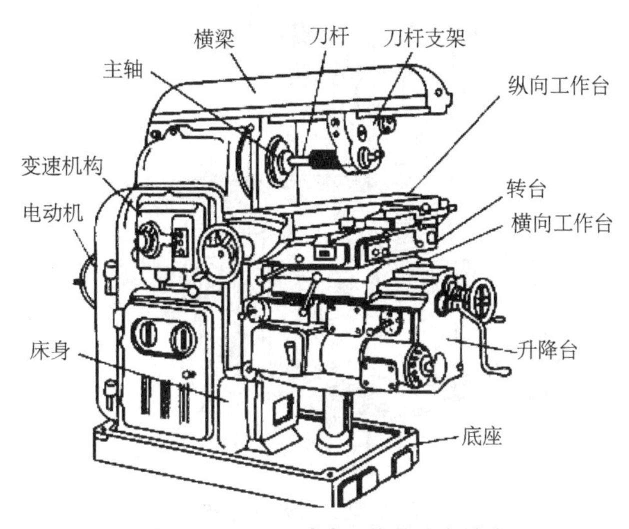

图 7-2 X6132 卧式万能升降台铣床

X6132 型卧式万能升降台铣床的主要组成部分及其作用如下：

（1）床身，主要用来固定和支承铣床上的所有部件。

（2）横梁，用来安装吊架、支承刀杆，以减小刀杆的弯曲和颤动，横梁的伸出长度可调整（它可沿床身的水平导轨移动）。

（3）主轴，主轴为空心轴，前端为锥孔，用来安装铣刀刀杆并带动铣刀旋转。

（4）纵向工作台，用来安装夹具和工件，它可在转台的导轨上作纵向运动，带动工件作纵向进给。

（5）转台，转台的作用是能将纵向工作台在水平面内扳转一定的角度（正、反最大均可转 45°)。

(6) 横向工作台，横向工作台位于转台和升降台之间，可沿升降台上的导轨作横向运动，带动工件作横向进给。

(7) 升降台，支承纵向工作台和转台，并带动它们沿床身垂直导轨上下移动，以调整工作台到铣刀的距离，并作垂直进给。

卧式万能升降台铣床的主轴转动和工作台移动的传动系统是分开的，分别由单独的电动机驱动，使用单手柄操纵机构，工作台在三个方向上均可快速移动。

二、立式升降台铣床

立式升降台铣床简称立式铣床，立式升降台铣床的主轴垂直于工作台面，没有横梁、吊架和转台。根据加工的需要，有时可以将立式升降台铣床的立铣头（主轴头架）偏转一定的角度，以加工斜面。X5032 型立式升降台铣床的外形如图 7-3 所示，在型号 X5032 中，X 为铣床类别代号（铣床类），50 为立式升降台铣床的组、系代号，5 表示立式铣床，0 表示普通铣床，32 为主参数代号，表示工作台台面宽度的 1/10，即工作台台面宽度为 320 mm。

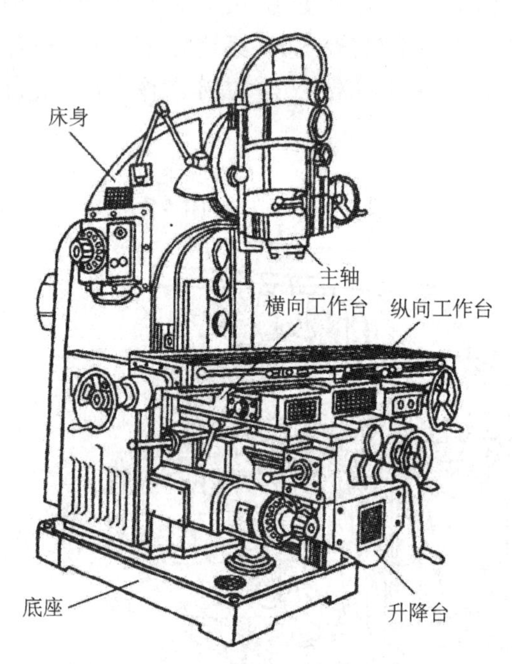

图 7-3　X5032 型立式升降台铣床

立式升降台铣床由床身、立铣头、主轴、工作台、升降台和底座等部分组成。铣削时，铣刀安装于主轴上，由主轴带动作旋转运动，工作台带动工件作纵向、横向和垂直进给运动。

立式铣床是一种生产效率比较高的机床，可以利用立铣刀或端铣刀加工平面、台阶、斜面、键槽和 T 形槽等。另外，立式铣床操作时，观察检查和调整铣刀位置都比较方便，又便于安装硬质合金端铣刀进行高速铣削，故应用很广。

三、龙门铣床

龙门铣床装有一个或多个铣头，横梁可垂直移动，工作台沿床身导轨纵向移动。

X2010 型龙门铣床的外形如图 7-4 所示，在型号 X2010 中，X 为铣床类别代号（铣床类），20 为龙门铣床的组、系代号，10 为主参数代号，表示工作台台面宽度的 1/100，即工作台台面宽度为 1 000 mm。

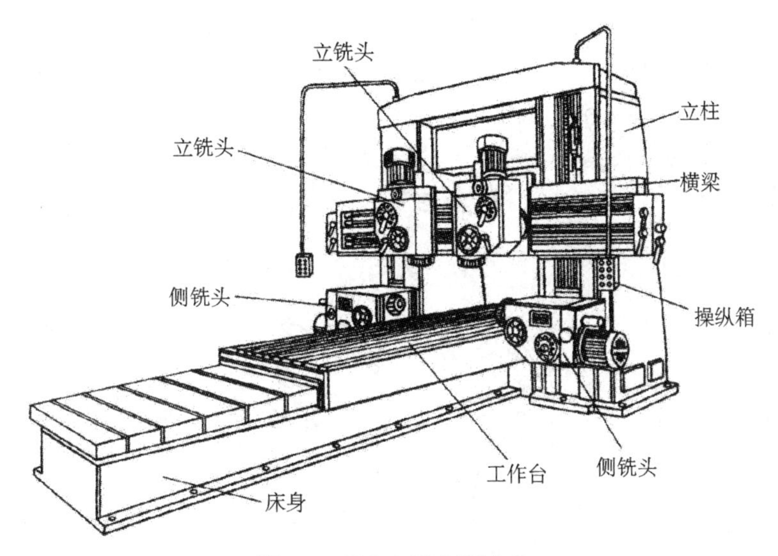

图 7-4　X2010 型龙门铣床

龙门铣床由床身、立柱、横梁、铣头、工作台和操纵箱等部分组成。铣削时，工作台带动工件作纵向进给运动，两个垂直铣头可沿横梁作横向进给运动，两个水平铣头可沿立柱导轨作垂直进给运动，每个铣头都可以沿轴向调整其伸出长度，并可根据需要转动一定角度。

龙门铣床属于大型机床，一般用于加工卧式升降台铣床和立式升降台铣床所无法加工的大型或重型工件。龙门铣床可以同时用多个铣头对工件的多个表面进行加工，生产率高，适于大批量生产。

第二节　铣刀

一、铣刀的种类

铣刀是一种多刃刀具，常用的铣刀刀齿材料有高速钢和硬质合金钢两种。铣刀的种类很多，按其安装方法的不同分为带孔铣刀和带柄铣刀两大类，如图 7-5 和图 7-6 所示。带孔铣刀多用于卧式铣床，带柄铣刀多用于立式铣床。带柄铣刀又可分为直柄铣刀和锥柄铣刀。

二、铣刀的安装

1. 带孔铣刀的安装

带孔圆柱铣刀多使用长刀杆安装，如图 7-7 所示。刀杆的一端有 7∶24 的锥度与铣床主轴孔配合，并用拉杆穿过主轴将刀杆拉紧，以保证刀杆与主轴锥孔紧密配合。不同直径规格的刀杆对应不同孔尺寸的铣刀。

安装时，铣刀应尽可能靠近铣床主轴或吊架，使铣刀有足够的刚性。套筒的端面与铣刀的端面必须擦干净，以减小铣刀的端面跳动。拧紧刀杆的压紧螺母前，必须先装好刀杆支架，以防刀杆受力弯曲。斜齿圆柱铣刀所产生的轴向切削力应指向主轴轴承。

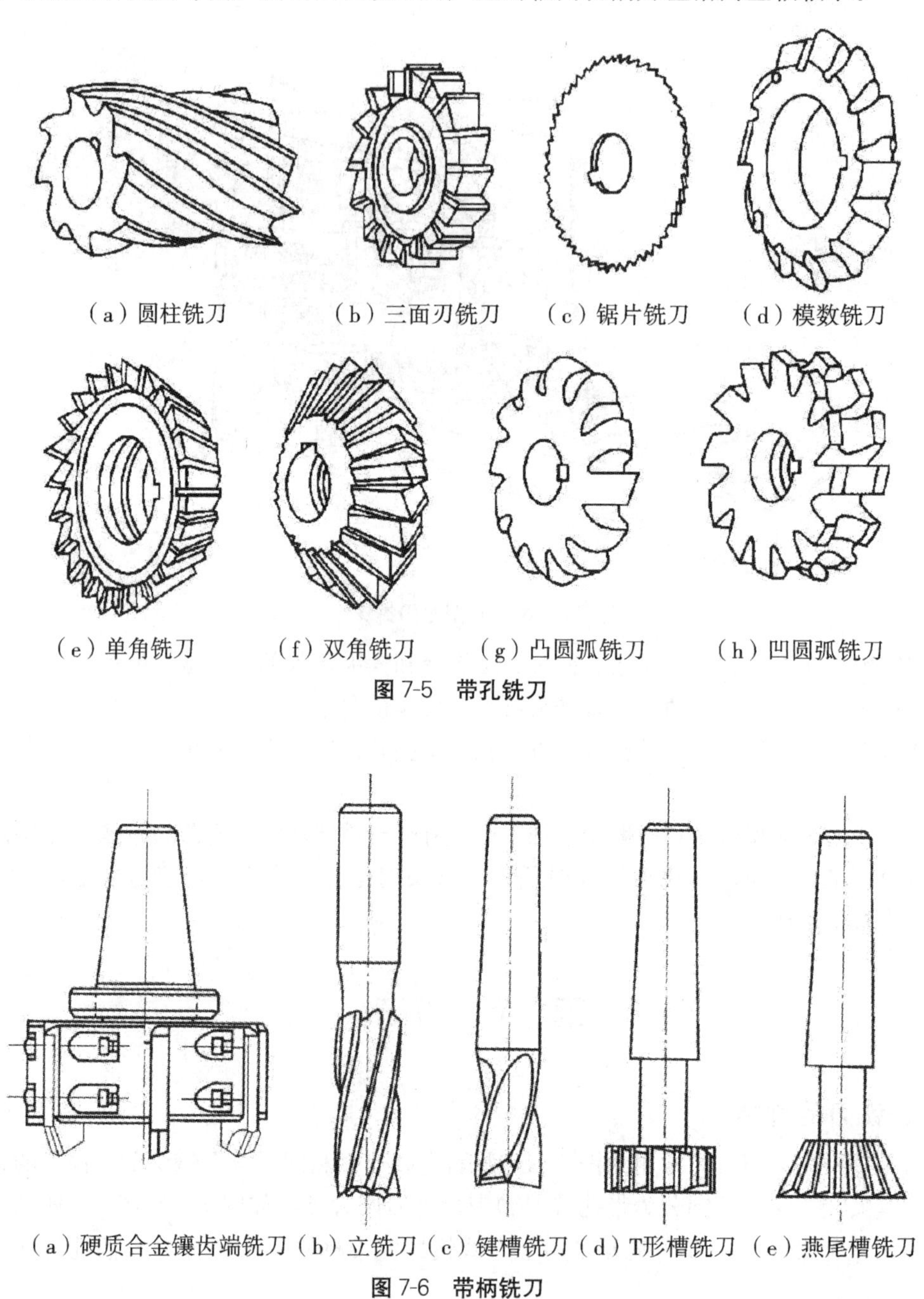

（a）圆柱铣刀 （b）三面刃铣刀 （c）锯片铣刀 （d）模数铣刀

（e）单角铣刀 （f）双角铣刀 （g）凸圆弧铣刀 （h）凹圆弧铣刀

图 7-5 带孔铣刀

（a）硬质合金镶齿端铣刀（b）立铣刀（c）键槽铣刀（d）T形槽铣刀（e）燕尾槽铣刀

图 7-6 带柄铣刀

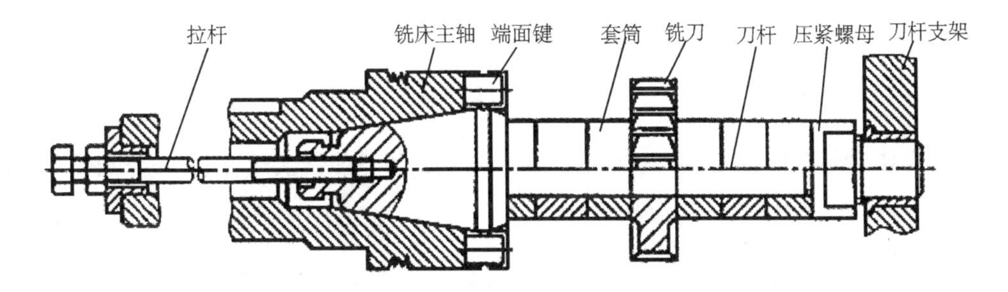

图 7-7　带孔圆柱铣刀的安装

带孔端面铣刀多使用短刀杆安装，如图 7-8 所示。通过螺钉将铣刀装夹于刀杆上（由键传递扭矩），再将刀杆装入铣床主轴，并用拉杆拉紧。

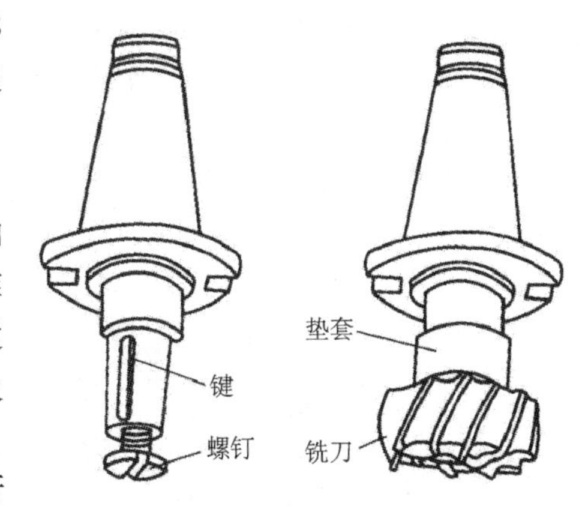

图 7-8　带孔端面铣刀的安装

2. 带柄铣刀的安装

锥柄铣刀的安装可将铣刀直接装入铣床主轴并用拉杆拉紧。如果铣刀锥柄尺寸与主轴孔内锥面尺寸不同，则应根据铣刀锥柄的大小选择合适的变锥套，将各配合表面擦净，用拉杆将铣刀及变锥套一起拉紧在主轴锥孔内，如图 7-9a 所示。

直柄铣刀多用弹簧夹头安装，如图 7-9b 所示。铣刀的直柄插入弹簧套的孔内，用螺母压弹簧套的锥面，使其受压而孔径缩小，从而将铣刀夹紧。弹簧套上有三个开口，受压时能收缩。弹簧套有多种孔径，以适应不同尺寸直柄铣刀的安装。

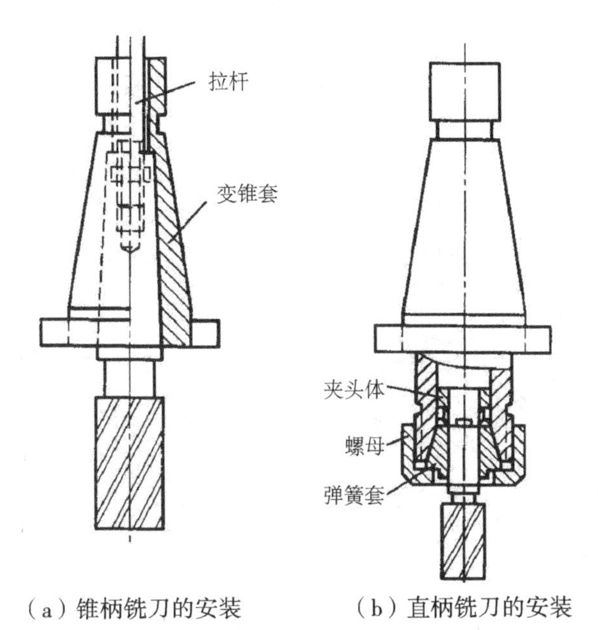

（a）锥柄铣刀的安装　　（b）直柄铣刀的安装

图 7-9　带柄铣刀的安装

第三节　铣床的主要附件

铣床的主要附件有机用虎钳、回转工作台、分度头和万能铣头等，其中前三种附件用于工件装夹，万能铣头用于刀具装夹。

1. 机用虎钳

机用虎钳（简称虎钳）是一种通用夹具，带转台的机用虎钳的外形如图 7-10 所示。机用虎钳主要由底座、钳身、固定钳口、活动钳口、钳口铁和螺杆等部分组成。底座下镶有定位键，安装时，将定位键放入工作台的 T 形槽内，即可在铣床上获得正确的位置。松开钳身上的压紧螺母，扳转钳身可使其沿底座转过一定角度。工作时，应先校正虎钳在工作台上的位置，保证固定钳口与工作台台面的垂直度和平行度。

机用虎钳适用于装夹尺寸较小、形状简单的支架、盘套类、板块和轴类工件，如图 7-11 所示。

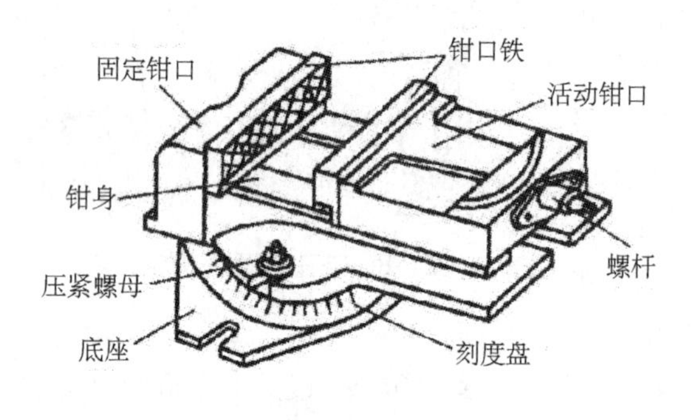

图 7-10　机用虎钳的外形图

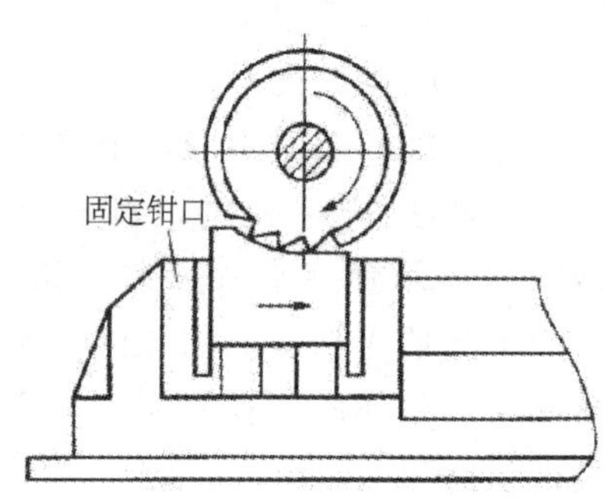

图 7-11　机用虎钳装夹工件

2. 回转工作台

回转工作台的外形如图 7-12 所示。回转工作台内部有蜗杆蜗轮机构，手轮与蜗杆同轴连接，回转台与蜗轮连接。转动手轮，通过蜗杆蜗轮传动，带动回转台转动。回转台周围标有刻度，用于观察和确定回转台位置。当回转工作台底座上的槽和铣床工作台的 T 形槽对正后即可用螺栓将回转工作台固定于铣床工作台上。回转工作台有手动和机动两种方式。回转工作台一般适于工件的分度工作和非整圆弧面的加工，如图 7-13 所示。

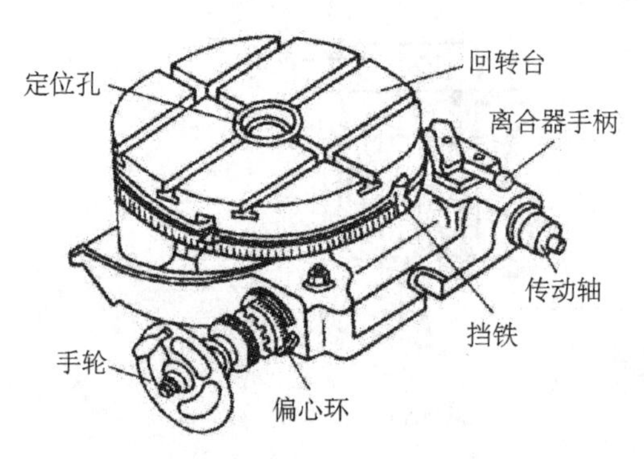

图 7-12　回转工作台的外形

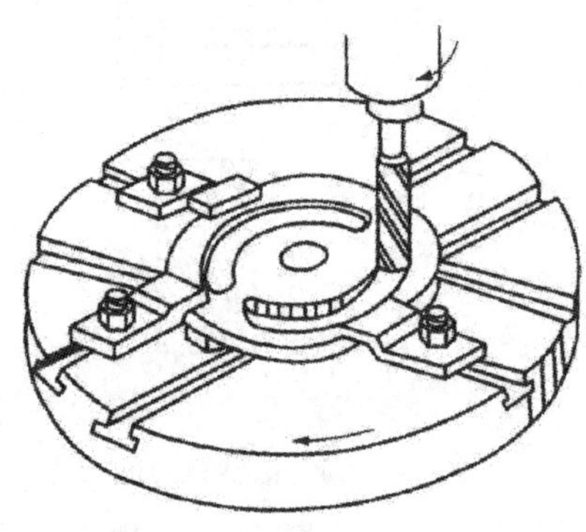

图 7-13　回转工作台装夹工件

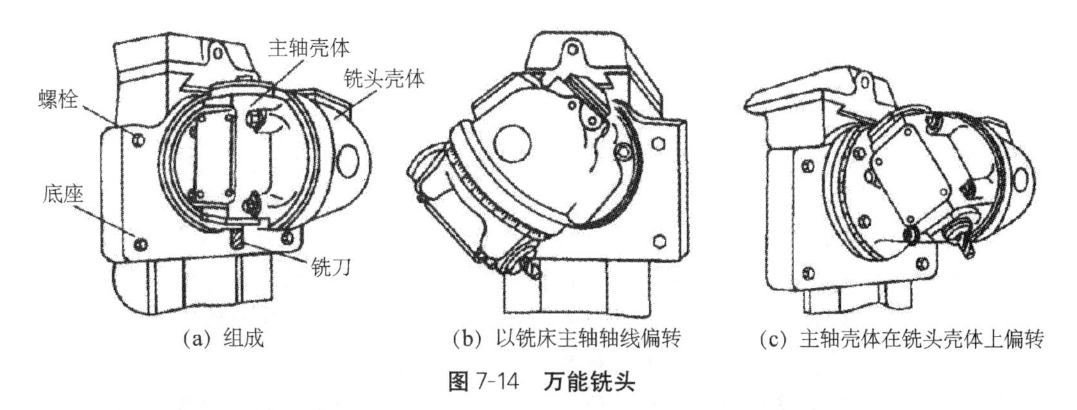

(a) 组成　　(b) 以铣床主轴轴线偏转　　(c) 主轴壳体在铣头壳体上偏转

图 7-14　万能铣头

3. 万能铣头

在卧式铣床上装上万能铣头，不仅能完成各种立铣的工作，而且还可以根据铣削的需要，将铣头主轴偏转成任意角度。万能铣头的底座用四个螺栓固定于铣床的垂直导轨上，铣床主轴的运动通过铣头内的两对锥齿轮传至铣头主轴上，如图 7-14 所示。铣头壳体可绕铣床主轴轴线偏转任意角度，而铣头的主轴壳体还可在铣头壳体上偏转任意角度。

4. 万能分度头

在铣削加工中，常会遇到铣齿轮、四方、六方、花键和刻线等工件，这时，工件每铣过一个平面或槽之后，需要沿轴线转过一定的角度再次铣削，这种工作称为分度。分度头是分度用的附件，其中万能分度头最为常见。根据加工的需要，万能分度头可以在水平、垂直和倾斜位置工作。

（1）万能分度头的结构

万能分度头的外形如图 7-15 所示，万能分度头主要由底座、回转体、主轴和分度盘等部分组成。主轴安装于回转体内，回转体用两侧的轴颈支承于底座上，并可绕其轴线转动，使主轴（工件）轴线相对于铣床工作台调整至所需角度。主轴前端装有三爪自定心卡盘或顶尖。

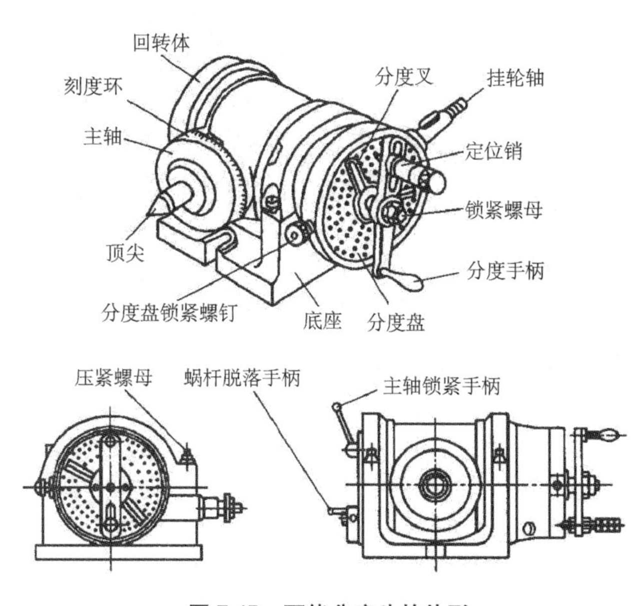

图 7-15　万能分度头的外形

不同型号的分度头均配有一块或二块分度盘，例如带二块分度盘的万能分度头的孔圈的孔数为：

第一块正面：24、25、28、30、34、37；反面：38、39、41、42、43。

第二块正面：46、47、49、52、53、54；反面：57、58、59、62、66。

(2) 分度方法

万能分度头的传动系统如图 7-16a 所示。分度时，从分度盘定位孔内拔出定位销，转动分度手柄，通过传动比为 1∶1 的直齿轮及 1∶40 的蜗杆蜗轮传动，使主轴带动工件转动。此外，在分度头内还有一对传动比为 1∶1 的螺旋齿轮，铣床工作台纵向丝杠的运动可以经交换齿轮带动挂轮轴转动，从而经螺旋齿轮传动后带动工件转动。

利用分度头可进行直接分度、简单分度、角度分度、差动分度和直线移距分度等，下面介绍简单分度法。

由万能分度头的传动系统可知，分度手柄每转过 1 周，则主轴（工件安装在主轴上）转过 1/40 周。如果要将工件的圆周分为 Z 等份，则每次分度工作工件应转过 $1/Z$ 周。设每次分度时手柄的转数为 n，则手柄转数 n 与工件等份数 Z 之间的关系为：

$1:40=1/Z:n$

则 $n=40/Z$

公式 $n=40/Z$ 所表示的方法即简单分度法。例如，铣削齿数 $Z=36$ 的直齿圆柱齿轮，$n=40/36$，即每铣完一个齿，分度手辆需要转过 $40/36=1+1/9=1+6/54$（周）进行分度，即每一次分度时，分度手柄应转（$1+1/9$）周。而 1/9 周是通过分度盘来控制的，此时，分度手柄转过 1 周后，再沿第一块分度盘反面孔数为 54 的孔圈附加转过 6 个孔距。

为了确保手柄转过的孔距数可靠，可调整分度盘上两分度叉之间的夹角，使之正好等于 6 个孔距，这样可以准确无误地依次分度。

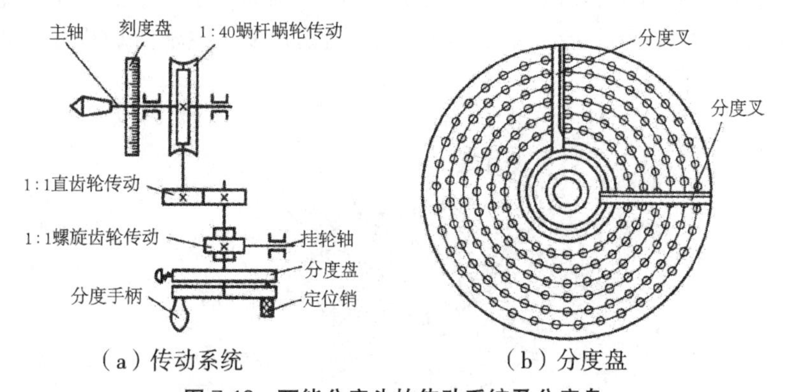

(a) 传动系统　　(b) 分度盘

图 7-16　万能分度头的传动系统及分度盘

用分度头装夹工件，如图 7-17 所示。

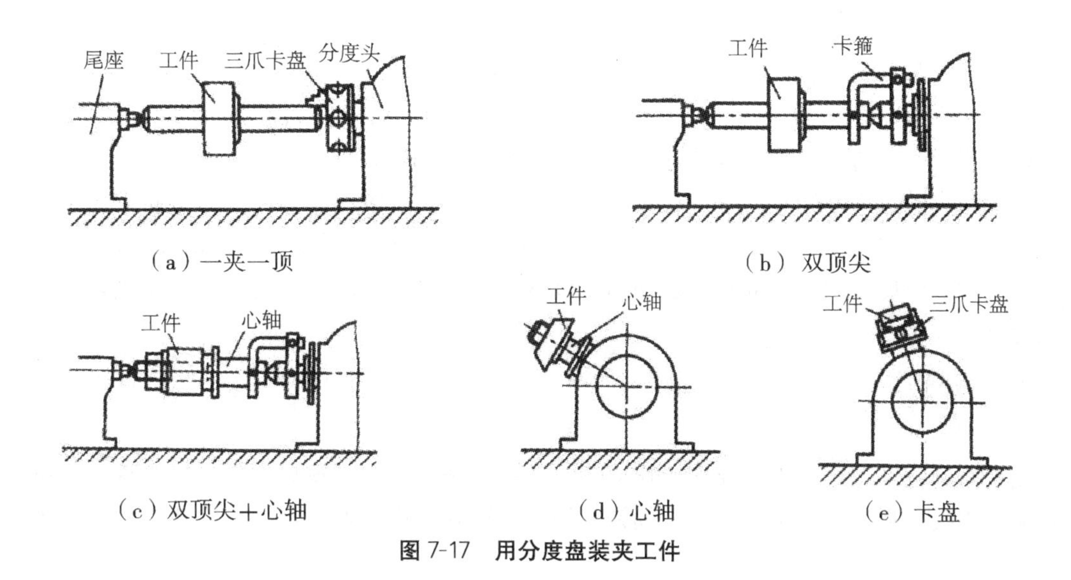

图 7-17 用分度盘装夹工件

第四节　典型铣削基本工艺

铣刀与工件之间的相对运动是铣削的切削运动，其中铣刀的旋转是主运动，工件的移动或转动是进给运动，如图 7-18 示。

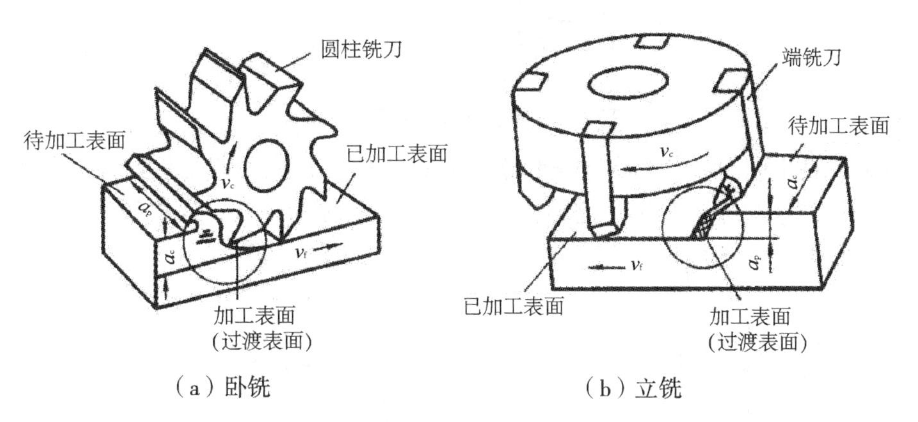

图 7-18 铣削运动

铣削用量包括铣削速度、进给量、背吃刀量以及侧吃刀量。

1. 铣削速度

铣削速度一般是指铣刀最大直径处的线速度 v_c（m/ s)，它与铣刀转速 n（r/min)、铣刀直径 D（mm）的关系为：$v_c=\frac{\pi Dn}{1\,000x60}$（m/ s)

2. 进给量 v_f（进给速度）

进给量是单位时间内铣刀与工件之间沿进给运动方向的相对移动量，它是工件沿进给方向每分钟移动的距离（mm/min)。

铣刀是多齿旋转刀具，在切入工件时有两个方向的吃刀深度，即背吃刀量 a_p 和侧吃刀量 a_c，如图 7-19 所示。

3. 背吃刀量 a_p

背吃刀量是平行于铣刀轴线方向上切削层的尺寸（mm）。

4. 侧吃刀量 a_c

侧吃刀量是垂直于铣刀轴线方向上切削层的尺寸（mm）。

铣削用量的选用原则是：在保证铣削加工质量和工艺系统刚性条件下，先选较大的吃刀量（a_c 或 a_p）再选取较大的 v_f，根据铣床功率，并在刀具耐用度允许的情况下选取 v_c。当工件的加工精度要求较高或要求表面粗糙度 R_a值小于 6.3 μm 时，应分粗、精铣两道工序进行铣削加工。

一、铣平面

1. 周铣

铣平面是铣削加工中最主要的工作之一，在卧式铣床或立式铣床上都能铣平面。在卧式铣床上用圆柱形铣刀铣平面，又称周铣。周铣由于其操作简便，经常在生产中采用，如图 7-19 所示。

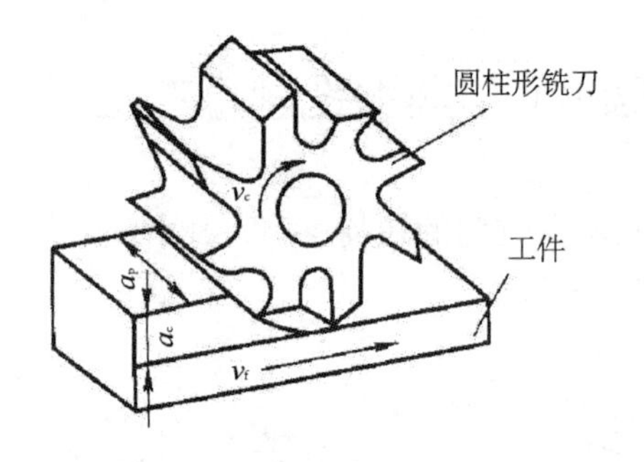

图 7-19　圆柱形铣刀铣平面

用圆柱铣刀铣平面（周铣）有顺铣和逆铣两种方式。在铣刀与工件已加工面的切点处，铣刀切削刃的运动方向与工件进给方向相同的铣削称为顺铣，反之称为逆铣，如图 7-20 所示。

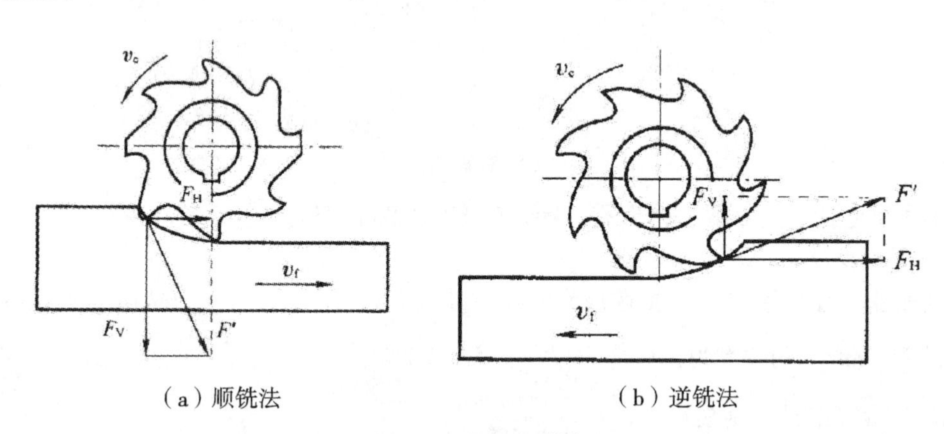

（a）顺铣法　　（b）逆铣法

图 7-20　顺铣与逆铣

顺铣时，刀齿切入的切削厚度由大变小，易切入工件，刀具磨损小；工件受铣刀向下压分力 F_V，减小了工件的振动，切削平稳，加工表面质量好，刀具耐用度高，有利于高速切削。但这时的水平分力 F_H的方向与进给方向相同，当工作台丝杠与螺母间有间隙时，会引起机床的振动甚至抖动，使切削不平稳，甚至打刀，限制了顺铣法在生产中的应用。

逆铣时，刀齿切入的切削厚度是由零逐渐变到最大，由于刀齿切削刃有一定的钝圆，所以刀齿要滑行一段距离才能切入工件，刀刃与工件摩擦严重，工件已加工表面粗糙度增大，且刀具易磨损。但其切削力始终使工作台丝杠与螺母保持紧密接触，工作台不会窜动，也不会打刀，因此在一般生产中多用逆铣法进行铣削。

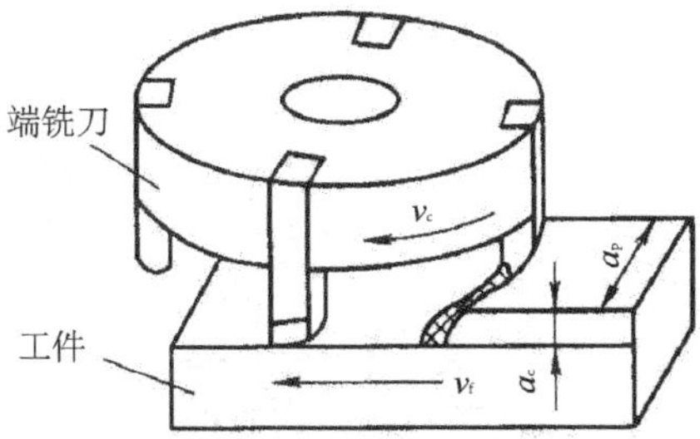

图 7-21　端铣刀铣平面

2. 端铣

端铣法是用铣刀端面上的切削刃来进行铣削加工的方法。在立式铣床上用端铣刀和立铣刀铣平面，如图 7-21 所示。用端铣刀加工平面时，因同时参加切削的刀齿较多，切削比较平稳，并且端面刀齿副切削刃有修光作用，所以切削效率高，刀具耐用，加工质量好。用端铣刀铣平面是平面加工的最主要方法。而用圆柱铣刀加工平面，则因其在卧式铣床上使用方便，单件小批量的小平面加工仍广泛使用。

端铣法分为对称铣、不对称逆铣和不对称顺铣三种方式，如图 7-22 所示。

(1) 对称铣削。铣削过程中，面铣刀轴线始终位于铣削弧长的对称中心位置，如图 7-22a 所示。采用该方式时，由于铣刀直径大于铣削宽度，故刀齿切入和切离工件时切削厚度均大于零，这样可以避免下一个刀齿在前一个刀齿切过的冷硬层上工作。一般端铣多用此种铣削方式，尤其适用于铣削淬硬钢。

(2) 不对称逆铣。面铣刀轴线偏置于铣削弧长对称中心的一侧，且逆铣部分大于顺铣部分，如图 7-22b 所示。该种铣削方式的特点是：刀齿以较小的切削厚度切入，又以较大的切削厚度切出。这样，切入冲击较小，适用于端铣普通碳钢和高强度低合金钢。这时刀具耐用度较前者可提高一倍以上。此外，由于刀齿接触角较大，同时参加切削的齿数较多，切削力变化小，切削过程较平稳，加工表面粗糙度值较小。

(3) 不对称顺铣。面铣刀轴线偏置于铣削孤长对称中心的一侧，且顺铣部分大于逆铣部分，如图 7-22c 所示。该种铣削方式的特点是：刀齿以较大的切削厚度切入，而以较小的切削厚度切出。它适合于加工不锈钢等中等强度和高塑性的材料。这样可减小逆铣时刀齿的滑行、挤压现象和加工表面的冷硬程度，有利于提高刀具的耐用度。在其他条件一定时，只要偏置距离选取合适，刀具耐用度可比原来提高两倍。

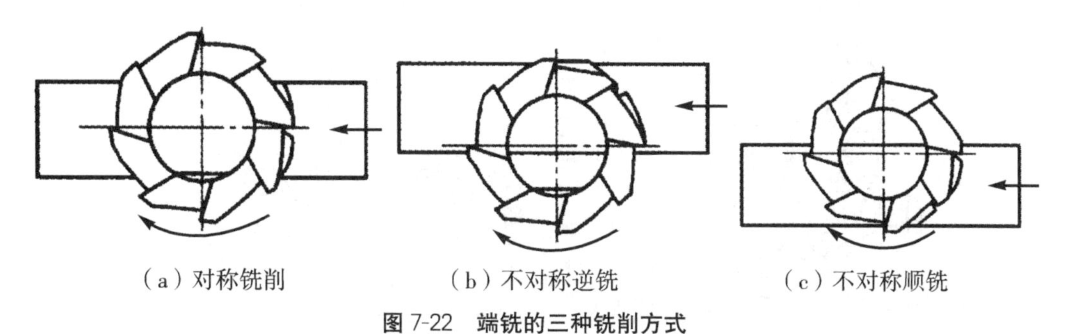

(a) 对称铣削　　(b) 不对称逆铣　　(c) 不对称顺铣

图 7-22　端铣的三种铣削方式

二、铣斜面

铣斜面可采用倾斜刀轴法、倾斜工件法、用角度铣刀等方法进行加工，如图 7-23 所示。

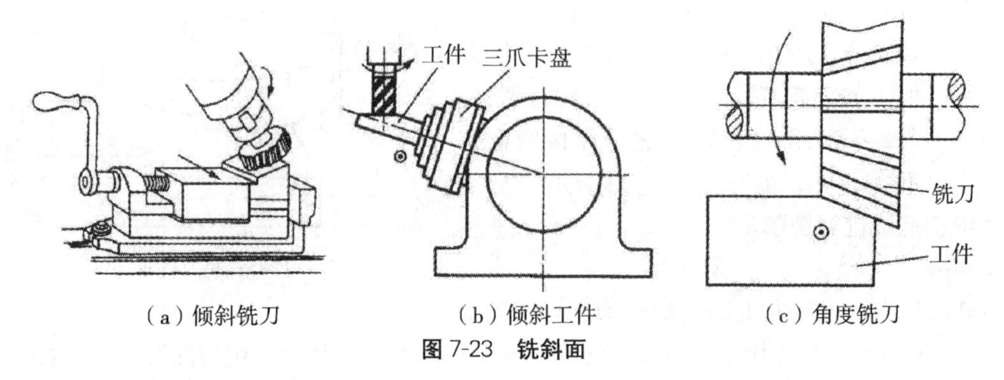

（a）倾斜铣刀　　（b）倾斜工件　　（c）角度铣刀

图 7-23　铣斜面

三、铣台阶面

在铣床上铣台阶面时，可用三面刃盘铣刀或立铣刀分别铣削台阶面，如图 7-24a、b 所示。在成批生产中，也可采用组合铣刀同时铣削几个台阶面，如图 7-24c 所示。

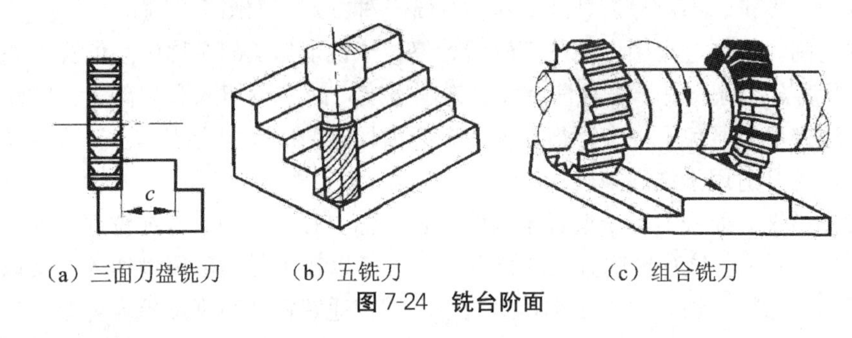

（a）三面刀盘铣刀　　（b）五铣刀　　（c）组合铣刀

图 7-24　铣台阶面

四、铣沟槽

在铣床上能加工各种沟槽，如键槽、直槽、角度槽、T 形槽、半圆槽、螺旋槽等。

1. 铣键槽

常见的键槽有封闭键槽、开口键槽和花键槽三种。封闭键槽一般用键槽铣刀在立式升降台铣床上加工，如图 7-25 所示。

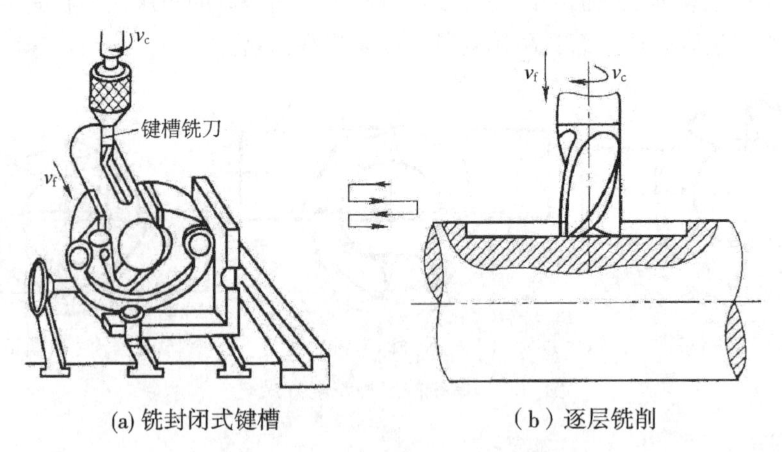

(a) 铣封闭式键槽　　（b）逐层铣削

图 7-25　在立式铣床上铣封闭键槽

铣削时，键槽铣刀一次轴向进给不能过大，切削时，应逐层切下。开口键槽一般用三面刃铣刀在卧式升降台铣床上加工，如图 7-26 所示。花键槽（外花键）一般用成形铣刀在卧式升降台铣床上加工。当大批量生产时，一般用花键滚刀在专用的花键铣床上加工。

2. 铣 T 形槽和燕尾槽

加工 T 形槽或燕尾槽必须先用立铣刀或三面刃铣刀铣出直角槽，然后在立式铣床上用 T 型槽铣刀或燕尾槽铣刀加工成形，如图 7-27 所示。

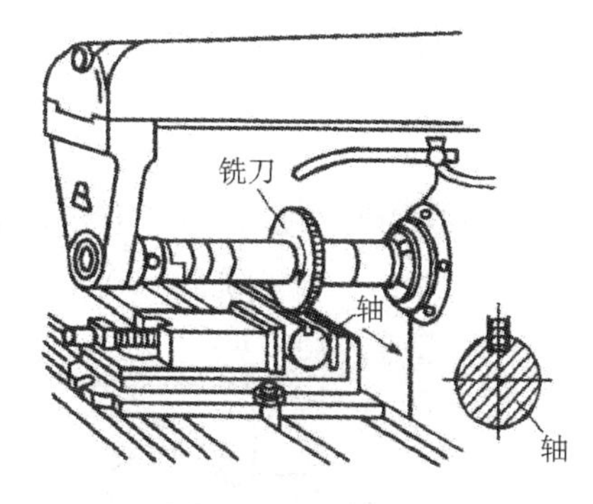

图 7-26　铣开口键槽

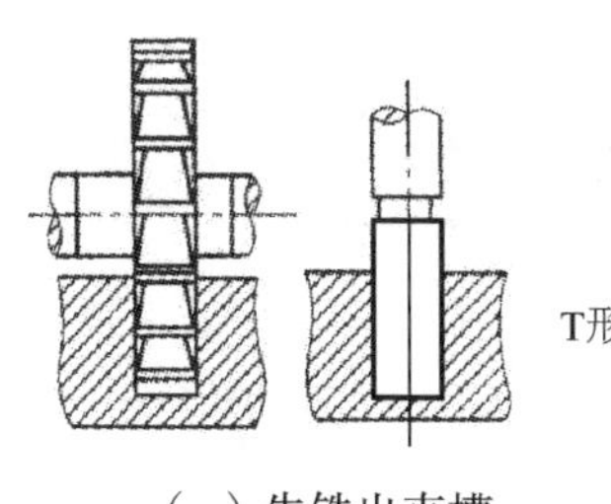

（a）先铣出直槽

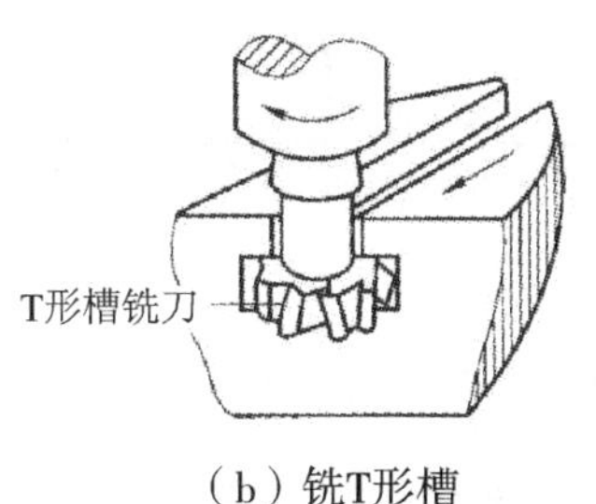

（b）铣T形槽

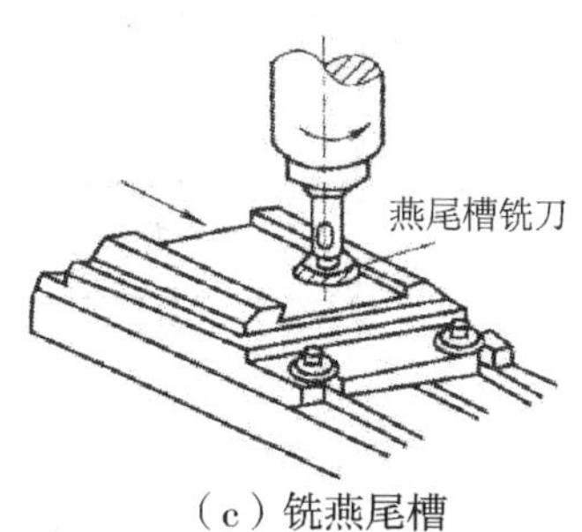

（c）铣燕尾槽

图 7-27　铣 T 形槽和燕尾槽

五、铣齿轮

铣齿轮是用与被切齿轮的齿槽截面形状相符合的成形铣刀切出齿轮齿形的一种加工方法（成形法）。所用铣刀为模数铣刀，用于卧式铣床的是盘状（模数）铣刀，用于立式铣床的是指状（模数）铣刀，如图 7-28 所示。当一个齿形（齿槽）铣好后，利用分度头进行一次分度，再铣下一个齿形，直至铣完所有齿形。铣齿深（即齿高）为工作台的升高量 H，$H=2.25m$，m 为模数（mm）。齿深不大时，可依次先粗铣完，约留 0.2 mm 作为精铣余量；齿深较大时，应分几次铣出整个齿槽。

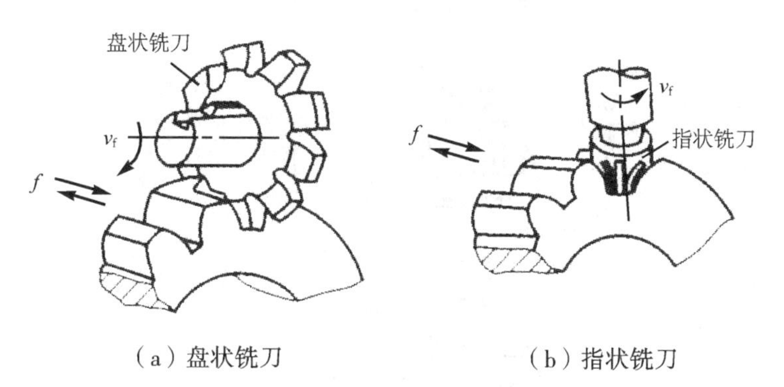

（a）盘状铣刀　　（b）指状铣刀

图 7-28　成形法铣削齿轮

选择盘状铣刀时，除模数与被切齿形模数相同外，还应根据被切齿形的齿数选用相应刀号的铣刀。成形法铣齿一般多用于单件生产和修配工作中某些转速低、精度要求不高的齿轮。

第五节　铣削实训实例

V 形块的尺寸如图 7-29 所示，毛坯选用 110 mm×90 mm×70 mm 长方形铸铁件，材料为 HT200。V 形块铣削加工工艺如表 7-1 所示。

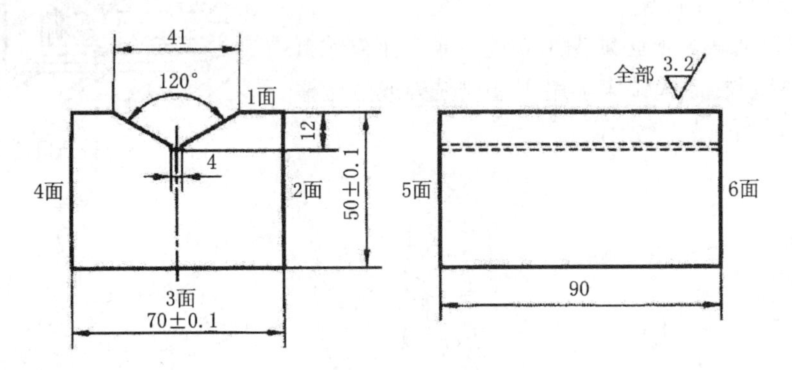

图 7-29　V 形块零件图

表 7-1　V 形块的铣削加工工艺

序号	加工内容	加工简图	刀具	机床	装夹方法
1	将 3 面紧靠在机用平口钳导轨面上的平行垫铁上，即以 3 面为基准，工件在两钳口间被夹紧，铣平面 1，使 1、3 面间尺寸至 52 mm				
2	以 1 面为基准，紧贴固定钳口，在工件与活动钳口间垫圆棒，夹紧后铣平面 2 使 2、4 面间尺寸至 72 mm				
3	以 1 面为基准，紧贴固定钳口，翻转 180°，使平面 2 朝下，紧贴平行垫铁，铣平面 4，使 2、4 面间尺寸至（7±0.1）mm		100 mm 硬质合金镶齿端铣刀	X5032 型立式铣床	机用平口钳
4	以 1 面为基准，铣平面 3 使 1、3 面间尺寸至（50±0.1）mm				
5	铣 5、6 两面，使 5、6 面间尺寸至 90 mm				

序号	加工内容	加工简图	刀具	机床	装夹方法
6	按划线找正，铣直槽，槽宽 4 mm，深为 12 mm		切槽刀	X6032 型卧式铣床	机用平口钳
7	铣 V 形槽至尺寸 41 mm		角度铣刀		机用平口钳
8	按图纸要求检验				

1. 简述铣削加工的特点。
2. 铣床的主运动是什么？进给运动是什么？
3. 解释 X5032 型立式升降台铣床和 X6132 型卧式万能升降台铣床编号的含义。
4. 立式铣床和卧式铣床的主要区别有哪些？
5. 简述两种常用铣床附件。
6. 简述分度头的工作原理和使用方法。
7. 常见带孔的铣刀有哪些？并简述其装夹方法。
8. 简述顺铣和逆铣的加工特点。
9. 简述端铣法对称铣削、不对称逆铣和不对称顺铣三种方式各自的加工特点。
10. 简述铣削三要素。

第八章　刨削和磨削

第一节　刨削

刨削是指在刨床上用刨刀加工零件的切削过程。除牛头刨床刨削外，在龙门刨床、插床和拉床等机床上的加工也属于刨削加工。刨削主要用于加工平面（如水平面、直面、斜面）、沟槽（如直槽、V形槽、T形槽、燕尾槽）及一些成形面等，如图8-1所示。

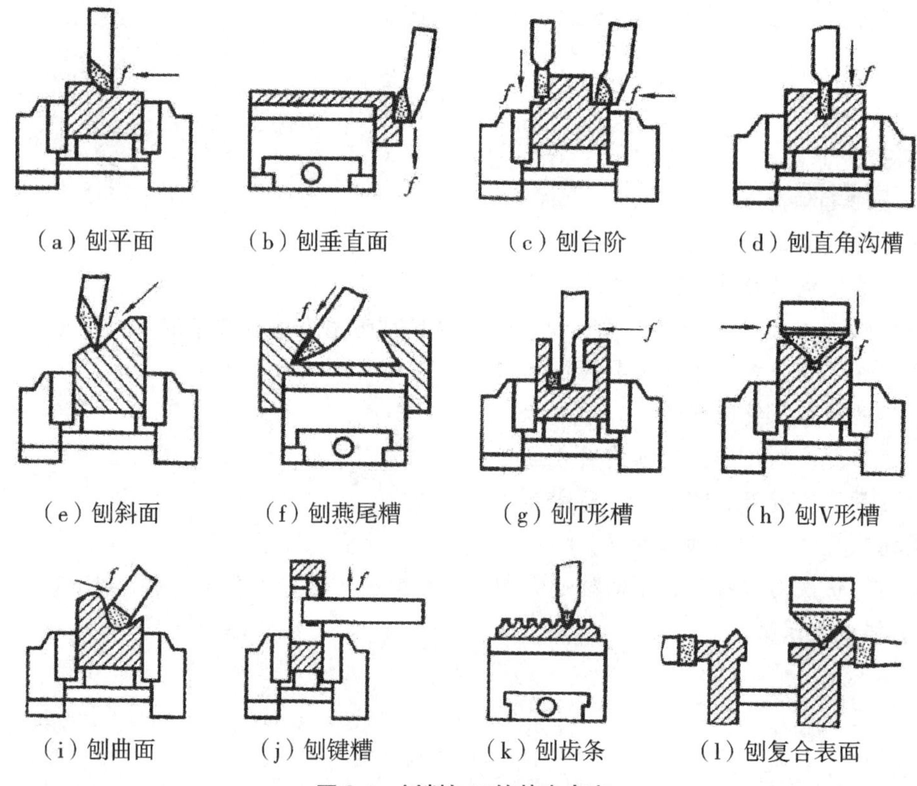

图8-1　刨削加工的基本内容

刨刀是单刃刀具，刨削加工的主运动是刀具往复的直线运动，工件的移动是进给运动。在刨削加工过程中，只有向前运动才进行切削（工作行程），返回运动不切削（空行程）。双复运动需要克服惯性力，切削过程中有冲击现象，这些限制了切削速度的提高，加工效率较低，加工精度也不高。但因刨床的结构简单，刨刀的制造和刃磨容易，生产准备时间短，价格低廉，适应性强，使用方便，因此刨削仍然在机械加工中得到广泛使用，特别是在窄长的零件加工中较为常用。

刨削加工的尺寸精度一般为IT9～IT8，表面精糙度 R_a 值一般为6.3～3.2 μm，适合于单件、小批量生产。刨削时，因切削速度低，一般不需要加切削液。

一、牛头刨床

牛头刨床是应用最广的刨削加工设备，适用于刨削长度不超过 1 000 mm 的中、小型工件。下面以 B6065 型牛头刨床为例进行介绍。B6065 型牛头刨床的外形如图 8-2 所示。在型号 B6065 中，B 表示刨床类，60 表示牛头刨床组、系代号，65 为主参数代号，表示最大刨削长度为 650 mm。牛头刨床主要由床身、滑枕、刀架、横梁和工作台等部分组成。

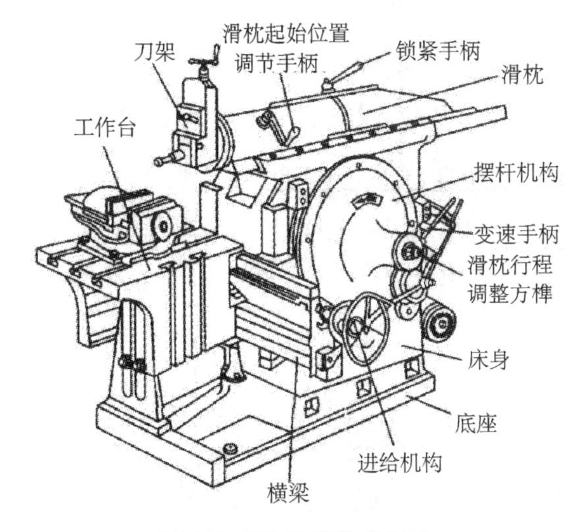

图 8-2　B6065 型牛头刨床

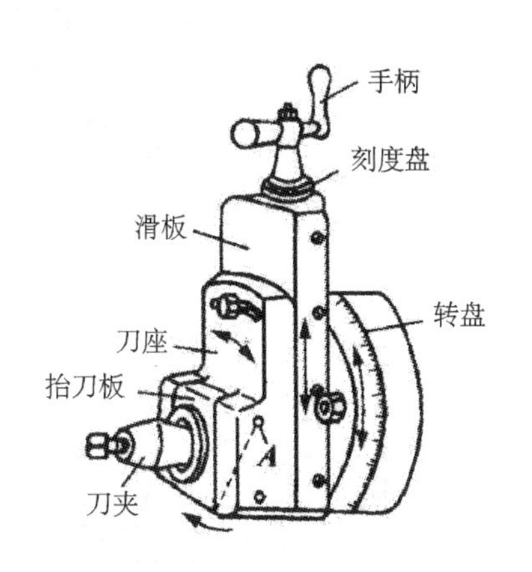

图 8-3　刀架结构

（1）床身。用于支承和连接各主要部件，其顶面的水平导轨供滑枕带动刀架作往复直线运动，侧面垂直导轨供横梁带动工作台升降，传动机构装于床身内部。

（2）滑枕。用于带动刀架沿床身水平导轨作往复直线运动。

（3）刀架。用于夹持刨刀，其结构如图 8-3 所示，转动刀架手柄，滑板便可带着刨刀沿转盘上的导轨上下移动。松开转盘上的螺母，将转盘转过一定的角度，可使刀架作斜向进给。抬刀板可绕刀座上的轴 A 自由上抬，以使刨刀在返回时随抬刀板抬起，减少刨刀与工件之间的摩擦。

（4）横梁与工作台。横梁安装在床身前部垂直导轨上，能上下移动。工作台用于安装工件，可随横梁作上下调整，也可沿横梁导轨作水平移动或间歇进给。

二、刨刀及其装夹

1. 刨刀的几何参数及其特点

刨刀的几何参数与车刀相似，但由于刨削加工的不连续性，刨刀切入工件时会受到较大的冲击力，所以一般刨刀刀体的横截面均较车刀大 1.25～1.50 倍。刨刀的前角比车刀前角稍小，以增加刀具的强度。刨刀往往做成弯头，这是刨刀的一个显著特点。弯头刨刀在受到较大的切削力时，刀杆所产生的弯曲变形，是绕 O 点向后上方弹起的，因此刀尖不会啃入工件，如图 8-4a 所示，而直头刨刀变形后易啃入工件，将会损坏刀刃及加工表面，如图 8-4b 所示。

2. 刨刀的种类及其应用

刨刀的种类很多，按加工形式和用途不同，有各种不同的刨刀，常用的有：平面刨刀、偏刀、角度偏刀、切刀及成形刀等。平面刨刀用来加工水平表面；偏刀用来加工垂直表面或斜面；角度偏刀用来加工相互呈一定角度的表面；切刀用来加工槽或切断工件；成形刀用来加工成形表面。常见刨刀的形状及应用如图 8-5 所示。

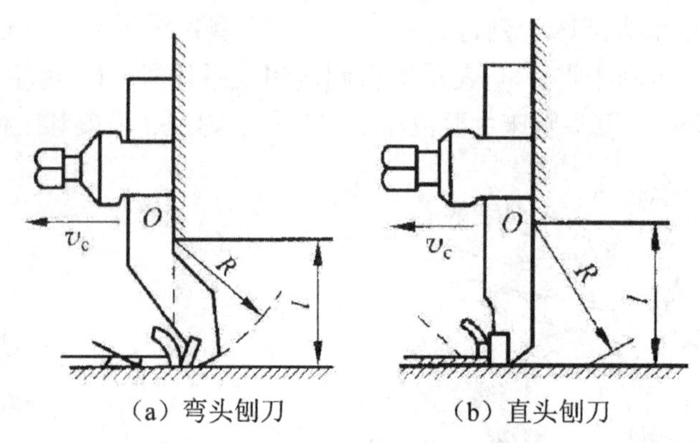

（a）弯头刨刀　　（b）直头刨刀

图 8-4　弯头刨刀和直头刨刀的比较

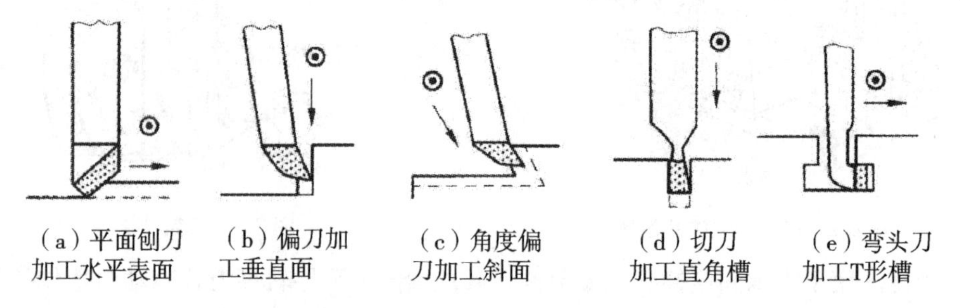

（a）平面刨刀加工水平表面　（b）偏刀加工垂直面　（c）角度偏刀加工斜面　（d）切刀加工直角槽　（e）弯头刀加工T形槽

图 8-5　常见刨刀的形状及应用

3. 刨刀的选择

选择刨刀一般应按加工要求、工件材料和形状等来确定。例如要加工铸铁件时通常采用钨钴类硬质合金的弯头刨刀，粗刨平面时一般采用尖头刨刀，如图 8-6a 所示。尖头刨刀的刀尖部分应先磨出 r =1～3 mm 的圆弧，然后用油石研磨，这样可以延长刨刀的使用寿命。当加工表面粗糙度 R_a 值小于 3.2 μm 以下的平面时，粗刨后还应精刨，精刨时常采用圆头刨刀或宽头平刨刀，如图 8-6b、c 所示。精刨时的进给量不能太大，一般为 0.1～0.2 mm 。

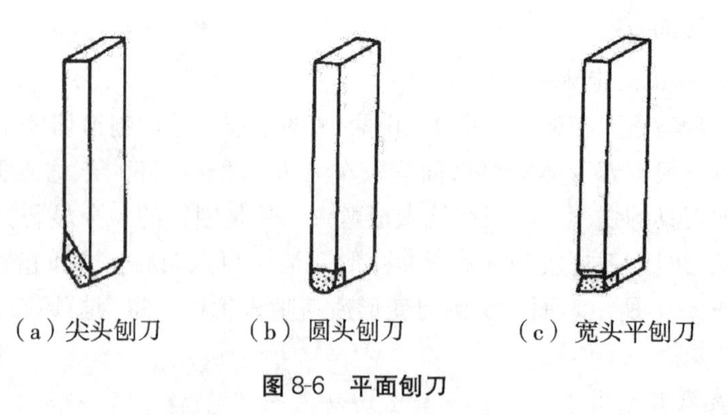

（a）尖头刨刀　　（b）圆头刨刀　　（c）宽头平刨刀

图 8-6　平面刨刀

4. 刨刀的安装

刨刀一般安装在刀夹内，如图 8-7 所示。安装时应注意以下事项：

（1）刨平面时，刀架和刀座都应处在中间垂直位置。

（2）刨刀在刀架上不能伸出太长，以免它在加工中发生振动和折断。直头刨刀的伸出长度一般不宜超过刀杆厚度的 1.5～2.0 倍；弯头刨刀可以伸出稍长一些，一般稍大于弯曲部分的长度，如图 8-8 所示。

（3）在装刀或卸刀时，一只手扶住刨刀，另外一只手由上而下或倾斜向下地用力扳转螺钉，将刀具压紧或松开。用力方向不得由下而上，以免抬刀板翘起而碰伤或夹伤手指。

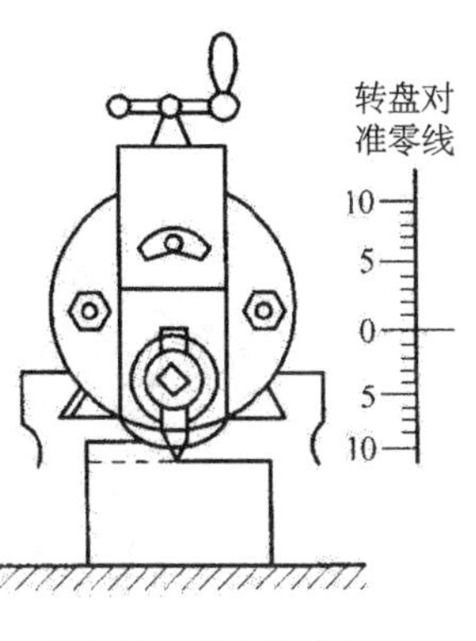

图 8-7　刨刀的装夹

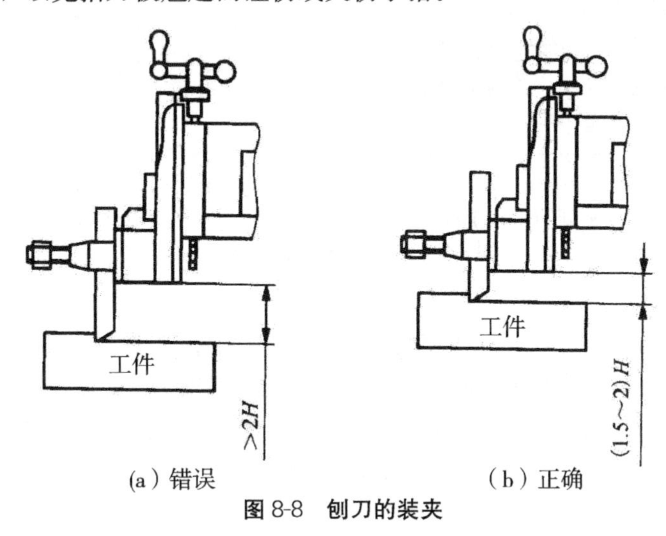

(a) 错误　　(b) 正确

图 8-8　刨刀的装夹

三、工件的装夹

在牛头刨床上工件装夹的方法主要有机用虎钳装夹、工作台装夹和专用夹具装夹等，应根据工件的形状、尺寸和生产批量等选择。

1. 机用虎钳装夹

机床用平口虎钳（简称机用虎钳）是一种通用夹具，适于装夹形状简单、尺寸较小的工件。使用前先把虎钳钳口找正并固定在刨床工作台上，然后再装夹工件，如图 8-9 所示。装夹时，应注意：

（1）工件的被加工面应高于虎钳钳口，否则应采用垫铁垫高。

（2）为保护钳口和已加工表面，应在钳口处垫上铜皮，若为毛坯件，应用厚铜垫片。

（3）用垫铁装夹工件时，应用木锤或铜锤轻击工件的上平面，使工件紧贴垫铁。用手挪动垫铁检查贴紧程度，若有松动，应松开虎钳钳口重新夹紧，如图 8-9a 所示。

（4）装夹刚性较差的工件（如框形工件）时，为了防止工件变形，应支撑或垫实工件薄弱处，如图 8-9b 所示。

（5）若工件按划线加工，可用划线盘和内卡钳校正工件，如图 8-9c 所示。

（6）如果工件各加工表面的平行度及垂直度要求较高，则应采用平行垫铁和垫上圆棒进行夹紧，以底面贴紧平行垫铁且侧面贴紧固定钳口，如图 8-9d 所示。

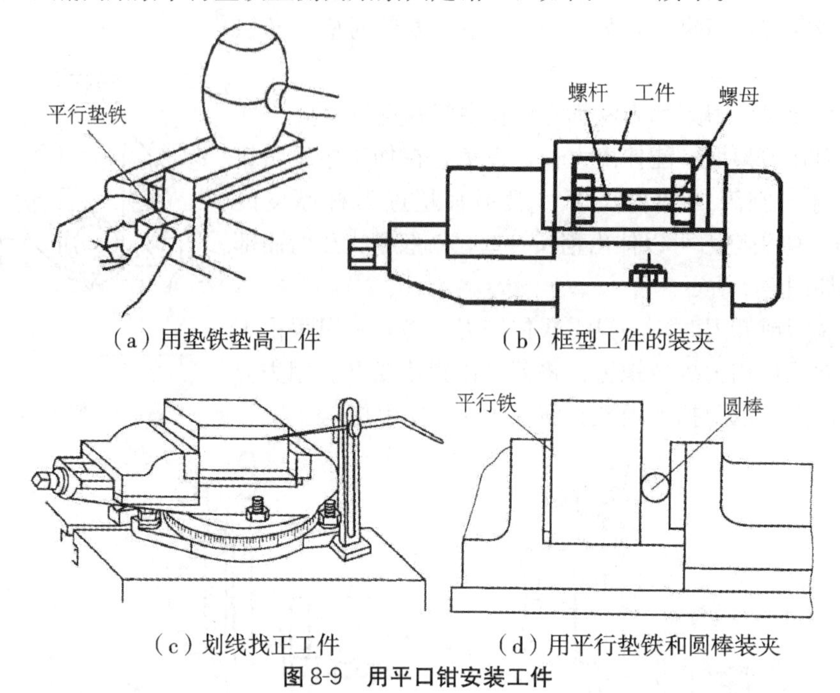

（a）用垫铁垫高工件　　（b）框型工件的装夹

（c）划线找正工件　　（d）用平行垫铁和圆棒装夹

图 8-9　用平口钳安装工件

2. 工作台装夹

当工件尺寸较大或不便于用机用虎钳装夹时，可直接利用工作台装夹，如图 8-10 所示。牛头刨床利用工作台装夹工件的方法在铣床加工时也可以使用。牛头刨床除了可以用工作台的上台面装夹工件外，还可以用工作台的侧面装夹，如图 8-10a 所示。装夹时应注意：

（1）工件底面应与工作台贴实。如果工件底面不平，使用铜皮、铁皮或楔铁将工件垫实。

（2）在工件夹紧前后，都应检查工件的安装位置是否正确，如果不正确，应松开工件重新进行装夹。

（3）工件的夹紧位置和夹紧力要适当，避免工件因夹紧而导致变形或移动。夹紧时，应分几次逐渐拧紧各螺母，以免工件变形。为了使工件在刨削时不被移动，可以在工件前端安装挡铁，如图 8-10b 所示。

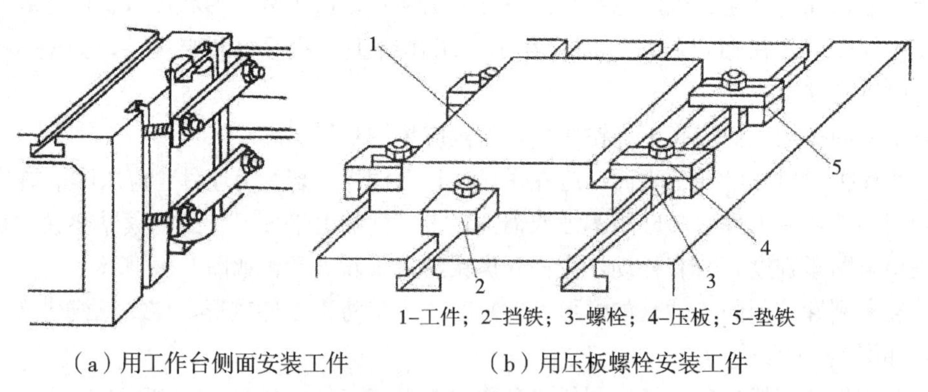

（a）用工作台侧面安装工件　　（b）用压板螺栓安装工件

图 8-10　工作台上安装工件

四、典型刨削基本工艺

（一）刨削用量

刨削用量是指刨削速度、进给量和背吃刀量（刨削深度），如图 8-11 所示。

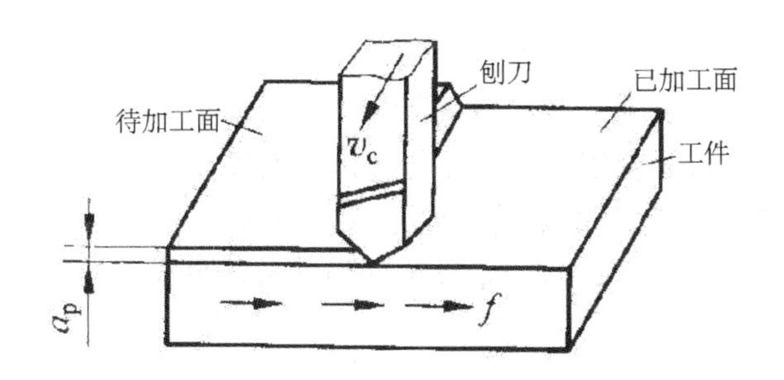

图 8-11　牛头刨床的刨削要素

1. 刨削速度 v_c

刨削速度指工件和刀具沿主运动方向的平均速度，可用下式表示：

$$v_c = \frac{2L n_r}{1\,000 \times 60}\ (\text{m/ s})$$

式中：L——往复运动的行程长度（mm）；

n_r——主运动每分钟的往复次数（次/min）。

2. 进给量 f

进给量指刨刀每往复一次后，工件沿进给运动方向所移动的距离，单位为 mm/min。

3. 背吃刀量 a_p

背吃刀量指刨刀切削工件的深度，即工件已加工表面与待加工表面之间的垂直距离，单位为 mm。

刨削加工的典型零件如图 8-12 所示。

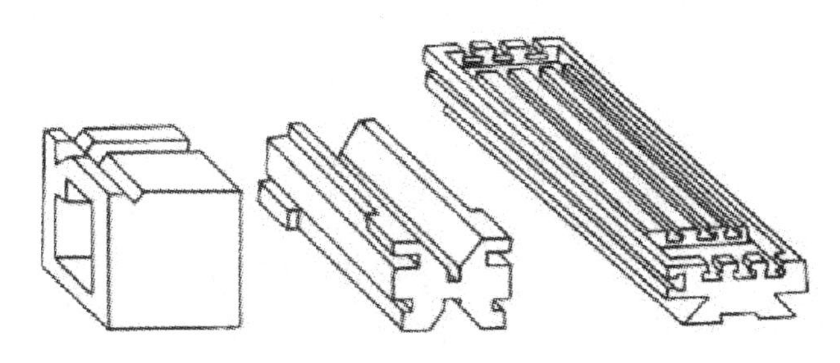

图 8-12　刨削床加工的典型零件

（二）刨水平面

刨水平面时，将刀架转盘对准零线，并使刀架和刀座均处于中间垂直位置，以便于准确控制刨削深度，如图 8-13 所示。在牛头刨床上加工时，一般切削速度 v_c 为 0.2～0.5 m/s，进给量 f 为 0.33～1.00 mm/行程，背吃刀量 a_p 为 0.5～2.0 mm。当工件表面质量要求较高时，粗刨后还要进行精刨。精刨的进给量和背吃刀量应比粗刨小，切削速度可高一

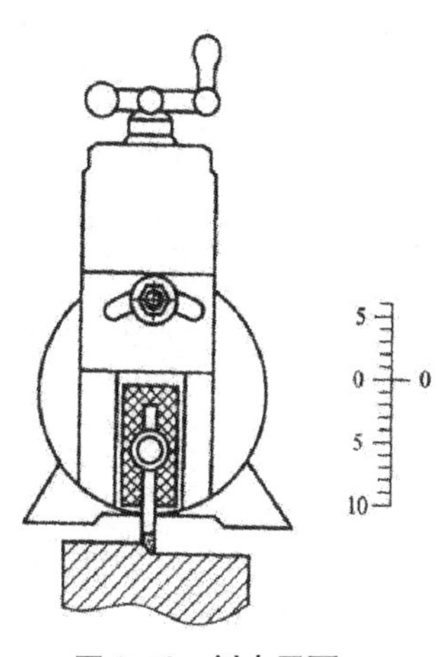

图 8-13　刨水平面

些。为了获得良好的表面质量，在刨刀返回时，可用手抬起刀座上的抬刀板，使刀尖不与工件摩擦。刨削时，一般不需要加注切削液。

（三）刨垂直面和斜面

1. 刨垂直面

刨垂直面是用刨刀垂直进给来加工平面的方法，用于加工狭长工件的两端面或其他不能在水平位置加工的平面。加工前，先检查刀架转盘是否对准零线。如果刻度不准，可按图 8-14a 所示的方法找正刀架，使刨出的平面与工作台面垂直。刀座应按一定方向（沿刀座上端偏离加工面的方向）相对滑板偏转一定角度，一般为 10°～15°，如图 8-14b 所示。偏转刀座的目的是使抬刀板在回程时刨刀抬离工件加工面，减小刨刀磨损，并避免划伤已加工表面。

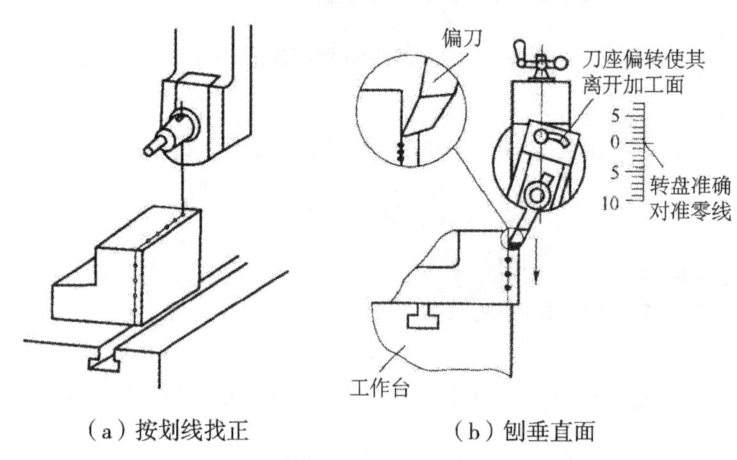

（a）按划线找正　　（b）刨垂直面

图 8-14　刨垂直面

2. 刨斜面

刨斜面最常用的方法是倾斜刀架法，即通过倾斜刀架进行刨削，刀架转盘偏转的角度应与工件待加工的斜面相一致，如图 8-15 所示。其操作方法与刨垂直面相似，刀座也应相对滑板偏转一定角度。在牛头刨床上刨斜面，只能手动进给。

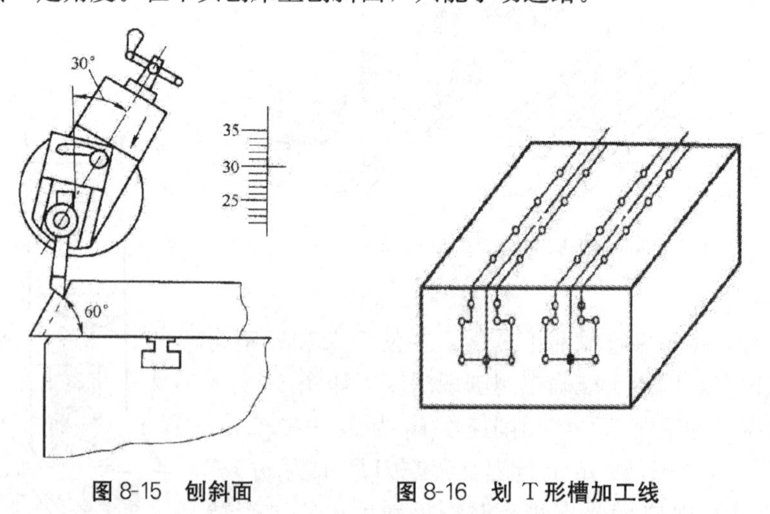

图 8-15　刨斜面　　**图 8-16　划 T 形槽加工线**

（四）刨 T 形槽

刨 T 形槽时，应先划出 T 形槽的加工线，如图 8-16 所示，接着用切槽刀刨出直槽，然后再用左、右弯切刀刨出凹槽，最后用 45°刨刀倒角，如图 8-17 所示。

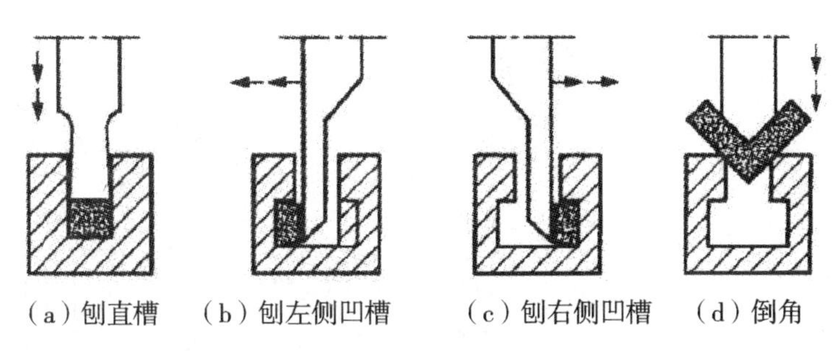

图 8-17　刨 T 形槽

（五）刨燕尾槽、V 形槽

燕尾槽、V 形槽的刨削方法是刨直槽和刨斜面的综合，但需要用左、右偏刀。刨燕尾槽的过程如图 8-18 所示，刨 V 形槽的过程如图 8-19 所示。

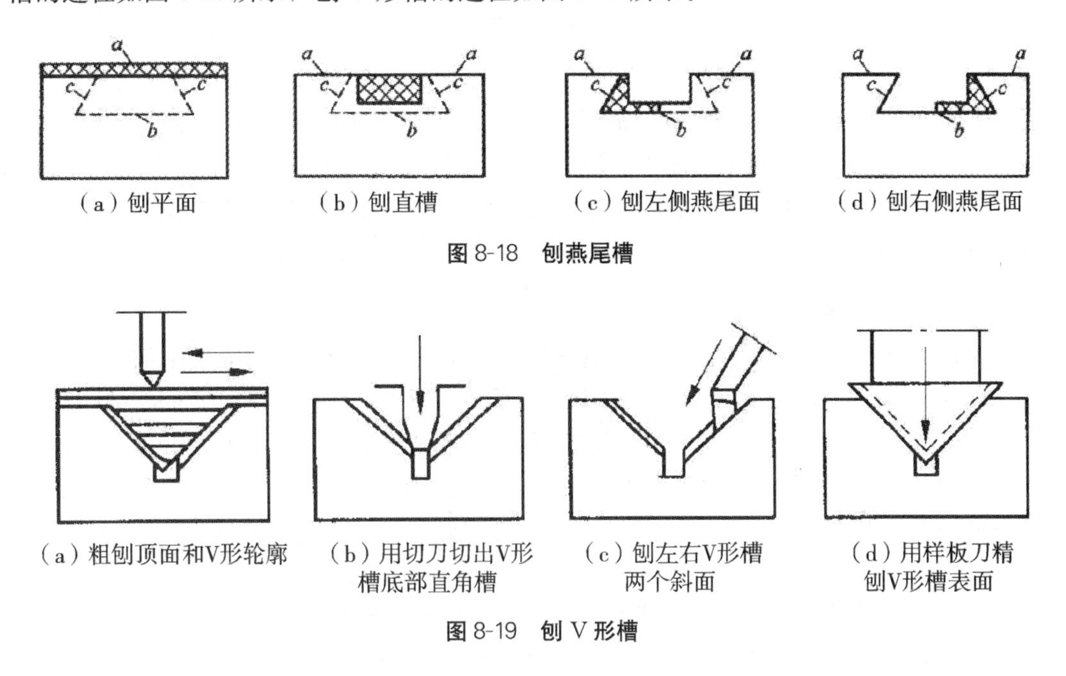

图 8-18　刨燕尾槽

图 8-19　刨 V 形槽

第二节　磨削

在磨床上通过砂轮与工件之间的相对运动而对工件表面进行切削加工的过程称为磨削，磨削是零件的精密加工方法之一。常见的磨削加工形式有外圆磨削、内圆磨削、平面磨削和成形面磨削（如磨螺纹、齿轮、花键）等，如图 8-20 所示。

在磨削过程中，由于磨削速度很高，会产生大量的切削热，在砂轮与工件的接触处，瞬间温度可达 1 000 ℃。同时，剧热的磨屑在空气中容易发生氧化作用，产生火花。在这样的高温下，工件材料的性能将发生改变而影响产品的质量。因此，在磨削时经常使用大量的切削液，以减少摩擦，提高散热速度，降低磨削温度，及时冲走磨屑，保证工件表面质量。

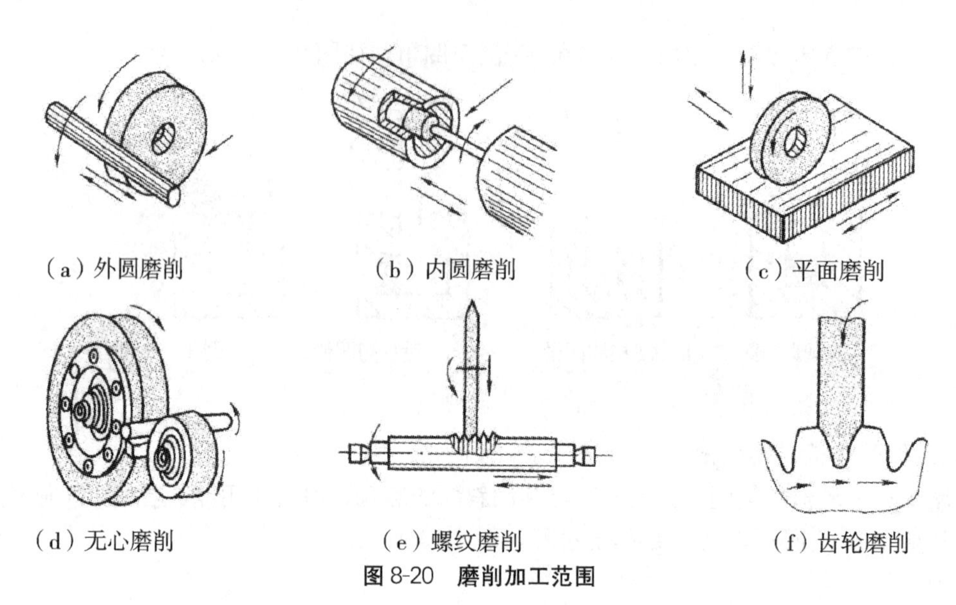

图 8-20 磨削加工范围

磨削用的砂轮是由许多细小而又极硬的磨粒用结合剂黏结而成的。由于磨粒的硬度很高，磨削不但可用来加工碳钢和铸铁等常用金属材料，还可以加工一般刀具难以加工的硬度较大的材料，如淬火钢、硬质合金等。但硬度低而塑性好的有色金属材料，却不利于磨削加工。磨削属于零件的精加工，经磨削加工的零件，尺寸公差等级一般可达 IT6～IT5，高精度磨削可超过 IT5；表面粗糙度 R_a值一般可达 0.8～0.2 μm，精磨后的 R_a值更小。

一、磨床的分类

用磨料磨具（砂轮、砂带、油石和研磨料等）为工具进行切削加工的机床称为磨床。凡是车床、钻床、铣床、齿轮和螺纹加工机床等加工的零件表面，都能够在相应的磨床上进行磨削精加工。此外，还可以刃磨刀具和进行切断等，工艺范围十分广泛，所以磨床的类型和品种比其他机床多。按用途不同可分为外圆磨床、内圆磨床、平面磨床、工具磨床、螺纹及其他各种专用磨床等。现介绍三种常用的磨床，即外圆磨床、内圆磨床和平面磨床。

（一）外圆磨床

外圆磨床分为普通外圆磨床和万能外圆磨床。在普通外圆磨床上可以磨削工件的外圆柱面和外圆锥面；在万能外圆磨床上不仅能磨外圆柱面和外圆锥面，还能磨削内圆柱面、内圆锥面及端面等。

以 M1420 型万能外圆磨床为例，在型号 M1420 中，M 表示磨床类；1 是组别代号，表示外圆磨床；4 是系别代号，表示万能外圆磨床；20 表示最大磨削直径的 1/10，即最大磨削直径为 200 mm。M1420 型万能外圆磨床主要由床身、砂轮架、头架、尾架、工作台、内圆磨头等部分组成，如图 8-21 所示。

（1）床身。用来固定各部件的相对位置。床身上面装有工作台和砂轮架，内部装有液压供给系统。

（2）砂轮架。用于安装砂轮。砂轮由单独电机驱动，速度很高。

（3）头架。内有安装顶尖、拨盘或卡盘的主轴，以便装夹工件。主轴由另一电机通过变速机构带动，使工件获得不同的转动速度。

（4）尾架。内有顶尖，主要用于支撑工件的另一端。

（5）工作台。由液压传动沿着床身上的纵向导轨使工作台作直线往复运动，从而使工件实现纵向进给。T 形槽内的挡块用于控制工作台自动换向。

（6）内圆磨头。用来磨削内圆表面，由单独电机驱动。

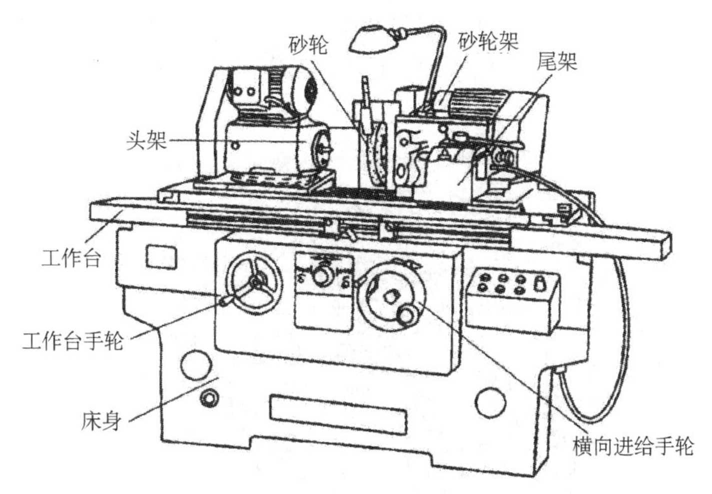

图 8-21　M1420 型万能外圆磨床

（二）内圆磨床

内圆磨床主要用于磨削内圆柱面、内圆锥面及端面等。以 M2110 型内圆磨床为例，在型号 M2110 中，M 表示磨床类；21 表示内圆磨床；10 表示最大磨削孔径的 1/10，即磨削最大孔径为 100 mm。M2110 型内圆磨床主要由床身、工作台、头架、砂轮架、砂轮修整器等部件组成，如图 8-22 所示。

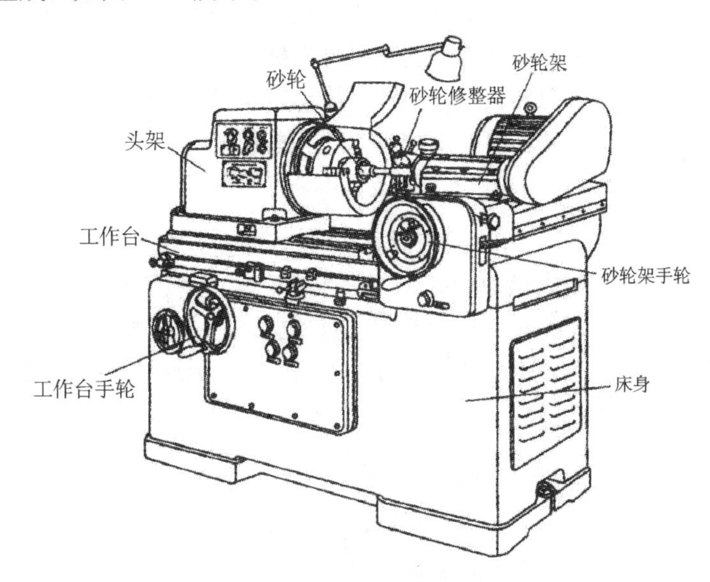

图 8-22　M2110 型内圆磨床

砂轮架安装在床身上，由单独电机驱动砂轮高速旋转，提供主运动；此外，砂轮架还可横向移动，使砂轮实现横向进给运动。工件头架安装在工作台上，带动工件旋转作圆周进给运动；头架可在水平面内扳转一定角度，以便磨削内锥面。工作台沿床身纵向导轨作往复直线移动，从而带动工件作纵向进给运动。

（三）平面磨床

平面磨床主要用于磨削平面。以 M7120A 型平面磨床为例，在型号 M7120A 中，M 表示磨床类；7 是组别代号，表示平面磨床；1 是系别代号，表示卧轴矩台平面磨床；20 表示最大磨削宽度的 1/10，即最大磨削宽度为 200 mm；A 表示重大改进顺序号，即第一次重大改进。M7120A 型平面磨床主要由床身、工作台、立柱、磨头、砂轮修整器等部分组成，如图 8-23 所示。

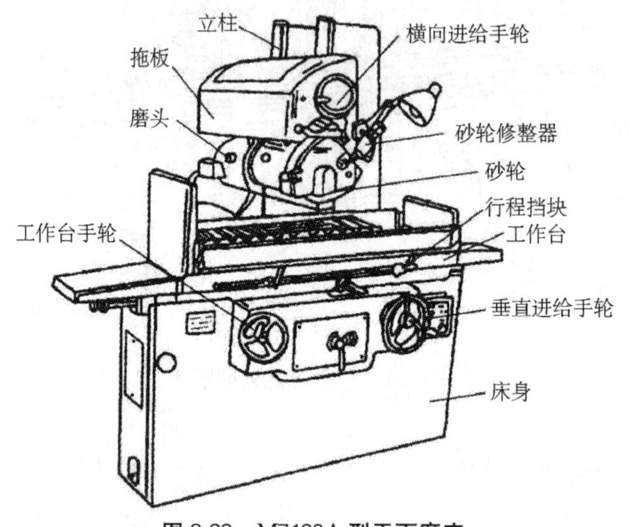

图 8-23　M7120A 型平面磨床

磨头上装有砂轮，由单独的电机驱动，有 1 500 r/min 和 3 000 r/min 两种转速，启动时低速，工作时改用高速。此外，磨头还可随拖板沿立柱的垂直导轨作垂直移动或进给，手动进给时可用手轮或微动手柄，空行程调整时可用机动快速升降。

矩形工作台在床身水平纵向导轨上，由液压传动实现工作台的往复移动，从而带动工件纵向进给。工作台也可用手动移动，工作台上装有电磁吸盘，用以安装工件。

二、砂轮

砂轮是磨削的切削工具，它是由磨粒和结合剂构成的多孔构件。磨粒、结合剂和空隙是构成砂轮的三要素。将砂轮表面放大，如图 8-24 所示，可以看到砂轮表面上杂乱地布满很多尖棱形多角的颗粒——磨粒，也称磨料。这些锋利的小磨粒就像铣刀的刀刃一样，磨削就是依靠这些小颗粒，在砂轮的高速旋转下，切入工件表面。空隙起散热作用。

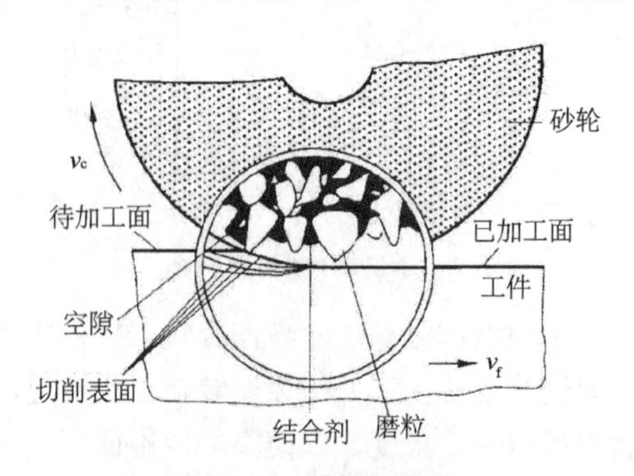

图 8-24　砂轮的组成

1. *砂轮的特性和种类*

砂轮的特性对磨削的加工精度、表面粗糙度和生产率有很大的影响。砂轮的特性包括磨料、粒度、结合剂、形状和尺寸等。

磨料直接担负切削工作，必须锋利和坚韧。常见的砂轮磨料有两大类：一类是刚玉类，主要成分是 Al_2O_3，其韧性好，适合磨削钢料及一般刀具等，常用代号有 A——棕刚玉，WA——白刚玉等；另一类是碳化硅类，其硬度比刚玉类高，磨粒锋利，导热性好，适合磨削铸铁、青铜等脆性材料及硬质合金刀具等，常用代号有 C——黑碳化硅、GC——绿碳化硅等。

粒度用来表示磨粒的大小，粒度号的数字越大，代表颗粒越小。粗颗粒用于粗加工及磨削软材料，细颗粒用于精加工。

结合剂的作用是将磨粒黏结在一起，使之成为具有一定强度和形状、尺寸的砂轮。常用的结合剂有：陶瓷结合剂，用代号 V 表示；树脂结合剂，用代号 B 表示；橡胶结合剂，用代号 R 表示。

砂轮的硬度是指砂轮表面的磨粒在外力作用下脱离的难易程度，它与磨粒本身的硬度是两个完全不同的概念。磨粒容易脱离称为软，反之称为硬，磨粒黏结得越牢，砂轮的硬度越高。磨削硬材料时用软砂轮，反之用硬砂轮。一般磨削选用硬度在 K～R 之间的砂轮。

砂轮的组织是指砂轮中磨料、结合剂和空隙三者间的体积比例关系。磨料所占的体积越大，砂轮的组织越紧密。砂轮的组织由 0～14 共 15 个号组成，号数越小，表示组织越紧密。

根据机床的类型和磨削加工的需要，砂轮可制成各种标准形状和尺寸，常用的几种砂轮形状如图 8-25 所示。

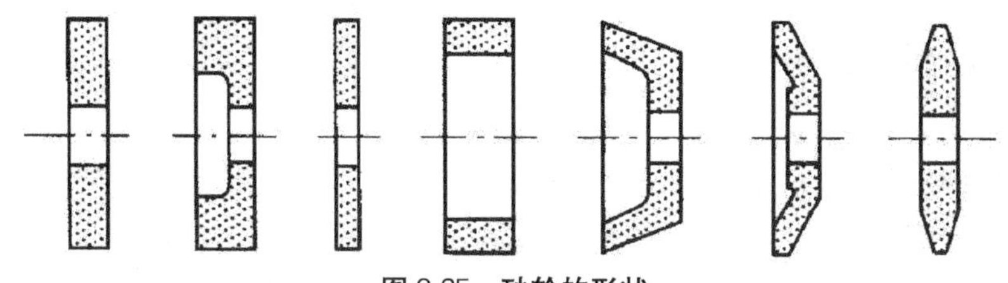

图 8-25　砂轮的形状

为了便于选用砂轮，通常将砂轮的特性代号印在砂轮的非工作表面上，如：

P400×50×203WA46K5V35

其含义如下：P——砂轮的形状为平形；

400×50×203——分别表示砂轮的外径、厚度和内径；

WA——砂轮的磨料为白刚玉；

46——砂轮的粒度为 46 号；

K——砂轮的硬度为 K 级；

5——砂轮的组织为 5 号；

V——砂轮的结合剂为陶瓷；

35——砂轮允许的最高磨削速度为 35 m/s。

2. 砂轮的检查、安装、平衡和修整

(1) 检查。砂轮在高速运转下工作，安装前必须经过外观检查并以敲击的响声来检查砂轮是否有裂纹，以防高速运转时砂轮破裂。

(2) 安装。安装砂轮时，应将砂轮松紧合适地套在砂轮主轴上，并在砂轮和法兰盘之间垫上 1～2 mm 厚的弹性垫圈（皮革或橡胶制成），如图 8-26 所示。

(3) 平衡。为使砂轮平稳地工作，使用前必须经过平衡。其步骤是：将砂轮装在心轴上，放在平衡架轨道的刀口上，如果不平衡，则重的部分总是转到下面，这时可移动法兰盘端面环槽内的平衡块进行平衡。这样反复进行，直到砂轮可以在刀口上任意位置都能静止，这说明砂轮各部分质量均匀，这种平衡称为静平衡。一般直径大于 125 mm 的砂轮都要进行静平衡，如图 8-27 所示。

(4) 修整。砂轮工作一段时间后，磨粒逐渐变钝，砂轮工作表面的空隙被堵塞。这时砂轮必须进行修整，使已磨钝的磨粒脱落，露出锋利的磨粒，以恢复砂轮的切削能力和外形精度。砂轮用金刚石修整器进行修整。修整时要用大量的冷却液，以避免金刚石因温度剧升而破裂，如图 8-28 所示。

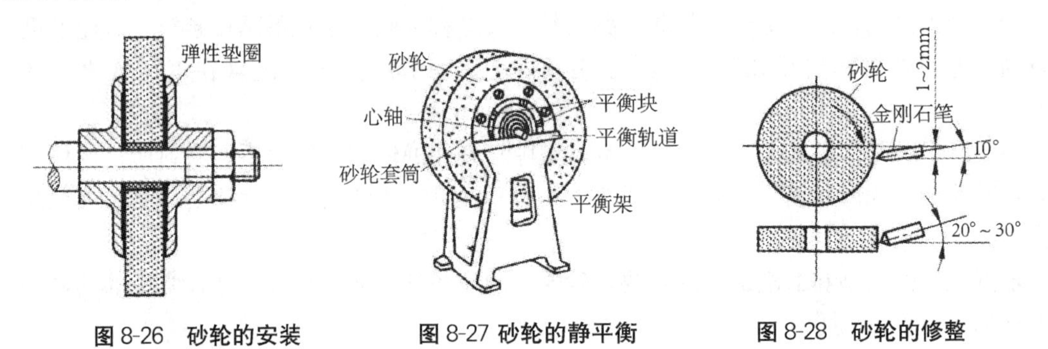

图 8-26　砂轮的安装　　**图 8-27 砂轮的静平衡**　　**图 8-28　砂轮的修整**

三、典型磨削方式

1. 磨削运动

磨削的主运动是砂轮的高速旋转运动。进给运动可分为三种情况：一是工件运动，在磨外圆时指工件的旋转运动，在磨平面时指工作台带动工件所作的直线往复运动；二是轴向进给运动，在磨外圆时指工作台带动工件沿其轴向所作的直线往复运动，在磨平面时指砂轮沿其轴向的移动；三是径向进给运动，指工作台每双（或单）行程内工件相对砂轮的径向移动量。磨外圆和平面时的运动状态如图 8-29 所示。

2. 磨削用量

磨削用量是指磨削速度 v_c、工件运动速度 v_w、轴向进给量 f_a、径向进给量 f_r，四者之间的关系，如图 8-29 所示。

(1) 磨削速度 v_c。砂轮的圆周线速度，可由下式计算：

$$v_c = \frac{\pi d_s n_s}{60 \times 1\,000} \text{ (m/s)}$$

式中：d_s——砂轮直径（mm）；

n_s——砂轮每分钟转速（r/min）。

(2) 工件运动速度 v_w。磨削时工件转动的圆周线速度或工件的移动速度，可由下式计算：

外圆磨削时

$$v_w = \frac{\pi d_w n_w}{60 \times 1\ 000} \ (m/s)$$

平面磨削时

$$v_w = \frac{2L n_t}{60 \times 1\ 000} \ (m/s)$$

式中：d_w——工件磨削外圆直径（mm）；

n_w——工件每分钟转速（r/min）；

L——工件行程长度（mm）；

n_s——工作台每分钟往复次数（次/mm）。

（3）轴向进给量 f_a。轴向进给量指沿砂轮轴线方向的进给量。外圆磨削时，工件每转一转的 f_a为

$$f_a = (0.2 \sim 0.8)\ B \quad (mm/次)$$

式中：B——砂轮宽度（mm）。

（4）径向进给量 f_r。径向进给量指工作台每双（或单）行程内工件相对砂轮的径向移动量，一般情况下，有：

$$f_r = 0.005 \sim 0.04\ (mm/次)$$

外圆磨削时，f_r的单位是 mm/次。

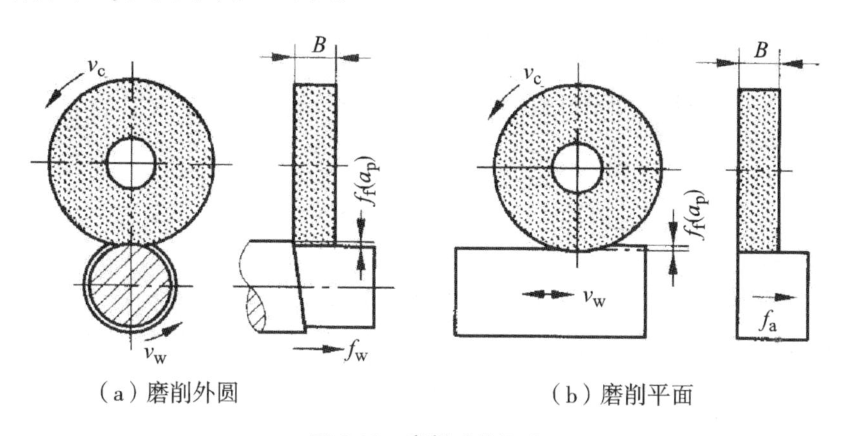

（a）磨削外圆　　（b）磨削平面

图 8-29　磨削时的运动

（一）外圆磨削

磨削外圆表面需在万能外圆磨床上进行。根据工件形状不同，应采用不同的安装方式。

1. 工件的安装

（1）顶尖安装

顶尖安装通常用于磨削轴类零件。安装时工件支承在两顶尖之间，安装方法与车削所用方法基本相同，但磨削所用的顶尖都不随工件一起转动（死顶尖），这样可以提高加工精度，避免由于顶尖转动带来的径向跳动误差。尾顶尖是靠弹簧推力顶紧工件的，这样可以自动控制松紧程度，避免工件因受热伸长带来的弯曲变形，如图 8-30 所示。

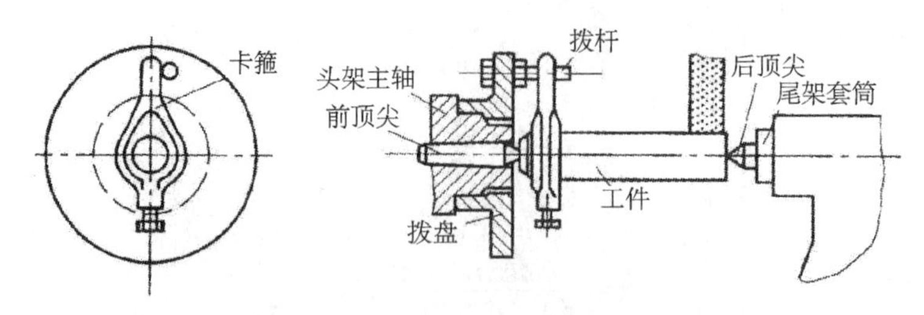

图 8-30　顶尖安装

磨削前，工件的中心孔均要进行修研，以提高其几何形状精度和减小表面粗糙度，保证定位准确。修研一般用四棱硬质合金顶尖，如图 8-31 所示。在车床或钻床上对中心孔进行挤研，研亮即可。

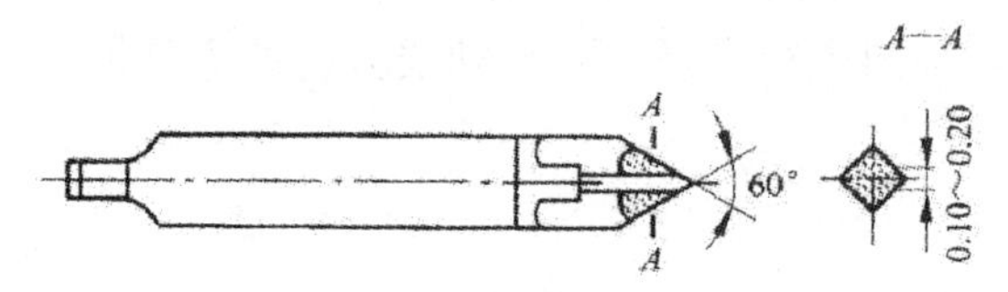

图 8-31　四棱硬质合金顶尖

当中心孔较大、修研精度要求较高时，必须选用油石顶尖或铸铁顶尖做前顶尖，普通顶尖做后顶尖。修研时，头架旋转，用手握住工件不让其旋转，如图 8-32 所示，研好一端再研另一端。

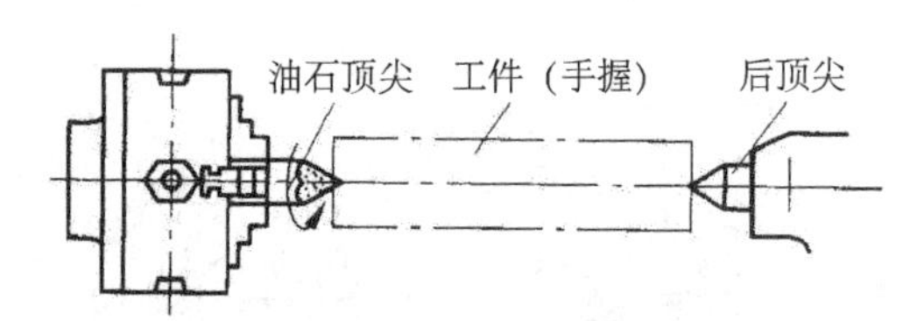

图 8-32　用油石顶尖修研中心孔

(2) 卡盘安装

卡盘安装通常用来磨削短工件的外圆，安装方法与车床上基本相同。无中心孔的圆柱形工件大多采用三爪卡盘安装，如图 8-33a 所示；不对称工件则可采用四爪卡盘安装，并用百分表找正，如图 8-33b 所示；形状不规则的工件可采用花盘安装。

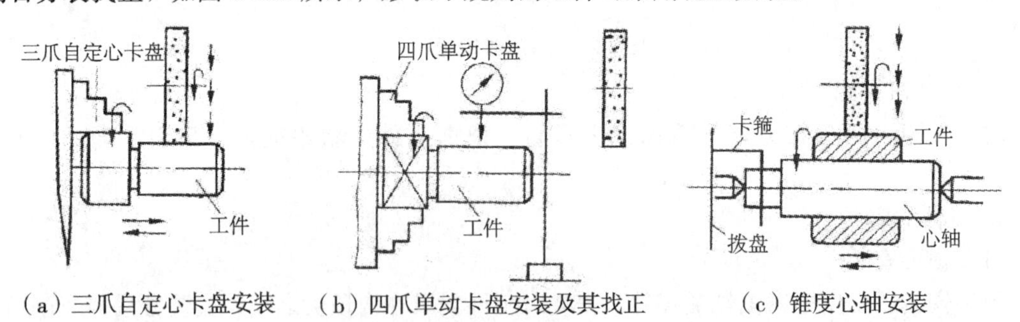

(a) 三爪自定心卡盘安装　(b) 四爪单动卡盘安装及其找正　(c) 锥度心轴安装

图 8-33　外圆磨床上用卡盘和心轴安装工件

(3) 心轴安装

心轴安装常用来磨削以内孔定位的盘套类空心零件。心轴的种类与车床上使用的基本相同，但磨削用的心轴精度要求更高些。心轴必须和卡箍、拨盘等转动装置一起配合使用，其安装方法与顶尖安装相同，如图 8-33c 所示。

2. 磨削方法

外圆磨削中最常用的磨削方法有纵磨法和横磨法。

(1) 纵磨法

纵磨磨削时砂轮高速旋转，工件作低速旋转的同时，还随工作台作直线往复运动，如图 8-34 所示。在每次往复运动到终点时，砂轮按给定的进刀量作径向进给。纵磨的每次磨削深度都很小，当工件磨削到接近尺寸要求时（一般留 0.005～0.010 mm），进行几次无横向进给的光磨行程，直到火花消失为止，以提高工件的加工质量。

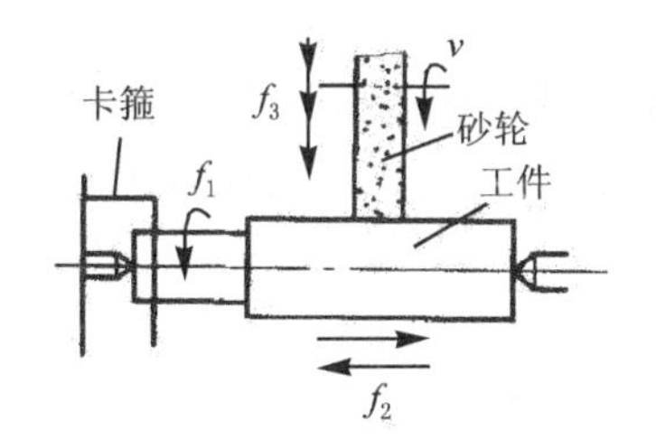

图 8-34　纵磨法磨外圆

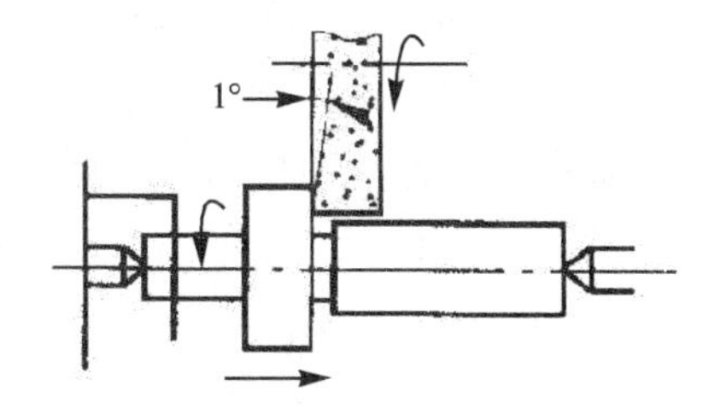

图 8-35　磨削轴肩端面

纵磨法的加工特点是：可用同一砂轮磨削不同长度的工件外圆表面，磨削质量好，但生产率低。此法适用于磨削细长的轴类零件，在生产中应用较广，特别是在单件、小批量生产以及精磨时采用。

在磨削外圆时，有时还需要磨削轴肩端面，一般采用靠磨法磨削，即当外圆磨削至所需尺寸后，将砂轮稍微退出 0.05～0.10 mm，用手摇工作台的纵向移动手轮，使工件的轴肩端面靠近砂轮，磨平即可，如图 8-35 所示。

(2) 横磨法

横磨法又称径向磨法或切入磨削法。横磨磨削时用宽度大于待磨工件表面长度的砂轮进行磨削，工件只转动，不作轴向往复运动；砂轮在高速旋转的同时，缓慢地向工件作横向进给，直到磨削至尺寸为止，如图 8-36 所示。

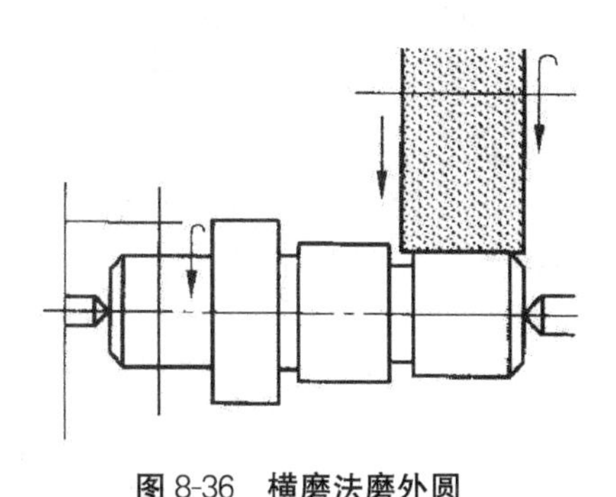

图 8-36　横磨法磨外圆

横磨法的特点是生产率高，但由于磨削力大，易使工件变形和表面发热，影响加工质量。因此，横磨法常用于磨削加工刚性好、精度要求不高且磨削长度较短的外圆表面及两端都有台阶的轴颈。

(二) 内圆磨削

内圆磨削通常在内圆磨床和万能外圆磨床上进行。和外圆磨削相比，内圆磨削用的砂轮直径受到工件孔径和长度的限制，砂轮直径较小，悬伸长度较长，刚性差，磨削时散热、排屑不易，磨削用量小，故其加工精度和生产率均不如外圆磨削那样理想。

作为孔的精加工，成批生产中常用铰孔，大量生产中常用拉孔。但由于磨孔具有万能性，不需要成套的刀具，故在小批量及单件生产中应用较多。特别是对于淬硬工件，磨孔仍是孔精加工的主要方法。

1. 工件的安装

内圆磨削时，工件大多数是以外圆和端面为定位基准的，故通常采用三爪自定心卡盘、四爪单动卡盘、花盘及弯板等夹具安装工件。其中最常用的是用四爪单动卡盘通过找正安装工件，如图 8-37 所示。

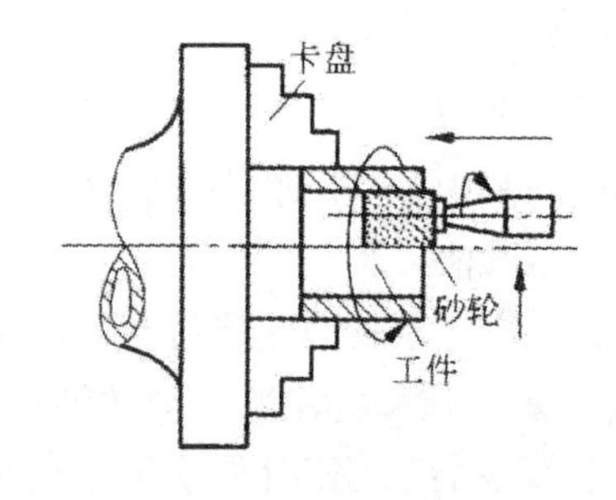

图 8-37　内圆磨床上用四爪卡盘安装工件

2. 磨削方法

内圆磨削与外圆磨削的运动基本相同，但砂轮的旋转方向与外圆磨削相反，如图 8-37 所示。

磨削加工内孔时砂轮与工件的接触方式有两种：一种是后面接触，主要在内圆磨床上采用这种接触方式，便于操作者观察加工表面的情况，如图 8-38a 所示；另一种是前面接触，主要在万能外圆磨床上采用这种接触方式，以便利用机床上的自动进给机构，如图 8-38b 所示。

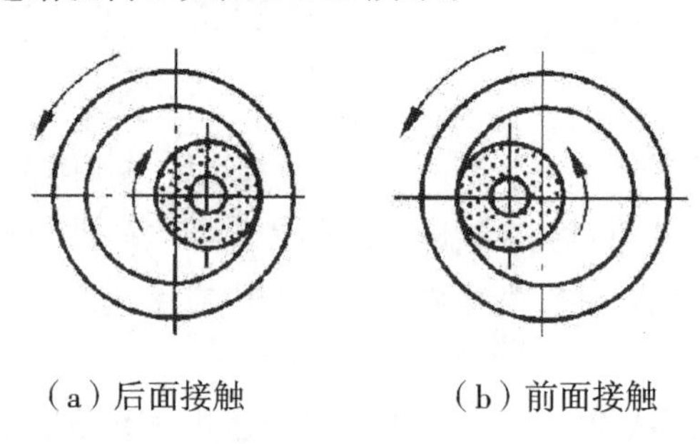

（a）后面接触　　（b）前面接触

图 8-38　内圆磨削时砂轮与工件的接触方式

内圆磨削也有纵磨法和横磨法两种，其操作方法与外圆磨削相似。其中纵磨法应用较广。

（三）圆锥面磨削

圆锥面分内圆锥面和外圆锥面，两者均可在万能外圆磨床上进行磨削，内圆磨床上则只能磨削内圆锥面。磨削圆锥面通常用下列两种方法。

1. 转动工作台法

将上工作台相对于下工作台转过工件锥面斜角的 1/2 角度，使工件的旋转轴线与工作台的纵向进给方向呈 1/2 斜角，如图 8-39 所示。转动工作台法大多用于磨削加工锥度较小、锥面较长的工件。

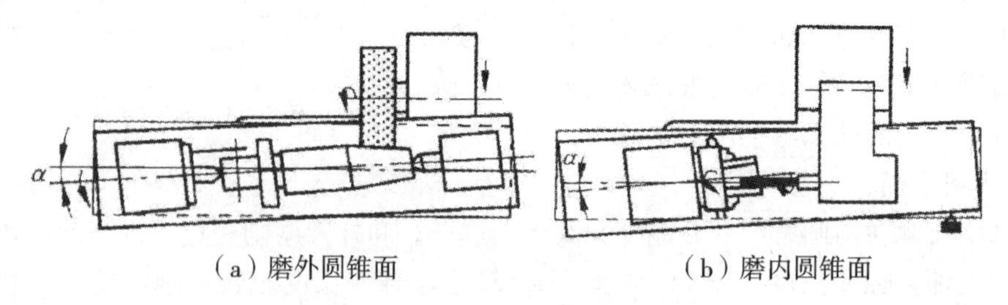

（a）磨外圆锥面　　（b）磨内圆锥面

图 8-39　转动工作台法磨削锥面

2. 转动头架法

将头架相对于工作台转动锥面斜角的 1/2 角度进行磨削加工，如图 8-40 所示。转动头架法常用于加工锥度较大的工件。

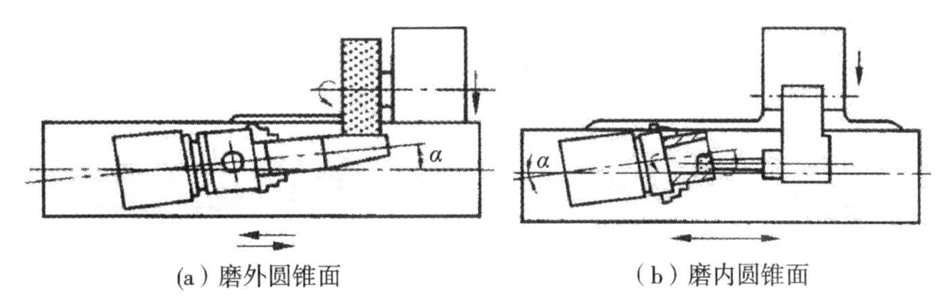

图 8-40 转动头架磨削圆锥面

（四）平面磨削

磨削平面通常在平面磨床上进行。常见的平面磨床有卧轴矩台、卧轴圆台、主轴圆台、三轴圆台四种。

1. 工件的安装

安装工件时，要根据工件的形状、尺寸和材料等因素来选择安装方法。

(1) 电磁吸盘工作台安装法

这种方法主要用于中小型钢、铸铁等磁性材料工件的平面磨削。电磁吸盘工作台的工作原理如图 8-41 所示，下部为钢制吸盘体，在它的中部凸起的心体上绕有线圈，上部为钢制盖板，在它上面镶有用绝磁层隔开的许多钢制条块。当线圈通过直流电时，心体被磁化，磁力线由心体经过盖板工件－盖板－吸盘体－心体而闭合（如图 8-41 中虚线所示），工件被吸住。绝磁层由铅、铜或巴氏合金等非磁性材料制成，它的作用是使绝大部分磁力线都通过工件再回到吸盘体，而不通过盖板直接回去，这样才能保证工件被牢固地吸在工作台上。

当磨削键、垫圈、薄壁套等尺寸小而壁较薄的零件时，因零件与工作台磁盘接触面积小，吸力弱，容易被磨削力弹出去而造成事故，故安装这类零件时，应在工件周围或左右两边用挡铁围住，以免工件移动，如图 8-42 所示。

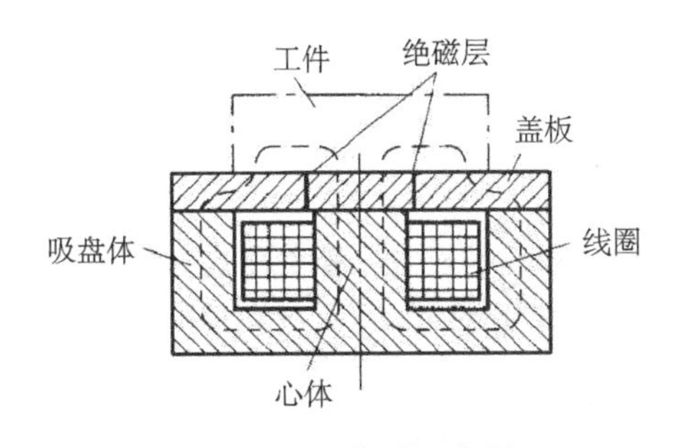

图 8-41 电磁吸盘原理

图 8-42 用挡铁围住工件

(2) 平口钳及夹具安装法

对于非磁性材料和非金属材料零件，可用平口钳、卡盘或简单夹具来安装。平口钳、卡盘或简单夹具可以吸放在电磁吸盘工作台上，也可以直接安装在普通工作台上。

2. 磨削方法

平面磨削常用的方法有周磨法和端磨法两种，如图 8-43 所示。

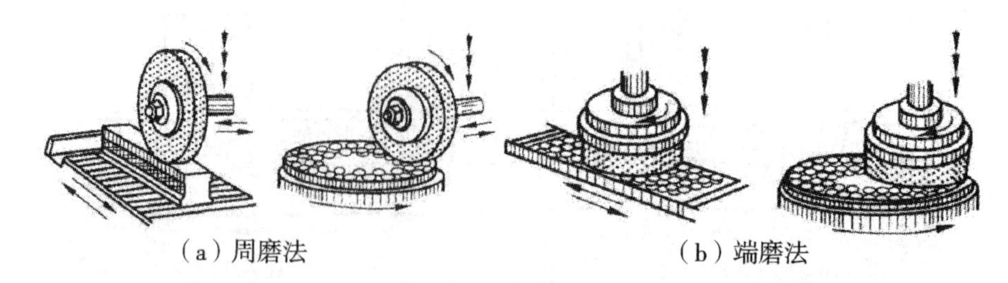
（a）周磨法　　（b）端磨法

图 8-43　平面磨削方法

（1）周磨法

周磨法的特点是利用砂轮的圆周面进行磨削，工件与砂轮的接触面积小，磨削热少，排屑容易，冷却与散热条件好，砂轮磨损均匀，加工精度高；但生产率低，多用于单件、小批量生产，有时大批量生产也可采用。

（2）端磨法

端磨法的特点是利用砂轮的端面在主轴圆形或主轴矩形工作台平面磨床上进行磨削，砂轮轴立式安装，刚性好，可采用较大的磨削用量，且砂轮与工件的接触面积大，生产率明显高于周磨法；但磨削热多，冷却与散热条件差，工件变形大，精度比周磨法低，多用于大批量生产和加工要求不太高的平面，或用作粗磨加工。

1. 在牛头刨床上刨水平面的主运动和进给运动分别是什么？
2. 简述牛头刨床调整的主要内容，如何调整？
3. 简述刨削加工的特点？
4. 为什么刨刀常做成弯头？
5. 简述牛头刨床 B6065 编号的含义。
6. 刨刀安装的注意事项是什么？
7. 在牛头刨床上刨斜面时刀架如何调整？
8. 为什么在一般情况下刨削加工效率比铣削低？加工细长平面应选择哪种机床进行加工？
9. M1420 型万能外圆磨床编号，由哪几部分组成？各有何含义？
10. 外圆磨床的主运动和进给运动分别是什么？
11. 平面磨削常用的方法有哪几种？各有何特点？如何选用？
12. 外圆磨削的方法有哪些？各有何特点？
13. 砂轮的特性由哪些因素决定？
14. 何谓砂轮的硬度？它与磨料的硬度有何不同？
15. 砂轮为什么要进行修整？如何修整？
16. 简述磨削加工的特点。

第九章　钳工

钳工主要是以操作手用工具对金属进行切削加工、零件成形、装配和机器调试、修理的工种。钳工基本操作有划线、锯削、锉削、钻孔、扩孔、铰孔、攻螺纹、套螺纹、錾削、刮削、研磨和装配等。

钳工工具简单、操作灵活方便，可以进行机床无法完成的工作，应用广泛。因此，虽然钳工对工人的技术要求高，劳动强度大，生产率低，但在机械制造和修配工作中仍占有无法替代的重要地位。

钳工操作大多在台虎钳上进行，钳工工作场地要配置钳工工作台（简称为钳台），如图 9-1 所示。台虎钳是夹持工件的主要夹具，安装于钳台上，如图 9-2 所示。

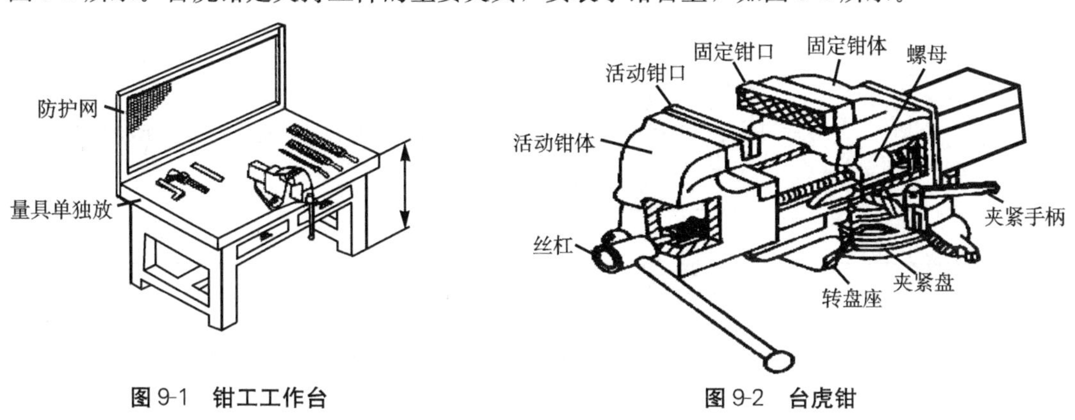

图 9-1　钳工工作台　　**图 9-2　台虎钳**

第一节　划线

一、划线的作用和准备

在毛坯或半成品上，按照图纸的要求或实物尺寸划出加工图形和加工界线称为划线。很多钳工制造的零件是从划线工序开始的。

（1）划线的主要作用：作为加工的依据，使加工形状有明确的标志，以确定各表面的加工余量、加工位置、孔的位置及安装时的找正线等；作为检验加工情况的手段，可以检查毛坯是否正确，通过划线，对误差小的毛坯可以借正补救，对不合格的毛坯能及时发现和剔除，避免机械加工工时的浪费。

（2）划线前的准备工作：划线前工件表面必须清理干净，铸锻件上的浇口、冒口、黏砂、氧化皮、飞边都要去掉，半成品要修毛刺，洗净油污，有孔的工件还要用木块或铅块塞孔，以便定心划圆；然后在划线表面上涂色，铸锻件涂石灰水，小件可涂粉笔，半成品涂蓝油等。

二、划线工具和用途

划线最常用的工具有划线平板、方箱、V 形铁、千斤顶、样冲、规划、划卡、测量工具等，见表 9-1。

表 9-1　划线工具及用途

名称	图示	用途
划线平板	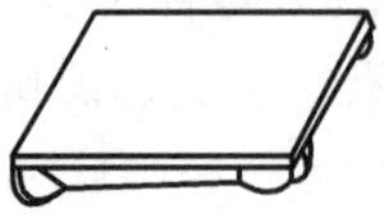	用于支撑工件和尺座
方箱	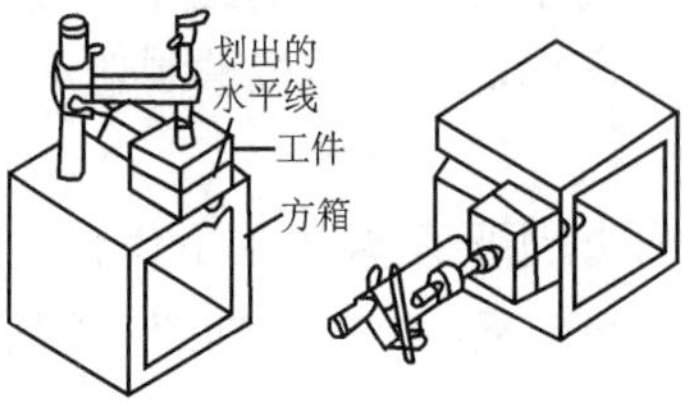 划出的水平线 工件 方箱	用于夹持较小的工件并能方便地翻转工件的位置而划出垂直线
V 形铁	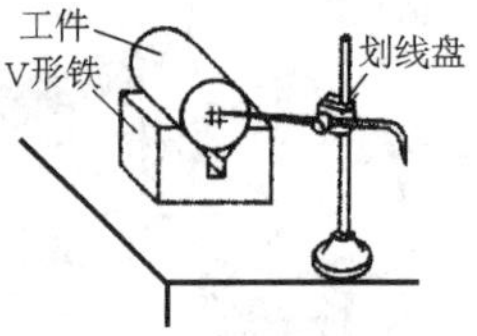 工件 V形铁 划线盘	用于支撑圆柱形工件，使工件轴线与平板平行
千斤顶	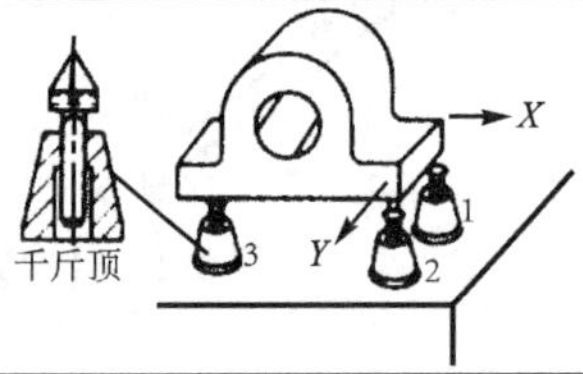 X Y 1 2 3 千斤顶	用于垫平和调整不规则形状的工件
样冲	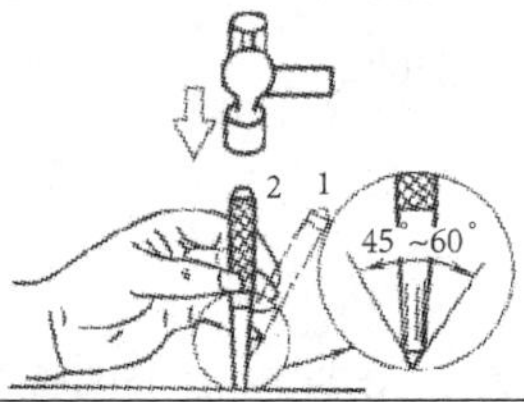 2 1 45°~60°	在工件上打样冲孔用，便于定位
划规	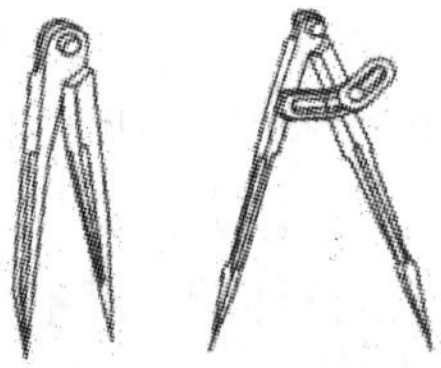	用于画圆周、圆弧
划卡	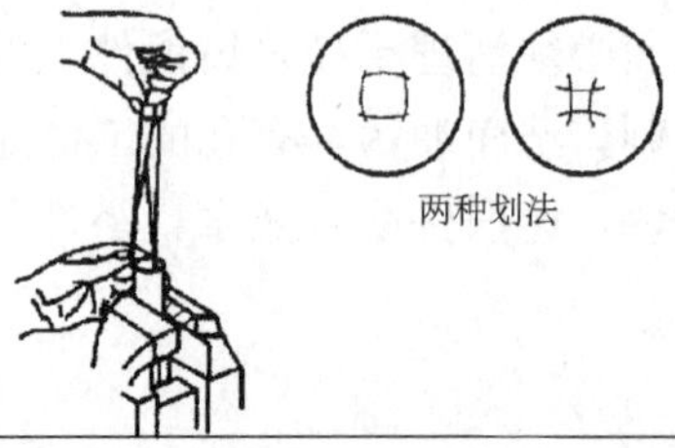 两种划法	用来确定轴和孔的中心位置，也可用来划平行线

名称	图示	用途
划线盘高度尺	工件 高度尺 划线盘 30°~60° 移动方向	划线盘用于立体划线和工件的找正，高度尺与划线盘配合使用，以确定划针的高度
游标高度尺		用于测量高度和半成品的精密划线

三、划线基准和操作

划线时，先要研究图纸，选定一个或几个线或面作为依据，作为其他的线或面划线的度量起点，这个线或面称为划线基准。

划线基准应包括以下三个：

(1) 尺寸基准。在选择划线尺寸基准时，应先分析图纸，找正设计基准，使划线的尺寸基准与设计基准一致，从而能够直接量取划线尺寸，简化换算过程。

(2) 放置基准。划线尺寸基准选好后，就要考虑工件在划线平板或方箱、V 形铁上放置的位置，即找出工件最合理的放置基准。

(3) 校正基准。选择校正基准，主要是指毛坯工件放置在平台上后，校正那个面（或点和线）的问题。通过校正基准，能使工件上有关的表面处于合适的位置。

平面划线时一般要划两个互相垂直方向的线条，立体划线时一般要划三个互相垂直方向的线条。因为每划一个方向的线条，就必须确定一个基准，所以平面划线时要确定两个基准，而立体划线时则要确定三个基准。

无论是平面划线还是立体划线，它们的基准选择原则是一样的，所不同的是把平面划线的基准线变为立体划线的基准平面或基准中心平面。

划线基准应尽量与图纸上的基准相一致。一般按照以下顺序考虑：

(1) 选用重要孔的中心线或精确的已加工表面作为划线基准（图 9-3a）；

(2) 以已加工的表面作为划线基准（图 9-3b）；

(3) 若工件上个别平面已加工过，则应选用已加工过的平面为划线基准（图 9-3c）。

四、划线步骤

(1) 根据图样要求，选择划线基准。

(2) 清理毛坯上的疤痕和毛刺等，检查毛坯或半成品的尺寸和加工质量。在划线部分涂上涂料，铸、锻件用大白浆，已加工过的表面用龙胆紫加虫胶和酒精（紫色），或用孔雀绿加虫胶和酒精（绿色）。用铅块或木块堵孔，以便确定出孔的中心位置。

（3）支承及找正工件，如图 9-4a 所示。

（4）划出划线基准，再找出其他水平线，如图 9-4b 所示。

（5）翻转工件，找正，划出相互垂直的线，如图 9-4c、d 所示。

（6）在划出的线上打出样冲眼。

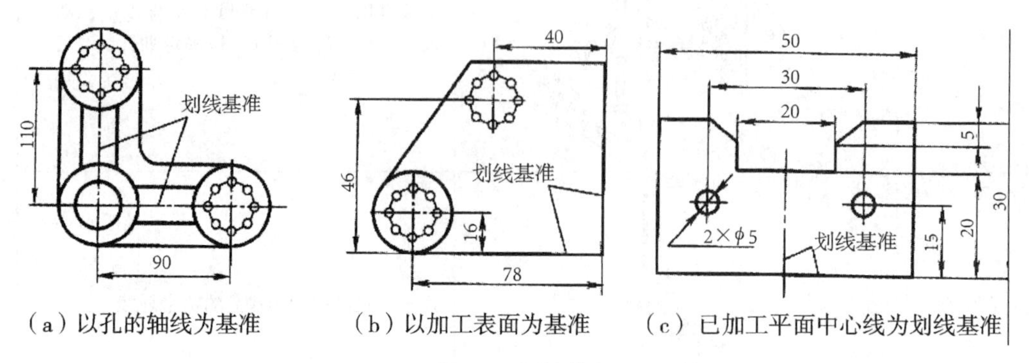

（a）以孔的轴线为基准　（b）以加工表面为基准　（c）已加工平面中心线为划线基准

图 9-3　划线基准

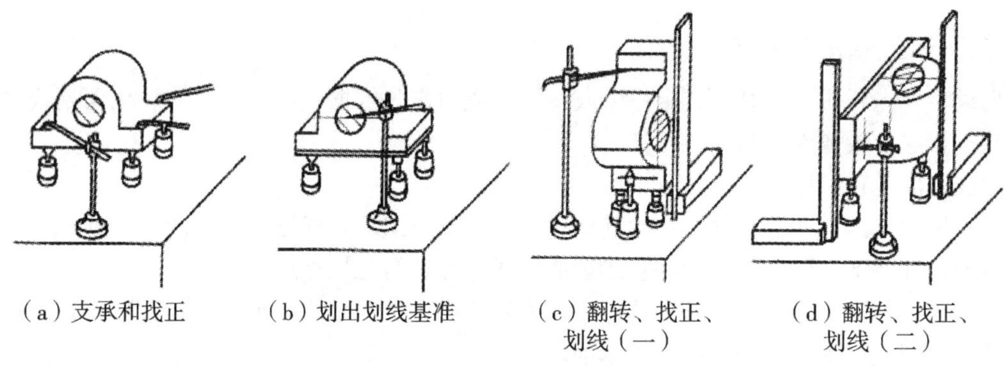
（a）支承和找正　（b）划出划线基准　（c）翻转、找正、划线（一）　（d）翻转、找正、划线（二）

图 9-4　立体划线示意

第二节　锯削

锯削是用手锯锯断材料或锯切出沟槽的操作。

一、锯削的作用

锯削的作用为：

（1）工件坯料或半成品的分割。

（2）加工过程中去除多余的料。

（3）在工件上开槽。

（4）工件的形状尺寸的修整等。

二、锯削工具

锯削工具为手锯，它是由锯条和锯弓组合而成的。图 9-5 为应用较广的可调式锯弓的手锯。

锯条一般用碳素工具钢制成，并经淬火处理。常用的锯条长 300 mm、宽 12 mm、厚

0.8 mm。锯条以齿距大小（25 mm 长度所含齿数多少）分粗、中、细齿三种。具体选择方法见表 9-2。

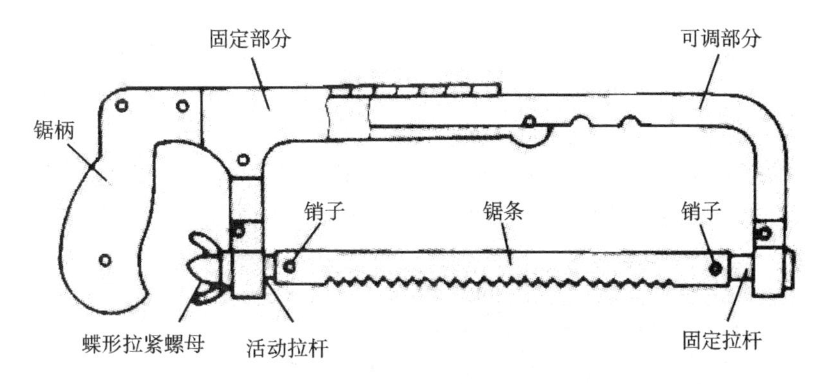

图 9-5　手锯

表 9-2　锯条的齿距及用途

锯齿种类	每 25 mm 长度内含齿数目	适用场合
粗齿	14～16	软钢、铜、铝及厚工件
中齿	18～22	普通钢、铸铁、厚管子
细齿	24～32	硬钢、薄壁管、板料

三、锯削操作

1. 选择锯条

根据被加工材料的软硬度和厚度来选择锯条。在锯切较软或厚工件时，应选用粗齿锯条，因为粗齿的齿距大，锯削时不易堵塞齿间；而锯硬材料或薄工件时，一般选用细齿锯条，使同时参加锯削的齿数增加，锯齿不易崩裂。

2. 工件的装夹

装夹工件时，锯削部位应尽量靠近钳口，以免产生振动。工件尽量装夹在台虎钳的左边，以便于操作。工件应夹紧，同时还要防止工件变形或夹坏已加工表面。

3. 手锯的握法

手锯握法如图 9-6 所示，右手握住锯柄，左手轻扶锯弓前端。

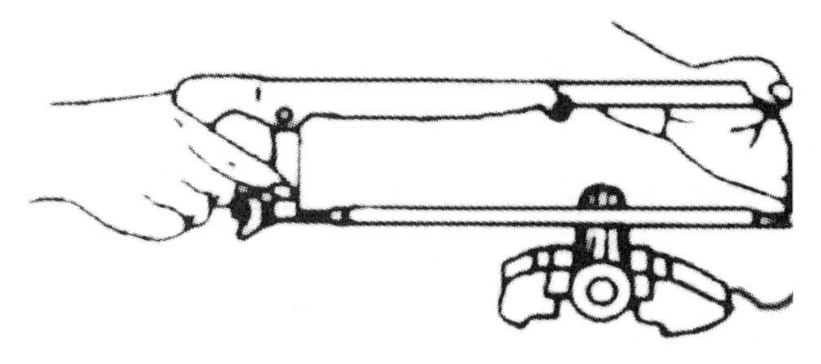

图 9-6　手锯的握法

4. 起锯

用左手拇指指甲紧贴锯条，控制锯缝位置，右手稳推锯柄。起锯角度为 10°～15°，如

图 9-7 所示。锯弓往复行程要短，压力要轻，应与工件表面形成垂直状，当锯痕深达2～3 mm 后，应逐渐向水平方向运动。

5. 锯削

右手握住锯柄并控制推力和压力，前推时加压应均匀，返回时不应施加压力，锯条从工件上轻轻划过，以免锯齿磨损。在整个锯削过程中，锯条应保持直线往复运动，不能左右晃动，用力要均匀，速度也不宜快。锯削时，应尽量使用锯条全长，以免中间部分迅速磨钝，一般往复长度不应小于锯条全长的 2/3。锯缝如果歪斜，不可强扭，可将工件翻转 90°后重新起锯。为减轻磨损锯条，必要时可加注乳化液或全损耗系统用油等切削液润滑。

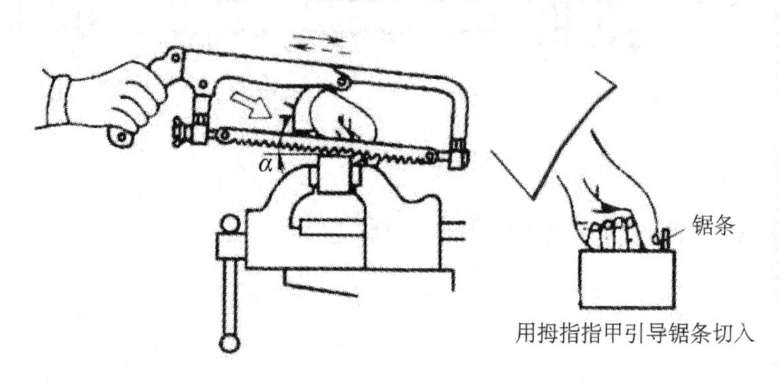

图 9-7　起锯

6. 结束

快锯断时，速度要慢，用力要轻，行程要短，以免碰伤手臂。

第三节　锉削

用锉刀对工件表面进行切削加工称为锉削。其表面粗糙度值可达 1.6～0.8 μm，可以加工平面、型孔、曲面、沟槽、内外角和各种形状的表面。锉削是钳工加工中最基本的操作技术之一，也是钳工操作技术水平的重要标志，尤其在修整、装配工作中应用十分广泛。

1. 锉刀

锉刀用含碳量为 1.2%～1.3% 的碳素工具钢制造，并经淬硬处理，硬度为 62～67HRC。

按锉刀的断面形状分为平锉（板锉）、半圆锉、方锉、三角锉、圆锉等，其中以平锉用得最多。如图 9-8 所示。

按锉刀的大小（工作部分的长度）分为七种，见表 9-3。

表 9-3　锉刀的大小

公制/mm	100	150	200	250	300	350	400
英制/英寸	4	6	8	10	12	14	16

注：齿纹的粗细参见表 9-4。

应按加工工件的材料、表面形状、加工精度和表面粗糙度等情况综合考虑选用不同的锉刀。通用的原则有：

（1）锉刀的长度与形状根据加工表面的大小和形状选择，平锉应用较广。

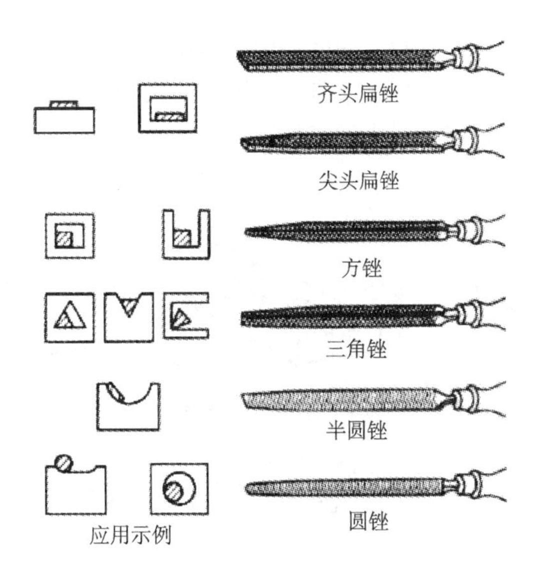

图 9-8 锉刀的种类

（2）齿纹粗细的选定，一般粗锉刀用于锉软金属、加工余量大、精度和表面粗糙度要求低的工件；反之则用细锉刀。半精加工多用中锉，油光锉用于精加工。参见表 9-4。

表 9-4 锉刀刀齿粗细的划分及其应用

类别	齿数（10 mm 长度内）	加工余量/mm	能获得的表面粗糙度 $R_a/\mu m$	一般用途
粗齿锉	4～12	0.5～1.0	50～12.5	粗加工或软金属
中齿锉	13～24	0.2～0.5	6.3～1.6	粗锉后加工
细齿锉	30～40	0.1～0.2	1.6～0.8	光表面和硬金属
油光锉	40～60	0.02～0.1	0.8～0.2	精加工时修光表面

2. 锉削操作

平面的锉削是最基本的锉削方法之一。主要有顺向锉、交叉锉和推锉。如图 9-9 所示。

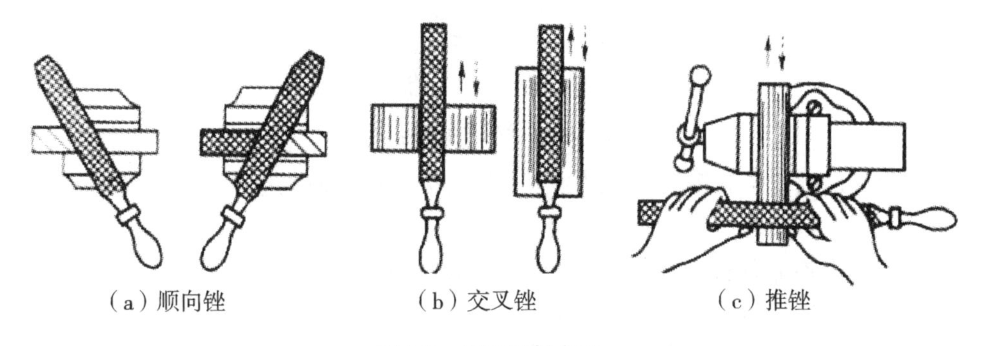

(a) 顺向锉　(b) 交叉锉　(c) 推锉

图 9-9 平面锉削方法

（1）顺向锉。顺着锉刀轴线方向的锉削，多用于精锉。

（2）交叉锉。先沿一个方向锉一遍，再转 90°锉削，这种锉削效率高，主要用于较大面积的粗锉。

（3）推锉。沿着垂直于锉刀轴线方向的锉削，多用于较窄表面的精锉。

检验锉削工件时，工件尺寸可用金属直尺、游标卡尺和外径千分尺等进行检查，直角和平面可用直角尺，根据是否能透过光线来检查，如图 9-10 所示。

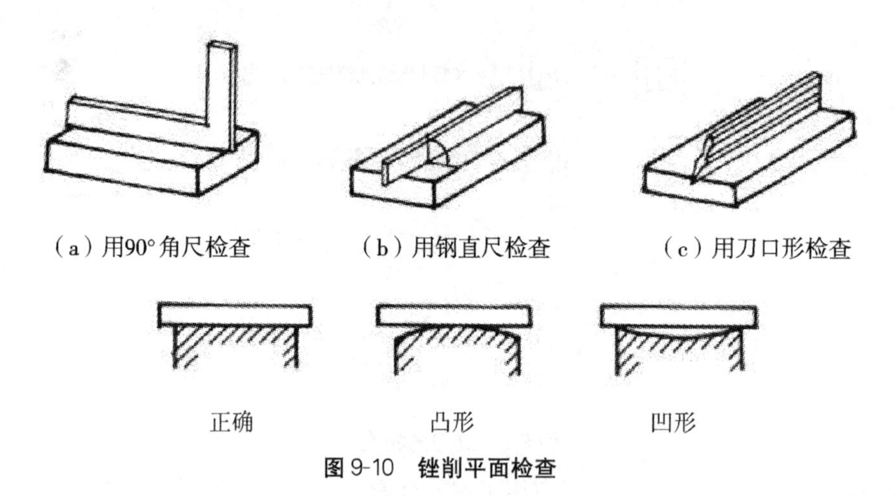

图 9-10　锉削平面检查

第四节　錾削

錾削是运用手锤锤击錾子，对金属材料进行切削加工的一种方法。錾削可用来加工平面、沟槽、切断金属以及清理铸件、锻件上的毛刺等。

一、錾削工具

錾子的种类如图 9-11 所示。

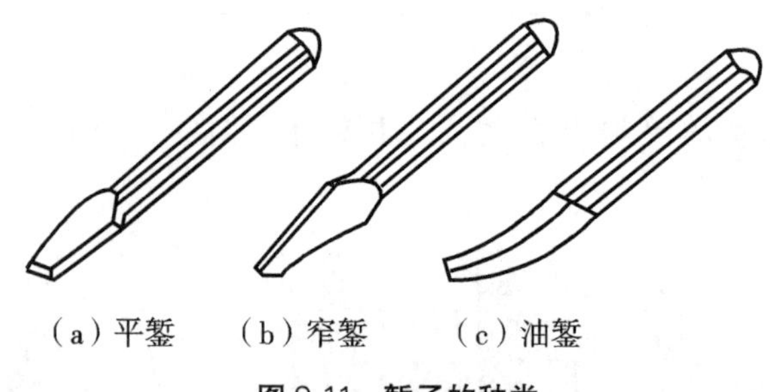

图 9-11　錾子的种类

錾子一般是用碳素工具钢锻造，经淬火、回火处理后，使之达到一定的硬度和韧性。常用的錾子有：

（1）平錾用于錾平面和切断材料，一般平錾刀宽为 10～15 mm。

（2）窄錾用于削沟槽，刀宽一般为 5～8 mm。

（3）油錾用于錾削润滑油槽，刀短呈圆弧形状。

锤子如图 9-12 所示，手锤用碳素工具钢制成，其规格是以锤头的质量表示，常用的有 0.25 kg、0.50 kg、0.75 kg 等几种手锤，全长约 300 mm。锤柄则用硬质木料制成。

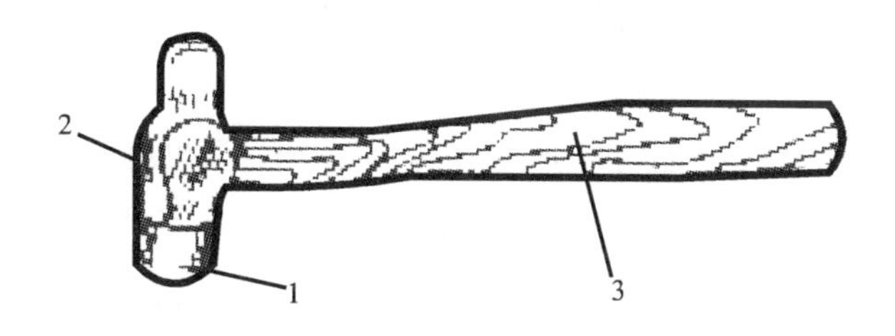

图 9-12　手锤

二、錾削的方法

錾削过程可分为起錾、錾削和錾出三个阶段。起錾时錾子要握平，刀口要贴紧工件；錾削时錾刀应与前进方向成 45°角，夹紧工件，锤柄不得松动，保持錾子的正确位置及前进方向；錾出前，当錾到接近工件尽头时，应调转工件，錾去余下部分，以免工件边缘棱角损坏。錾削方法如图 9-13 所示。

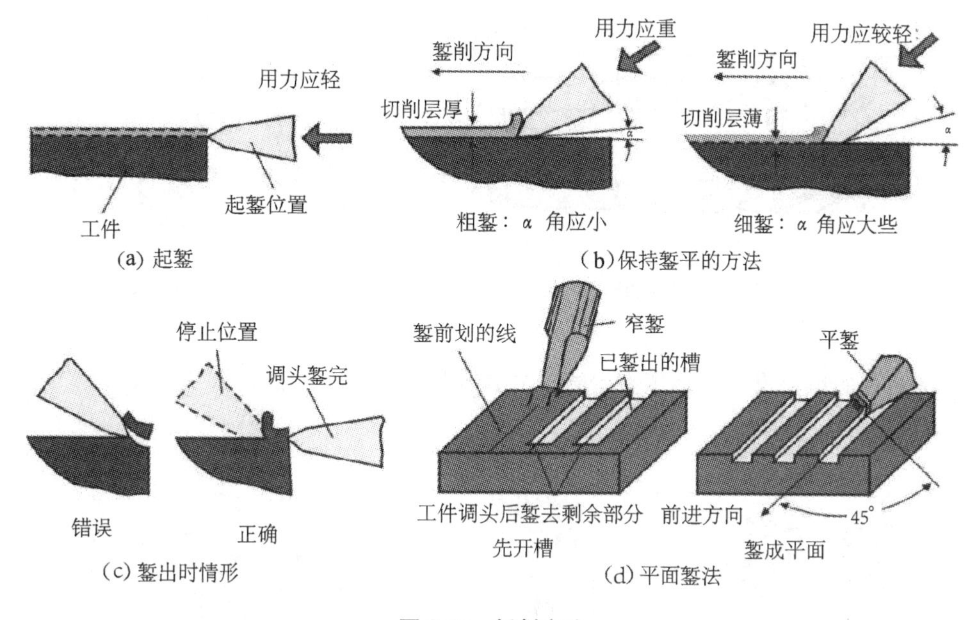

图 9-13　錾削方法

三、錾削时应注意的事项

錾削时应注意以下事项：

（1）錾削容易飞伤人，要注意自己及他人安全。

（2）平锤的锤头与锤柄间不应松动，锤击錾子的力不可时大时小。

（3）工件应夹紧，以避免在錾削时产生松动。

（4）錾头的毛边应及时磨去，以免伤手；也不可用手去摸錾削表面，免得沾上油，导致在锤击时打滑。

（5）錾削应稳握錾子，锤击力的作用线应与錾子中心线一致。錾大平面时，先用窄錾，再用宽錾。

第五节　钻削

用钻头在实体材料上加工孔的工艺过程称为钻削，钻削也称为钻孔，钻孔属粗加工一类。

一、钻削工具及设备

1. 钻头

钻头是钻孔的刀具，最常用的是麻花钻，它由切削部分、导向部分、颈部和柄部组成，如图 9-14 所示。麻花钻一般用高速钢制成，其工作部分（切削部分、导向部分）要经淬火处理，硬度达 62HRC 以上。

钻削时，工件固定不动，钻头旋转（主运动）并作轴向移动（进给运动），向深度钻削，如图 9-15 所示。

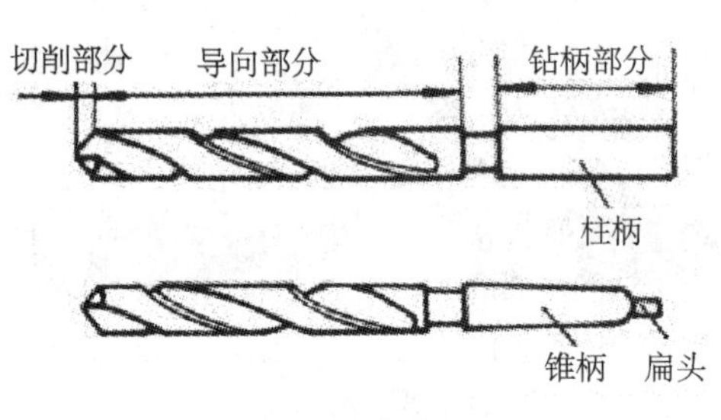

图 9-14　麻花钻

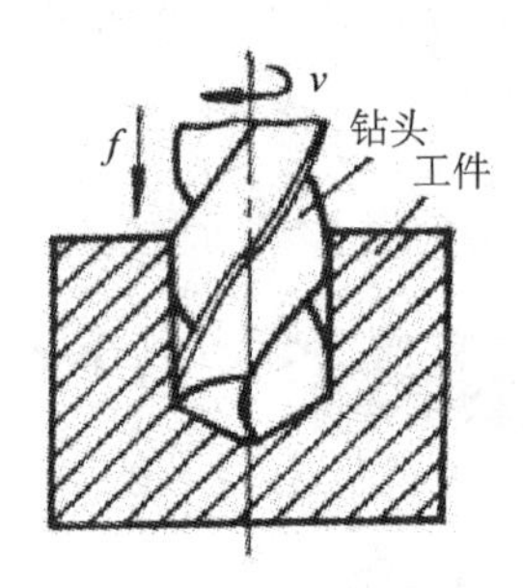

图 9-15　钻孔及钻削运动

2. 钻床

钻床是钻孔的重要设备，钻床有台式、立式和摇臂三种，如图 9-16 所示。

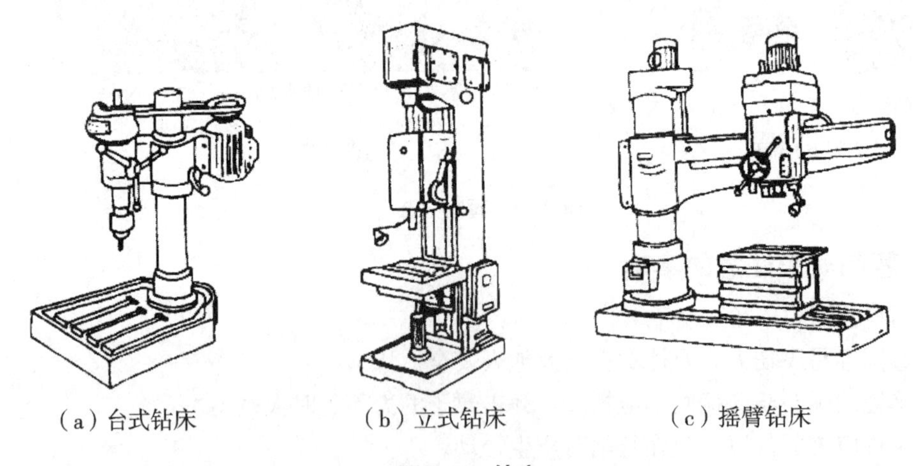

（a）台式钻床　（b）立式钻床　（c）摇臂钻床

图 9-16　钻床

加工孔径小于 12 mm 时，一般用台式钻床；立式钻床的钻孔直径小于 50 mm，适用中型工件的孔加工；大型工件的孔加工可用摇臂钻床。

二、钻削操作

按划线钻孔时，应在工件上划线确定中心，并在孔中心冲出样冲眼，使钻头易于对准中心。大量生产时可用钻模完成。钻孔时要夹紧钻头，并使其垂直于工件。钻较深的孔时要间歇进给，以利于排出切屑。为了降低切削温度，提高钻头耐用度，需要加切削液，孔径大于 30 mm 时，因为进给力很大，需分两次钻出孔。

第六节　扩孔、锪孔、铰孔

零件上孔的加工，除去一部分由车床、镗床、铣床和磨床等机床完成外，很大一部分是由钳工用各种钻床和钻孔工具完成的。钳工加工孔的方法一般指钻孔、扩孔、锪孔、铰孔和攻螺纹。

一、扩孔

用扩孔钻对铸出、锻出或钻出的孔进行扩大孔径的加工方法称为扩孔。它可以找正孔的轴线偏差，提高孔的质量，属半精加工方法。扩孔可作为最终加工和铰孔前的预加工。扩孔比钻孔加工质量高，主要是扩孔钻与麻花钻的结构不同。扩孔钻有 3～4 个切削刃，没有横刃，刚性好，对中性好，导向性好，切削平稳。扩孔钻的形状如图 9-17 所示。

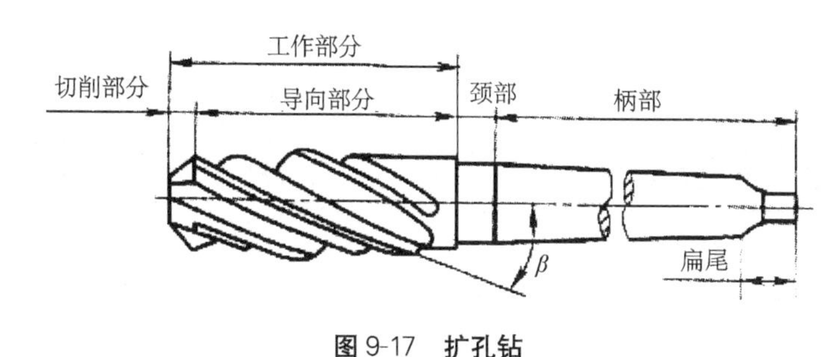

图 9-17　扩孔钻

扩孔钻的结构与麻花钻相比有以下特点：

(1) 刚性较好。由于扩孔的背吃刀量小，切屑少，扩孔钻的容屑槽浅而窄，钻芯直径较大，增加了扩孔钻工作部分的刚性。

(2) 导向性好。扩孔钻有 3～4 个刀齿，刀具周边的棱边数增多，导向作用相对增强。

(3) 切削条件较好。扩孔钻无横刃参加切削，切削轻快，可采用较大的进给量，生产率较高；又因切屑少，排屑顺利，不易刮伤已加工表面。

因此扩孔与钻孔相比，加工精度高，表面粗糙度值较低，且可在一定程度上校正钻孔的轴线误差。此外，适用于扩孔的机床与钻孔相同。

二、锪孔

在原有孔的孔口表面需要加工成圆柱形沉孔、锥形沉孔或凸台端面时，可用锪孔，如图 9-18 所示。

三、铰孔

铰孔是在半精加工基础上进行的一种精加工。使用铰刀铰孔，精度可达 IT8～IT7，表面粗糙度值为 0.8～1.6 μm。

铰刀分为手用铰刀和机用铰刀两种，其形状如图 9-19 所示，手用铰刀尾部为直柄，机用铰刀尾部为锥柄。一般铰刀有 6～12 个切削刃，刚度好，导向性好，切削余量小。铰刀的修光部分可起到修光和校准孔的作用。

机用铰刀尾部多为锥柄，装在车床或钻床上进行铰孔，应选较低的切削速度并选用合适的切削液。手用铰刀的切削部分较长，导向性好。用手用铰刀铰孔时，铰刀应垂直放入孔内，然后用铰杠转动铰刀，并施加较小的力实现进给。铰孔时不可反转，以免损坏刀具或刮伤孔壁。铰钢孔件时应加入全损耗系统用润滑油。铰孔及其切削运动如图 9-20 所示。

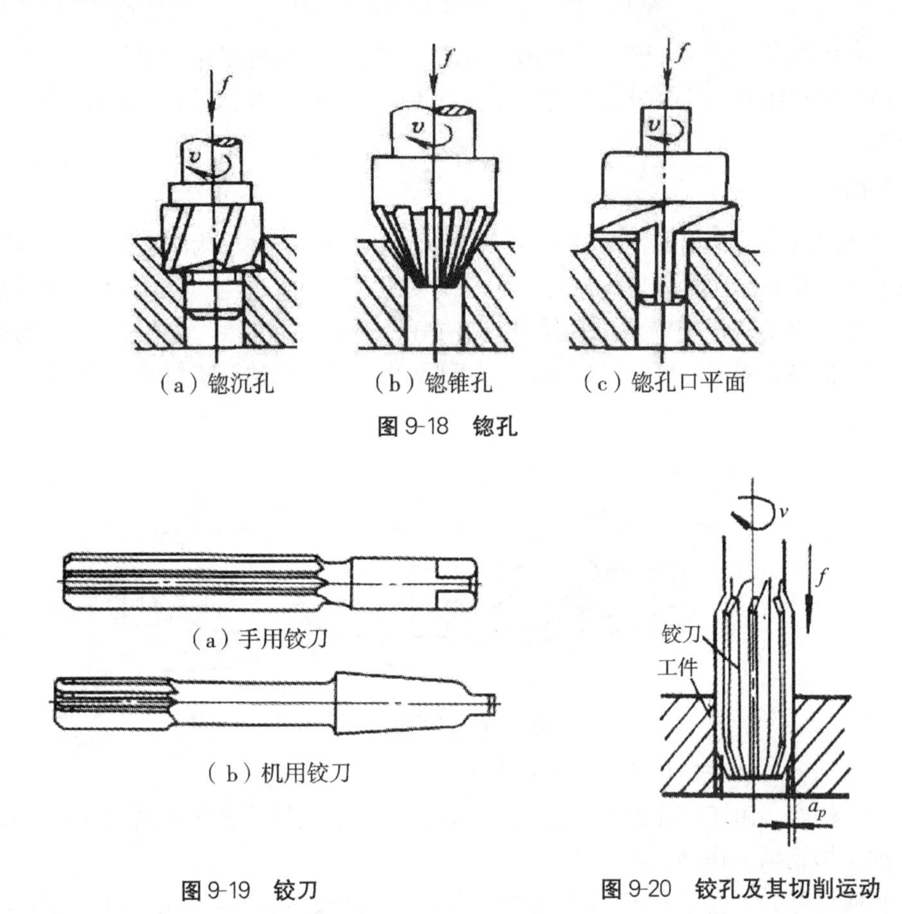

（a）锪沉孔　（b）锪锥孔　（c）锪孔口平面

图 9-18　锪孔

（a）手用铰刀

（b）机用铰刀

图 9-19　铰刀

图 9-20　铰孔及其切削运动

第七节　攻螺纹与套螺纹

一、攻螺纹

攻螺纹就是用丝锥（螺丝攻）在工件上加工出内螺纹的方法。

1. 丝锥

丝锥是切出内螺纹的刀具，由碳素工具钢或高速钢制造，结构如图 9-21 所示。M6～M24 手用丝锥多制成两支一套，小于 M6 或大于 M24，一般制成三支一套，称为头锥（头攻）、二锥（二攻）、三锥（三攻）。柄部有方头，用以套装入铰杠内传递力矩。一般丝锥先用头攻，再依次使用二攻、三攻。

攻螺纹前必须先钻孔。丝锥在切削时也有挤压作用，被挤压出来的材料嵌到牙间，甚至把丝锥轧住，加工塑性好的材料时尤其严重。因此钻孔直径应稍大于螺纹的内径，用经验公式计算钻头直径。

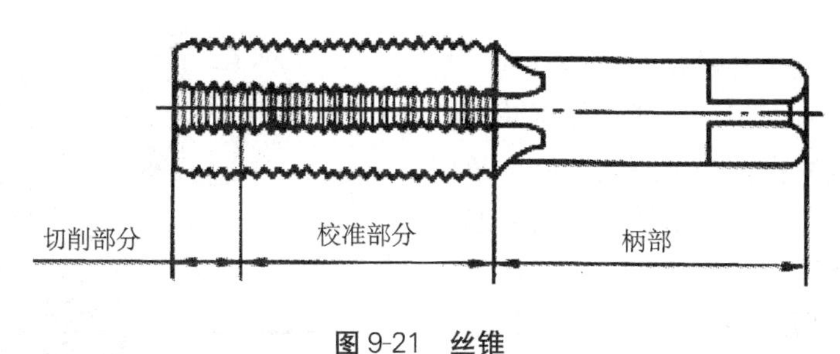

图 9-21　丝锥

加工钢料及塑性金属时，$D_0=D_1-P$；

加工铸铁及脆性金属时，$D_0=D_1-(1.05\sim1.1)P$

式中：D_0——螺纹底孔直径（mm）；

D_1——内螺纹公称直径（mm）；

P——螺距（mm）。

若孔为盲孔（不通孔），由于丝锥不能攻到底，所以钻孔深度要大于螺纹长度，钻孔深度一般取螺纹长度加 $0.7D_1$。

2. 攻螺纹操作方法

（1）钻削螺纹底孔。根据工件材料、螺纹公称直径和螺距确定螺纹底孔直径和钻孔深度。

（2）螺纹底孔孔口倒角。通孔螺纹的两端都要倒角，这样丝锥开始切削时容易切入，以免孔口螺纹牙崩裂。

（3）用头锥攻螺纹。开始时，用头锥垂直插入工件内，轻压绞杠旋入，待丝锥的切削锥切入工件底孔后，即可只转动、不施压。丝锥每转动 1 周应反转 1/4 周，以便于断屑。如图 9-22 所示。

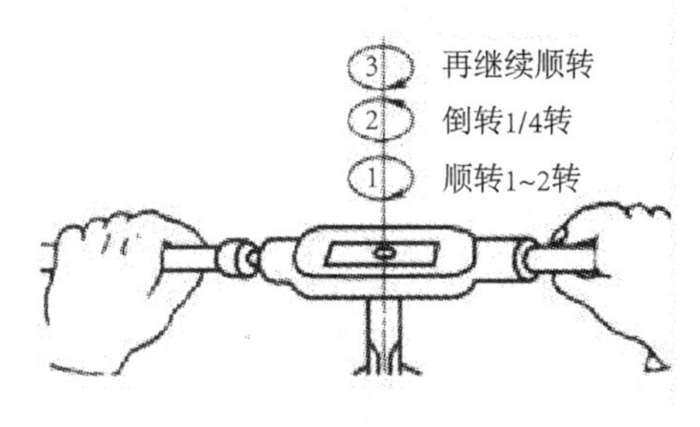

图 9-22　攻螺纹

（4）用二锥攻螺纹孔时，先将丝锥放入孔内，用手旋转几周后，再用铰杠转动。旋转铰杠时不需要加压。攻不通孔螺纹时，需要使用头锥、二锥才能达到所需要的深度。

3. 攻螺纹的注意事项

（1）螺纹底孔孔口应当倒角，便于丝锥切入，并防止孔口的螺纹牙崩裂。

（2）丝锥必须垂直切入工件。

（3）攻丝时要加切削液润滑，减小摩擦，延长丝锥使用寿命，提高螺纹的加工质量。

（4）机攻时，丝锥与螺纹孔必须同轴，丝锥的校准部分不可全部出头，否则反车退出时会产生乱扣。

（5）丝锥若断在孔内：① 应先将碎的丝锥块及切屑清除干净；② 用尖嘴钳拧出断丝锥，或用尖錾、样冲等工具，顺着丝锥旋出的方向敲击，以取出断丝锥；③ 当丝锥折断部分露在孔外且咬合很紧时，可将弯杆或螺母气焊在丝锥上部，扳动螺母或旋转弯杆将断丝锥带出；④ 用专用工具顺着丝锥旋出方向转动，取出断丝锥。

二、套螺纹

套螺纹就是用板牙在圆柱形的工件上加工出外螺纹的方法。

1. 板牙和板牙架

板牙是加工小直径外螺纹的成形刀具，是用合金工具钢9SiCr、9Mn2V或高速钢并经淬火回火制成的，有固定式和可调式两种，常用固定式圆板牙，并配以板牙架使用（图9-23）。板牙架是夹持板牙并带动板牙旋转的工具。

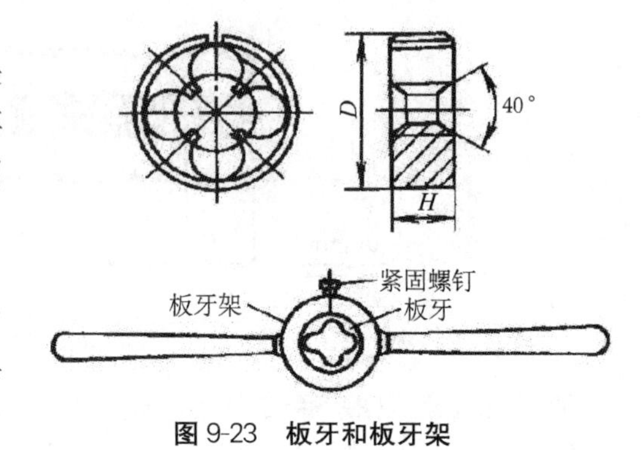

图9-23　板牙和板牙架

板牙的构造由切削部分、校准部分和排屑孔组成。板牙的形状像个圆螺母，只是上面钻有四个排屑孔，并形成刀刃。板牙两端是切削部分，作出60°锥角，当一端磨损后，可换另一端使用；中间部分是校准部分，主要起修光螺纹和导向作用。

2. 套螺纹前圆杆直径的确定

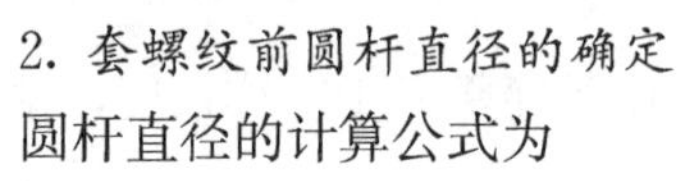

圆杆直径的计算公式为

$$d_0 = d - 0.13P$$

式中：d_0——圆杆直径（mm）；

d——外螺纹公称直径（mm）；

P——螺距（mm）。

3. 套螺纹操作方法

（1）圆杆加工。应根据经验公式加工圆杆直径，圆杆头部应倒角，如图9-24所示。

（2）套螺纹。套螺纹时板牙端面应与外圆柱轴线垂直，以防螺纹深浅不均匀。轻压板牙旋入1～2周，用直角尺或目测找正后，继续轻压旋入，待板牙切入3～4周后，即可只转动、不施压，以免损坏螺纹和板牙，同时还应经常反转，以便于断屑。操作方法参见图9-25。

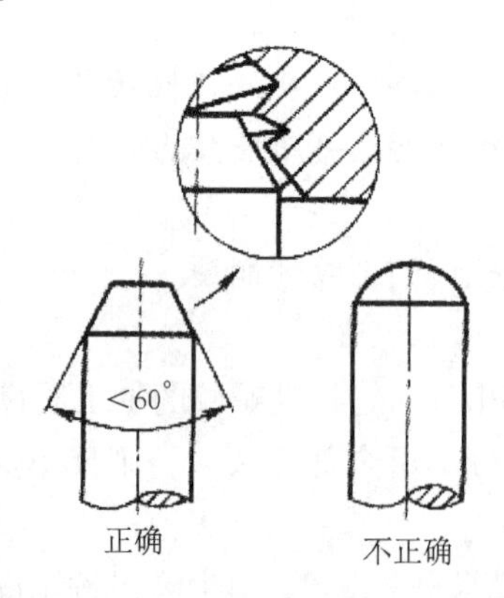

图9-24　圆杆倒角

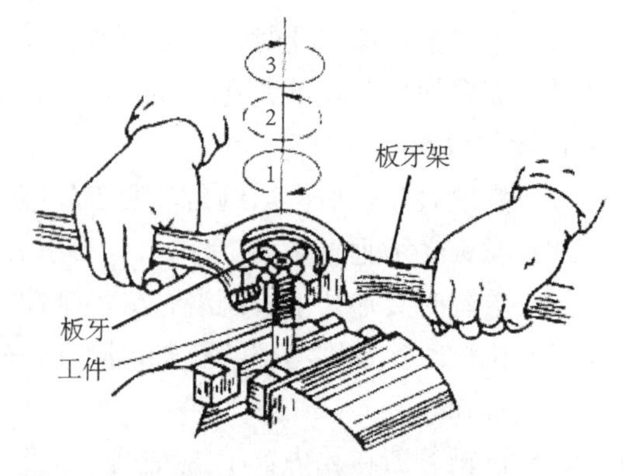

图9-25　套螺纹

第八节 装配

装配是将零件装配成为机器的过程。包括把几个零件安装在一起的组件装配，把零件和组件装配在一起的部件装配，以及零件、组件、部件的总装配；同时还包括修整、调试、试车等步骤，以达到机器运转的各项技术要求。装配是机器制造的最后工序，对机器的质量和使用寿命有重要的影响。

装配过程中经常会遇到零件间的联接与配合问题。

一、装配时联接的种类

1. 固定联接

（1）可拆的固定联接：螺纹、键、楔、销等。

（2）不可拆的固定联接：铆接、焊接、压合、冷热套、胶合等。

2. 活动联接

（1）可拆的活动联接：轴与轴承、溜板与导轨、丝杠与螺母等。

（2）不可拆的活动联接：任何活动联接的铆合。

二、配合的种类

（1）过盈配合。装配依靠轴与孔的过盈量，零件表面间产生弹性压力，是紧固的联接。

（2）过渡配合。零件表面间有较小的间隙或很小的过盈量，能保证配合件有较高的同心度，如滚动轴承的内圈与轴的配合等。

（3）间隙配合。零件表面间有一定的间隙，配合件间有符合要求的相对运动，如轴与滑动轴承的配合等。

三、典型零件的装配

以 Z515 型台钻主轴与滚动轴承的装配为例加以说明。

1. 装配前

洗净轴、轴承，检查滚动体应灵活，在装配表面涂上机油。

2. 装配时

应保证轴承的滚动体不受压力，配合面不能擦伤。轴承装在轴上时不能用锤子直接敲打轴承外圈，力应加在内圈上，参见图 9-26a。把轴承装入轴承座内孔时，力应加在轴承外圈上，参见图 9-26b，若压入工具能同时顶住内外环的端面压入，可同时把轴承压到轴颈和轴承座孔内，参见图 9-26c。

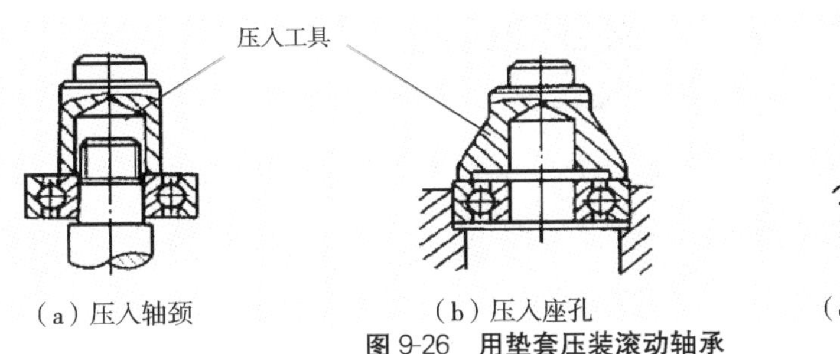

图 9-26 用垫套压装滚动轴承

3. 装配注意事项

（1）滚动轴承的一侧端面标有牌号或规格，应装在可见部位，便于检查、更换。

（2）轴承装在轴上和轴承座的孔内不能歪斜。

（3）装配后的滚动轴承应转动灵活、无噪音。

第九节　锤子制作步骤

一、手锤头的制作

锤子是学生工程训练钳工部分的典型零件。锤子（图 9-27）制作步骤集中了钳工中多种基本操作，如划线、锯削、锉削、钻孔等，操作步骤详见表 9-5。

1. 操作要求

通过制作小手锤操作实习，掌握划线、锉削、锯削和钻孔的操作技能。

2. 工具、量具、设备及材料

划针、划规、手锤、样冲、钢尺、直角尺、游标卡尺、手锯、锉刀、钻头、钻床、夹具及 45 钢。

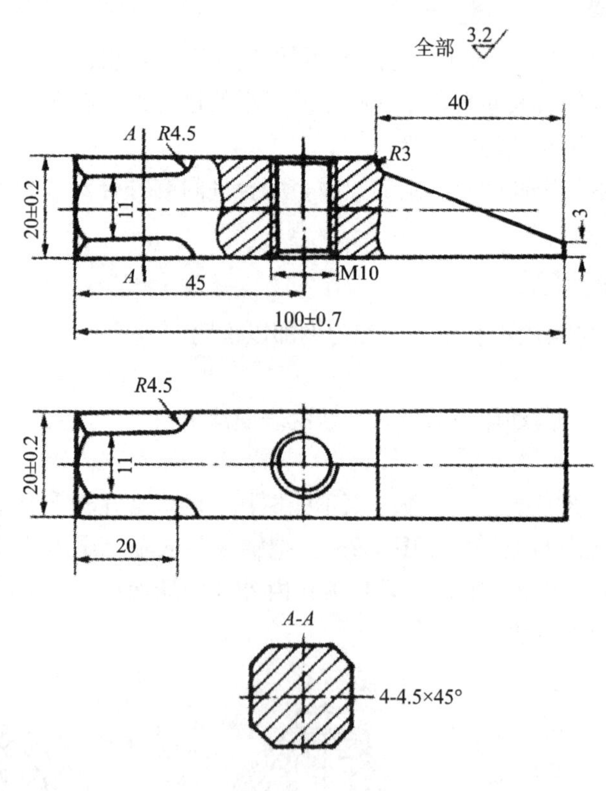

图 9-27　手锤头

手锤头制作步骤如表 9-5 所示。

表 9-5　手锤头制作步骤

操作序号	内容	加工简图	主要工具
(1) 备料	锯切 Φ32、长 103 mm 的 45 钢棒料	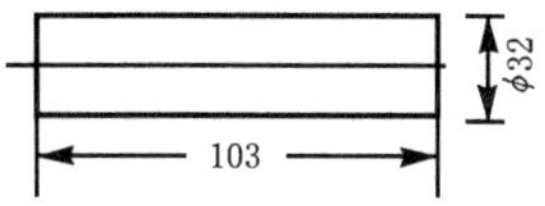 103; ϕ32	钢锯、钢尺
(2) 划线	在 Φ32 圆柱两端面上划 22×22 加工界线及中心线，打上样冲眼	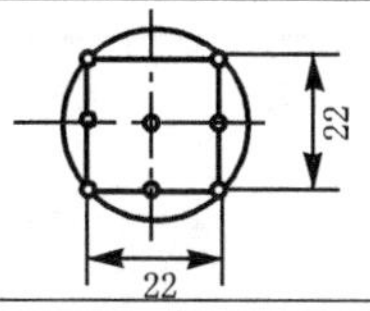 22; 22	划针盘、V 形铁、直角尺、样冲、手锤
(3) 锯切	锯切左右两对应面。要求锯痕整齐、锯切宽度不小于 20.5，平面应平直，对应面平行，邻边垂直	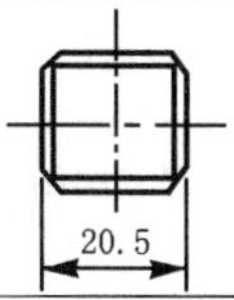 20.5	钢锯、钢尺、直角尺
(4) 锉削	锉削六个面。要求各面平直，对面平行，邻面垂直，断面成正方形，尺寸为 20±0.2，长度为 100±0.7	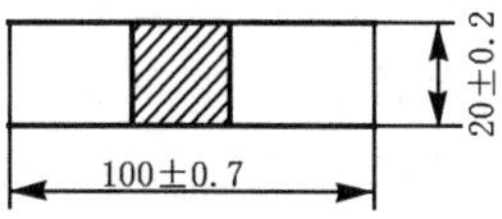 100±0.7; 20±0.2	粗平锉刀、游标卡尺、直角尺
(5) 划线	按零件图尺寸，划出全部加工界线，打上样冲眼	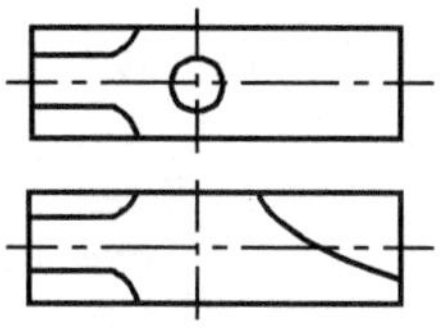	划针、划规、钢尺、样冲、手锤、划针盘（高度游标尺等）
(6) 锉削	锉削五个圆弧。圆弧半径应符合图纸要求	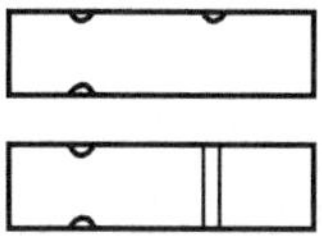	圆锉刀
(7) 锯切	锯切斜面。要求锯痕平整		钢锯
(8) 锉削	锉削四边斜角平面及大斜平面	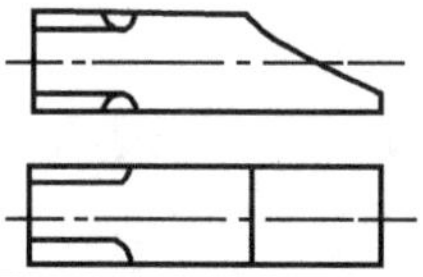	粗、中平锉刀
(9) 钻孔	用 Φ9 麻花钻钻孔，将孔钻穿及锪 1×45°锥坑		Φ9 麻花钻、90°锪钻
(10) 攻丝	攻 M10 内螺纹至穿孔为止	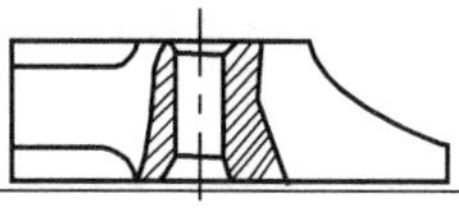	M10 丝锥
(11) 修光	用细平锉和砂布修光各平面，用圆锉和砂布修光各圆弧面		细平锉、圆锉、砂布
(12) 热处理	两头锤击部分硬度为 49～56HRC，心部不淬火；发黑		用硬度计检验硬度

二、手锤柄的制作

手锤柄的结构如图 9-28 所示。

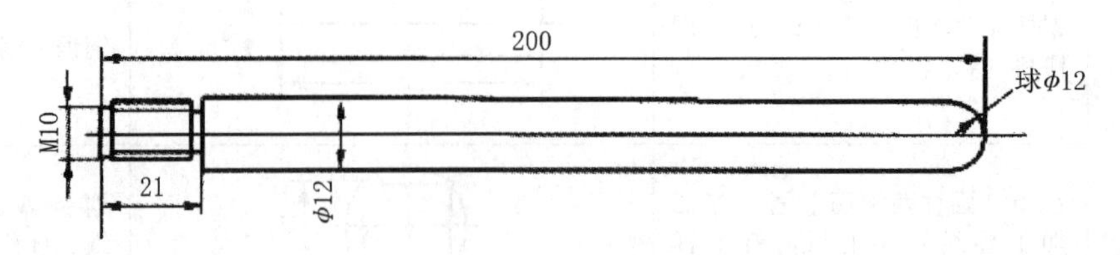

图 9-28　手锤柄

手锤柄的制作步骤如下：

（1）落料，锯切 Φ12，长 220 mm 的圆棒料。

（2）车外圆（在车床上进行），车一端外圆，尺寸为 Φ9.8×21，并倒角和割退刀槽。

（3）套螺纹，用板牙套 M10×21 棒料外螺纹。

（4）锉削，用平锉锉削棒料，另一端 Φ12 球面。

（5）修光（在车床上进行），用细平锉和砂布修光 Φ12 圆柱面。

（6）装配，将手锤柄螺丝端拧入手锤头螺孔内，然后用手锤轻敲手锤柄露出手锤头部分，填平倒角为止。再用平锉修光，砂布修光。

1. 钳工的基本操作内容包括哪些？
2. 为什么在加工前要对毛坯或半成品进行划线？
3. 锉削较硬材料时应选用何种锉刀？锉削铝、铜等软金属时应选用何种锉刀？
4. 在钻床上钻孔时的主运动和进给运动是什么？
5. 钻床的规格用什么表示？
6. 如何在斜面上钻孔？
7. 什么是划线基准？常用的划线基准有哪三种？
8. 锉削平面的方法有哪些？
9. 钻孔时加冷却润滑液的主要目的是什么？

第四篇

数 控 加 工

第十章　数控加工基础

随着科学技术的快速发展，对产品质量、加工精度的要求也越来越高。传统的加工设备和制造方法已很难适应这种多样化、柔性化以及复杂形状零件的高质量、高精度、高效率加工要求。因此，能有效解决复杂、精密、中小批量、多品种零件加工问题的数控加工技术得到了迅速发展和广泛应用，使制造技术发生了根本性的变化。

数控加工就是根据零件图样及工艺要求等原始条件，编制零件数控加工程序，并输入到数控机床的数控系统，以控制数控机床中刀具与工件的相对运动，从而完成零件的加工。

数控加工是综合了计算机、自动控制、电机、电气传动、测量、监控、机械制造等学科领域最新成果而形成的一门边缘科学技术。尤其是柔性制造系统的兴起，使得现代化数控加工技术向柔性化、高精度化、高可靠性、高一体化、网络化和智能化制造方向发展。在现代机械制造领域中，数控加工已成为核心技术之一，是实现柔性制造（FM）、计算机集成制造（CIM）、工厂自动化（FA）的重要基础技术之一。

数控加工方法常见的有数控车、数控铣、加工中心、数控磨、数控线切割、数控钻、数控冲压等多种加工方法，已广泛应用于机械、电子、国防、航天等各行各业，成为现代加工不可缺少的加工方法。

第一节　数控机床概述

一、数控机床的组成

数控机床是一个装有数字控制系统的机床。该系统能够处理加工程序，控制机床自动完成各种加工运动和辅助运动。现代数控机床综合应用了微电子技术、计算机技术、精密检测技术、伺服驱动技术以及精密机械技术等多方面的最新成果，是典型的机电一体化产品。

计算机数控系统由装有数控系统程序的专用计算机、输入/输出装置、数控系统、控制介质、主轴伺服及进给伺服单元、主轴驱动及进给驱动装置等组成。现代数控机床就是装备了计算机数控系统的机床，数控机床的种类很多，但任何一台数控机床基本由控制介质、数控系统、伺服系统、辅助控制装置、机床本体、辅助装置组成，如图 10-1 所示。

1. 控制介质

控制介质是将零件加工信息传送到控制装置的载体。不同类型的控制装置有不同的控制介质，以前的控制介质有穿孔纸带、穿孔卡、磁带等，现在常用的控制介质有磁盘或闪存等。功能较高的数控系统通常还带有自动编程机或者计算机辅助设计及计算机辅助制造系统。

2. 数控系统

数控系统是数控机床的核心，现代数控系统通常是一台带有专门系统软件的专用微型计算机，由输入装置、控制运算器和输出装置等构成。它接收控制介质上的数字化信息，经过控制软件或逻辑电路进行编译、运算和逻辑处理后，输出各种信号和指令控制机床的各个部分，进行规定、有序的动作。

3. 伺服系统

伺服系统是数控机床的执行部分，由驱动和执行两部分组成。它接收数控装置的指令信息，并按指令信息的要求控制执行部件的进给速度、方向和位移。指令信息是以脉冲信号发出的，每一脉冲使机床移动部件产生的位移量叫作脉冲当量。目前数控机床的伺服系统中，常用的位移执行机构有功率步进电动机、直流伺服电动机和交流伺服电动机，后两者均带有光电编码器等位置测量元件。

4. 辅助控制装置

辅助控制装置是介于数控装置和机床机械、液压部件之间的强电控制装置。它接收数控装置输出的主运动变速、刀具选择交换、辅助装置等指令信号，经编译、逻辑判断、功率放大后直接驱动相应的电气、液压、气动和机械部件，完成各种规定的动作。此外，有些开关信号经过它送入数控装置进行处理。

5. 机床本体

机床本体是数控机床的主体，是用于完成各种切削加工的机械部分，包括主运动部件、进给运动执行部件（如工作台、滑板）及其传动部件和支承部件（如床身、立柱等）。

6. 辅助装置

辅助装置的作用是配合机床完成对零件的辅助加工。它通常也是一个完整的机器或装置，如切削液或油液处理系统中的冷却过滤装置，油液分离装置，吸尘吸雾装置，润滑装置及辅助主机实现传动和控制的气、液动装置等。虽然在某些自动化或非数控精密机床上也配备使用了这些装置，但是数控机床要求配备装置的质量、性能更为优越，如从油质、水质、配方及元器件的挑选开始，一直到过滤、降温、动作等各个环节均从严要求。

除上述通用辅助装置外，从目前数控机床技术看，还有以下经常配备的几类辅助装置：对刀仪，自动编程机，自动排屑器，物料储运及上、下料装置，交流稳压电源等。随着数控机床技术的不断发展，其辅助装置也会逐步变化、扩展。

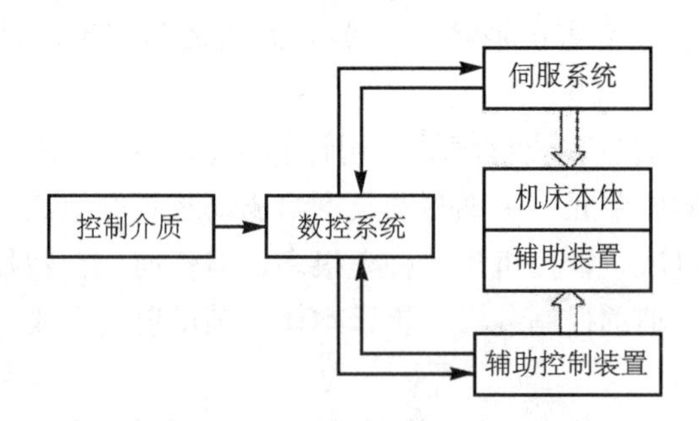

图 10-1 数控机床组成示意图

二、数控机床的工作原理

将事先编写好的零件加工程序通过数控机床操作面板手工输入，也可由计算机串行通信接口或 U 盘接口直接传输至机床数控系统。数控装置内的计算机对数据进行运算和处理，向主轴驱动单元和控制各进给轴的伺服装置发出指令。伺服装置向控制各个进给方向的伺服（步进）电动机发出电脉冲信号。主轴单元驱动电动机带动刀具旋转，进给伺服（步进）电动机带动滚珠丝杠使机床的工作台沿各轴方向移动，从而完成刀具对工件的加工。

三、伺服系统

1. 开环控制系统

这类机床的进给伺服驱动是开环的，即没有检测反馈装置，一般它的驱动电动机为步进电动机。步进电动机的主要特征是控制电路每变换一次指令脉冲信号，电动机就转动一个步距角，并且电动机本身就有自锁能力。其控制系统的框图如图 10-2 所示，数控系统输出的进给指令信号通过脉冲分配器来控制驱动电路，它以变换脉冲的个数来控制坐标位移量，以变换脉冲的频率来控制位移速度，以变换脉冲的分配顺序来控制位移的方向。因此，这种控制方式的最大特点是控制方便、结构简单、价格便宜。数控系统发出的指令信号流是单向的，所以不存在控制系统的稳定性问题，但由于机械传动的误差不经过反馈校正，故位移精度不高。早期的数控机床均采用这种控制方式，故障率比较高，目前由于驱动电路的改进，使其仍得到了较多的应用。尤其是在我国，一般经济型数控系统和旧设备的数控改造多采用这种控制方式。另外，这种控制方式可以配置单片机或单板机作为数控装置，使得整个系统的价格比较低。

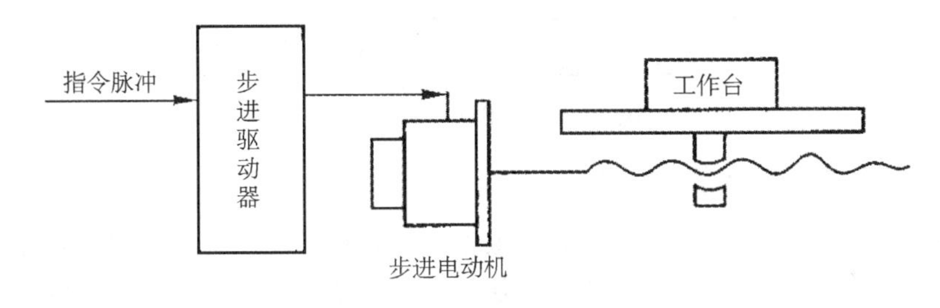

图 10-2　开环控制系统

有的数控机床上进给伺服驱动的电动机可采用直流或交流两种伺服电动机，并需要配置位置反馈和速度反馈，在加工中随时检测移动部件的实际位移量，并及时反馈给数控系统中的比较器，它与插补运算所得到的指令信号进行比较，其差值又作为伺服驱动的控制信号，进而带动位移部件以消除位移误差。按位置反馈检测元件的安装部位和所使用的反馈装置的不同，分为闭环和半闭环两种控制方式。

2. 闭环控制系统

闭环控制的数控机床如图 10-3 所示，其位置反馈装置采用直线位移检测元件（目前一般采用光栅尺），安装在机床的床鞍部位，即直接检测机床坐标的直线位移量，通过反馈可以消除从电动机到机床床鞍的整个机械传动链中的传动误差，从而得到很高的机床静态定位精度。但是，由于在整个控制环内，许多机械传动环节的摩擦特性、刚性和间隙的非线性，并且整个机械传动链的动态响应时间与电气响应时间相比又非常大，这给整个闭环系统的稳定性校正带来很大困难，系统的设计和调整也都相当复杂，因此这种闭环控制方式主要用于精度要求很高的数控坐标镗床、数控精密磨床等。

3. 半闭环控制系统

如图 10-4 所示，其位置反馈采用转角检测元件（目前主要采用编码器等），直接安装在伺服电动机或丝杠端部。由于大部分机械传动环节未包括在系统闭环环路内，因此可获得较稳定的控制特性。丝杠等机械传动误差不能通过反馈来随时校正，但是可采用软件定值补偿方法来适当提高其精度。目前，大部分数控机床采用半闭环控制方式。

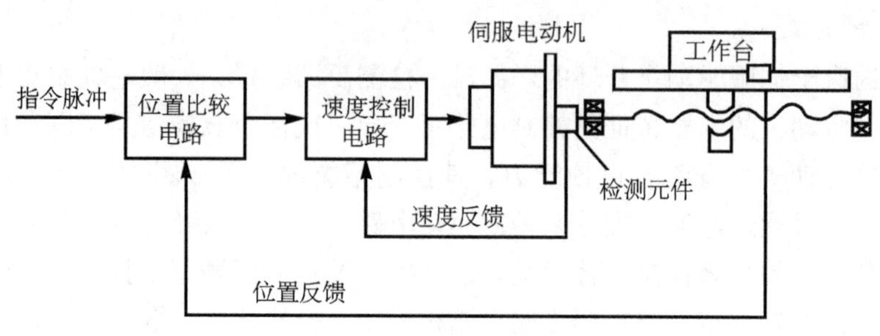

图 10-3　闭环控制系统

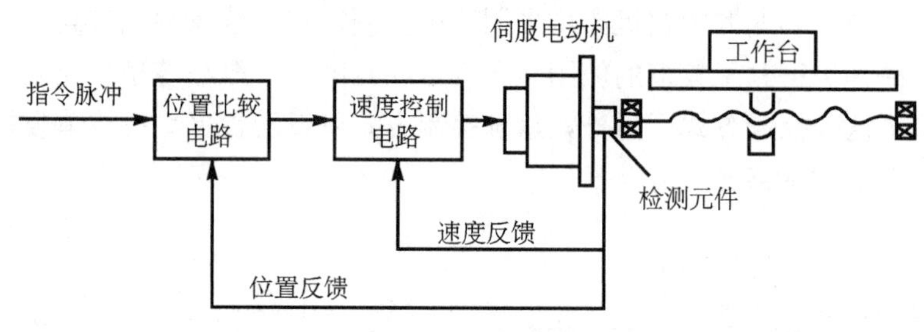

图 10-4　半闭环控制系统

四、数控机床的基本结构特征

由数控机床的组成可知，其与普通机床最主要的差别有两点：一是数控机床具有“指挥系统”——数控系统；二是数控机床具有执行运动的驱动系统——伺服系统。

就机床本体来讲，数控机床与普通机床大不相同，从外观上看，数控机床虽然也有普通机床都有的主轴、床身、立柱、工作台、刀架等机械部件，但在设计上已发生了巨大的变化，主要表现在：

（1）机床刚性大大提高，抗振性能大为改善。如采用加宽机床导轨面、改变立柱和床身内部布肋方式、动平衡等措施。

（2）机床的热变形减小。一些重要部件采用强制冷却措施，如有的机床采取了切削液通过主轴外套筒的办法保证主轴处于良好的散热状态。

（3）机床传动结构简化，中间传动环节减少。如用一、二级齿轮传动或“无隙”齿轮传动代替多级齿轮传动，有些结构甚至取消了齿轮传动。

（4）机床各运动副的摩擦因数较小。如用精密滚珠丝杠代替普通机床上常见的滑动丝杠，用塑料导轨或滚动导轨代替一般滑动导轨。

（5）机床功能部件增多。如用多刀架、复合刀具或多刀位装置代替单刀架，增加了自动换刀（换砂轮、换电极、换动力头等）装置，实现自动换刀工作台、自动上下料、自动检测等。

五、数控机床的主要性能指标

数控机床的主要性能指标包括运动性能指标、精度指标、可控轴数与联动轴数。

1. 数控机床的运动性能指标

数控机床的运动性能指标主要包括主轴转速、进给速度、坐标行程、摆角范围、刀库容量及换刀时间等。

(1) 主轴转速

数控机床主轴一般采用直流或交流电动机驱动，选用高速精密轴承支承，具有较宽的调速范围和较高的回转精度、刚度及抗振性。目前数控机床主轴转速已达到 5 000～10 000 r/min，甚至更高，这对提高加工质量和各种小孔加工极为有利。

(2) 进给速度

进给速度是影响加工质量、生产效率和刀具寿命的主要因素，它受数控装置的运算速度、机床动态特性及刚度等因素限制。目前，数控机床的进给速度可达到 10～30 m/min，快速定位速度可达 20～120 m/min。

(3) 坐标行程

数控机床坐标轴 X、Y、Z 等的行程大小构成数控机床的空间加工范围，即加工零件的大小。行程是直接体现机床加工能力的指标参数。数控车床有最大回转直径、最大车削直径等指标参数；数控铣床有工作台尺寸、工作台行程等指标参数；有些加工中心的主轴还可以在一定范围内摆动，其摆角大小也直接影响加工零件空间部位的能力。

(4) 刀库容量和换刀时间

刀库容量和换刀时间对数控机床的生产效率有直接影响。刀库容量指刀架位数或刀库能存放刀具的数量，目前常见的小型加工中心的刀库容量为 16～60 把，大型加工中心的可达 100 把以上。换刀时间是指将正在使用的刀具与装在刀库上的下一工序需用的刀具进行交换所需要的时间，目前一般数控机床的换刀时间为 5～10 s，高档机床的换刀时间仅为 2～3 s。

2. 数控机床的精度

(1) 定位精度和重复定位精度

定位精度是指数控机床工作台等移动部件实际运动位置与指令位置的一致程度，其不一致的误差量即为定位误差。定位误差包括伺服系统、检测系统、进给系统等的误差，还包括移动部件导轨的几何误差等。定位误差将直接影响零件加工的位置精度。

重复定位精度是指在同一台数控机床上，应用相同程序、相同代码加工同一批零件，所得到的连续结果的一致程度。重复定位精度受伺服系统特性、进给系统的间隙与刚性以及摩擦特性等因素的影响。一般情况下，重复定位精度是呈正态分布的偶然性误差，它影响一批零件加工的一致性，是一项非常重要的性能指标。

(2) 分辨率与脉冲当量

分辨率是指可以分辨的最小位移间隔。对测量系统而言，分辨率是可以测量的最小位移；对控制系统而言，分辨率是可以控制的最小位移增量。

脉冲当量是指数控装置每发出一个脉冲信号，机床位移部件所产生的位移量。脉冲当量是设计数控机床的原始数据之一，其数值的大小决定数控机床的加工精度和表面质量。目前，普通数控机床的脉冲当量一般为 0.00 1 mm，简易数控机床的脉冲当量一般为 0.01 mm，精密或超精密数控机床的脉冲当量一般为 0.000 1 mm。脉冲当量越小，数控机床的加工精度和加工表面质量越高。

(3) 分度精度

分度精度是指分度工作台在分度时，理论要求回转的角度值与实际回转的角度值的差值。分度精度既影响零件加工部位在空间的角度位置，也影响孔系加工的同轴度等。

3. 数控机床的可控轴数与联动轴数

可控轴数是指数控系统能够控制的坐标轴数目。该指标与数控系统的运算能力、运算速度以及内存容量等有关。目前，高档数控系统的可控轴数已多达40轴。

联动轴数是指按照一定的函数关系同时协调运动的轴数，目前常见的有二轴联动、二轴半联动、三轴联动、四轴联动、五轴联动等。联动轴数越多，其空间曲面加工能力越强。如五轴联动数控加工中心可以用来加工宇航中使用的叶轮、螺旋桨等零件。

六、数控机床工作环境的要求

为了保持稳定的数控机床加工精度，工作环境必须满足：

(1) 稳定的机床基础。做机床基础时一定要将基础表面找平抹平，若基础表面不平整，机床调整时会增加不必要的麻烦；做机床基础要同时预埋好各种管道。

(2) 适宜的环境温度，一般为10～30 ℃。

(3) 空气流通，无尘、无油雾和金属粉末。

(4) 适宜的湿度，不潮湿。

(5) 电网满足数控机床正常运行所需总容量的要求，电压波动范围为85%～110%。

(6) 良好的接地，接地电阻为4～7 Ω。

(7) 抗干扰，远离强电磁干扰，如焊机、大型吊车、高中频设备等。

(8) 远离振动源。高精度数控机床做基础时要有防震槽，防震槽中一定要填充砂子或炉灰。

第二节　数控机床坐标系

一、命名原则

机床在加工零件时可以是刀具移向工件，也可以是工件移向刀具。为了根据图样确定机床的加工过程，规定：永远假定刀具相对于静止的工件坐标运动。

二、机床坐标系

为了确定机床的运动方向、移动的距离，要在机床上建立一个坐标系，此坐标系即标准坐标系，也叫机床坐标系。在编制程序时，以该坐标系来规定运动的方向和距离。

机床坐标系是机床上固有的基本坐标系。数控机床的坐标系采用右手笛卡儿坐标系，如图10-5所示。基本坐标轴为X、Y、Z轴，与机床的主要导轨平行。基本坐标轴X、Y、Z轴之间的关系及其正方向用右手直角定则判定：拇指为X轴，食指为Y轴，中指为Z轴，其正方向为各手指的指向，并分别用$+X$、$+Y$、$+Z$表示。

围绕X、Y、Z各轴的旋转运动坐标分别为A、B、C轴，其正方向用右手螺旋定则判定，即拇指指向X、Y、Z轴的正方向，四指弯曲的方向为对应各轴的旋转正方向，并分别用$+A$、$+B$、$+C$表示。

机床坐标系X、Y、Z轴的判定顺序为：先判定Z轴，再判定X轴，最后按右手定则判定Y轴；增大刀具与工件之间距离的方向为坐标轴运动的正方向。坐标轴的判定方法具体说明如下。

1. Z轴

由传递切削力的主轴决定，与主轴轴线平行的坐标轴为Z轴，刀具远离工件的方向为Z轴的正方向，如图10-6～图10-8所示。坐标轴中，$+X$、$+Y$、$+Z$（或$+A$、$+B$、$+C$）表示刀具相对于工件运动的正方向，带“′”的表示工件相对于刀具运动的正方向。

2. X轴

平行于工件装夹平面的坐标轴为X轴，刀具远离工件的运动方向为X轴的正方向。X轴一般是水平的，工件旋转的机床（如车床、磨床等），X轴为工件的径向，如图10-6所示；刀具旋转的立式机床（如立式铣床、钻床等），从机床主轴向立柱看，右侧方向为X轴的正方向，如图10-7所示；刀具旋转的卧式机床，从机床主轴向工件看，右侧方向为X轴的正方向，如图10-8所示。

3. Y轴

Y坐标轴垂直于X、Z轴，当X、Z轴确定后，按笛卡儿直角坐标右手定则判断Y轴及其正方向。

4. 旋转运动轴

A、B、C轴。A、B、C轴的轴线对应地平行于X、Y、Z轴，它们旋转运动的正方向对应地表示在X、Y、Z轴正方向上，并按照右旋螺旋定则判定。

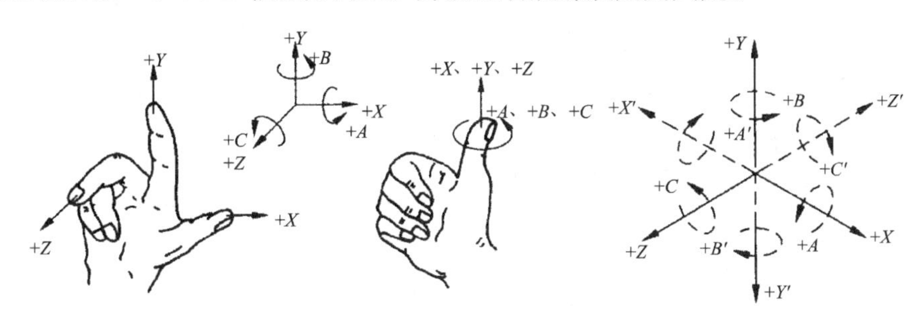

图10-5　右手笛卡儿坐标系

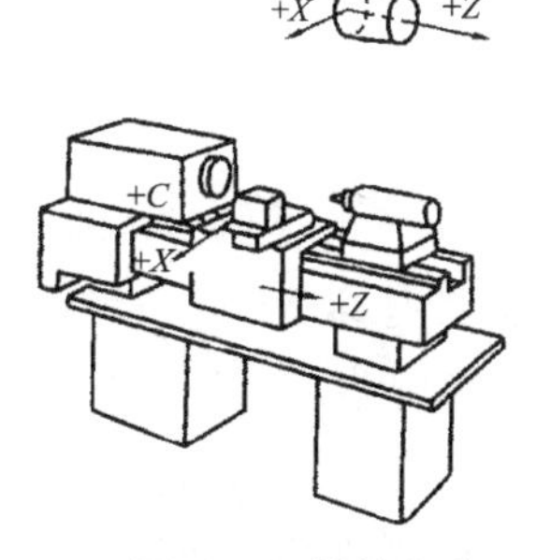

图10-6　数控车床

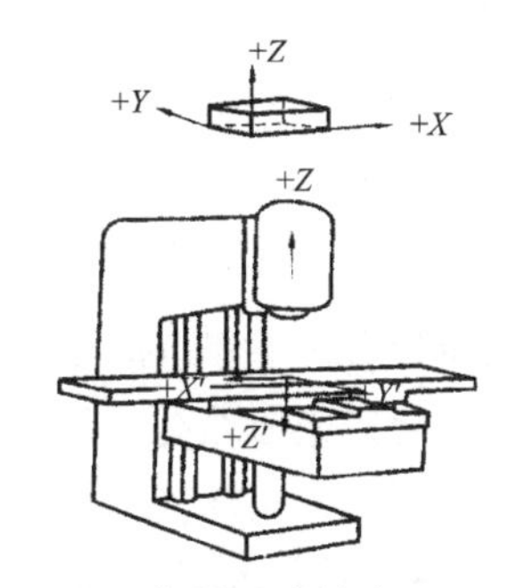

图10-7　数控立式铣床

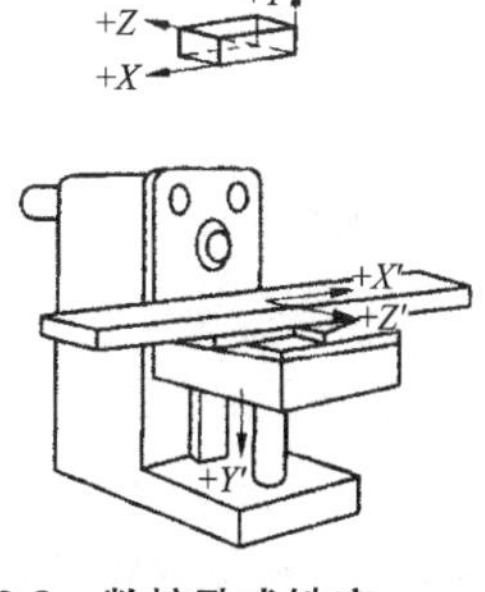

图10-8　数控卧式铣床

三、工件坐标系

工件坐标系是编程时使用的坐标系，又称为编程坐标系。编程时首先要根据被加工零件的几何形状和尺寸，在零件图上设定工件坐标系，使零件图上的所有几何元素在坐标系中都有确定的位置，为编程提供轨迹坐标和运动方向。

工件坐标系的坐标轴根据工件在机床上的安装位置和加工方法而确定。一般工件坐标系的 Z 轴要与机床坐标系的 Z 轴平行，且正方向一致，与工件的主要定位支撑面垂直；工件坐标系的 X 轴选择在零件尺寸较大或切削时的主要进给方向上，且与机床坐标系的 X 轴平行，正方向一致；工件坐标系的 Y 轴可根据右手定则确定。

四、坐标系原点及参考点

1. 机床坐标系原点

机床坐标系的原点也称机床原点、机械原点或零点。机床原点是由机床制造商在制造机床时设置的固定坐标系的原点，是在机床装配、调试时确定下来的，是机床加工的基准点，同时也是建立其他坐标系和设定参考点的基准点。机床启动时通常都要回零，即运动部件回到一个固定的位置，从而建立起机床坐标系。机床原点的作用是使机床与控制系统同步，建立测量机床运动坐标的起始位置。

数控车床的机床原点一般取在卡盘端面与主轴轴心线的交点处；数控铣床的机床原点位置各生产厂家不一致，有的设置在机床工作台中心，有的设置在进给行程范围的终点，如图 10-9 所示。

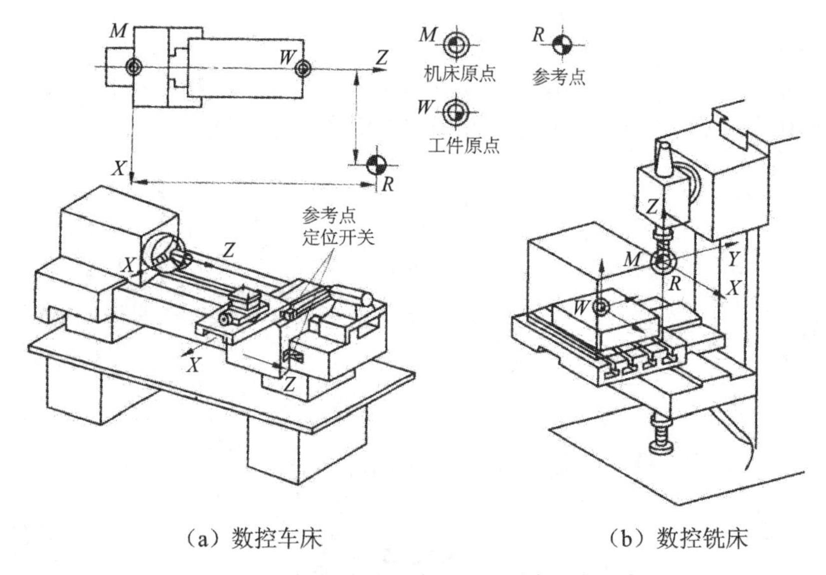

（a）数控车床　　（b）数控铣床

图 10-9　数控机床的机床坐标系原点及参考点

2. 机床参考点

机床参考点也称基准点，具有增量位置测量系统的数控机床一般都具有参考点。参考点是数控机床工作区确定的一个固定点，与机床原点有确定的尺寸联系。参考点在机床坐标系中，以硬件方式用固定挡块或限位开关限定各坐标轴的位置来实现定位，并通过精确测量指定参考点到机床原点的距离。因此，这样的参考点称为硬参考点。机床每次通电后都要进行回参考点操作，数控装置通过参考点确认机床原点的位置，从而建立机床坐标系。

参考点的位置可以通过调整固定挡块或限位开关（见图 10-9）的位置来改变，但改变后必须重新精确测量并修改机床参数。有些数控机床的参考点是根据刀具在机床坐标系中的位置设定的，这样的参考点又称为软参考点。软参考点的位置可以根据加工零件的不同而变化，但在同一零件的加工过程中，软参考点的位置设定后不能改变。

机床参考点通常设置在各坐标轴的正向最大行程处，该点至机床原点在其进给轴方向上的距离在机床出厂时已准确确定。对于数控车床，参考点是车刀退离主轴端面和中心线最远处的一个固定点，数控铣床的参考点通常与机床原点重合。

3. 工件原点

工件原点即工件坐标系原点，也称编程原点。工件原点是编程时定义在工件上的几何基准点，该点在机床坐标系中的位置可通过 G 代码来设置。工件原点要根据编程计算方便、机床调整方便、对刀方便以及工件的特点来确定，一般应选择在零件的设计基准、工艺基准或精度要求较高的工件表面上。对于几何元素对称的零件，工件原点应设在零件的对称中心上；对于一般零件，工件原点应设在零件外轮廓的某一角上，Z 轴方向的原点一般设在零件的上表面或端面上，如图 10-9 所示。编程时，以零件图上所选择的某一点为原点建立工件坐标系，编程尺寸均按工件坐标系中的尺寸给定，按工件坐标系进行编程。

五、数控两坐标和多坐标加工

在数控机床中，机床的相关部件要进行位移量控制，故需要建立坐标系，以便分别进行控制。目前大多数采用直角坐标系。一台数控机床，所谓的坐标系是指有几个运动采用了数字控制。图 10-10a 所示为一台数控车床，X 和 Z 方向的运动采用了数字控制，所以是一台两坐标数控车床；图 10-10b 所示的数控铣床是 X、Y、Z 三个方向都能进行数字控制，因此它就是一台三坐标数控铣床；有些数控机床的运动部件较多，在同一坐标轴方向上会有两个或更多的运动是数字控制的，所以还有四坐标、五坐标数控机床，如图 10-10c、d 所示。

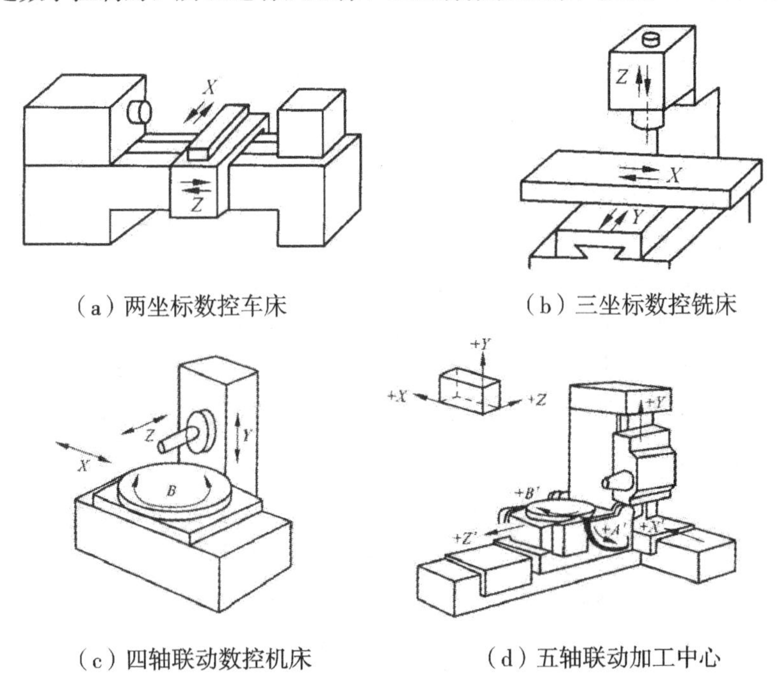

（a）两坐标数控车床　（b）三坐标数控铣床

（c）四轴联动数控机床　（d）五轴联动加工中心

图 10-10　数控机床

需要注意的是，机床的坐标数不能与“两坐标加工”“三坐标加工”相混淆。图 10-10b 是一台三坐标数控铣床，若控制机只能控制任意两坐标联动，则只能实现两坐标加工，如图 10-11 所示。有时相对于一些简单立体型面，也可采用这种机床加工，即某两个坐标联动，另一个坐标周期进给，将立体型面转化为平面轮廓加工，此即所谓两坐标联动的三坐标机床加工，也称为“两轴半（2.5 轴）坐标加工”。若控制机能控制三个坐标联动，则能实现三坐标加工，如图 10-12 所示。

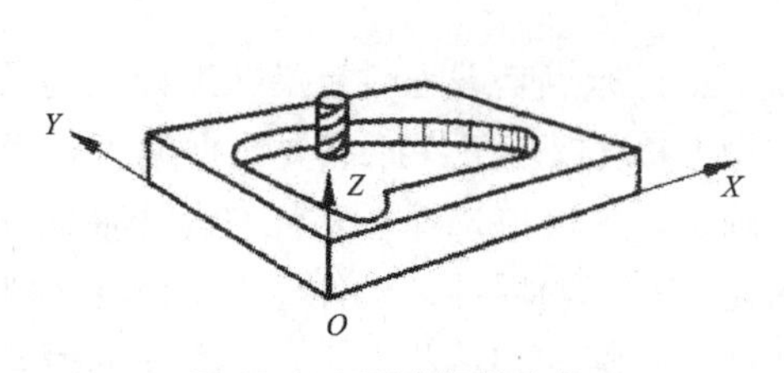

图 10-11　两坐标轮廓加工

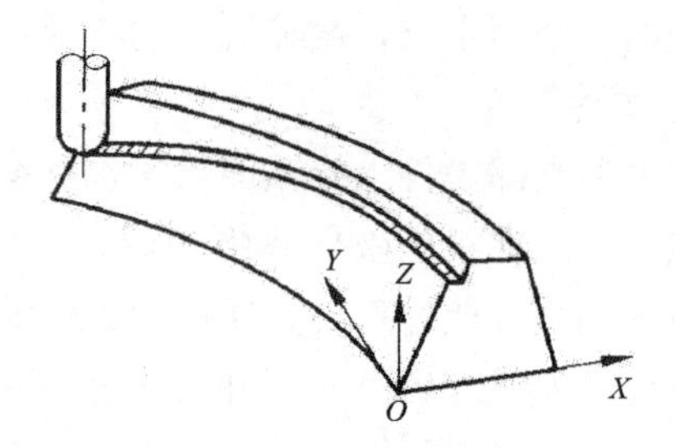

图 10-12　三坐标曲面加工

第三节　数控加工编程

一、基本信息

1. 插补

一个零件的形状往往看起来很复杂，实际上大多数是由一些简单几何元素，如直线、圆弧等构成。数控机床如何加工出直线、圆弧呢？如加工如图 10-13 所示的一段圆弧，已知条件仅是该圆弧的起点 A 和终点 B 的坐标、圆心坐标及半径 R，要想把圆弧段 AB 光滑地描绘出来，必须把圆弧段 A、B 之间各个点的坐标值计算出来，把这些点填补到 A、B 之间。通常把这种“填补空白”的工作称为插补，把计算插补点的运算称为插补运算，把实现插补运算的装置称作插补器。

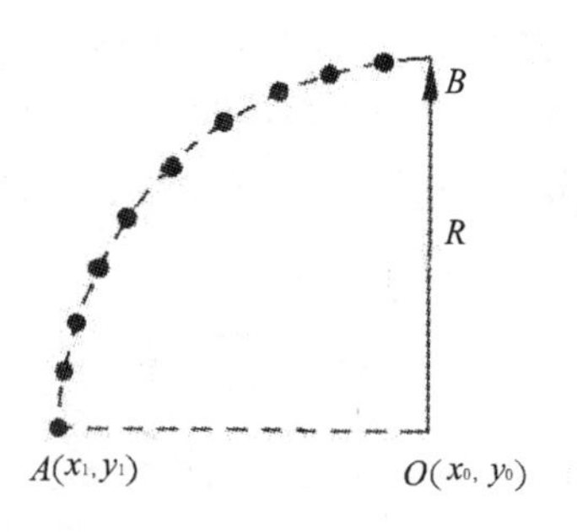

图 10-13　“插补”概念

从图 10-14 中可清楚地看出，在加工直线、圆弧等的轮廓控制中，刀具中心从 A 到 B 点移动时，仅仅是寻求格点（即以每个脉冲当量使工作台产生最小移动量的单位运动的合成）来实现刀具移动的。所以不可能没有丝毫偏离地寻走平滑直线或圆弧，也就是在寻走平滑直线或圆弧时，是通过如图 10-14a、b 那样非常接近于平滑直线或圆弧的格点的单位运动使其逼近于轮廓线的。

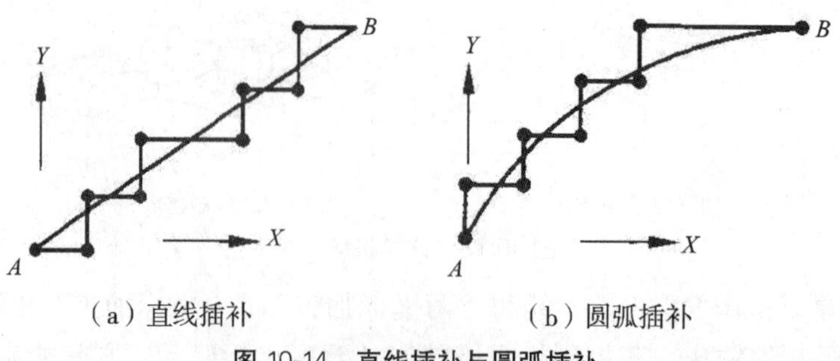

图 10-14　直线插补与圆弧插补

2. 编程

数控编程是数控加工的关键步骤。数控编程的主要内容有：分析图纸技术要求并进行工艺设计，以确定加工方案，选择合适的机床、刀具、夹具，确定合理的走刀路线及切削用量等；建立工件的几何模型、计算加工过程中刀具相对工件的运动轨迹；按照数控系统可接受的程序格式，编写零件加工程序，然后对加工程序进行校验、测试和修改，直至得到合格的加工程序。

一般情况下数控编程主要包括以下内容：分析零件图、确定加工工艺、数值计算、编写零件加工程序、程序录入、程序检验及零件试切、加工，如图 10-15 所示。

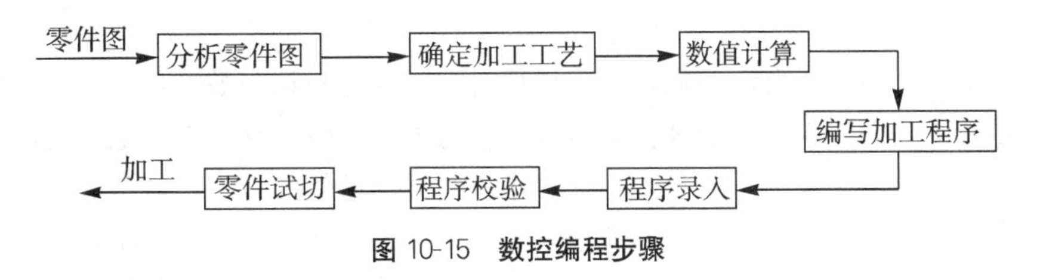

图 10-15 数控编程步骤

二、数控系统

目前，数控机床常用的控制系统主要有 FANUC、SIEMENS、OKUMA、MITSUBISHI、MAZAK、华中数控、广州数控等系统，其代码、编程语言相近，但各系统也有不同之处。本教材以 FANUC 数控系统举例。FANUC 系统早期有 3 系列系统及 6 系列系统两种，现有 0、10/11/12、15、16、18、21 系列等，而应用最广的 FANUC 系统如下：

0D 系列：0-TD 用于车床；0-MD 用于铣床及小型加工中心；0-GCD 用于圆柱磨床；0-GSD 用于平面磨床；0-PD 用于冲床。

0C 系列：0-TC 用于普通车床、自动车床；0-MC 用于铣床、钻床、加工中心；0-GCC用于内、外圆磨床；0-GSC 用于平面磨床；0-TTC 用于双刀架、4 轴车床。

POWER MATE 0：用于 2 轴小型车床。

0i 系列：0i-MA 用于加工中心、铣床；0i-TA 用于车床，可控制 4 轴；16i 用于最大 8 轴，6 轴联动；18i 用于最大 6 轴，4 轴联动；160/18MC 用于加工中心、铣床、平面磨床；160/18TC 用于车床、磨床；160/18DMC 用于加工中心、铣床、平面磨床的开放式 CNC 系统；160/ 180TC 用于车床、圆柱磨床的开放式 CNC 系统。

三、数控编程的方法

数控编程的方法有两种：手工编程和自动编程。尺寸较少的简单零件的加工，一般采用手工编程。对于加工内容比较多、加工型面比较复杂的零件，需要采用自动编程。

1. 手工编程

手工编程是指从零件图样分析、工艺处理、数值计算、编写程序单、键盘输入程序，直至程序校验等各步骤主要由人工完成。手工编程适用于点位加工或几何形状不太复杂的零件及二维或不太复杂的三维加工。程序编制时，坐标计算较为简单，编程工作量小，程序段不多。手工编程框图如图 10-16 所示。

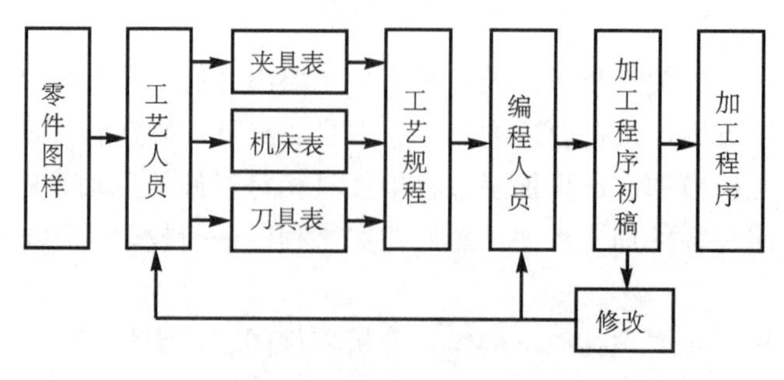

图 10-16　手工编程框图

2. 自动编程

相对于手工编程而言，自动编程是利用计算机专用软件来编制数控加工程序，编程人员只需根据零件图样的要求，按照某自动编程系统的规定，由计算机自动地进行数值计算及后置处理，编写出零件加工程序单，加工程序通过直接通信的方式送入数控机床，指挥机床工作。自动编程减轻了编程人员的劳动强度，缩短了编程时间，减少了差错，使编程工作简便，同时解决了手工编程无法解决的许多复杂零件的编程难题。工件表面形状愈复杂，工艺过程愈繁琐，自动编程的优势就愈明显。

自动编程方法是快速、准确地编制复杂零件或空间曲面零件的主要方法。自动编程方法主要有数控语言编程方法和图形交互编程方法。在现在数控机床普遍使用的情况下，数控语言编程方法的使用越来越少，主要原因是用数控语言来表达图形和加工过程显得很不直观，缺乏几何直观性；缺少对零件形状、刀具运动轨迹的直观图形显示和刀具轨迹的验证手段；难以和 CAD、CAPP 系统有效集成；不容易做到高度的自动化。为此，世界各国都在开发集产品设计、分析、加工为一体的图形交互编程方法。

图形交互编程方法主要是指利用交互式 CAD/CAM 集成系统进行自动编程，在编程时，编程人员首先利用计算机辅助设计（CAD）或自动编程软件本身的零件造型功能，构建出零件几何形状，然后对零件图样进行工艺分析，确定加工方案，其后还需利用软件的计算机辅助制造（CAM）功能，完成工艺方案的制订、切削用量的选择、刀具及其参数的设定，自动计算并生成刀位轨迹文件，利用后置处理功能生成指定数控系统用的加工程序，因此把这种自动编程方式称为图形交互式自动编程。这种自动编程系统是一种 CAD 与 CAM 高度结合的自动编程系统。

集成化数控编程的主要特点：零件的几何形状可在零件设计阶段采用 CAD/CAM 集成系统的几何设计模块，在图形交互方式下进行定义、显示和修改，最终得到零件的几何模型。编程操作都是在屏幕菜单及命令驱动等图形交互方式下完成的，具有形象、直观和高效等优点。目前在我国流行的 CAD/CAM 软件主要有 CATIA、UG NX、PRO/E、IDEAS、Master CAM 等，在加工中心、数控铣床、数控车床上应用比较普遍。

四、数控程序的格式

数控加工程序是根据数控系统规定的语言规则及程序格式来编制的。

1. 程序结构

数控程序的结构由程序名（程序号）、程序内容和程序结束三部分组成，具体程序举例如下：

```
O0001;                              程序名（程序号）
N001 G99 M03 T0101;  ┐
N002 G00 X20. Z1.;   │
N003 G01Z−10. F0.05; │               程序内容
N004 G00 X30.;       │
N005 Z50.;           │
…                    │
N100 M30;            ┘               程序结束
%
```

(1) 程序名（程序号）。程序名为程序的开始部分，由英文字母“O”和4位阿拉伯数字组成（例如：O0001）。一个完整的程序必须有一个程序名，作为识别、检索和调用该程序的标志。程序名的第一位字符为程序编号的地址，不同的数控系统，程序编号地址有所不同，例如在GSK980TA、FANUC系统中，用英文字母“O”作程序编号地址，有的系统采用“P”或“%”等。

(2) 程序内容。程序内容是整个程序的核心部分，由若干个程序段构成，表示数控机床要完成的全部动作。

(3) 程序结束。程序结束指令通常为M30、M02或者M99（子程序结束）。

2. 程序段格式

程序段格式是指一个程序段中指令字的排列顺序和表达方式。每个程序段中有若干个指令字（也称功能字），每个指令字表示一种功能，指令字由表示地址的英文字母、正负号和数字组成。一个程序段表示一个完整的加工工步或加工动作。程序段格式有固定顺序程序段格式、分隔符固定顺序程序段格式、字地址程序段格式等，目前应用最广泛的是字地址程序段格式。

字地址程序段格式由一系列指令字组成，程序段的长短、指令字的数量都是可变的，指令字的排列顺序没有严格要求。各指令字可根据需要选用，不需要的字及与上一程序段相同的续效程序字可以省略不写。

字地址程序段的一般形式为：

N _ G _ X _ Y _ Z … S _ T _ M _ F _;

其中，N为程序段号，G为准备功能，X、Y、Z为坐标功能字，S为主轴转速功能，T为刀具功能，M为辅助功能，F为进给功能。

3. 常用的数控指令

(1) N程序段号

程序段号又称顺序号或程序段序号。程序段号位于程序段之首，由顺序号字N和后续数字组成。顺序号字N是地址符，后续数字一般为1～4位的正整数。数控加工程序中的程序段号实际上是程序段的名称，与程序执行的先后次序无关。数控系统不是按顺序号的次序来执行程序的，而是按照程序段编写时的排列顺序逐段执行。

程序段号的作用：方便对程序的校对、检索及修改；作为转向目的程序段的名称。有程序段号的程序段还可以进行复归操作，这是指加工可以从程序的中间开始，或回到程序中断处开始。

使用方法：编程时往往将 N10 作为程序段序号的开始，以后以间隔 10 递增的方法设置顺序号。这样，在调试修改程序时，如果需要在 N10 和 N20 之间插入程序段时，就可以使用 N11、N12 等程序段号。

（2）G 准备功能指令

准备功能字是使数控机床做好某种操作准备的指令，又称 G 代码或 G 功能，用地址 G 和两位数字来表示。从 G00 到 G99 共有 100 种，不同的数控系统 G 指令的功能可能不一样，即使是同一种数控系统，数控车床和数控铣床某些 G 指令的功能也会有区别。

准备功能指令分为非模态指令和模态指令。准备功能指令中一小部分为非模态指令，又称程序段式指令，该类指令只在它指定的程序段中有效，如果下一程序段还需使用，则应重新写入程序段中。例如 FANUC 车床数控系统中 G70 精加工循环、G04 暂停；FANUC 铣床数控系统中 G92 设定工件坐标系、G04 暂停。准备功能指令中绝大部分是模态指令，又称续效指令，这类指令一旦被应用就会一直有效，直到出现同组的其他指令时才被取代。后续程序段中如果还需要使用该指令则可以省略不写。

（3）坐标功能字

坐标功能字用于确定机床上刀具运动终点的坐标位置。常用 X、Y、Z 表示终点的直线坐标尺寸，用 U、V、W 分别表示终点在 X、Y、Z 轴方向的增量坐标，用 A、B、C、D 表示终点的角度坐标尺寸，在一些数控系统中，还可以用 P 指令确定暂停时间、用 R 指令确定圆弧的半径等。

（4）S 功能指令

S 功能也称主轴转速功能，其作用是指定主轴的旋转速度。主轴转速有两种表示方式，分别用 G96 和 G97 来指定。G96 称为恒线速指令，用来指定切削的线速度，以 m/min 为计量单位，如 G96 S120 表示切削的线速度为 120 m/min，恒定的线速度更有利于获得好的表面质量。G97 称为恒转速指令，用来指定主轴转速，以 r/min 为计量单位，如 G97 S1200 表示主轴转速为 1 200 r/min，切削过程中转速恒定，不随工件的直径大小而变化。G97 主要用在工件直径变化较小及车削螺纹的场合。

在车削工件的端面、锥面或圆弧等直径变化较大的表面时，希望切削速度不受工件径向尺寸变化的影响，因而要用 G96 指定恒线速度。恒线速度一经指定，工件上任一点的切削速度都是一样的，转速则随工件直径的大小而发生变化。由公式 $v_c = \frac{\pi D n}{1\ 000}$ 可知，当工件直径变小（刀具沿 X 轴运动）时，主轴转速随之自动提高，特别是刀具接近工件中心时，机床主轴转速会变得越来越高。为了防止飞车，此时应限制主轴的最高转速。因此，在用 G96 指令指定恒线速度的同时，还要用 G50 指令来限制主轴的最高转速，其格式为：

G50 S2000；G96 S120；

（5）T 功能指令

T 功能也称刀具功能，其作用是指定刀具号码和刀具补偿号码，用 T 和其后的数字表示。

T××为两位表示方法，如 T04 表示第 4 把刀。刀具补偿号由地址符 D 或 H 指定。这种 T 功能的表示方法一般用于数控铣床和加工中心。

T××××为四位表示方法，是数控车床中使用最多的一种形式，前两位数字为刀具号，后两位数字则表示相应刀具的刀具补偿号。如 T0202 表示 2 号刀具的 2 号补正；

T0112 表示 1 号刀具的 12 号补正。

通常使用的刀具序号应与刀架上的刀位号相对应，以免出错。刀具补偿号与数控系统刀具补偿显示页上的序号是对应的，它只是补偿量的序号，真正的补偿量是该序号设置的值。为了方便，通常使刀具序号与刀具补偿号一致，如 T0202 等。

(6) M 辅助功能指令

辅助功能指令又称 M 指令或 M 代码，其作用是控制机床或系统的辅助功能动作，如冷却泵的开、关，主轴的正转、反转，程序的走向等。M 指令由字母 M 和其后两位数字组成，从 M00 到 M99 共有 100 种。在 FANUC 系统中，一个程序段只能有一个 M 指令有效，如果指定了一个以上时，则最后的一个 M 代码有效。

(7) F 功能指令

F 功能也称进给功能，其作用是指定执行元件（如刀架、工作台等）的进给速度，程序中用 F 和其后面的数字组成。在 FANUC 车床数控系统中，F 代码用 G98 和 G99 指令来设定进给单位（每分钟进给或者每转进给）；在 FANUC 数控铣床系统中，F 代码用 G94 和 G95 指令来设定进给单位（每分钟进给或者每转进给）。F 指令在螺纹切削程序段中常用来指令螺纹的导程。

五、编程加工

数控机床加工零件时，将编写好的零件加工程序输入到数控装置中，再由数控装置控制机床主运动的变速、启停、进给运动的方向、速度和位移大小，以及其他如刀具选择交换、工件夹紧松开和冷却润滑的启、停等动作，使刀具与工件及其他辅助装置严格按照数控程序规定的顺序、路程和参数进行工作，从而加工出形状、尺寸与精度符合要求的零件。数控加工流程如图 10-17 所示。

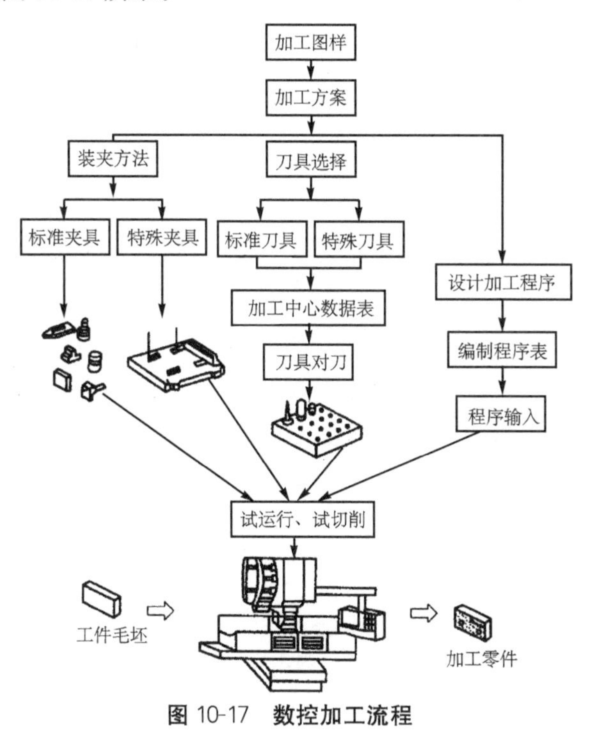

图 10-17 数控加工流程

1. 简述数控机床的组成。
2. 简述数控机床的伺服系统。
3. 简述数控机床与普通机床区别。
4. 简述数控机床的主要性能指标。
5. 简述数控加工流程。

第十一章　数控车削

第一节　数控车削概述

一、数控车床的组成

1. 数控车床的结构组成

数控车床是目前使用最广泛的数控机床之一，主要用于加工轴类、盘类等回转体零件，其结构如图 11-1 所示。通过数控加工程序的运行，可自动完成内外圆柱面、圆锥面、成形表面、螺纹和端面等形状的切削加工，并能进行车槽、钻孔、扩孔、绞孔等工作。车削中心可在一次装夹中完成更多的加工工序，提高加工精度和生产效率，特别适合于复杂形状回转类零件的加工。

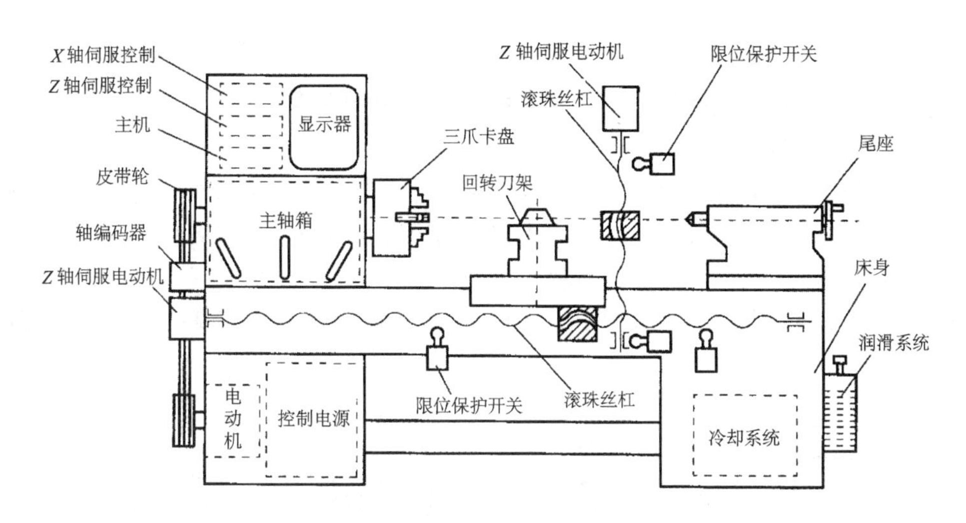

图 11-1　数控车床的结构简图

数控车床与普通卧式车床相比较，其结构上仍然是由主轴箱、刀架、进给传动系统、床身、液压系统、冷却系统、润滑系统等部分组成，只是数控车床的进给系统与普通卧式车床的进给系统在结构上存在着本质上的差别，图 11-2 为典型数控车床的机械结构组成图。普通卧式车床主轴的运动经过挂轮架、进给箱、溜板箱传到刀架，实现纵向和横向进给运动，而数控车床是采用伺服电动机，经滚珠丝杠传到滑板和刀架，实现 Z 向（纵向）和 X 向（横向）进给运动。数控车床也有加工各种螺纹的功能，主轴旋转与刀架移动间的运动关系通过数控系统来控制。数控车床主轴箱内安装有脉冲编码器，主轴的运动通过同步齿形带 1∶1 地传到脉冲编码器。当主轴旋转时，脉冲编码器便发出检测脉冲信号给数控系统，使主轴电动机的旋转与刀架的切削进给保持加工螺纹所需的运动关系，即实现加工螺纹时主轴转 1 转、刀架 Z 向移动工件 1 个导程。

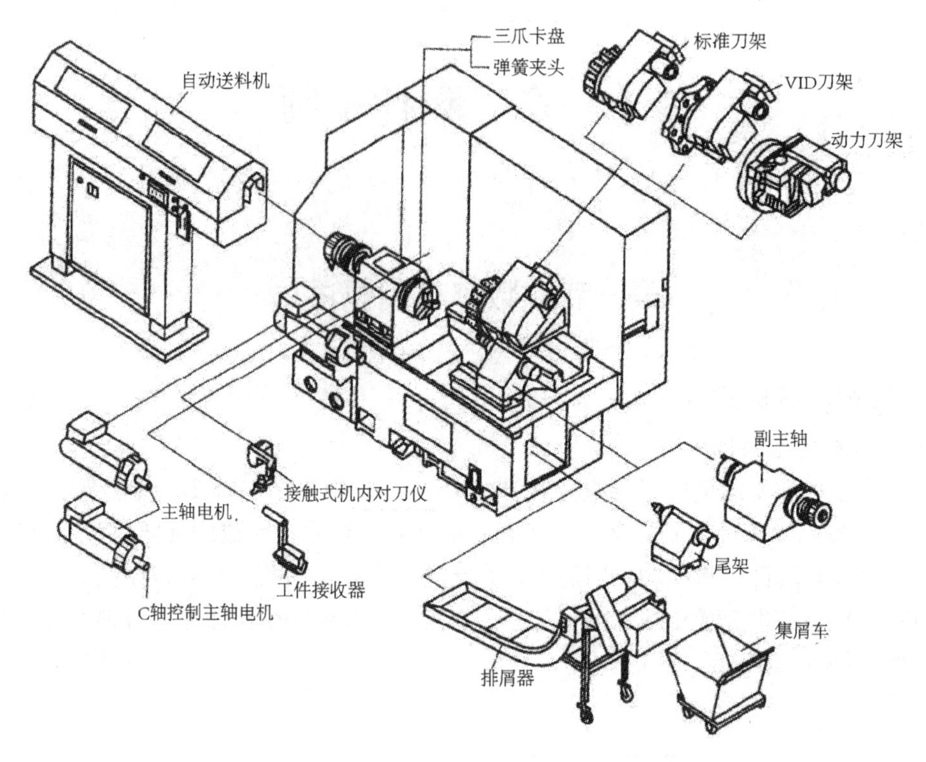

图 11-2　典型数控车床的机械结构组成图

2. 数控车床的布局

数控车床的主轴、尾架等部件相对床身的布局形式与卧式车床基本一致，而刀架和导轨的布局形式发生了根本的变化，这是因为刀架和导轨的布局形式直接影响数控车床的使用性能及机床的结构和外观。另外，数控车床上都设有封闭的防护装置。数控车床的床身和导轨的布局共有 4 种形式：平床身、斜床身、平床身斜滑板和立床身，如图 11-3 所示。

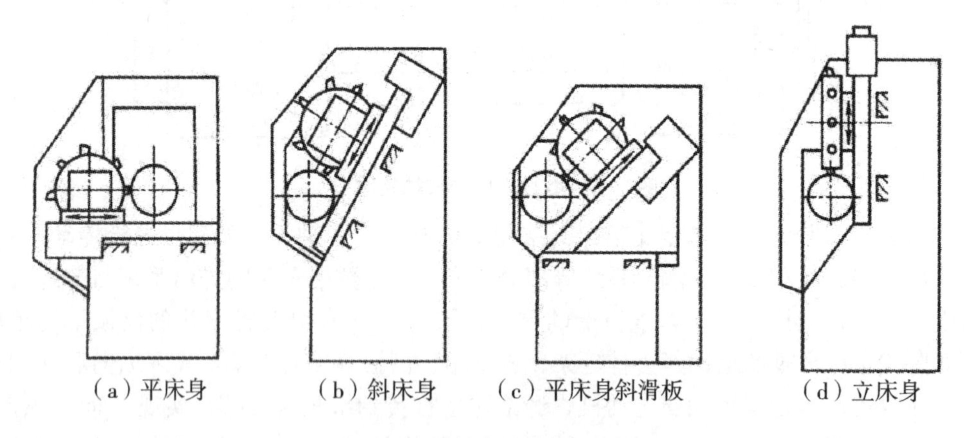

图 11-3　数控车床的布局形式

二、数控车刀

加工技术要求不高、小批量的简易零件，数控车刀的选用可参考第六章车削。随着机床向高速、高刚度和大功率发展，目前数控车床和车削中心的主轴转速都在 8 000 r/min

以上，因此刀具必须具有能够承受高速切削和强力切削的性能。在数控机床上多使用涂层硬质合金刀具、超硬刀具和陶瓷刀具。

为了方便对刀和减少换刀时间，便于实现机械加工的标准化，数控车削加工时应尽量采用机夹刀和机夹刀片。数控车床一般选用可转位车刀，如图 11-4 所示。这种车刀就是使用可转位刀片的机夹车刀，把经过研磨的可转位多边形刀片用夹紧组件夹在刀杆上，其夹紧方式如图 11-5 所示。车刀刀片每边都有切削刃，当某切削刃磨损钝化后，只需松开夹紧元件，将刀片转一个位置，即可用新的切削刃继续切削，只有当多边形刀片所有的刀刃都磨钝后，才需要更换刀片。

（a）螺钉上压式夹紧

（b）常见可转位车刀刀片

图 11-4　可转位车刀

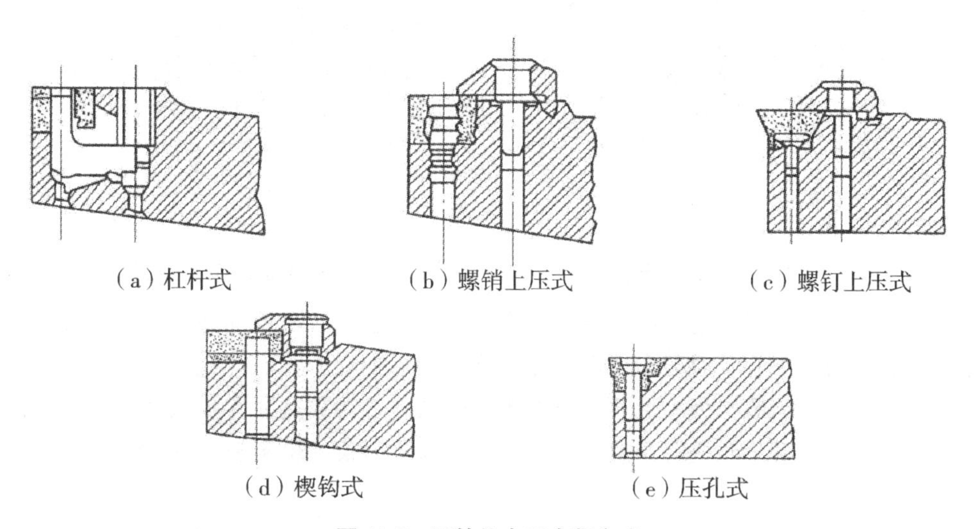

（a）杠杆式　（b）螺销上压式　（c）螺钉上压式　（d）楔钩式　（e）压孔式

图 11-5　可转位车刀夹紧方式

可转位刀具有如下优点：

（1）避免了硬质合金钎焊时容易产生裂纹的缺点。

（2）可转位刀片适合用气相沉积法在硬质合金刀片表面沉积薄层更硬的材料（碳化钛、氮化钛等），以提高切削性能。

（3）换刀时间较短。

（4）由于可转位刀片是标准化和集中生产的，刀片几何参数一致，切屑控制稳定。

刀片的形状如图 11-6 所示。

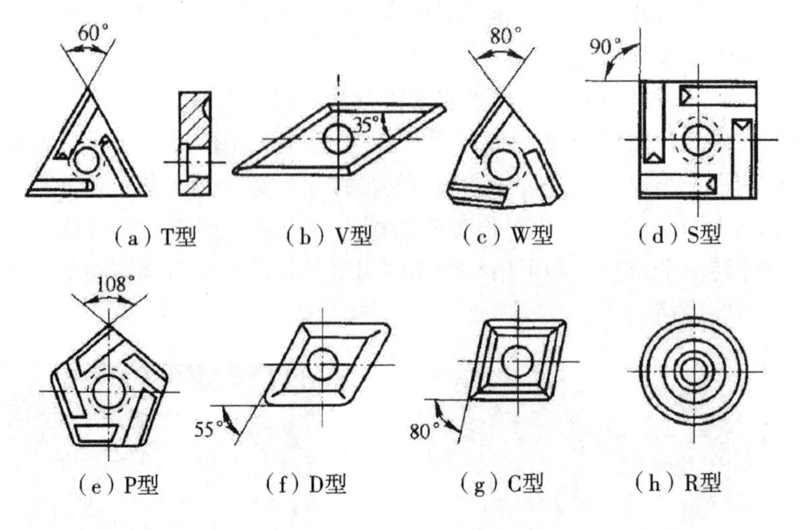

图 11-6　常用刀片的外形

三、数控车床坐标系

常见数控车床坐标系如图 11-7 和图 11-8 所示。

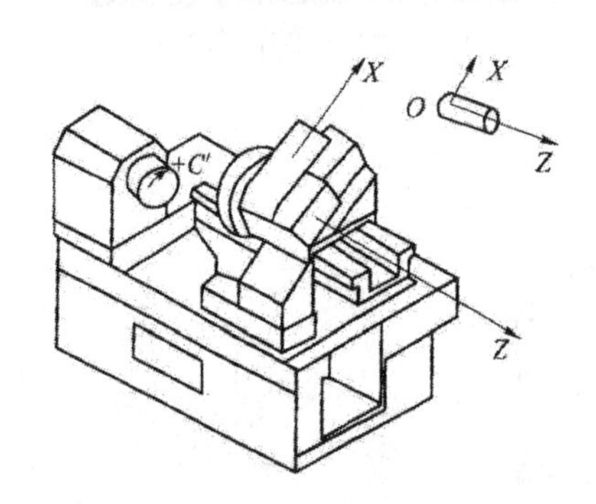

图 11-7　斜床身后置刀架数控车床坐标系

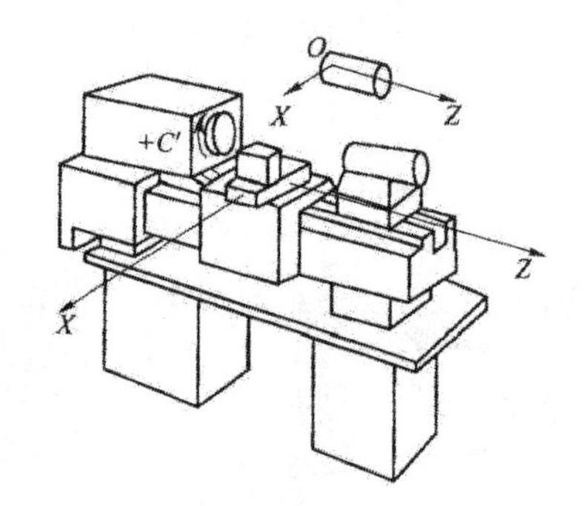

图 11-8　水平床身前置刀架数控车床坐标系

机床通电后，必须进行返回参考点的操作。当完成返回参考点的操作后，显示器上则立即显示出此时刀架中心（对刀参考点）在机床坐标系中的位置，这就相当于在数控系统内部建立了一个以机床原点为坐标原点的机床坐标系。刀具移动才有了依据，否则不仅加工无基准，而且还会发生碰撞等事故。后置刀架与前置刀架的机床坐标系如图 11-9 所示。

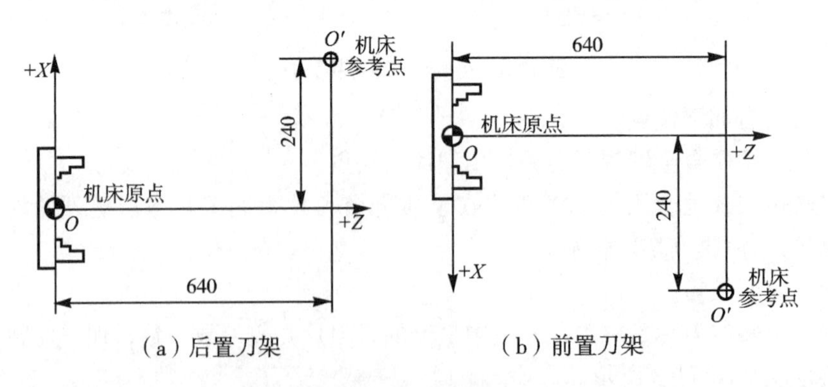

图 11-9　数控车床原点与参考点

车床工件坐标系是编程人员在程序编制中使用的坐标系，程序中的坐标值均以此坐标系为依据，因此又称为编程坐标系。在进行数控程序编制时，必须首先确定工件坐标系和坐标原点。编程时，工件的各个尺寸坐标都是相对于工件原点而言的，因此，数控车床的工件原点也称为程序原点，如图 11-10 所示。

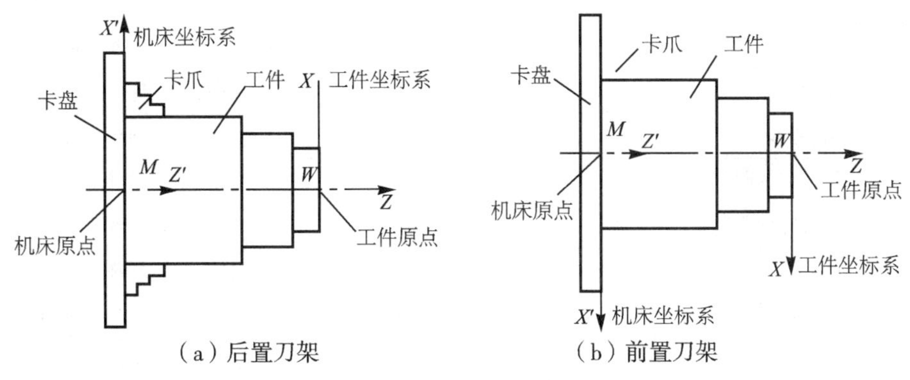

图 11-10　数控车床工件坐标系和机床坐标系

第二节　数控车削编程基础

数控车床采用直径编程方式，编程时直接输入直径值即可。X 轴的最小设定单位为 0.001 mm。因 *X* 轴为直径编程，所以 *X* 轴的最小移动单位为 0.000 5 mm。*Z* 轴的最小设定单位为 0.001 mm，*Z* 轴的最小移动单位为 0.001 mm。

数控编程时，可以使用脉冲数编程，也可以使用小数点编程。当使用脉冲数编程时，与数控系统最小设定单位（脉冲当量）有关。当脉冲当量为 0.001 时，表示一个脉冲，运动部件移动 0.001 mm。程序中移动距离数值以 μm 为单位，例如 X60000 表示移动 60 000 μm，即移动 60 mm。

一般数控机床数值的最小输入增量单位为 0.001 mm。当输入数字值是距离、时间或速度时可以使用小数点，称为小数点编程。当使用小数点输入编程时，以 mm 为单位，要特别注意小数点的输入。例如，X60.0 表示采用小数点编程移动距离为 60 mm；而 X60 则表示采用脉冲数编程，移动距离为 60 μm（0.06 mm）。小数点编程时，小数点后的零可省略，如 X60.0 与 X60. 是等效的。下面地址可以指定小数点：X、Y、Z、U、V、W、A、B、C、I、J、K、Q 和 R。

FANUC 系统程序中没有小数点的数值，其单位是“μm”，如坐标尺寸字“X200”，表示 X 值为 200 μm。如果数值中有小数点，其数值单位是“mm”，如 X0.2，表示 X 值为 0.2 mm，即 X0.2 与 X200 等效。例如，坐标尺寸字 X 值为 30.012 mm、Z 值为−9.8 mm 时，以下几种表达方式是等效的。

（1）X30.012 Z−9.8（单位是 mm）。

（2）X30012 Z−9800（单位是 μm）。

（3）X30.012 Z−9800（X 值单位是 mm，Z 值单位是 μm）。

工程实训数控机床的学生，初学时应养成良好的编程习惯。编程时，整数一律编写成

"整数+点零"，不要写成"整数+点"。即使对，程序多了，也容易出错，所以初学者不要怕麻烦。尽量写成 G00 X5.0 Z20.0，不要写成 G00 X5. Z20.。

表 11-1 为以 FANUC 为系统的数控车床常用准备功能指令，00 组指令为非模态指令，其他的指令均为模态指令。表 11-2 为 FANUC 系统常用辅助功能指令。

表 11-1 FANUC 系统数控车床常用准备功能指令

代码	组别	功 能	代码	组别	功 能
G00	01	快速移动	G70	00	精加工循环
G01		直线插补	G71		外圆、内圆粗车循环
G02		顺时针圆弧插补	G72		端面粗车循环
G03		逆时针圆弧插补	G73		封闭切削循环
G04	00	暂停	G74		端面切削循环
G20	06	英制单位输入	G75		外圆、内圆切槽循环
G21		公制单位输入	G76		复合型螺纹切削循环
G27	00	返回参考点检测	G90	01	轴向切削固定循环
G28		返回至参考点	G92		螺纹切削循环
G32	01	螺纹切削	G94		径向切削固定循环
G40	07	刀尖圆弧半径补偿取消	G96	02	主轴恒线速控制
G41		刀尖圆弧半径左补偿	G97		主轴恒转速控制
G42		刀尖圆弧半径右补偿	G98		每分钟进给
G50	00	编程坐标系设定或者主轴最大转速设定	G99	05	每转进给
G53	00		G54 ～ G59	14	工作坐标系选择

表 11-2 FANUC 系统常用辅助功能指令

代码	功 能	说明
M00	程序暂停	当执行有 M00 指令的程序段后，主轴旋转、进给、切削液都停止，重新按下（循环启动）键，继续执行后面程序段
M01	选择停止	功能与 M00 相同，但只有在机床操作面板上的（选择停止）键处于"ON"状态时，M01 才执行
M02	程序结束	放在程序的最后一个程序段。执行该指令后，主轴停、切削液关、自动运行停，机床处于复位状态
M03	主轴正转	用于主轴顺时针方向转动
M04	主轴反转	用于主轴逆时针方向转动
M05	主轴停止	停止主轴转动
M06	换刀	用于加工中心的自动换刀
M08	打开冷却液	用于打开冷却液
M09	关闭冷却液	用于关闭冷却液
M10	液压卡盘松开	用于卡盘松开动作
M11	液压卡盘夹紧	用于卡盘夹紧动作

（续表）

代码	功 能	说明
M30	程序结束	放在程序的最后一个程序段。除了执行 M02 的内容外，还返回到程序的第一段，准备下一个工件的加工
M98	子程序调用开始	开始调用子程序
M99	子程序调用结束	子程序调用结束，并返回主程序

一、F、S、T、部分 M 功能

1. F 功能

该指令用于控制切削进给量。在程序中，有两种使用方法。

（1）每转进给量。指令格式为 G99 F _ ；

F 后面的数字表示的是主轴每转进给量，单位为 mm/ r。例如：G99 F0. 2 表示进给量为 0. 2 mm/r。

（2）每分钟进给量。指令格式为 G98 F _ ；

F 后面的数字表示的是每分钟进给量，单位为 mm/min。例如：G98 F100 表示进给量为 100 mm/min。

G98、G99 可和 F 分开写，F 一般与 G01 连用。例如：

G98；

G01 X50. 0 Z100. 0 F100；

2. S 功能

（1）S 功能指令用于控制主轴转速（恒转速）。指令格式：S _ ；

S 后面的数字表示主轴转速，单位为 r/min。

（2）恒线速度控制。指令格式：G96 S _ ；

S 后面的数字表示的是恒定的线速度（m/min）。例如，G96 S150 表示切削点的线速度控制在 150 m/min，可以保证车削后工件的表面粗糙度一致。

（3）最高转速限制。为防止主轴转速过快而导致工件从卡盘中飞出，发生危险，有时在用 G96 之前要限定主轴最高转速。

指令格式：G50 S _ ；

S 后面的数字表示的是最高限速（r/min）。例如：G50 S3000；

表示限制最高转速为 3 000 r /min。

（4）恒线速取消或恒转速设定。指令格式：G97 S _ ；

S 后面的数字表示恒线速度控制取消后的主轴转速。例如：G97 S300；表示恒线速控制取消后主轴转速为 300 r/min 。

3. T 功能

T 功能指令用于选择加工所用刀具。指令格式：T _ _ _ _；

T 后面的 4 位数字，前两位是刀具号，后两位为刀具补偿号（包括刀具偏置补偿、刀具磨损补偿、刀尖圆弧补偿、刀尖刀位号等）。例如，T0303 表示选用 3 号刀及调用 03 号里面存储的刀尖圆弧半径补偿值。T0300 表示取消刀具补偿。

4. 主轴正（反）转功能指令 M03、M04

代码及功能：M03（或 M3）表示主轴正转；M04（或 M4）表示主轴反转。

对于后置刀架，从尾座向主轴端方向看去，顺时针方向为正转，逆时针方向为反转；对于前置刀架，从尾座向主轴端方向看去，逆时针方向为正转，顺时针方向为反转。

M03、M04 指令一般与 S 功能指令结合在一起使用。例如：G97 M03 S1000 表示主轴正转，转速为 1 000 r/min。

二、刀具快速定位指令 G00（或 G0）

1. 指令功能

指刀具以机床规定的速度从所在的位置快速移动到目标点，移动速度由机床系统设定，无需在程序中指定。

2. 指令格式

G00　X（U）＿ Z（W）＿ ；

其中，X、Z 表示目标点的坐标（U、W 表示相对增量）。

用 G00 编程时，也可以写作 G0。例：如图 11-11 所示，刀具要快速移到指定位置，用 G00 编写程序段。

绝对值方式编程：G00 X50.0 Z6.0；

增量值方式编程：G00 U－70.0 W－84.0；

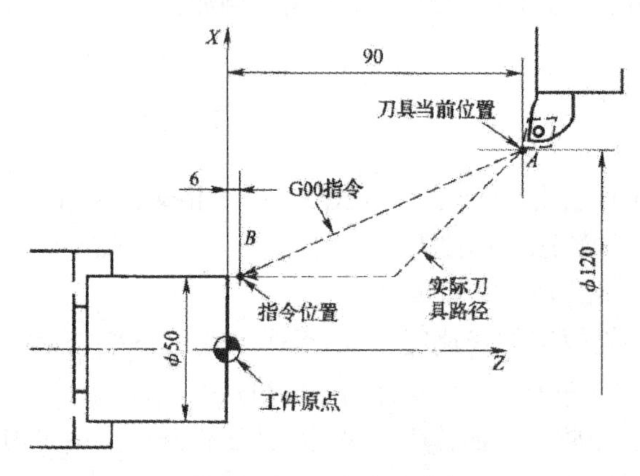

图 11-11　G00 走刀路径

3. 指令说明

（1）在一个程序段中，绝对坐标和增量坐标可以混用编程，如 G00 X　W；

（2）X 和 U 采用直径编程；

（3）移动速度由参数来设定，指令执行开始后，刀具沿着各个坐标方向同时按参数设定的速度移动，最后减速到达终点，移动速度也可以通过控制面板上的倍率开关来调节；

（4）用 G00 指令快速移动时，地址 F 下编程的进给速度无效；

（5）G00 为模态有效代码，一经使用持续有效，直到被同组 G 代码取代为止；

（6）G00 指令的目标点不可设置在工件上，一般应与工件有 2～5 mm 的安全距离，也不能在移动过程中碰到机床、夹具等。

G00 快速定位指令使用注意事项：利用 G00 使刀具快速移动，在各坐标方向上刀具有可能不是同时到达终点。刀具移动轨迹是几条线段的组合，通常不是一条直线，而是折线。如图 11-12 所示，执行该段程序时，刀具首先以快速进给速度运动到（60，60）后再运动到（60，100）。

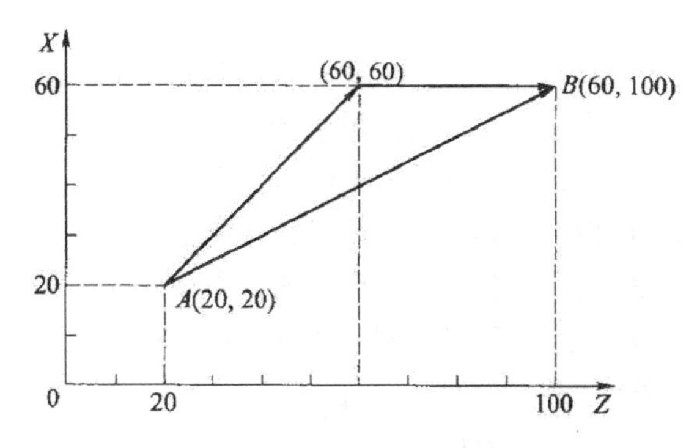

图 11-12　G00 轨迹图

G00 指令用于定位，其唯一目的就是节省非加工时间。刀具以快速进给速度移动到指令位置，接近终点位置时进行减速，当确定到达指令位置，即定位后，开始执行下一个程序段。由于速度快，只能用于空行程，不能用于切削。快速运动操作通常包括以下四种类型的运动：（1）从换刀位置到工件的运动；（2）从工件到换刀位置的运动；（3）绕过障碍物的运动；（4）工件上不同位置间的运动。

三、刀具直线插补指令 G01（或 G1）

1. 指令功能

指刀具以进给功能 F 下编程的进给速度沿直线从起始点加工到目标点。

2. 指令格式

G01　X（U）＿Z（W）＿F＿；

其中，X、Z 表示直线插补目标点的坐标（U、W 表示相对增量）；F 为直线插补时的进给速度，F 的单位由 G98、G99 所确定，单位一般设为 mm/r（毫米/转）。

例如图 11-13 所示，刀具起始点为 P_0 点，经 P_1、P_2 切削至 P_3外圆处。

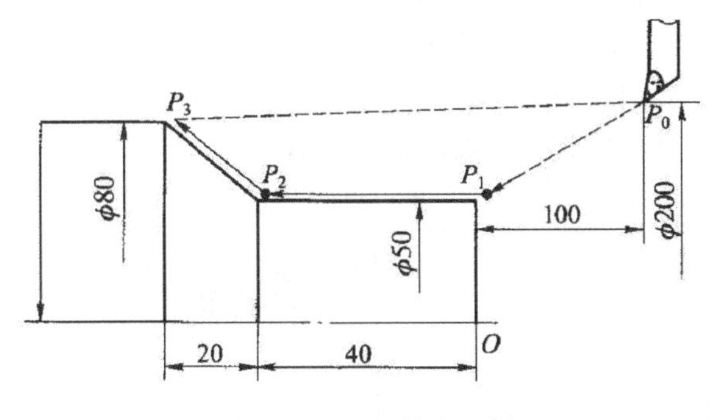

图 11-13　G01 编程示例

加工程序参考：N10 G99 G00 X50.0 Z2.0；

N20 G01 X50.0 Z—40.0 F0.2；

N30 G01 X80.0 Z—60.0（W—20.0）。

3. 指令说明

（1）G01 为直线插补指令，又称直线加工指令，是模态指令，一经使用持续有效，直到被同组 G 代码取代。

（2）G01 用于直线切削加工，必须给定刀具进给速度，且程序中只能指定一个进给速度。

（3）F 为进给速度，模态值，可为每分钟进给量或主轴每转进给量。在数控车床上通常指定为主轴每转进给量。该指令是轮廓切削进给指令，移动的轨迹为直线。F 是沿直线移动的速度。如果没有指定进给速度，就认为进给速度为零。进给时，直线各轴的分速度与各轴的移动距离成正比，以保证刀具在各轴同时到达终点。

（4）直线插补指令是直线运动指令，刀具按地址 F 下编程的进给速度，以直线方式从起始点移动到目标点位置。所有坐标轴可以同时运行，在数控车床上使用 G01 指令可以实现纵切、横切、锥切等直线插补运动。

四、圆弧插补指令（G02、G03）

1. 指令功能

使刀具在指定平面内按给定的进给速度作圆弧插补运动，切削出圆弧曲线。

2. 指令格式

（1）用 I、K 指定圆心位置编程

G02（G03）X（U）_ Z（W）_ I _ K _ F _；

其中：X、Z 为绝对编程时圆弧终点的坐标值；U、W 为增量编程时圆弧终点相对于起点的位移量；I、K 表示圆弧起点到圆弧圆心矢量值在 X、Z 方向的投影值，即圆心的坐标值减去圆弧起点的坐标值；F 为进给速度。

（2）用 R 编程

圆弧顺时针插补指令：G02 X（U）_ Z（W）_ R _ F _；

圆弧逆时针插补指令：G03 X（U）_ Z（W）_ R _ F _；

其中：X、Z 为绝对编程时圆弧终点的坐标值；U、W 为增量编程时圆弧终点相对于圆弧起点的位移量；R 为圆弧半径；F 为进给速度。

圆弧插补的顺逆方向判断的原则：沿着圆弧所在平面（XZ 平面）的垂直坐标轴的负方向看去，顺时针方向为 G02，逆时针方向为 G03。另外，数控车床的刀架有前置和后置之分，这两种形式的车床 X 轴正方向刚好相反，因此圆弧插补的顺逆方向也相反，图 11-14 为如何根据刀架的位置判断圆弧插补的顺逆。

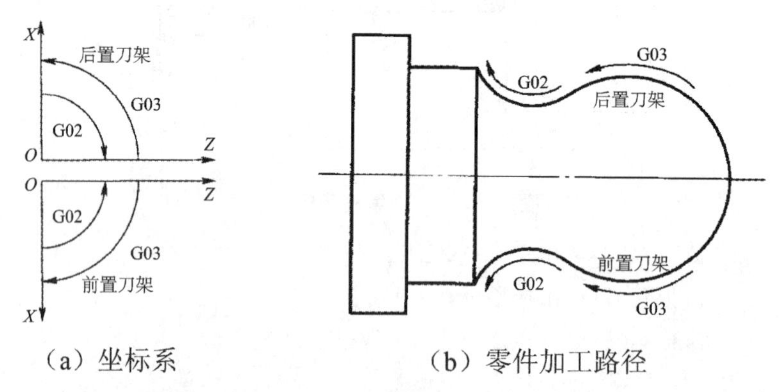

（a）坐标系　　（b）零件加工路径

图 11-14　圆弧插补的顺逆与刀架位置的关系

3. 指令说明

（1）K方向是从圆弧起点指向圆心，其正负取决于该方向与坐标轴方向的异同，如图11-15所示。

（2）用半径R指定圆心时，规定大于180°的圆弧，R前加负号“－”。

（3）用R方式编程只使用非整圆的圆弧插补，不适用于整圆加工。

（4）若在程序中同时出现I、K和R时，以R优先，I、K无效。

（5）圆弧插补指令用来控制刀具按顺时针（CW）或逆时针（CCW）进行圆弧加工。

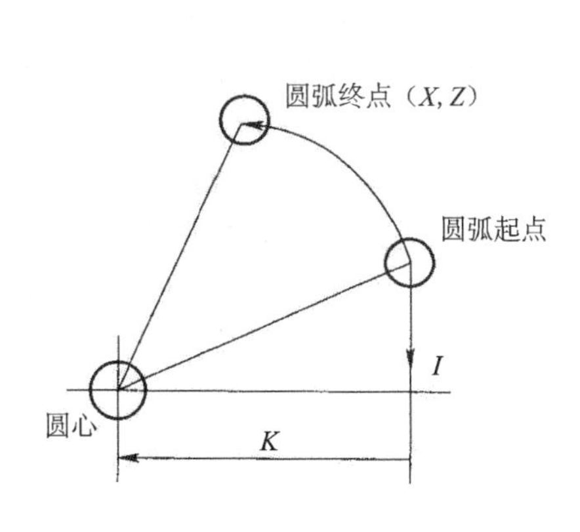

图 11-15　圆弧起点与矢量方向

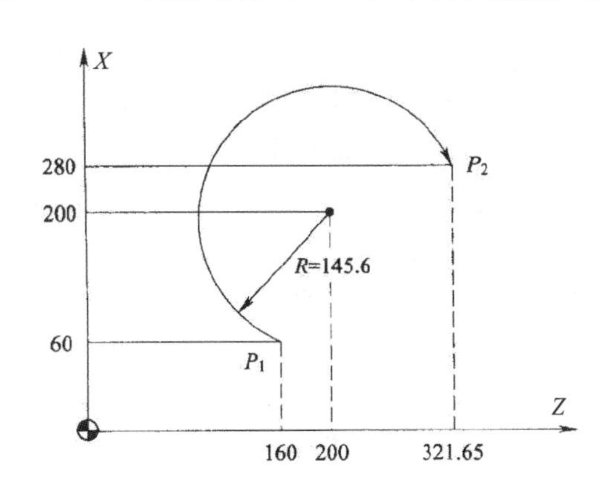

图 11-16　圆弧插补应用

在图11-16中，当圆弧 A 的起点为 P_1、终点为 P_2 时，圆弧插补程序段为：

G02 X280.0 Z321.65 I140.0 J40.0 F50；

或G02 X280.0 Z321.65 R－145.6 F50；

当 A 的起点为 P_2、终点为 P_1 时，圆弧插补程序段为：

G03 X60.0 Z160.0 I－80.0 J－121.65 F50；

或G03 X60.0 Z160.0 R－145.6 F50；

五、暂停指令G04

1. 指令功能

使刀具做短暂的无进给光整加工，用于车槽、钻孔、锪孔等加工。

2. 指令格式

G04 X/P _；

3. 指令说明

X后面可用带小数点的数表示，单位为s；P后面不允许用小数，单位为ms；G04在前程序段的进给速度降到零之后才开始暂停；G04为非模态指令，仅在其被规定的程序段中有效；G04可使刀具做短暂停留，以获得圆整而光滑的表面。如暂停4 s可写为：

G04 X4.0；

或G04 P4000。

六、内外径粗车循环指令 G71

1. 指令功能

该指令将工件切削到精加工之前的尺寸，精加工前工件形状及粗加工的刀具路径由系统根据精加工尺寸自动设定。主要用于切除棒料毛坯大部分加工余量。

2. 指令格式

G71 U（Δd） R（r） P（ns） Q（nf） X（Δx） Z（Δz） F（f） S（s） T（t）；

3. 指令说明

Δd 为背吃刀量，半径值；r 为每次退刀量；ns 为精加工路径第一程序段的顺序号；nf 为精加工路径最后程序段的顺序号；Δx 为 X 方向精加工余量，直径值；Δz 为 Z 方向精加工余量；f、s、t 为粗加工时 G71 程序段中编程的 F、S、T 有效。

G71 指令刀具循环路径：如图 11-17 所示，*C* 点为粗加工循环起点，程序执行时刀具由 *C* 点沿 *X* 方向快进一个背吃刀量 Δd，然后沿着 *Z* 方向车削循环。最后一次粗车循环后，零件各表面留有 *X* 方向精车余量 Δx，*Z* 方向精车余量 Δz。端面粗车循环指令 G72、封闭轮廓粗车循环指令 G73 可参考 G71 指令。

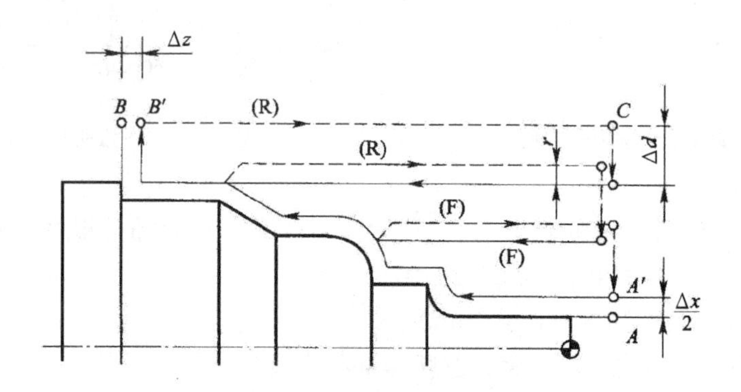

图 11-17　G71 外圆粗车刀具循环轨迹

七、精车循环指令 G70

1. 指令功能

当用 G71、G72、G73 指令粗车后，可使用 G70 按粗车循环指定的精加工路线去除余量。

2. 指令格式

G70　P（ns）Q（nf）；

3. 指令说明

ns 为精加工程序第一个程序段顺序号；nf 为精加工程序最后一个程序段顺序号。在精加工循环 G70 状态下，G71、G72、G73 程序段中指定的 F、S、T 功能无效，但在执行 G70 时顺序号 ns 和 nf 之间程序段中指定的 F、S、T 功能有效。当 G70 循环加工结束时，刀具返回到循环起始点并读入下一个程序段。在 G70 到 G73 中 ns 至 nf 之间的程序段不能调用子程序。如图 11-18 所示为 G71 循环编程实例。

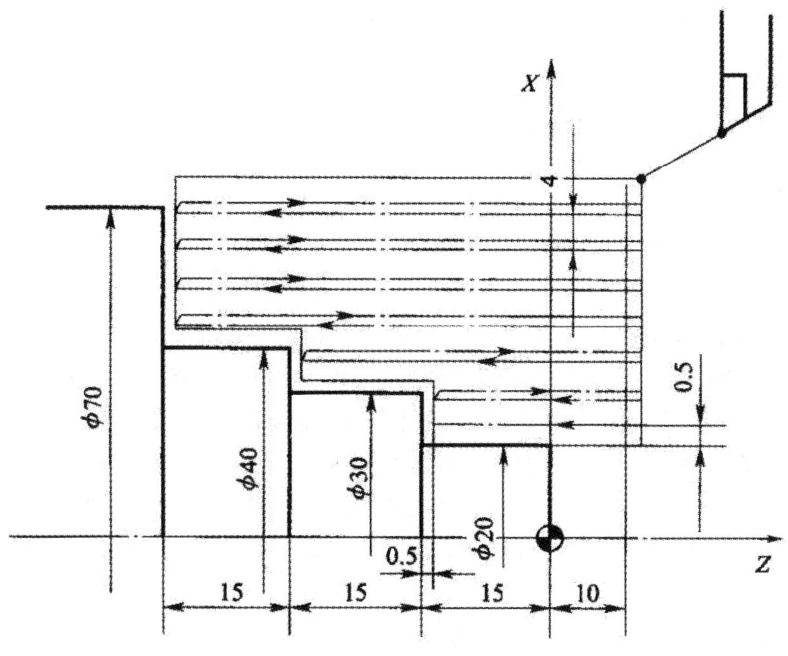

图 11-18　G71 循环编程实例

程序如表 11-3 所示。

表 11-3　G71 循环加工参考程序

程序内容	程序说明
O0001；	程序名
N10 G99 M03 T0101 S800；	选用 1 号刀，引入 1 号刀补，主轴正转，转速 800 r/min
N20 G00 X120.0 Z12.0；	快速到达循环起点
N30 G71 U4.0 R1.0；	
N40 G71 P50 Q120 U0.3 W0.001 F0.3 S500	外径粗车循环，设定循环参数
N50 G00 X20.0 S800；	/ns
N60 G01 Z—15.0 F0.15；	
N70 X30.0；	
N80 Z—30.0；	
N90 X40.0；	
N100 Z—45.0；	
N110 X70.0；	
N120 X75.0；	/nf
N130 G70 P50 Q120；	
Nl40 G00 X100.0；	快速返回
Nl50 Z100.0；	
N160 M05；	
N170 M30；	程序结束

八、螺纹切削指令 G32

1. 指令功能

在数控机床上车螺纹是采用直进切削法进刀。当采用硬质合金车刀高速车削螺纹时，切削速度为 0.83～1.67 m/s 。

2. 指令格式

G32 X（U） _ Z（W） _ R _ E _ P _ F _ ；

3. 指令说明

X、Z 为螺纹切削终点的坐标值，U、W 为终点相对于螺纹切削起点的位移量。R 为 Z 向退尾量，一般取 0.75～1.75 倍螺距；E 为 X 向退尾量，取螺纹的牙型高，约为 0.65 倍螺距；F 为螺纹的导程，单线螺纹导程＝螺距，多线螺纹导程＝螺距×螺纹线数。P 为主轴基准脉冲处距离螺纹切削起始点的主轴转角。

用 G32 指令可加工固定导程的圆柱螺纹或圆锥螺纹，也可用于加工端面螺纹。但是刀具的切入、切削、切出、返回都靠编程来完成，所以加工程序较长，一般多用于小螺距螺纹的加工。

G32 加工圆柱螺纹路径如图 11-19a 所示，每一次加工分四步：进刀（AB）→切削（BC）→退刀（CD）→返回（DA）。

G32 加工锥螺纹路径如图 11-19b 所示，切削斜角 α 小于 45°的圆锥螺纹时，螺纹导程以 Z 方向指定，大于 45°时，螺纹导程以 X 方向指定。

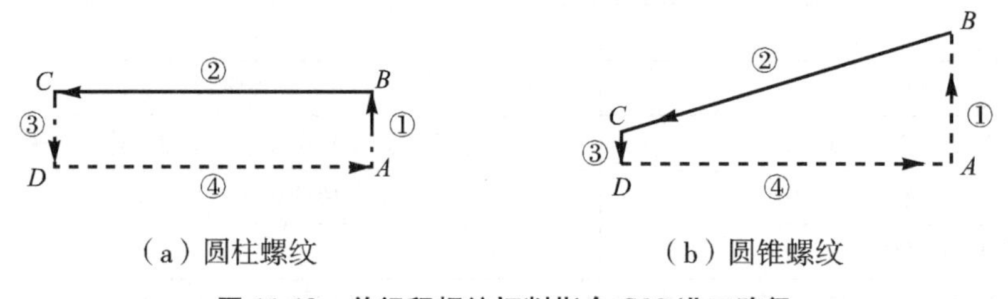

（a）圆柱螺纹　　（b）圆锥螺纹

图 11-19　单行程螺纹切削指令 G32 进刀路径

由于车螺纹起始时有一个加速过程，结束前有一个减速过程，在这段距离中，螺距不可能保持均匀，因此，车螺纹时两端必须设置足够的升速进刀段（空刀导入量 δ_1）和减速退刀段（空刀导出量 δ_2），如图 11-20 所示。δ_1、δ_2 一般按下式选取：$\delta_1 \geqslant 2$ 导程；$\delta_2 \geqslant$（1～1.5）导程。

当退刀槽宽度小于上面计算的 δ_2 时，δ_2 取 1/2～2/3 槽宽；如果没有退刀槽 δ_2，则不必考虑，可利用复合循环指令中的退尾功能。

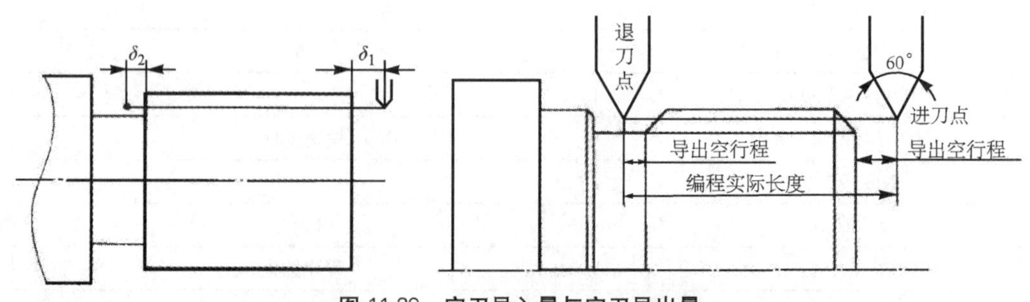

图 11-20　空刀导入量与空刀导出量

如果螺纹牙型较深，螺距较大，可分几次进给。每次进给的背吃刀量用螺纹深度减精加工背吃刀量所得的差按递减规律分配。常用螺纹切削的进给次数与背吃刀量可参考表 11-4 选取。

表 11-4　常用螺纹加工的进给次数与背吃刀量（米制螺纹）

螺距		1.0	1.5	2.0	2.5	3.0	3.5	4.0
牙深		0.65	0.975	1.3	1.625	1.95	2.275	2.6
双边切深		1.3	1.95	2.6	3.25	3.9	4.55	5.2
进给次数及每次进给量	第 1 次	0.7	0.8	0.9	1.0	1.2	1.5	1.5
	第 2 次	0.4	0.5	0.6	0.7	0.7	0.7	0.8
	第 3 次	0.2	0.5	0.6	0.6	0.6	0.6	0.6
	第 4 次		0.15	0.4	0.4	0.4	0.6	0.6
	第 5 次			0.1	0.4	0.4	0.4	0.4
	第 6 次				0.15	0.4	0.4	0.4
	第 7 次					0.2	0.2	0.4
	第 8 次						0.15	0.3
	第 9 次							0.2

外螺纹尺寸计算

实际切削螺纹外圆直径：$d_{实际}=d-0.1P$

螺纹牙型高度：$h=0.65P$

螺纹小径：$d_1=d-1.3P$

内螺纹尺寸计算：

实际切削内孔直径：塑性材料 $D_{实际}=D-P$；脆性材料 $D_{实际}=D-(1.05\sim1.1)P$

螺纹牙型高度：$h=0.65P$

螺纹大径：$D=M$

如图 11-21 所示为待加工螺纹，M18 螺纹外径已车至 Φ17.85 mm，4 mm × 2 mm 的退刀槽已加工。用 G32 指令为其编制螺纹加工程序。

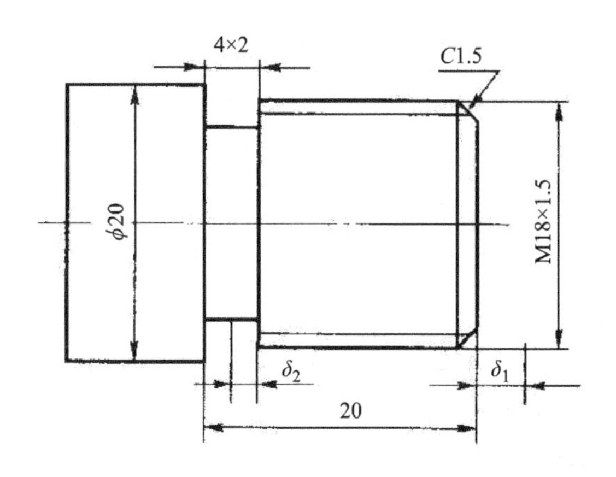

图 11-21　G32 螺纹加工

在编制螺纹加工程序中，应首先考虑螺纹程序起刀点的位置及螺纹程序收尾点的位置。取 $\delta_1=5$ mm，$\delta_2=2$ mm，所以如图 11-21 所示，螺纹底径尺寸：

$d_1 = d - 1.3P = 18 - 1.3 \times 1.5 = 16.05$ mm

螺纹加工程序如表 11-5 所示。

表 11-5　螺纹加工参考程序

程序内容	程序说明
O0002；	程序名
N10 G40 G97 S400 M03；	主轴正转
N20 T0404；	选 4 号螺纹刀，4 号刀补
N30 G00 X20.0 Z5.0；	螺纹加工起点
N40 X17.2；	自螺纹大径 18M 进第一刀，切深 0.8 mm
N50 G32 Z−18.0 F1.5；	螺纹车削第一刀，螺距为 1.5 mm
N60 G00 X20.0；	*X* 向退刀
N70 Z5.0；	*Z* 向退刀
N80 X16.7；	进第二刀，切深 0.5 mm
N90 G32 Z−18.0 F1.5；	螺纹车削第二刀，螺距为 1.5 mm
N100 G00 X20.0；	*X* 向退刀
N110 Z5.0；	*Z* 向退刀
N120 X16.2；	进第三刀，切深 0.5 mm
N130 G32 Z−18.0 F1.5；	螺纹车削第三刀，螺距为 1.5 mm
N140 G00 X20.0；	*X* 向退刀
N150 Z5.0；	*Z* 向退刀
N160 X16.05；	进第四刀，切深 0.15 mm
N170 G32 Z−18.0 F1.5；	螺纹车削第四刀，螺距为 1.5 mm
N180 G00 X20.0；	*X* 向退刀
N190 Z5.0；	*Z* 向退刀
N200 X16.05；	光一刀，切深为 0
N210 G32 Z−18.0 F1.5；	光一刀，螺距为 1.5 mm
N220 G00 X200.0；	*X* 向退刀
N230 Z100.0；	*Z* 向退刀，返回换刀点
N240 M30；	程序结束

使用 G32 加工螺纹时需要多次进刀，程序较长，容易出错，因此用得很少。数控车床一般均在数控系统中设置了螺纹切削循环指令 G92。

九、螺纹切削循环指令 G92

1. 指令功能

螺纹切削循环指令把“切入—螺纹切削—退刀—返回”四个动作作为一个循环，用一个程序段来指令。

2. 指令格式

G92 X（U） _ Z（W） _ R _ F _ ；

3. 指令说明

X、Z 为螺纹切削终点坐标值；U、W 为螺纹切削终点相对于循环起点的坐标增量；F 为螺纹的导程，单线螺纹时为螺距；R 为螺纹部分半径之差，即螺纹切削起始点与切削终点的半径差。加工圆柱螺纹时，R 为 0，可省略。加工圆锥螺纹时，当 X 向切削起始点坐标小于切削终点坐标时，R 为负，反之为正。

执行 G92 指令时，动作路线如图 11-22 所示：

（1）从循环起点快速至螺纹起点（由循环起点 Z 和切削终点 X 决定）。

（2）螺纹切削至螺纹终点。

（3）X 向快速退刀。

（4）④Z 向快速回循环起点。

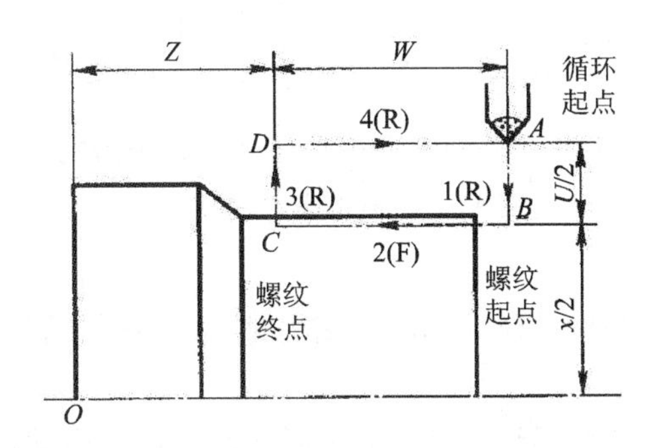

图 11-22 圆柱螺纹切削循环走刀路线

4. 编程举例

还是以图 11-21 零件为例，程序如表 11-6 所示：

表 11-6 螺纹循环加工参考程序

程序内容	程序说明
O0003；	程序名
N10 G40 G97 M03 S600；	主轴正转，转速为 600 r/min
N20 T0303；	选 3 号刀，3 号刀补
N30 G00 X20.0 Z5.0；	循环起点
N40 G92 X17.2 Z−18.0 F1.5；	螺纹切削循环 1，进 0.8 mm
N50 X16.7 Z−18.0；	螺纹切削循环 2，进 0.5 mm
N60 X16.2 Z−18.0；	螺纹切削循环 3，进 0.5 mm
N70 X16.05 Z−18.0；	螺纹切削循环 4，进 0.15 mm
N80 G00 X200.0；	X 向退刀
N90 Z100.0；	Z 向退刀，返回换刀点
N100 M05；	主轴停
N110 M30；	程序结束

十、刀尖半径补偿指令（G40、G41、G42）

1. 刀尖圆弧半径补偿概念

在编制数控车床加工程序时，通常将刀尖看作一个点。然而，实际的刀具头部是圆弧或近似圆弧，如图 11-23 所示。常用的硬质合金可转位刀片的头部都制成圆弧形，其圆弧半径规格有 0.2、0.4、0.8、1.2、1.6 等。对于有圆弧的实际刀头，如果以假想刀尖点 P 来编程数控系统控制 P 点的运动轨迹，而切削时实际起作用的切削刃是圆弧的各切点，如图 11-23b 所示。

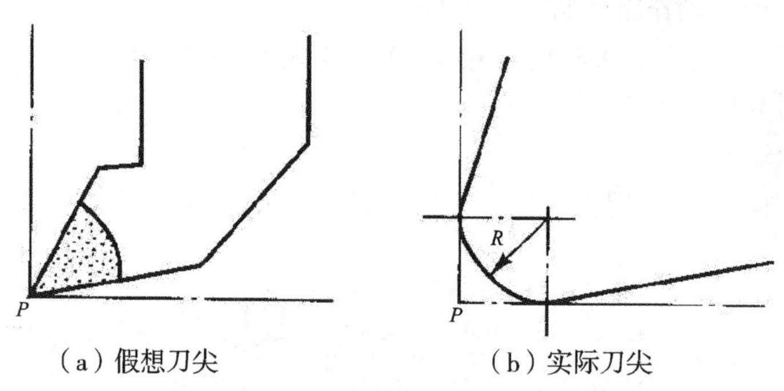

图 11-23　数控车刀刀尖

2. 刀尖半径补偿原理

（1）具有刀尖圆弧半径补偿功能的车床，编程时可以不用计算刀尖圆弧中心轨迹，只按工件轮廓编程即可。

（2）执行补偿指令后，数控系统自动计算刀具中心轨迹并运动。

（3）当刀具磨损或重磨，只需更改半径补偿值，不必修改程序。

（4）用同一把车刀进行粗、精加工，可用刀尖半径补偿功能实现。

（5）半径补偿值可通过手动输入从控制面板上输入到补偿表中。

3. 刀尖半径补偿的目的

当用按理论刀尖点编出的程序进行端面、外径、内径等与轴线平行或垂直的表面加工时，是不会产生误差的，但在进行倒角、锥面及圆弧切削时，则会产生少切或过切现象。圆头车刀若按假想刀尖 A 作为编程点，则实际切削轨迹与工件要求的轮廓存在误差，如图 11-24 所示，所以要采用半径补偿功能消除误差。

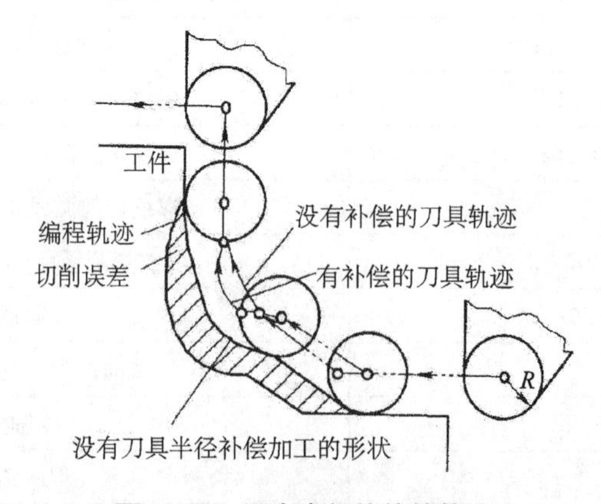

图 11-24　刀尖半径补偿的轨迹

4. 刀尖半径补偿的应用

车削端面和内外圆柱面时不需要补偿；车削锥面和圆弧面时，实际切削点与理想刀尖点 A 之间在 X、Z 轴方向都存在位置偏差，如图 11-25 所示，所以要采用刀尖圆弧半径补偿。

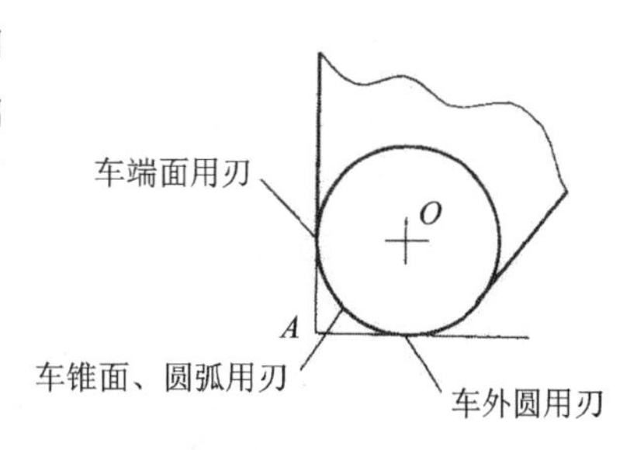

图 11-25 圆头车刀车削用刃示意图

5. 刀尖半径补偿指令（G40、G41、G42）

（1）刀尖半径补偿指令（G41、G42）

格式：$\begin{cases} G41 \\ G42 \end{cases} \begin{cases} G00 \\ G01 \end{cases} X\_\ Z\_\ ;$

其中：X、Z 是建立刀补的终点坐标值。

G41 半径左补偿：沿着刀具进给方向看，刀具位于工件轮廓左侧。

G42 半径右补偿：沿着刀具进给方向看，刀具位于工件轮廓右侧。

G41、G42 指令不带参数，其补偿号由 T 指定，例如 T0101。刀尖半径左补偿、右补偿如图 11-26 所示。

（2）取消刀尖半径补偿指令 G40

格式：G40 G00（G01）X _ Z _ ；

其中：X、Z 是取消刀尖半径补偿点的坐标值。

（3）刀尖半径补偿的编程实现

刀尖半径补偿的编程实现分为三个步骤：刀具半径的引入（图 11-27）、进行和取消（图 11-28）。

为保证加工精度和编程方便，在加工过程中必须进行刀具位置补偿。每一把刀具的补偿量需要在车床运行加工前输入到数控系统中，以便在程序的运行中自动进行补偿。

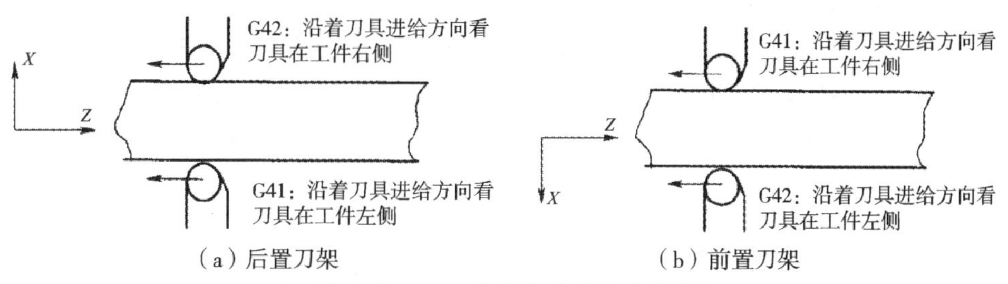

图 11-26 刀尖半径左补偿和右补偿

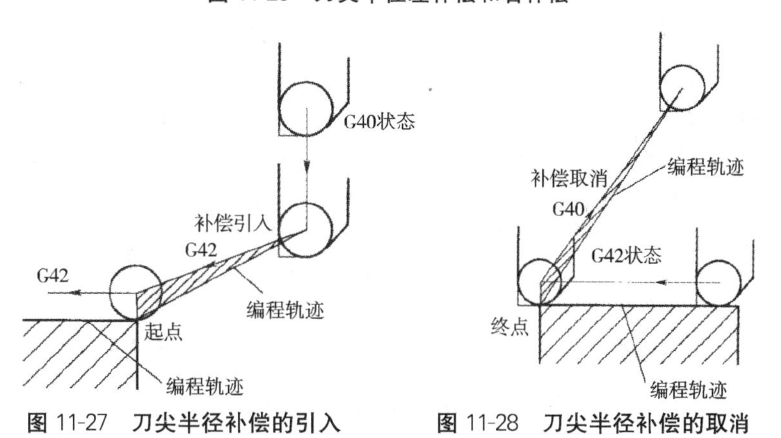

图 11-27 刀尖半径补偿的引入

图 11-28 刀尖半径补偿的取消

6. 实现刀尖圆弧半径补偿功能的准备工作

在加工工件之前，要把刀尖圆弧半径补偿的有关数据输入到存储器中，以便使数控系统对刀尖的圆弧半径所引起的误差进行自动补偿。

(1) 刀尖半径

工件的形状与刀尖半径的大小有直接关系，必须将刀尖圆弧半径 R 输入到存储器中，如图 11-29 所示。

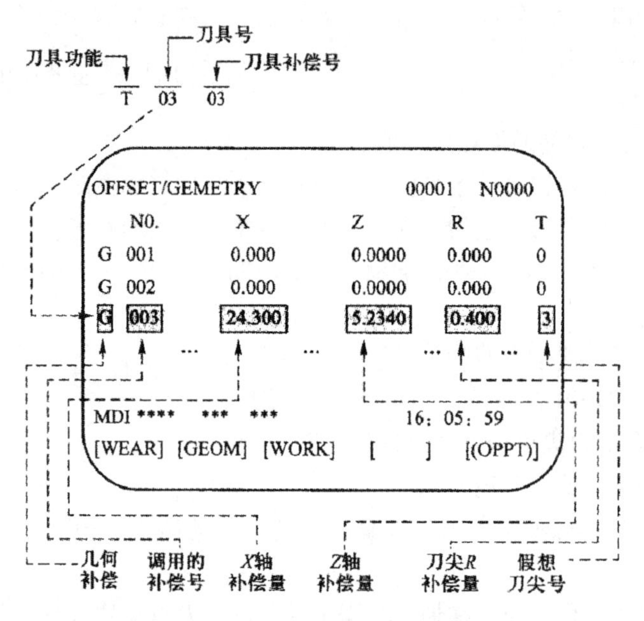

图 11-29 刀具补偿参数设定

(2) 车刀的形状和位置参数

车刀的形状有很多，它能决定刀尖圆弧所处的位置，因此也要把代表车刀形状和位置的参数输入到存储器中，图 11-29 中参数 T 表示刀具刀位点与刀尖圆弧中心的位置关系。通常用参数 0～9 表示，“·”代表理论刀尖点，“+”代表刀尖圆弧圆心，如图 11-30 所示。

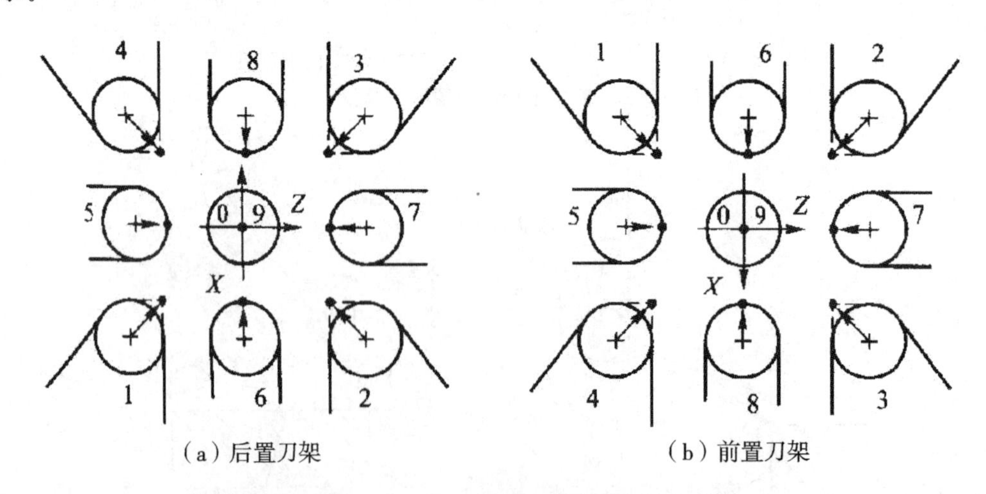

(a) 后置刀架　　(b) 前置刀架

图 11-30 车刀刀尖方位及代码

（3）参数的输入

与每个刀具补偿号相对应有一组 X 和 Z 的刀具位置补偿值、刀尖圆弧半径 R 以及刀尖方位 T 值，输入刀尖圆弧半径补偿值时，就是要将参数 R 和 T 输入到存储器中。例如某程序中编入下面的程序段：N100 G00 G42 X100.0 Z3.0 T0303，若此时输入刀具补偿号为 03 的参数，机床屏幕上显示如图 11-29 所示的内容：X 轴、Z 轴方向的补偿量分别为 24.3 mm、5.234 mm，刀尖圆弧半径 R=0.4 mm，刀尖方位号为 3。在自动加工工件的过程中，数控系统将按照 03 刀具补偿栏内的 X、Z、R、T 的数值，自动修正刀具的位置误差和自动进行刀尖圆弧半径的补偿。例如图 11-31 所示轮廓，考虑刀尖圆弧半径补偿，精加工程序如表 11-7 所示。

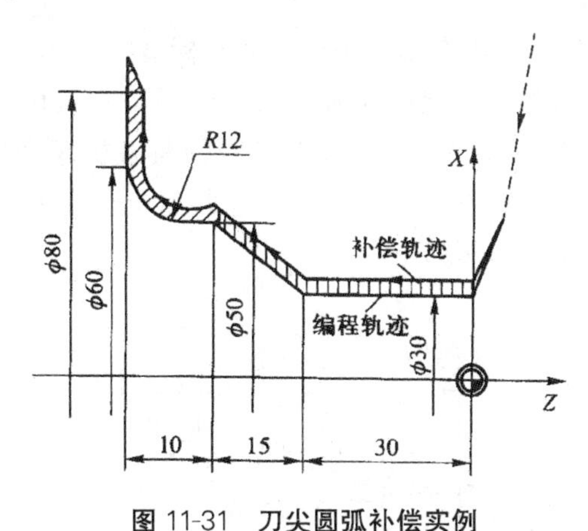

图 11-31　刀尖圆弧补偿实例

表 11-7　刀尖圆弧补偿加工参考程序

程序内容	程序说明
O0004；	程序名
N10 S600 M03 T0101；	启动刀补数据库
N20 G00 X35.0 Z5.0；	
N30 G42 G00 X30.0 Z1.0；	刀补引入
N40 G01 Z−30.0 F0.1；	刀补实施
N50 X50.0 Z−45.0；	
N60 G02 X60.0 Z−55.0 R12.0；	
N70 G01 X80.0；	
N80 G40 G00 X90.0 Z5.0；	取消刀补
N90Z10.0；	返回
N100X100.0；	
N110M05；	主轴停
N120M02；	程序结束

十一、数控车床编程与坐标系有关的 G 指令

在加工过程中，数控机床是按照工件装夹好后所确定的加工原点位置和程序要求进行加工的。编程人员在编制程序时，只要根据零件图样就可以选定编程原点、建立工件坐标系、计算坐标数值，而不必考虑工件毛坯装夹的实际位置。对于加工人员来说，则应在装夹工件、调试程序时，将编程原点转换为加工原点，并确定加工原点的位置，工件各尺寸的坐标值都是相对于加工原点而言的，这样数控机床才能按照准确的加工坐标系位置开始加工。常用的设定工件坐标系的指令主要有下面两种。

1. G50 设定工件坐标系

指令格式：G50 X _ Z _ ；

指令说明：X、Z 的值是起刀点在工件坐标系的坐标值。

如图 11-32 所示，工件坐标系设定指令为：G50 X a Z b ；其设定工件坐标系的原理是进行回参考点操作后，机床坐标系 XMZ 建立起来。刀具在机床坐标系中的位置为已知。通过对刀确定刀具在工件坐标系中位置，那么通过刀具就可知道工件原点在机床坐标系中的位置，从而建立工件坐标系 XWZ。

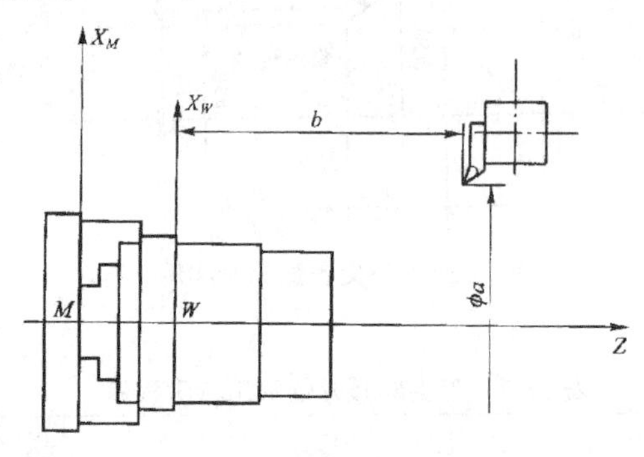

图 11-32 工件坐标系的设定

使用该指令设定工件坐标系时注意执行此指令之前必须先进行对刀，通过调整机床，将刀尖放在程序所要求的起刀点位置（a，b）上。G50 指令并不会产生机械移动，只是让系统内部用新的坐标值取代旧的坐标值，从而建立新的坐标系。

2. G54—G59 设定工件坐标系

指令格式：G54—G59；

指令说明：加工之前，先通过 MDI（Manual Data Input，手动键盘输入）方式设定这 6 个坐标系原点在机床坐标系中的位置，系统则将它们分别存储在 6 个寄存器中。当程序中出现 G54—G59 中某一指令时，就相应地选择了这 6 个坐标系中的一个。

第三节 数控车床对刀

在数控车床上加工工件，要建立工件坐标系来对工件进行数控编程。另外，还要确定工件、刀具在机床中的位置，如图 11-33 所示。因此，要确定工件坐标系和机床坐标系之间的关系，这样才能正确加工零件，这种关系通过对刀操作来确立。一般数控车床的刀架换刀为四工位方刀架，故可以对四把刀。

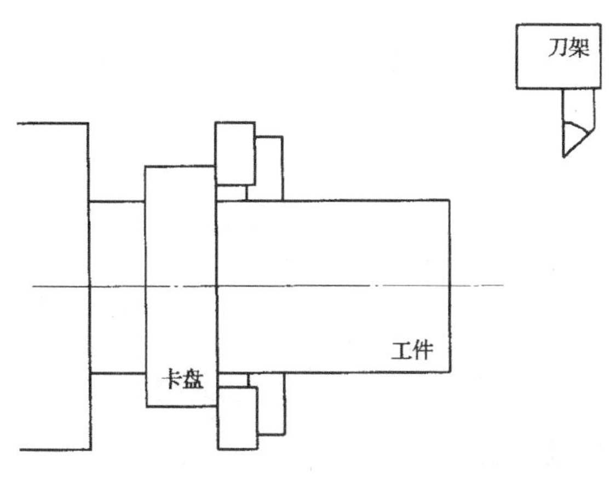

图 11-33 机床、工件、刀具位置关系图

一、对刀的概念

所谓对刀是指使“刀位点”与“对刀点”重合的操作。车削加工一个零件时，往往需要几把不同的刀具，而每把刀具的安装位置、顺序是根据数控车床装刀要求安放的，当它们转至切削位置时，其刀尖所处的位置各不相同。但是数控系统要求在加工一个零件时，无论使用哪一把刀具，其刀尖位置在切削前均应处于同一点，否则，零件加工程序就缺少一个共同的基准点。为使零件加工程序不受刀具安装位置的影响，必须在加工程序执行前，调整每把刀的刀尖位置，使刀架转位后，每把刀的刀尖位置都重合在同一点，这一过程称为数控车床的对刀。

二、确定对刀点或对刀基准点的一般原则

对刀点或对刀基准点可以设置在被加工工件上，也可以设置在与零件定位基准有关联尺寸的夹具的某一位置上，还可以设置在机床三爪自定心卡盘的前端面上。选择原则如下：

（1）对刀点的位置容易确定

（2）能够方便地换刀，以便与换刀点重合。

（3）对刀点应与工件坐标系原点重合。

（4）批量加工时，为使得一次对刀可以加工一批工件，对刀点应该选取在定位元件上，并将编程原点与定位基准重合，以便直接按照定位基准对刀。

三、对刀方式

为了计算和编程方便，我们通常将工件（程序）原点设定在工件右端面的回转中心上，尽量使编程基准与设计、装配基准重合。机床坐标系是机床唯一的基准，所以必须要弄清楚程序原点在机床坐标系中的位置。这通常在接下来的对刀过程中完成。FANUC 系统确定工件坐标系有三种方法：

（1）通过对刀将刀偏值写入参数从而获得工件坐标系。这种方法操作简单，可靠性好，通过刀偏与机床坐标系紧密地联系在一起，只要不断电、不改变刀偏值，工件坐标系就会存在且不会变；即使断电，重启后回参考点，工件坐标系还在原来的位置。

（2）用 G50 设定坐标系，对刀后将刀移动到 G50 设定的位置才能加工。对刀时先对

基准刀，其他刀的刀偏都是相对于基准刀的。

(3) MDI 参数，运用 G54—G59 可以设定 6 个坐标系，这种坐标系是相对于参考点不变的，与刀具无关。这种方法适用于批量生产且工件在卡盘上有固定装夹位置的加工。

四、FANUC 数控车床常用对刀方法的具体操作

1. 采用 T 指令建立工件坐标系直接用刀具试切对刀（形状偏置对刀）

这种对刀方法如图 11-34 所示。具体操作如下：

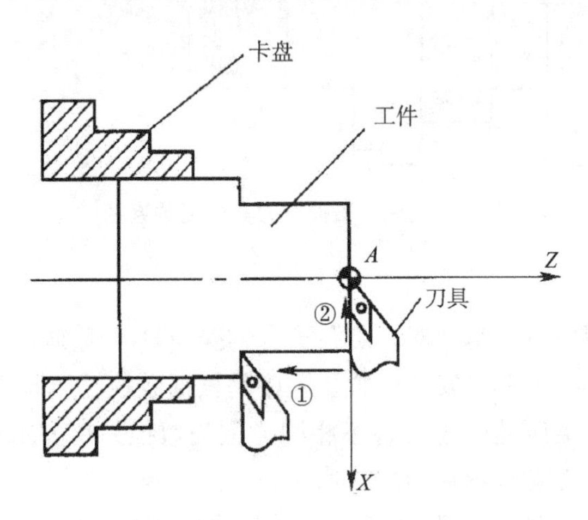

图 11-34　数控车床对刀原理图

(1) 手动车外圆后，刀具沿 Z 向退出（刀具不能在 X 方向移动），停主轴，测得工件外径为 D。将光标移动到刀补号上，一般与刀号相对应。输入到刀偏表中 01 行 X 上，按 [测量] 软键，X 向刀长值自动生成。此时刀具在机床坐标系下的 X 坐标值为 X_1。如输入 X50.0，按 [测量] 软键，如图 11-35 所示。

工具补正　　　　O　　N

番号	X	Z	R	T
01	210.798	0.000	0.000	0
02	0.000	0.000	0.000	0
03	0.000	0.000	0.000	0
04	0.000	0.000	0.000	0
05	0.000	0.000	0.000	0
06	0.000	0.000	0.000	0
07	0.000	0.000	0.000	0
08	0.000	0.000	0.000	0

现在位置（相对坐标）

U　303.233　W　216.552

S　0　　1

HNDL**** *** ***

NO检索　测量　C.输入　+输入　输入

图 11-35　刀偏设定界面

(2) 将光标打到 Z 上，试车端面，车平，刀具沿 X 向退出（刀具不能在 Z 方向移动）。因端面设为编程坐标系原点，所以输入 Z0 到刀偏表中 01 行，按 [测量] 软键。Z 向刀长值自动生成。

这样 1 号刀对刀完成。同样方法可完成其他刀具的对刀。每把刀独立坐标系，互不干扰，对刀比较方便。刀架在任何位置都可以启动加工程序。

2. G50 设置工件坐标系原点（设置偏置值完成多把刀具对刀）

采用这种方法对刀时先对基准刀，一般选外圆车刀，采用试切法完成对刀，以此刀尖作为基准点，其他刀具对刀时相对于它来设置偏差补偿值。这种方法操作较为简单，但在对刀完成后，必须将基准刀移动到 G50 设定的坐标位置（即起刀点）才能加工。由于采用 G50 指令建立的工件坐标系是浮动的，即相对于机床参考点是可变的，在机床断电后原来建立的工件坐标系将丢失，所以加工前需重新确定起刀点位置。

基准刀对刀如图 11-36 所示。设 1 号刀为基准刀，P 为起刀点，编程时采用程序段 G50 X100. 0 Z100. 0 来设定工件坐标系。其中 Φd 为试切外圆直径，h 为试切端面到欲设的工件零点在 Z 方向的有向距离，此例中设 $h=0$ mm。

试切外圆面
试切端面
Φ46
Φd
O
Z
100
h
70
100
P
起刀点
X
1
2

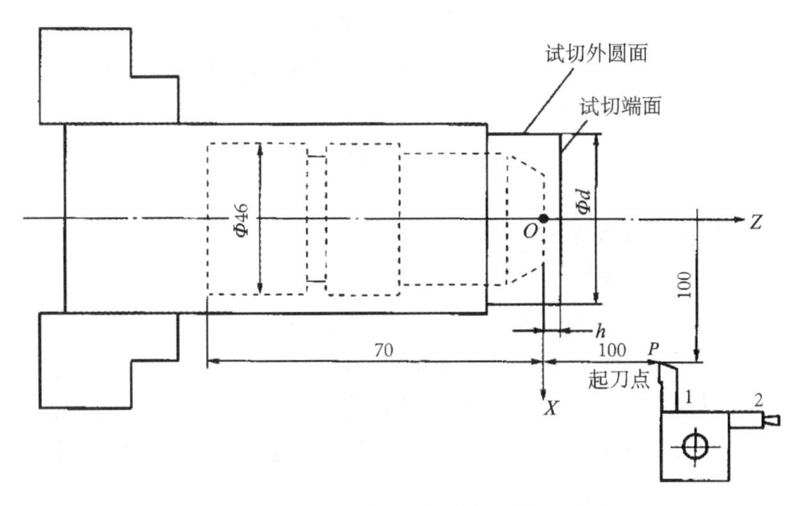

图 11-36　G50 设定工件坐标系对刀示例

方法 1：

（1）车削毛坯外圆，保持 X 坐标不动，沿 Z 轴正方向退刀，将显示器上的 U 坐标值清零，如图 11-37 所示。

（2）车削毛坯端面，保持 Z 坐标不动，沿 X 轴正方向退刀，将显示器上的 W 坐标值清零。

（3）主轴停止，测量试切后的外圆直径 d，假设 $d=48$ mm。

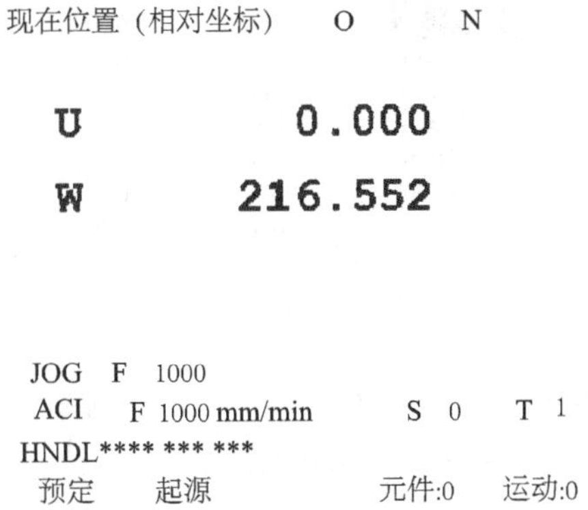

现在位置（相对坐标）　O　N
U　0.000
W　216.552
JOG　F　1000
ACI　F 1000 mm/min　S 0　T 1
HNDL**** *** ***
预定　起源　元件:0　运动:0

图 11-37　U 坐标置零界面

（4）计算基准刀移动到起刀点的增量尺寸：

X 轴移动的增量尺寸 $U=100-d=52$ mm；

Z 轴移动的增量尺寸 $W=100-h=100$ mm。

（5）确定基准刀的起刀点位置。移动刀架使基准刀沿 X 轴移动，直到显示器上显示的数据 $U=$ 52.000 mm 为止；再使基准刀沿 Z 轴移动，直到显示器上显示的数据 $W=$ 100.000 mm 为止，基准刀对刀完成（此步可在 2 号刀对刀完成后再进行）。

方法 2：

（1）车削毛坯外圆，保持 X 坐标不动，沿 Z 轴正方向退刀，将显示器上的 U 坐标值清零。

（2）主轴停止，测量试切后的外圆直径 d，假设 $d=48$ mm。

（3）选择 MDI 方式，输入程序段 G50、X48.0 并执行，即设距当前 X 坐标负方向 48 mm处（零件轴心）为工件坐标系 X 轴零点。

（4）车削毛坯端面，保持 Z 坐标不动，沿 X 轴正方向退刀，将显示器上的 W 坐标值清零，主轴停止。

（5）选择 MDI 方式，输入程序段 G50 Z0（$h=0$ mm）并执行，即设当前 Z 坐标位置（零件端面）为工件坐标系 Z 轴零点。

（6）选择 MDI 方式，输入程序段 G00 X 100 . 0 Z100. 0 并执行，使刀具快速移动到起刀点（X100. 0，Z100. 0）位置，基准刀对刀完成（此步可在 2 号刀对刀完成后再进行）。

2 号刀对刀。在基准刀对刀基础上，对 2 号刀进行试切对刀操作，即确定 2 号刀与基准刀的刀尖在 X 轴与 Z 轴方向的偏差量，从而确定其刀补值（基准刀的刀补值设置为 0）。

（1）调入 2 号刀，启动主轴。

（2）移动刀架使 2 号刀具刀尖（切槽刀的左刀尖）轻轻靠上 $\Phi48$ mm 外圆，沿 Z 轴正方向退刀，此时，显示器上 U 坐标位置处的数值，即是 2 号刀相对于基准刀的偏置值 ΔX。

（3）按“偏置”键，进入“补正”界面，将 Δx 输入到相应刀补号的 x 项中，如图 11-38 所示。

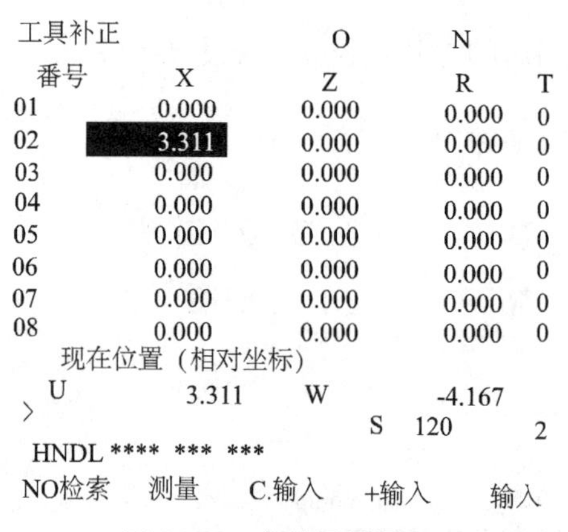

图 11-38 参数设置界面

（4）移动刀架使 2 号刀具刀尖轻轻靠上试切端面，沿 x 轴正方向退刀，此时，显示器上 W 坐标位置处的数值，即是 2 号刀相对于基准刀的偏置值 Δz。

（5）按“偏置”键，进入“补正”界面，将 Δz 输入到相应刀补号的 z 项中，2 号刀对刀完成。

若加工中使用了更多的刀具，依次重复以上操作步骤，即可完成所有刀具的刀补设置。所有刀具对刀完成后，还需将基准刀移到起刀点 P（X100.0，Z100.0）位置才可进行加工。

3. G54—G59 设定工件坐标系对刀

采用 G54—G59 设定工件坐标系进行对刀也是先对基准刀，其他刀具对刀时相对于它来设置偏差补偿值。这种方法对起刀位置无严格的要求，在对刀完成后，刀具可以不回到一固定点，但应保证刀具从起刀位置进刀过程中不得与工件或夹具发生碰撞。G54—G59 指令设定的工件坐标系相对于机床参考点是不变的，机床断电重新开机后，只要返回机床参考点，建立的工件坐标系依然有效。因此，这种方法特别适用于批量生产且工件有固定装夹位置的零件加工。注意：可用 G53 指令清除 G54—G59 工件坐标系。

基准刀对刀如图 11-39 所示。设 1 号刀为基准刀，Q 点为机床坐标系零点，编程时采用 G54 指令设定工件坐标系。其中 Φd 为试切外圆直径，h 为试切端面到欲设的工件零点在 Z 方向的有向距离，此例中设 $h=0$ mm。

（1）车削毛坯外圆，保持 X 坐标不动，沿 Z 轴正方向退刀，将显示器上的 U 坐标值清零，如图 11-40 所示，并记录显示器上机床坐标系的 X 坐标值，记为 X。

（2）车削毛坯端面，保持 Z 坐标不动，沿 X 轴正方向退刀，将显示器上的 W 坐标值清零，并记录显示器上机床坐标系的 Z 坐标值，记为 Z。

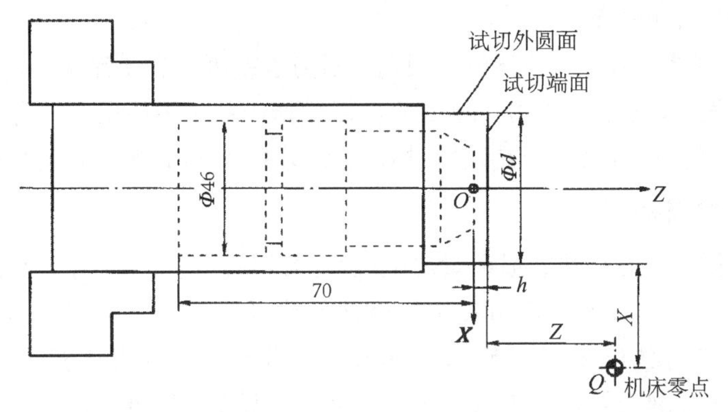

图 11-39　G54—G59 设定工件坐标系对刀示例

现在位置（相对坐标） O　　N

U　　0.000

W　　216.552

JOG　F　1000
ACI　F 1000 mm/min　　S　0　　T　1
HNDL **** *** ***
[预定] [起源] [　　] [元件:0] [运动:0]

图 11-40　参数设置界面

（3）主轴停止，测量试切后的外圆直径 d，假设 $d=48$mm。

（4）计算工件坐标系零点在机床坐标系下的坐标 X_0、Z_0：

$X_0 = X - 48$；

$Z_0 = Z - h$（$h = 0\text{mm}$）。

（5）按“偏置”键，进入“坐标系”界面，将 X_0、Z_0 输入到系统存储器 G54 中，如图 11-41 所示。此时，即确定了工件坐标系与机床坐标系的关系，基准刀对刀完成。

```
WORK  COONDATES        O          N
      (G54)
  番号  数据                番号  数据
  00      X     0.000       02      X     0.000
  (EXT)   Y     0.000       (G55)   Y     0.000
          Z     0.000               Z     0.000

  01      X                 03      X     0.000
  (G54)   Y     0.000       (G56)   Y     0.000
          Z     0.000               Z     0.000

〉 -60.000
  REF  **** *** ***
[NO检索][ 测量 ][         ][+输入 ][ 输入  ]
```

图 11-41　用 G54—G59 设置工件坐标系

2 号刀对刀。2 号刀及所有其他刀具对刀的方法与采用 G50 设定工件坐标系时 2 号刀对刀的方法相同。

注意：G54—G59 是调用加工前已经设定好的坐标系，而 G50 是在程序中设定的坐标系，使用 G54—G59 就没有必要再使用 G50，否则 G54—G59 会被替换。如一旦使用了 G50 设定坐标系，再使用 G54—G59 将不起任何作用，除非断电重新启动系统，或接着用 G50 设定所需新的工件坐标系。

使用 G50 的程序结束后，若刀具没有回到原对刀点就再次启动程序，则会改变坐标原点位置，导致事故发生，所以要慎用 G50。在实际生产中基本不使用 G50 指令，而使用采用 T 指令建立工件坐标系直接用刀具试切对刀以及 G54—G59 设定工件坐标系。

五、刀具的磨损补偿

刀具的磨损补偿用于刀具的磨损和对加工尺寸的调整。比如：1 号刀车外圆时，测得比实际要求尺寸大了 0.02 mm，就可在 1 号磨耗刀补 X 中输入－0.02 mm，使刀补值减少，这样在运行程序时就可以多切掉 0.02 mm。车端面时，测得比实际要求尺寸长了 0.02 mm，就可在 1 号磨耗刀补 Z 中输入－0.02 mm，使刀补值减少，这样在运行程序时就可以多切掉－0.02 mm，如图 11-42 所示。

工具补正/磨耗　　　O　　　N

番号	X	Z	R	T
01	0.000	0.000	0.000	0
02	0.000	0.000	0.000	0
03	0.000	0.000	0.000	0
04	0.000	0.000	0.000	0
05	0.000	0.000	0.000	0
06	0.000	0.000	0.000	0
07	0.000	0.000	0.000	0
08	0.000	0.000	0.000	0

现在位置（相对坐标）

U　284.933　W　174.050

〉　　　　S　0　　　1

JOG

[磨耗][形状][SETTING][坐标系][（操作）]

图 11-42　刀具磨耗补偿界面

第四节 数控车削实训

数控车削加工工艺、工件的安装及所用附件可参考第六章车削。数控车床通电初始化，每个生产厂家在机床上电系统默认的 G 指令不尽相同。初态 G 指令可在机床 MDI 页面查询，如初始 G00 G18 G21 G40 G97 G99。其中：

G00 快速移动定位；

G18 *ZX* 平面选择；

G21 公制输入；

G40 刀尖半径补偿取消；

G97 恒线速撤销；

G99 每转进给。

如学生不知实训数控车床的初始化 G 指令，可在开始编程时，把自己编程所需的 G 指令全写出。

一、典型轴类零件

加工如图 11-43 所示零件，毛坯尺寸为 ϕ45 mm 长棒料，材料为 45 钢，要求一次装夹。

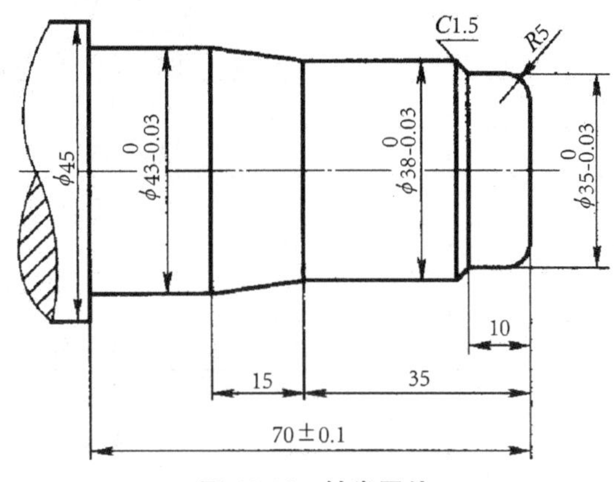

图 11-43 轴类零件

二、工艺分析

(1) 零件外形复杂，需加工外圆、锥体、凸圆弧及倒角。

(2) 根据图形形状选用刀具：T01 外圆粗车刀，加工余量大，且有凹弧面；T02 外圆精车刀，菱形刀片，刀尖圆弧为 0.4 mm。

(3) 坐标计算：根据选用的指令，此零件如用 G01、G02 指令编程，粗加工路线复杂，尤其圆弧处的计算和编程烦琐。故适宜用 G71 指令，加工时依图形得出精车外形各坐标点，一次处理编程。

三、FANUC 数控系统工艺及编程路线

(1) 1 号刀平端面。

(2) 1 号刀用 G71 指令粗加工外形。

(3) 2 号刀用 G70 指令精加工外形。

四、FANUC 数控系统参考程序

程序如表 11-8 所示。

表 11-8　轴类零件加工参考程序

程序内容	程序说明
O0005；	程序名
N10 G99 T0101 M03 S600；	（粗加工段）换 1 号刀，主轴正转，转速为 600 r/min
N20 G00 X100.0 Z100.0；	快速移动到中间安全点
N30 G00 X47.0 Z2.0；	循环起点
N40 G71 U1.5 R0.5；	外形复合加工，X 向背吃刀量为 1.5 mm，退刀量为 0.5 mm
N50 G71 P70 Q160 U0.3 W0.02 F0.2；	精加工程序段 N60～N150，X 向余量为 0.5 mm，Z 向余量为 0.02 mm
N60 G00 X0；	精加工第一段
N70 G01 Z0 F0.1；	平端面
N80 G01 X25.0；	圆弧起点
N90 G03 X35.0 Z−5.0；	加工凸圆
N100 G01 Z−10.0；	加工 ϕ35 mm 外圆
N110 X38.Z−11.5；	倒角
N120 Z−35.0；	加工 ϕ38 mm 外圆
N130 X43.0 X−50.0；	加工锥体
N140 Z−70.0；	加工 ϕ43 mm 外圆
N150 G00 G40 X47.0；	退刀
N160 G00 X100.0 Z100.0；	回换刀点
N170 M05；	主轴停
N180 M00；	程序停
N190 G99 M03 S800 T0202；	（精加工段）换 2 号外圆精车刀
N200 G00 X47.0 Z2.0；	循环起点
N210 G70 P70 Q160 F0.1；	精加工外形
N220 G00 X100.0 Z100.0；	回换刀点
N230 M05；	主轴停
N240 M30；	程序停

1. 简述数控车床与普通卧式车床的区别。
2. 简述数控车床的坐标系。
3. 简述可转位数控车刀的夹紧方式。
4. 简述数控车床刀尖半径补偿的目的。
5. 简述数控车床的对刀过程。

第十二章　数控铣削

第一节　数控铣削概述

一、数控铣床的组成

1. 数控铣床的结构组成

数控铣床结构如图 12-1 所示。加工中心和柔性制造单元等都是在数控铣床的基础上迅速发展起来的。

与普通铣床相比，数控铣床的加工精度高，精度稳定性好，适应性强，操作劳动强度低，特别适应于板类、盘类、壳具类、模具类等复杂形状的零件或对精度保持性要求较高的中小批量零件的加工。数控铣床能够进行外形轮廓铣削、平面或曲面型铣削及三维复杂面的铣削，如凸轮、模具、叶片、螺旋桨等。另外，数控铣床还具有孔加工的功能，通过特定的功能指令可进行一系列孔的加工，如钻孔、扩孔、铰孔、镗孔和攻螺纹等。

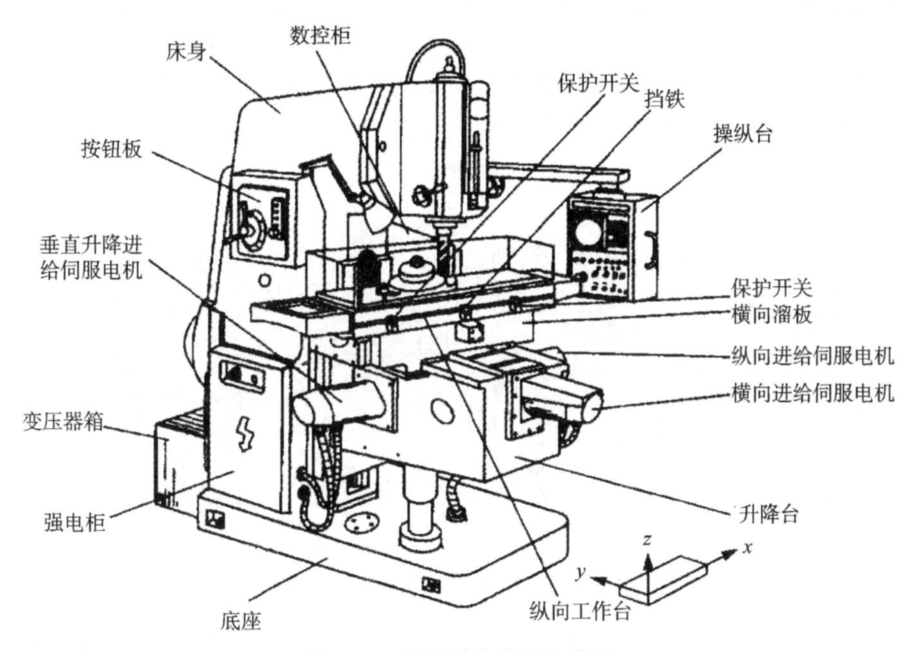

图 12-1　数控铣床的结构简图

2. 数控铣床的典型布局

数控铣床一般分为立式和卧式两种，其典型布局有四种，如图 12-2 所示，不同的布局形式可以适应不同的工件形状、尺寸及重量。图 12-2a 适应较轻工件，图 12-2b 适应较大尺寸工件，图 12-2c 适应较重工件，图 12-2d 适应更重、更大工件。

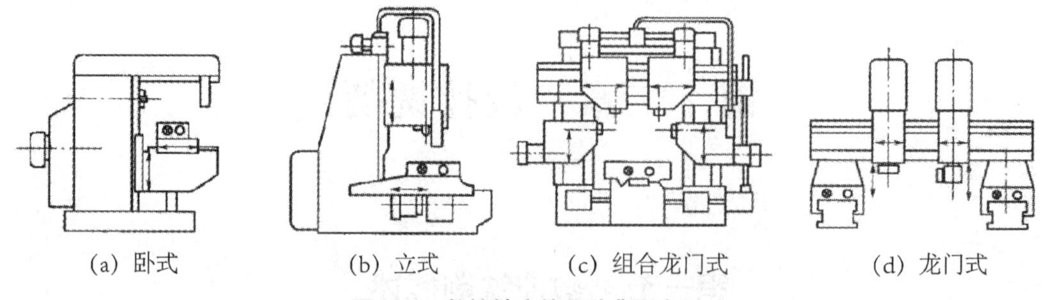

图 12-2 数控铣床的四种典型布局

二、数控工具系统

数控工具系统是数控铣床主轴至刀具之间的各种连接刀柄的总称。刀柄是数控铣刀与机床主轴之间的过渡部件，其一头连着机床主轴，另一头连着刀具，主要用于夹持各种刀具等。数控工具系统的主要作用是连接主轴与刀具，使刀具达到所要求的位置与精度，传递切削所需的扭矩和保证刀具的快速更换。

1. 数控铣刀常用刀柄

数控机床的主轴端部一般采用 7∶24 的圆锥孔，如图 12-3 所示。通过安装在工具系统圆锥柄上的拉钉与机床主轴相连。主轴刀具自动夹紧系统主要由拉杆 4、蝶形弹簧 3、松刀液压缸 1 以及拉杆钢球 5 组成。当松刀液压缸通入压力油时，活塞杆作推出运动，推动拉杆压缩蝶形弹簧，使拉杆钢球 5 落入主轴前端槽内，拉杆继续前推，将刀具锥柄推出主轴锥孔约 0.5 mm，在松刀的过程中，压缩空气进入拉杆 4 中部孔中，并从主轴锥孔吹出；当换装新刀具时，压缩空气可吹净新装入刀具柄部的灰尘。当刀具装入刀柄后，液压系统控制活塞杆后退，蝶形弹簧弹性复位，使拉杆退回，当钢球退离槽时，钢球将锥柄上的拉钉夹住，并将工具锥柄紧紧地拉紧在主轴锥柄孔中。

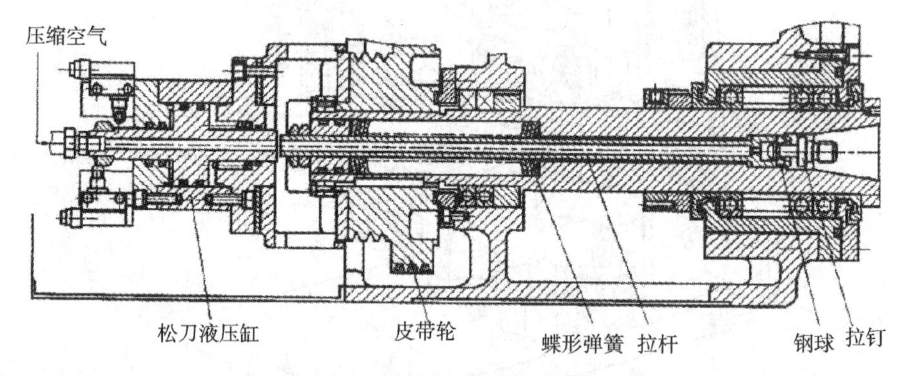

图 12-3 7∶24 锥柄主轴抓刀原理

数控铣床工具系统的 7∶24 锥柄主要有 JT 型、BT 型和 ST 型三种。其中，JT 型是按国际标准 ISO 7388（GB 10944 等效采用了这一标准）制造的加工中心用带机械手夹持槽的圆锥柄，其应用广泛；ST 型是按 GB 3837 制造的数控机床用无机械手夹持槽的圆锥柄；而 BT 型锥柄基于日本标准生产，国内有一定使用量。图 12-4 为 JT40 型锥柄示意图。与锥柄相配套的还有相应的拉钉，图 12-5 是与 JT40 型圆锥柄配套的 LDA40 型拉钉。

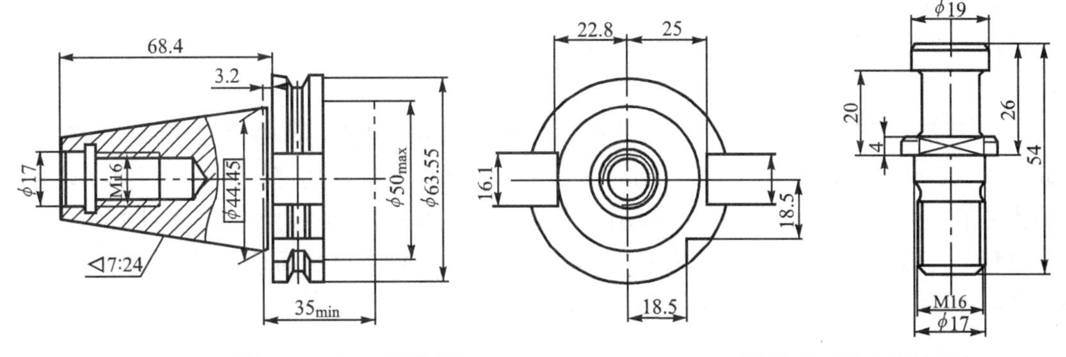

图 12-4　JT40 型锥柄　　　　图 12-5　LDA 型拉钉

图 12-6 所示为 HSK 锥柄主轴抓刀原理。假设主轴未装刀具，液压或气压力推动拉杆脱开拉爪组件内的锥面夹紧爪，拉爪收缩，装入锥柄。未拉紧之前，锥柄与主轴锥孔只能有锥面接触，锥柄法兰面与主轴端面存在微小间隙。释放松刀力后，主轴内的拉紧碟形弹簧（图中未示出）通过拉杆拉紧拉爪内锥面，使拉爪与锥柄内孔锥面接触并拉紧，HSK 锥面略微弹性变形，同时锥柄法兰面与主轴端面接触，完成抓刀。HSK 锥柄主轴抓刀时实际上是锥面与法兰面两面接触，接触刚度好，抓刀精度高，因此适合高速切削加工。

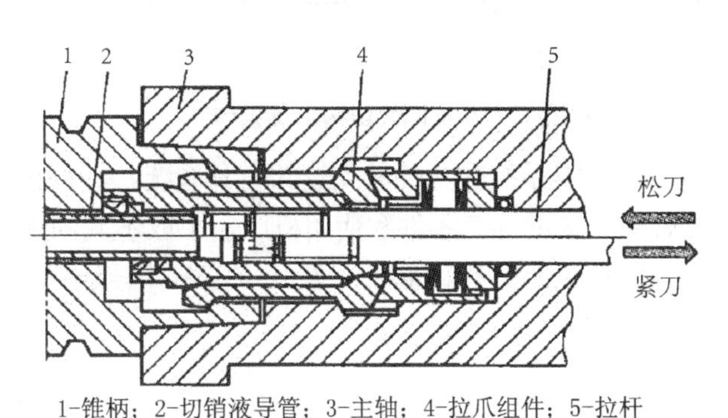

1-锥柄；2-切销液导管；3-主轴；4-拉爪组件；5-拉杆

图 12-6　HSK 锥柄主轴抓刀原理

7∶24 圆锥柄一般用于普通的数控铣床，高速铣削加工的刀柄一般采用 HSK 系列或液压夹紧刀柄。HSK 锥柄作为高速数控机床主轴接口，在高档数控加工中心中有较广泛的应用。图 12-7 所示为 HSK63A 型锥柄与切削液导管示意图，其中心的 M18×1 螺孔可安装切削液导管，实现内冷却刀具的供液，不用时用堵头堵住。

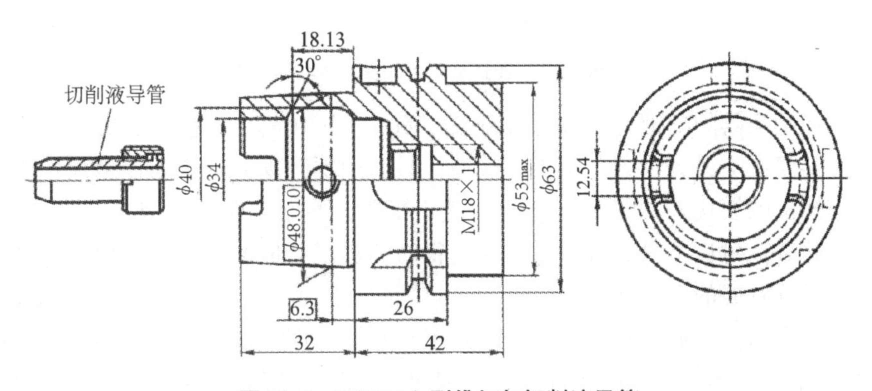

图 12-7　HSK63A 型锥柄与切削液导管

2. 数控铣刀工具系统结构

数控工具系统锥柄与刀具之间的结构有两种形式，一种是整体式结构，另一种是模块式结构。

（1）整体式结构。我国的TSG工具系统就属于整体式结构，其特点是将锥柄和接杆连成一体，不同品种和规格的工作部分都必须带有与机床相连的柄部。整体式工具系统具有结构简单，使用方便、可靠，更换迅速等优点。缺点是这种刀柄对机床与零件的变换适应能力较差。为适应零件与机床的变换，用户必须储备各种规格的刀柄，因此刀柄的利用率较低，图12-8所示为整体式结构工具系统。

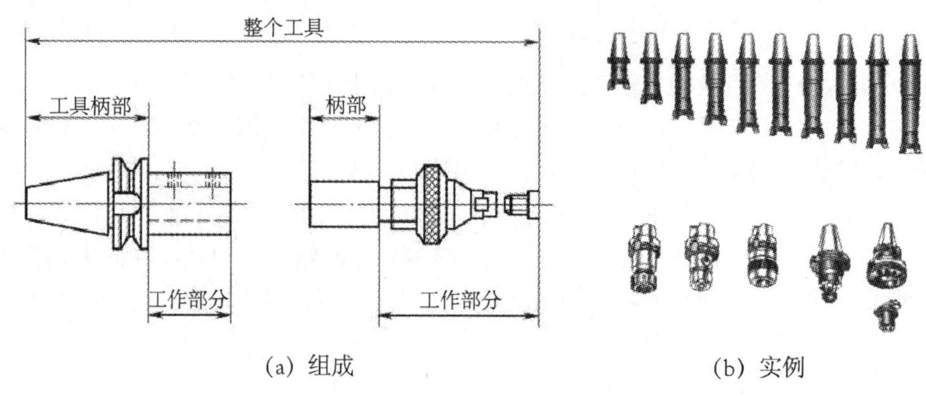

（a）组成　　（b）实例

图12-8　整体式结构工具系统

（2）模块式结构。模块式刀具系统是一种较先进的刀具系统，其每把刀柄都可通过各种系列化的模块组装而成。针对不同的加工零件和使用机床，采取不同的组装方案，可获得多种刀柄系列，从而提高刀柄的适应能力和利用率。图12-9所示为模块式结构工具系统。

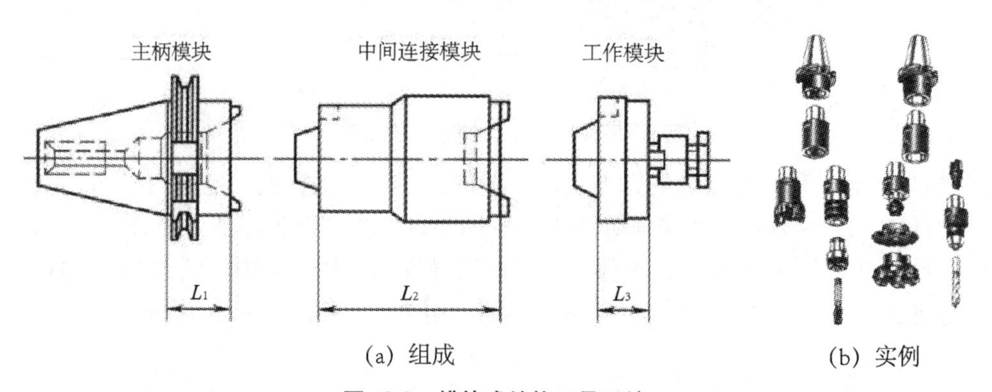

（a）组成　　（b）实例

图12-9　模块式结构工具系统

模块式结构把工具的柄部和工作部分分开，制成系统化的主柄模块、中间连接模块和工作模块，每类模块中又分为若干小类和规格，然后用不同规格的中间连接模块组装成不同用途、不同规格的模块式刀具，这样就方便了制造、使用和保管，减少了工具的规格、品种和数量的储备，对加工中心较多的企业有很高的实用价值。目前，模块式工具系统已成为数控加工刀具发展的方向。

国外有许多应用比较成熟和广泛的模块式工具系统。例如瑞士的山特维克公司有比较完善的模块式工具系统，在我国的许多企业得到了很好的应用，国内的TMG10和

TMG21 工具系统就属于这一类。

3. 数控铣削加工常见刀柄形式与应用

（1）图 12-10 所示为强力铣夹头刀柄，适用于装夹 Φ20 mm 以下的直柄立铣刀，其中卡簧的规格有多种，以适应不同直径刀具的装夹，其装夹力较大，适用于较大切削力的场合。

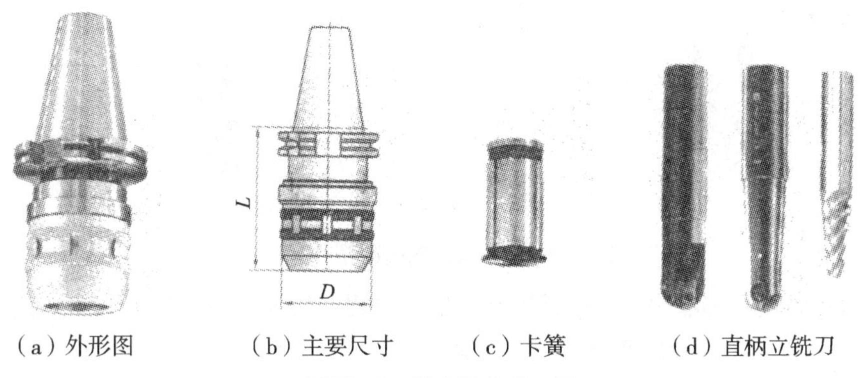

（a）外形图　（b）主要尺寸　（c）卡簧　（d）直柄立铣刀

图 12-10　强力铣夹头刀柄

（2）图 12-11 所示为弹簧卡头刀柄，适用于装夹 Φ16 mm 以下的直柄立铣刀，其中卡簧的规格有多种，以适应不同直径刀具的装夹，其装夹力相对较小，一般用于切削力不大的场合。

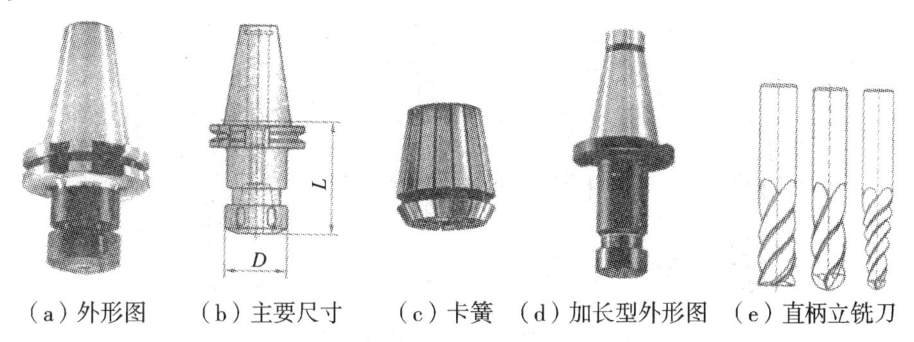

（a）外形图　（b）主要尺寸　（c）卡簧　（d）加长型外形图　（e）直柄立铣刀

图 12-11　弹簧卡头刀柄

（3）图 12-12 所示为套式立铣刀刀柄，适用于装夹可转位面铣刀，用于平面铣削，其端面有两个对称的横键，能承受较大的切削力。

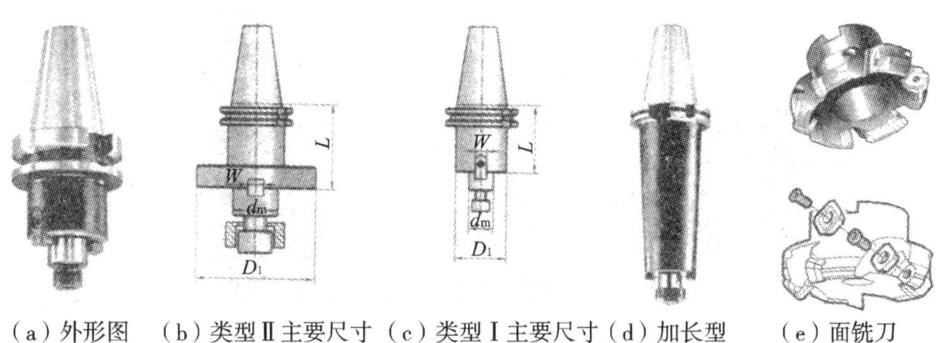

（a）外形图　（b）类型Ⅱ主要尺寸　（c）类型Ⅰ主要尺寸　（d）加长型　（e）面铣刀

图 12-12　套式立铣刀刀柄

（4）图 12-13 所示为无扁尾莫氏圆锥孔刀柄，适用于锥柄立铣刀的装夹，利用锥柄中的内六角螺钉拉紧刀具。根据刀柄型号的不同，其装刀部分的莫氏圆锥孔分别有 1～4 号（JT40 型），可装夹的铣刀直径为 6～56 mm，该种刀柄应用广泛。

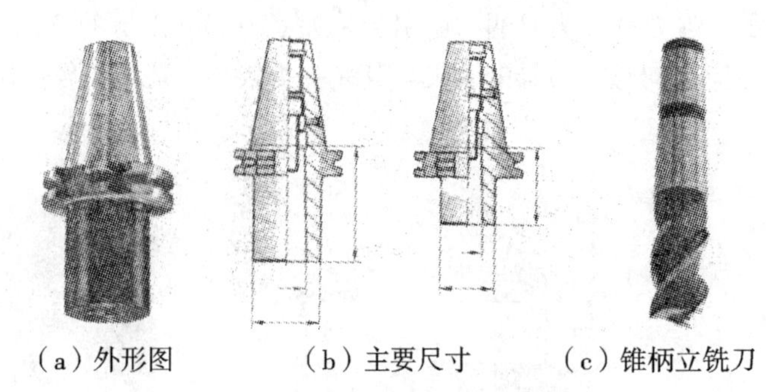

（a）外形图　　（b）主要尺寸　　（c）锥柄立铣刀

图 12-13　无扁尾莫氏圆锥孔刀柄

（5）图 12-14 所示为有扁尾莫氏圆锥孔刀柄，适用于较大直径锥柄钻头的装夹，图中腰子通槽处与钻头扁尾配合传递扭矩，同时兼起拆卸钻头的作用。钻头依靠莫氏锥柄的自锁固定，由于钻头工作时主要是轴向力，所以自锁力足以满足要求。根据刀柄型号的不同，其装刀部分的莫氏圆锥孔分别有 1～4 号（JT40 型），可装夹的锥柄麻花钻头的直径为 3～50 mm。

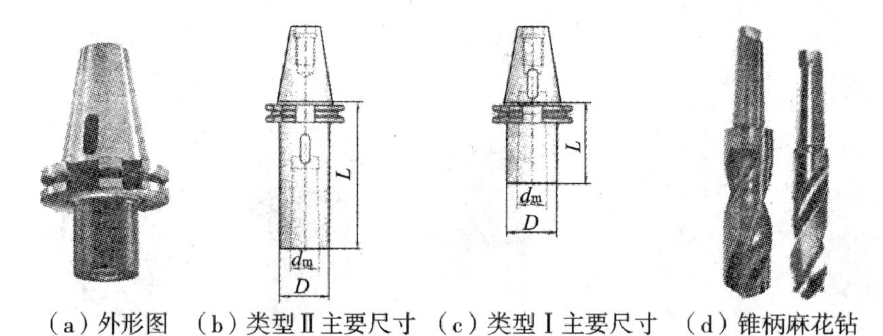

（a）外形图　（b）类型Ⅱ主要尺寸　（c）类型Ⅰ主要尺寸　（d）锥柄麻花钻

图 12-14　无扁尾莫氏圆锥孔刀柄

（6）图 12-15 所示为莫氏短圆锥钻夹头刀柄，其前端短圆锥与钻夹头配合，通过钻夹头可装夹小直径的直柄钻头等。

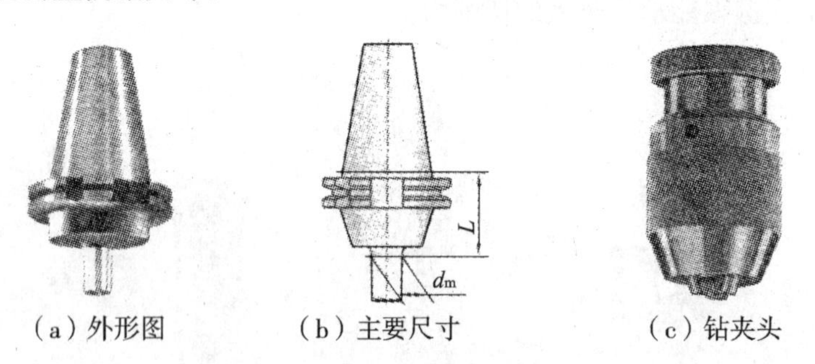

（a）外形图　　（b）主要尺寸　　（c）钻夹头

图 12-15　莫氏短圆锥钻夹头刀柄

（7）镗刀刀柄，如采用模块式的结构方案成本较高，因此可采用整体式结构，如图 12-16 所示。

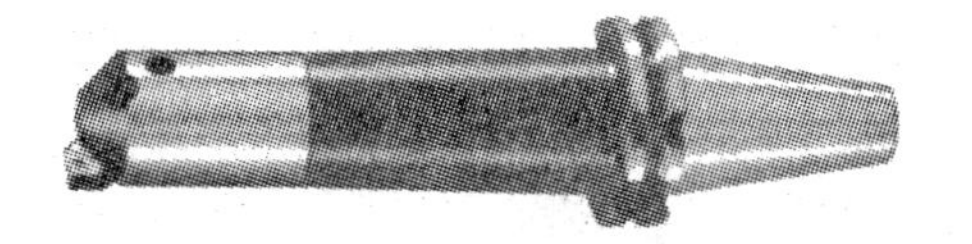

图 12-16　**整体镗刀**

三、组合夹具

随着产品更新换代速度加快，数控与柔性制造系统应用日益增多，作为与机床相配套的夹具也要求其具有柔性，能及时地适应加工品种和规模变化的需要。实现柔性化的重要方法是组合法，因此组合夹具也就成为夹具柔性化的最好途径。传统的组合夹具也就从原来为普通机床单件小批服务的结构而走向为数控机床、加工中心等配套的既适应中小批也能适应成批生产的现代组合夹具领域。现代组合夹具的结构主要分为孔系与槽系两种基本形式，两者各自有其长处。槽系为传统组合夹具的基本形式，生产与装配积累的经验多，可调性好，在近 30 余年中为世界各国广泛应用。图 12-17 所示为槽系组合夹具组装过程示意图。

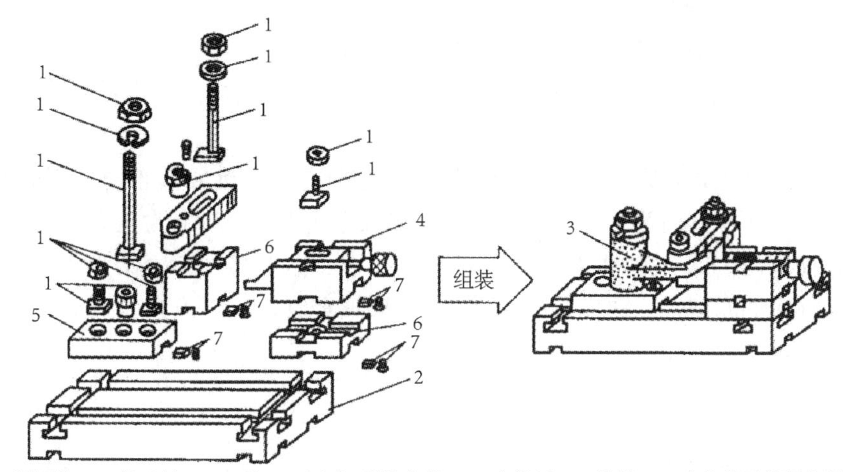

1–紧固件；2–基础板；3–工件；4–活动V形铁合件；5 –支撑板；6–垫铁；7–定位件及其紧定螺钉

图 12-17　**槽系组合夹具组装过程示意图**

孔系组合夹具为新兴的结构，与槽系相比孔系具有以下优点：

（1）结构刚性比槽系好。

（2）孔比槽易加工，制造工艺性好。

（3）安装方便，组装中靠高精度的销孔定位，比需费时测量的槽系操作简单。

（4）计算机辅助组装设计是提高组合夹具应用的重要方法，实践证明在这方面孔系优于槽系。

孔系组合夹具的系统元件结构简单，以孔定位，螺钉连接，定位精度高，刚性较好，组装方便，由于便于计算机编程，所以特别适用于柔性自动化加工设备和系统的夹具配置。图 12-18 所示为这种夹具组装元件的分解图，图 12-19 所示为应用实例。

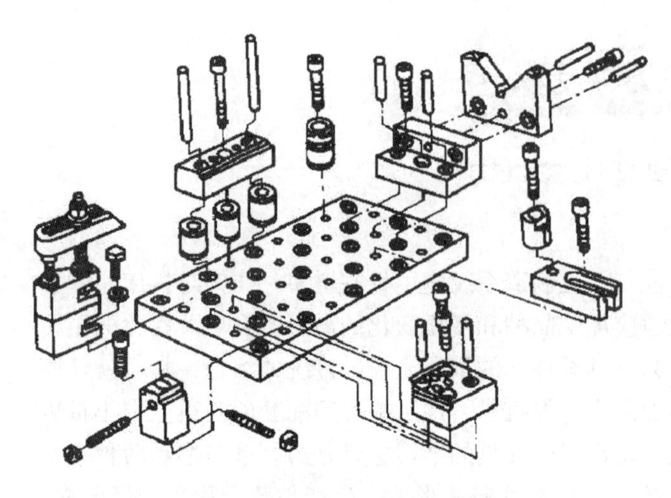

图 12-18 孔系组合夹具组装元件分解图

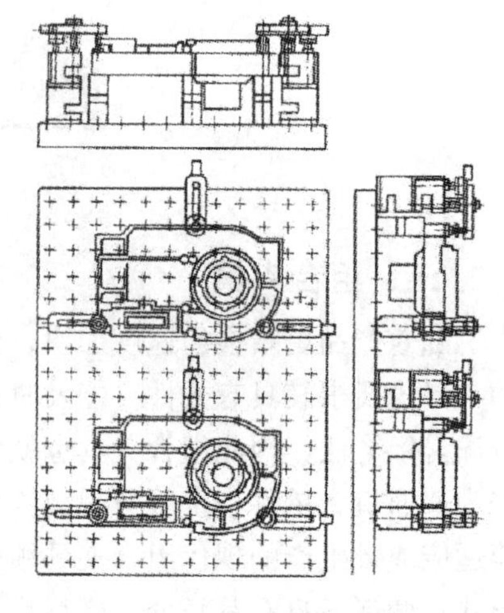

图 12-19 孔系组合夹具的应用实例

四、数控铣床坐标系统

1. 数控铣床坐标系统的方向

数控机床采用的都是笛卡尔坐标系统，数控铣床坐标系统遵循右手笛卡尔直角坐标系原则，X、Y、Z 三轴之间的关系遵循右手定则，A、B、C 旋转轴遵循右手螺旋定则。

（1）机床坐标轴的方向

由于数控铣床有立式和卧式之分，所以机床坐标轴的方向也因其布局的不同而不同。立式升降台铣床的坐标方向为：Z 轴垂直（与主轴轴线重合），向上为正方向；面对机床立柱的左右移动方向为 X 轴，将刀具向右移动（工作台向左移动）定义为正方向；根据右手笛卡尔坐标系的原则，Y 轴应同时与 Z 轴和 X 轴垂直，且正方向指向床身立柱。立式数控铣床的坐标方向如图 12-20 所示。

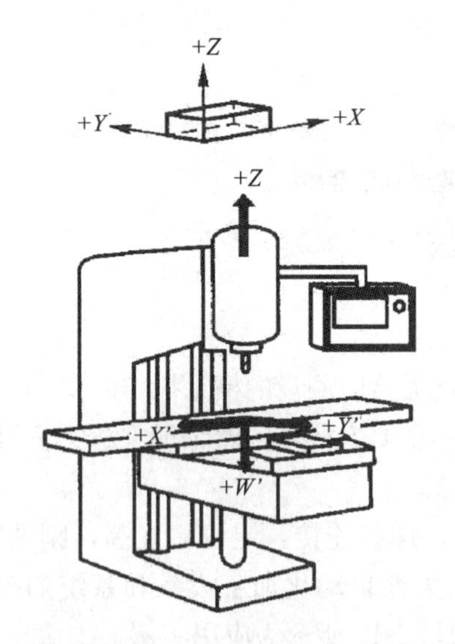

图 12-20 立式数控铣床坐标方向

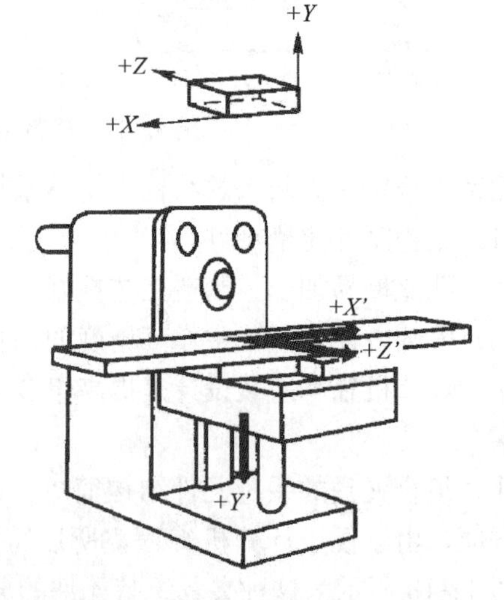

图 12-21 卧式数控铣床坐标方向

卧式升降台铣床的坐标方向为：Z 轴水平，且向里为正方向（面对工作台的平行移动方向）；工作台的平行向左移动方向为 X 轴正方向；Y 轴垂直向上。卧式数控铣床的坐标方向如图 12-21 所示。

（2）旋转运动方向

旋转运动 A、B、C 相应地表示其轴线平行于 X、Y、Z 的旋转运动，其正方向按照右手螺旋定则。数控铣床的旋转运动方向如图 12-22 和图 12-23 所示。

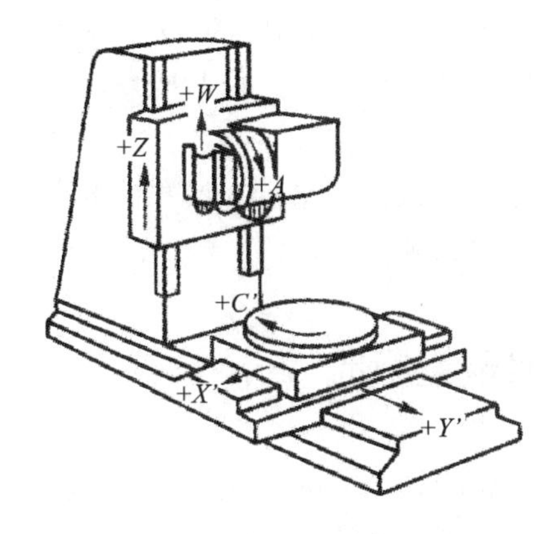

图 12-22　立式数控铣床旋转方向

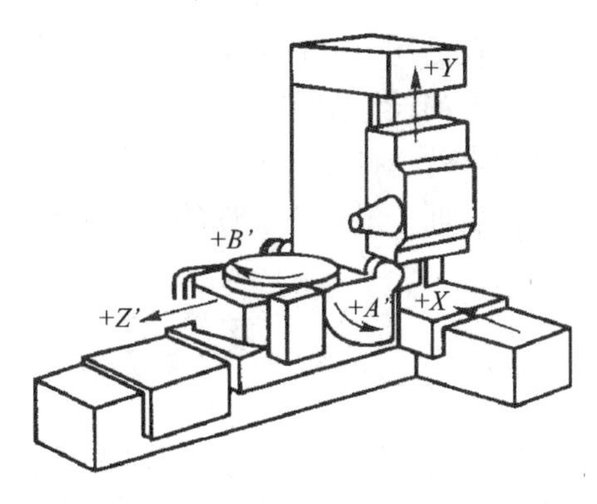

图 12-23　卧式数控铣床旋转方向

（3）主轴正旋转方向与 C 轴正方向的关系

主轴正旋转方向：从主轴尾端向前端（装刀具或工件端）看，顺时针方向旋转为主轴正旋转方向。对于钻、镗、铣加工中心机床，主轴的正旋转方向为右旋螺纹进入工件的方向，与 C 轴正方向相反。

2. 数控铣床机床坐标系与工件坐标系

机床坐标系是机床上固有的坐标系，是用来确定工件坐标系的基本坐标系，是确定刀具（刀架）或工件（工作台）位置的参考系，并建立在机床原点上。

机床坐标系原点是在机床上设置的一个固定点，在机床装配、调试时确定下来，是机床制造商设置在机床上的一个物理位置，其作用是使机床与控制系统同步，是数控机床进行加工运动的基准参考点，据此可以建立机床坐标系。一般取在机床运动方向的最远点。在数控铣床上，机床原点一般取在 X、Y、Z 坐标的正方向极限位置上，如图 12-24 和图 12-25 所示。

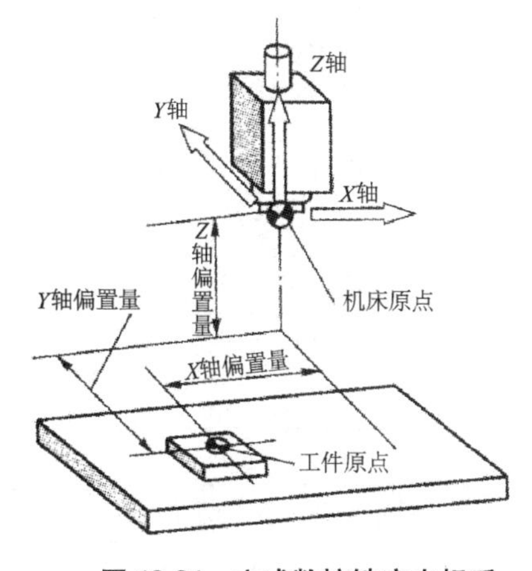

图 12-24　立式数控铣床坐标系

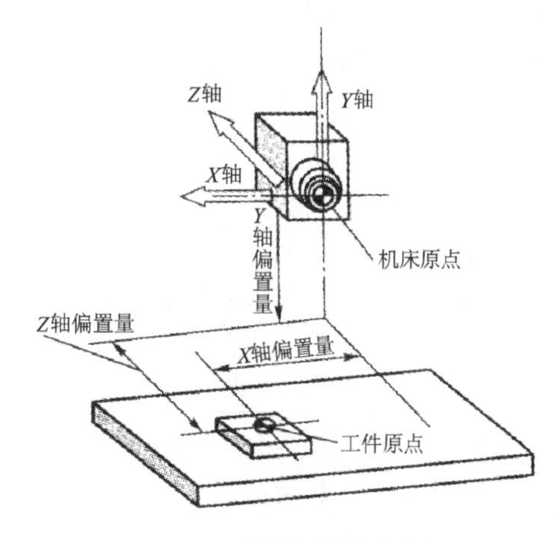

图 12-25　卧式数控铣床坐标系

机床参考点也是机床上的一个固定点，不同于机床原点，机床参考点相对于机床原点的坐标是已知值，即可根据机床参考点在机床坐标系中的坐标值间接确定机床原点的位置。通过回零操作（回参考点）可以建立机床坐标系。

工件坐标系是编程人员在编程时设定的坐标系，也称为编程坐标系。工件坐标系坐标轴的确定原则与机床坐标系坐标轴的确定原则一致。

工件坐标系的原点也称为工件原点或编程原点，由编程人员根据编程计算、机床调整、对刀、在毛坯上位置确定等具体情况的需要而定义在工件上的几何基准点，一般为零件图上最重要的设计基准点。

工件原点的选择原则主要有：原点尽量与设计基准一致，尽量选在尺寸精度高、粗糙度低的工件表面，最好在工件的对称中心上，要便于测量和检测。

第二节　数控铣削编程基础

表 12-1 为以 FANUC 为系统数控铣床常用准备功能指令，00 组指令为非模态指令，其他指令均为模态指令。FANUC 数控铣床常用辅助功能指令可参考表 11-2。

表 12-1　FANUC 系统数控铣床常用准备功能指令

代码	组别	功　能	代码	组别	功　能
G00	01	快速定位	G73	09	深孔钻削循环
G01		直线插补	G74		左螺纹加工循环
G02		顺时针圆弧插补	G76		精细钻孔循环
G03		逆时针圆弧插补	G80		固定循环取消
G04	00	暂停	G81		钻孔循环、镗孔循环
G17	02	*XY* 平面选择	G82		钻孔循环、镗阶梯孔循环
G18		*ZX* 平面选择	G83		深孔钻削循环
G19		*YZ* 平面选择	G84		右螺纹加工循环
G28	00	自动返回至参考点	G85		镗孔循环
G40	07	刀具半径补偿取消	G86		镗孔循环
G41		刀具半径左补偿	G87		反镗孔循环
G42		刀具半径右补偿	G88		镗孔循环
G43	08	刀具长度正补偿	G89		镗孔循环
G44		刀具长度负补偿	G90	03	绝对值坐标编程
G49		刀具长度补偿取消	G91		增量值坐标编程
G50	11	比例缩放取消	G92	00	设定工件坐标系
G51		比例缩放有效	G94	05	每分钟进给
G54 ～ G59	14	设定工件坐标系	G95		每转进给
G68	16	坐标旋转方式开	G98	10	固定循环返回起始面
G69		坐标旋转方式关	G99		固定循环返回安全面

一、尺寸系统指令

1. 坐标平面选择（G17、G18、G19）

功能：在编程和计算长度补偿和刀具长度补偿时必须先确定一个平面，即确定一个两坐标的坐标平面，在此平面中可以进行刀具半径补偿。另外，根据不同的刀具类型（铣刀、钻头、镗刀等）进行相应的刀具长度补偿，如图 12-26 所示。对于数控铣床和加工中心，通常都是在 *XOY* 平面内进行轮廓加工。该组指令为模态指令，一般系统初始状态为 G17 状态，故 G17 可省略。

指令格式：$\begin{cases}G17\\G18;\\G19\end{cases}$

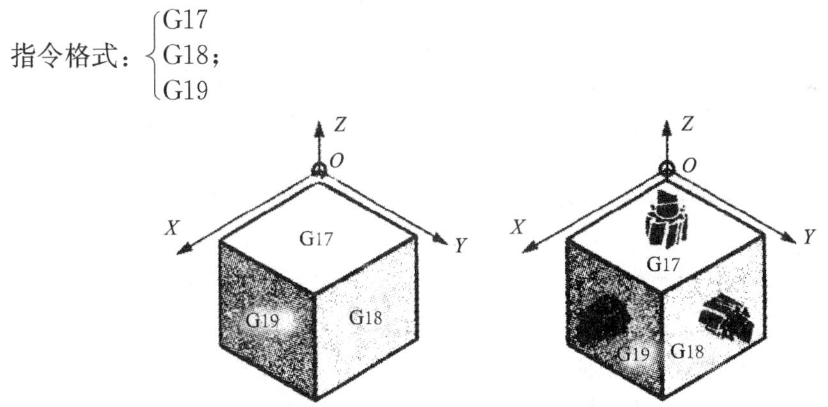

图 12-26　平面选择指令示意图

G17 用来选择 *XOY* 平面；G18 用来选择 *XOZ* 平面；G19 用来选择 *YOZ* 平面。

移动指令与平面选择无关，如 G17 Z _ ，*Z* 轴不在 *XOY* 平面上，但这条指令可使机床在 *Z* 轴方向上产生移动。该组指令为模态指令，在数控铣床上，数控系统初始状态一般默认为 G17 状态。若要在其他平面上加工则应使用坐标平面选择指令。

2. 工件坐标系设定（G92、G54—G59）

工件坐标系设定指令是规定工件坐标系原点的指令，工件坐标系原点又称编程零点。数控编程时，必须先建立工件坐标系，用以确定刀具刀位点在坐标系中的坐标值。工件坐标系可用下述两种方法设定：用 G92 指令和其后的数据来设定工件坐标系；或事先用操作面板设定坐标轴的偏置，再用 G54—G59 指令来选择。

（1）用 G92 指令设定工件坐标系

功能：G92 指令是规定工件坐标系原点（程序零点）的指令。

指令格式：G92　X _　Y _　Z _ ；

其中，X _　Y _　Z _ 是指主轴上刀具的基准点在新坐标系中的坐标值，因而是绝对值指令。以后被指令的绝对值指令就是在这个坐标系中的位置。G92 指令用于设定起刀点即程序开始运动的起点与工件坐标系原点的相对距离，来建立工件坐标系。执行 G92 指令后，也就确定了起刀点与工件坐标系原点的相对距离。

图 12-27 所示工件坐标系程序如下：

G92 X30.0 Y40.0 Z20.0；

G92 指令只是设定坐标系，机床（刀具或工作台）并未产生任何运动。G92 指令执行前的刀具位置，必须放在程序所要求的位置上。如果刀具放在不同的位置，所设定出的工件坐标系原点位置也会不同。

如图 12-28 所示，工件坐标系原点在 O_p，刀具起刀点在 *A* 点，则设定工件坐标系

$X_pO_pY_p$的程序段如下：

G92 X20.0 Y20.0；

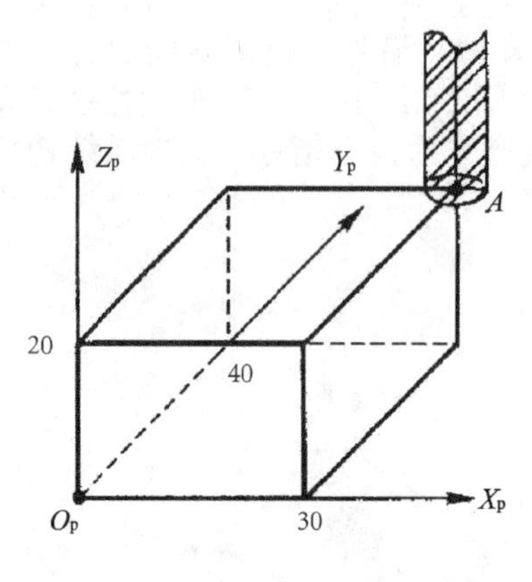

图 12-27　G92 设定工件坐标系

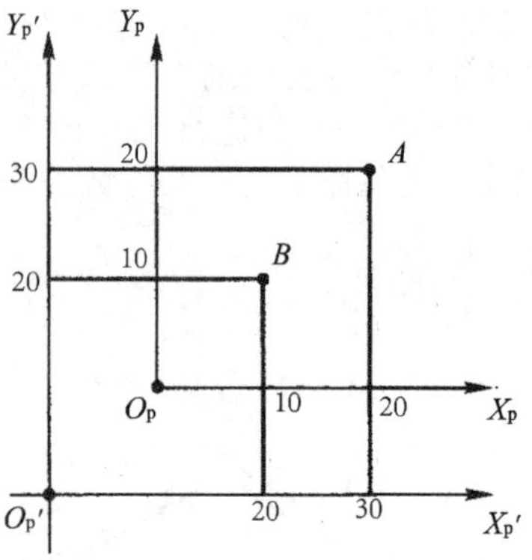

图 12-28　G92 设定工件坐标系说明

当刀具起刀点在 B 点，要建立图示的工件坐标系时，则设定该工件坐标系的程序段为：G92 X10.0 Y10.0。这时，若仍用程序段 G92 X20.0 Y20.0 来设置坐标系，则所设定的工件坐标系为 $X_p'O_p'Y_p'$，因此 G92 设定工件坐标系时，所设定的工件坐标系原点与当前刀具所在位置有关。

（2）用 G54—G59 指令设定工件坐标系

指令格式：G54；G55；G56；G57；G58；G59；

指令 G54—G59 是采用工件坐标系原点在机床坐标系内的坐标值来设定工件坐标系的位置。

G54—G59 使用说明：如图 12-29 所示，工件坐标系原点 O_p 在机床坐标系中坐标值为 X－60.0，Y－60.0，Z－10.0，将此数值寄存在 G54 的存储器中，刀具快速移动到图示位置，则执行以下指令：

N10 G54；

N20 G90 G00 X0 Y0 Z20.0；

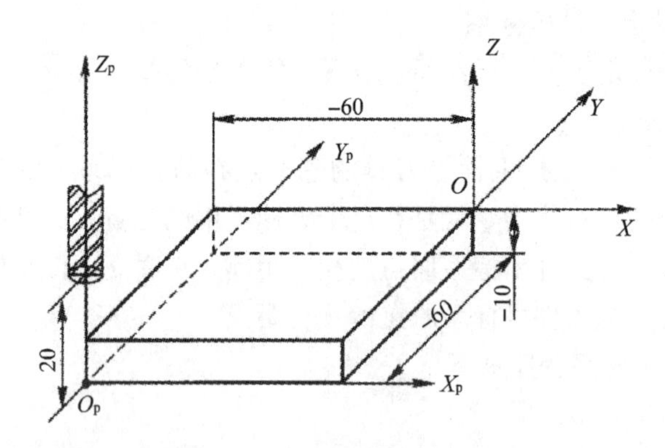

图 12-29　G92 设定工件坐标系

以上程序执行后，所有坐标系指定的尺寸都是设定的工件坐标系中的位置。G54—G59 一经设定，工件坐标系原点在机床坐标系中的位置是不变的，它与刀具的当前位置无关，除非更改，在系统断电后并不破坏，再次开机回参考点后仍有效。

若在工作台上同时加工多个相同零件或不同零件，由于它们都有各自的尺寸基准，因此，在编程过程中，有时为了避免尺寸换算，可以建立6个工件坐标系，其坐标系原点设在便于编程的某一固定点上。当加工某个零件时，只要选择相应的工件坐标系编制加工程序。

表12-2列出了G92与G54—G59工件坐标系的区别。

表12-2　G92与G54—G59工件坐标系的区别

指令	格式	设置方式	与刀具当前位置关系	数目
G92	G92　X _　Y _　Z _；	在程序中设置	有关	1
G54—G59	G54；G55；G56； G57；G58；G59；	在机床参数页面中设置	无关	6

需要注意的是：①使用G54—G59时，不用G92设定坐标系，即G54—G59和G92不能混用；②使用G92的程序结束后，若机床没有回到G92设定的起刀点就再次启动此程序，刀具当前所在位置就成为新的工件坐标系下的起刀点，这样易发生事故。

3. 绝对值指令（G90）和增量值指令（G91）

功能：可以用绝对值和增量值两种方法指令各轴的移动量，绝对值指令是编程各轴移动的终点位置的坐标值，增量值指令是直接编程各轴的移动量。绝对值指令用G90编程，增量值指令用G91编程。

指令格式：$\begin{cases}G90\\G91\end{cases}$；

编程举例：如图12-30所示，移动指令可以编程为：

G90 X40.0 Y70.0；绝对值编程。

G91 X－60.0 Y40.0；增量值编程。

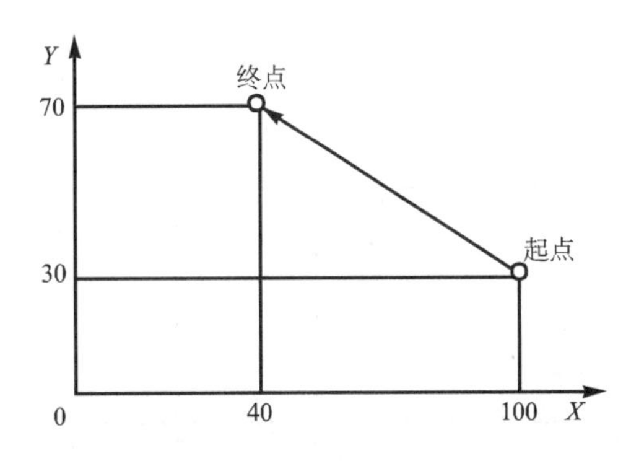

图12-30　绝对值和增量值编程

注意：有些数控系统没有绝对和增量尺寸指令，当采用绝对尺寸编程时，尺寸字用X、Y、Z表示；用增量尺寸编程时，尺寸字用U、V、W表示。

二、坐标轴运动指令

1. 快速点定位指令G00

功能：轴快速移动G00用于快速定位刀具，没有对工件进行加工。可以在几个轴上同时进行快速移动，由此产生一个线性轨迹，移动速度是机床设定的空行程速度，与程序段中的进给速度无关，如图 12-31 所示。

指令格式：G00 X _ Y _ Z _ ；

其中：X _ Y _ Z _ 是终点坐标。

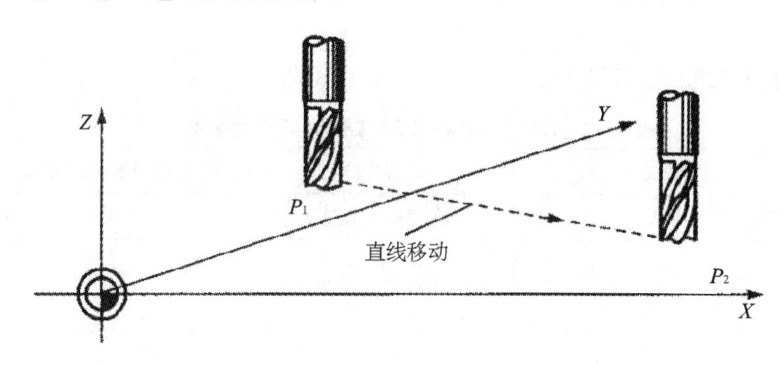

图 12-31　G00 运动轨迹

说明：

（1）G00 一直有效，直到被 G 功能组中其他指令（G01、G02、G03）取代为止。

（2）G00 运动速度及轨迹由数控系统决定。运动轨迹在一个坐标平面内是先按比例沿 45°斜线移动，再移动剩下的一个坐标方向上的直线距离。如果是要求移动一个空间距离，则先同时移动三个坐标，即空间位置的移动一般是先走一段空间的直线，再走一条平面斜线，最后沿剩下的一个坐标方向移动到达终点。可见，G00 指令的运动轨迹一般不是一条直线，而是三条或两条直线段的组合。忽略这一点就容易发生碰撞，这是相当危险的。如图 12-32 所示，刀具从 A 点到 C 点快速定位，程序如下：

G90 G00 X45.0 Y25.0；或 G91 G00 X35.0 Y20.0；

则刀具的移动路线为一折线，即刀具从始点 A 先沿斜线移动至 B 点，然后再沿 X 轴移动至终点 C。

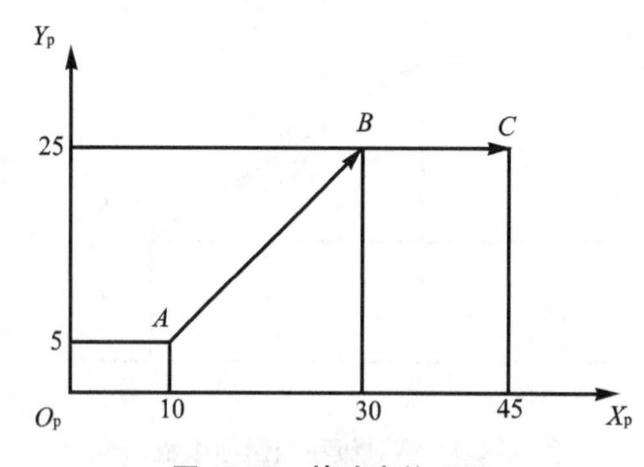

图 12-32　快速定位 G00

所以在未知 G00 轨迹的情况下，应尽量不用三坐标编程，避免刀具损伤工件。

2. 直线插补指令 G01

功能：直线插补 G01 指令用于刀具相对于工件以 F 指令进给速度，从当前点向终点进行直线移动。刀具沿 X、Y、Z 方向执行单轴移动，或在各坐标平面内执行任意斜率的直线移动，也可执行三轴联动，刀具沿指定空间直线移动。F 代码是进给速度指令代码，在没有新的 F 指令以前一直有效，不必在每个程序段中都写入 F 指令。

格式：G01 X _ Y _ Z _ F _ ；

编程举例：刀具从 P_1 点出发，沿 $P_2 \to P_3 \to P_4 \to P_5 \to P_6 \to P_1$ 走刀，零件轮廓与刀心轨迹如图 12-33 所示。

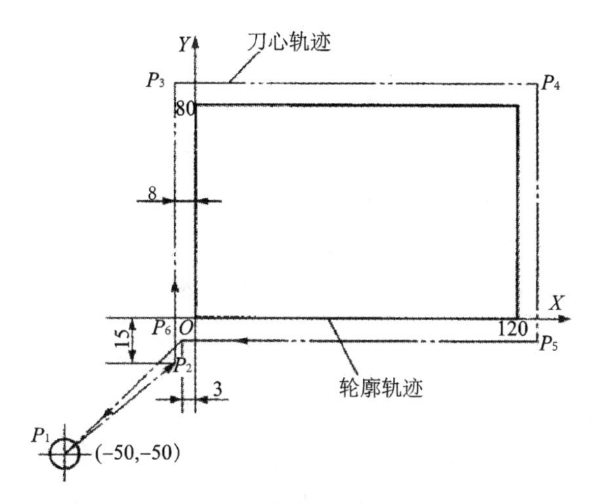

图 12-33　直线轮廓加工举例

（1）用绝对值编程

N30 G00 X－3.0 Y－15.0；P_2 点

N40 G01 Y88.0 F50；P_3点

N50 X128.0；P_4点

N60 Y－3.0；P_5点

N70 X－3.0；P_6点

N80 G00 X－50.0 Y－50.0；P_1 点

（2）用增量值编程

N30 G00 X42.0 Y35.0；P_2 点

N40 G01 Y103.0 F50；P_3点

N50 X136.0；P_4点

N60 Y－96.0；P_5点

N70 X－131.0；P_6点

N80 G00 X－47.0 Y－42.0；P_1 点

注意：编程两个坐标轴，如果只给出一个坐标轴尺寸，则第二个坐标轴自动地以最后编程的尺寸赋值。

进给速度 F 是数控机床切削用量中的重要参数，主要根据零件的加工精度和表面粗糙度要求以及刀具、工件的材料性质选取，最大进给速度受机床刚度和进给系统的性能限制。斜线进给速度是斜线上各轴进给速度的矢量和，圆弧进给速度是圆弧上各点的切线方向。

在轮廓加工中，由于速度惯性或工艺系统变形，在拐角处会造成“超程”或“欠程”现象，即在拐角前其中一个坐标轴的进给速度要减小而产生“欠程”，而另一坐标轴要加速，则在拐角后产生“超程”。因此，轮廓加工中在接近拐角处应适当降低进给量，以避免发生“超程”或“欠程”现象。有的数控机床具有自动处理拐角处“超程”或“欠程”现象的功能。

3. 进给速度指令（G94、G95）

功能：进给速度是指为保持连续切削刀具相对工件移动的速度，单位为毫米/分钟（mm/min）。当进给速度与主轴转速有关时，单位为毫米/转（mm/r），称为进给量。进给速度是用地址字母F及其后面的数字来表示的，数字表示进给速度或进给量的大小。

指令格式：$\begin{cases} G94 \\ G95 \end{cases}$ F_ ；

其中：G94为每分钟进给，F的单位为mm/min；G95为每转进给，F的单位为mm/r。G94、G95为模态功能，可相互注销，G94为默认值。

说明：实际进给速度与操作面板倍率开关所处的位置有关，处于100%位置时，进给速度与程序中的速度相等。

4. 圆弧插补（G02、G03）

（1）G02、G03判断

圆弧插补G02指令是指刀具相对于工件在指定的坐标平面（G17、G18、G19）内，以F指令的进给速度从始点向终点进行顺时针圆弧插补，圆弧插补G03则是逆时针圆弧插补。

圆弧顺、逆时针方向的判断：沿着不在圆弧平面内的坐标轴由正方向向负方向看去，顺时针方向为G02，逆时针方向为G03，如图12-34所示。

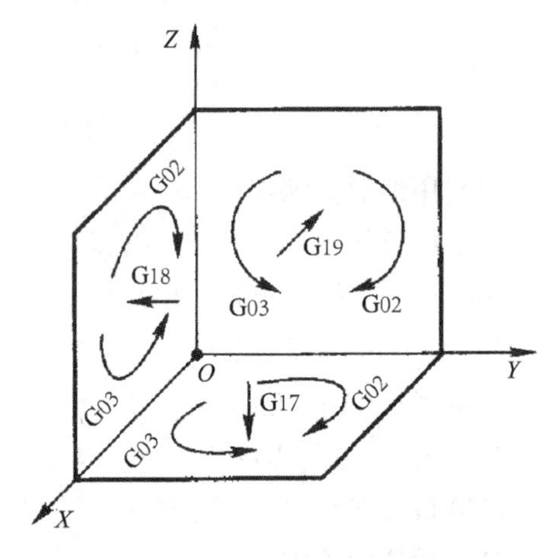

图12-34 圆弧顺、逆时针方向的判断

2）G02、G03格式

在*XOY*平面内格式：

指令格式：

G17 $\begin{cases} G02 \\ G03 \end{cases}$ X_ Y_ $\begin{cases} I\_J\_ \\ R\_ \end{cases}$ F_ ；

其中：X、Y是圆弧终点坐标值，对应于G90指令的是用绝对值表示的，对应于G91指令是用增量值表示的。增量值是从圆弧的始点到终点的距离值。

其他G18、G19平面虽然形式不同，但原则一样，这时特别要注意判别G02、G03时，朝着不在补偿平面内的坐标轴由正方向向负方向看。

G02、G03使用说明：圆弧中心用地址*I*、*J*、*K*指定，如图12-35所示。它们是圆心相对于圆弧起点，分别在*X*、*Y*、*Z*轴方向的坐标增量，是带正负号的增量值，圆心坐标值大于圆弧起点坐标值为正值，圆心坐标值小于圆弧起点坐标值为负值。当*I*、*J*、*K*为零时可以省略；在同一序段中，如*I*、*J*、*K*与*R*同时出现时，*R*有效，*I*、*J*、*K*无效。

圆弧中心也可用半径指定，在G02、G03指令的程序段中，可直接指定圆弧半径，指定半径的尺寸字地址一般是R。在相同半径的条件下，从圆弧起点到终点有两个圆弧的可能性，即圆弧所对应的圆心角小于180°，用$+R$表示；圆弧所对应的圆心角大于180°，用$-R$表示；对于180°的圆弧，正负号均可。图12-36所示的圆弧程序段见表12-3。

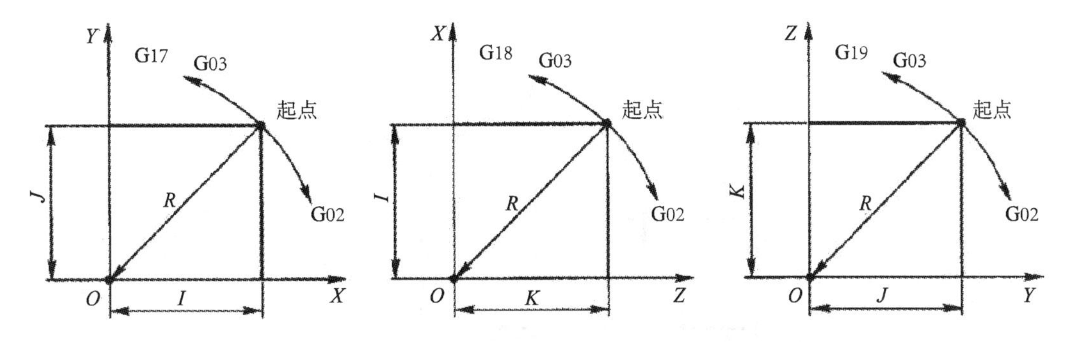

图 12-35　用 I、J、K 指定圆心

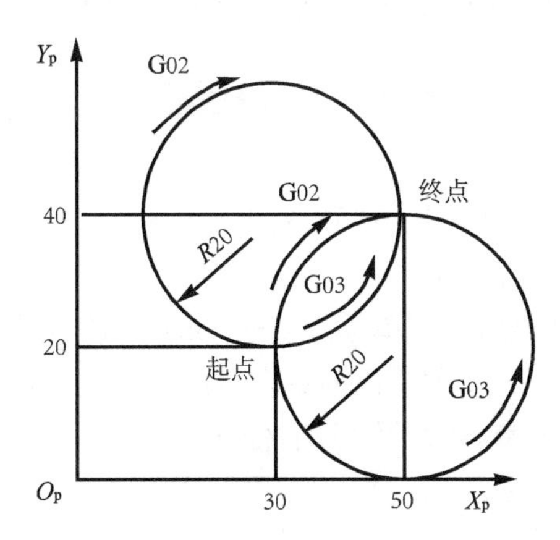

图 12-36　用半径指定圆心

表 12-3　圆弧插补程序

圆弧角度	圆弧方向	增量方式	绝对方式
≤180°	顺圆	G91 G02 X20.0 Y20.0 R20.0 F100；	G90 G02 X50.0 Y40.0 R20.0 F100；
	逆圆	G91 G03 X20.0 Y20.0 R20.0 F100；	G90 G03 X50.0 Y40.0 R20.0 F100
≥180°	顺圆	G91 G02 X20.0 Y20.0 R_20.0 F100；	G90 G02 X50.0 Y40.0 R_20.0 F100
	逆圆	G91 G03 X20.0 Y20.0 R_20.0 F100	G90 G03 X50.0 Y40.0 R_20.0 F100

如图 12-37 所示，分别以 A、B、C、D 作为始点，编写整圆的加工程序。当 X、Y、Z 同时省略表示终点和始点是同一位置，用 I、J、K 指令圆心时表示 360°的整圆弧，使用 R 时表示 0°的圆，所以整圆应使用圆心参数法编程。

编写整圆程序段：

圆弧起始点为 A：G02（或 G03）I20.0 F100；

圆弧起始点为 B：G02（或 G03）J－20.0 F100；

圆弧起始点为 C：G02（或 G03）I－20.0 F100；

圆弧起始点为 D：G02（或 G03）J20.0 F100。

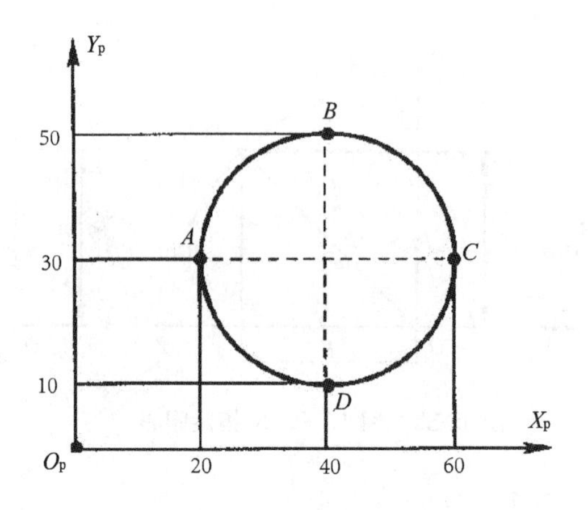

图 12-37 全圆编程图

5. 暂停指令 G04

功能：在两个程序段之间产生一段时间的暂停。

指令格式：G04 P_ ；或 G04 X_ ；

其中：P 参数后面的数值为暂停时间，单位为毫秒（ms），该值后面不用加小数点。例如，G04 P5000 表示程序暂停 5 s；X 参数后面的数值为暂停时间，单位为 s，该值为整数时后面也需要加小数点。例如 G04 X5.0 表示程序暂停 5 s。

三、主轴运动指令

主轴功能 S 控制主轴转速，其后的数值表示主轴速度，单位为转/分钟（r/min）。S 是模态指令，S 功能只有在主轴转速可调节时有效。主轴的旋转指令则由 M03 或 M04 实现。

1. 恒定表面速度控制指令 G96

指令格式：G96 S _ ；

其中：S 为切削速度。

2. 恒定表面速度控制取消指令 G97

指令格式：G97 S_ ；

其中：S 为主轴每分钟的转速。

四、刀具补偿

1. 刀具长度补偿（G43、G44、G49）

（1）刀具长度补偿的目的

刀具长度补偿功能用于在 Z 轴方向的刀具补偿，它可使刀具在 Z 轴方向的实际位移量大于或小于编程给定位移量。

有了刀具长度补偿功能，当加工过程中刀具因磨损、重磨、换新刀而使其长度发生变化时，可不必修改程序中的坐标值，只要修改存放在寄存器中的刀具长度补偿值即可。

若加工一个零件需用几把刀，各刀的长度不同，编程时不必考虑刀具长短对坐标值的影响，只要把其中一把刀设为标准刀，其余各刀相对标准刀设置长度补偿值即可。

（2）刀具长度补偿的格式

格式：G01/G00 G43 Z _ H _ ；

G01/G00 G44 Z _ H _ ；

⋮

G01/G00 G49；

其中：G43 为刀具长度正补偿；G44 为刀具长度负补偿；Z 为程序中的指令值；H 为偏置号，后面一般用 2 位数字表示代号，H 代码中放入刀具的长度补偿值作为偏置量，这个号码与刀具半径补偿共用；G49 为取消刀具长度补偿，另外，在实际使用中，也可不用 G49 指令取消刀具长度补偿，而是调用 H00 号刀具补偿，也可得到同样的效果。

(3) 刀具长度补偿的使用

无论是采用绝对方式编程还是增量方式编程，对于存放在 H 中的数值，在 G43 时是加到 Z 轴坐标值中的；在 G44 时是从原 Z 轴坐标中减去，从而形成新的 Z 轴坐标。

如图 12-38 所示，执行 G43 时：Z 实际值＝Z 指令值＋$H\,x\,x$

执行 G44 时：Z 实际值＝Z 指令值－$H\,x\,x$

当偏置量是正值时，G43 指令是在正方向移动一个偏置量，G44 是在负方向移动一个偏置量；当偏置量是负值时，则与上述反方向移动。

如图 12-39 所示，H01＝160 mm，当程序段为 G90 G00 G44 Z30.0 H01，执行时，指令为 A 点，实际到达 B 点。G43、G44 是模态 G 代码，在遇到同组其他 G 代码之前均有效。

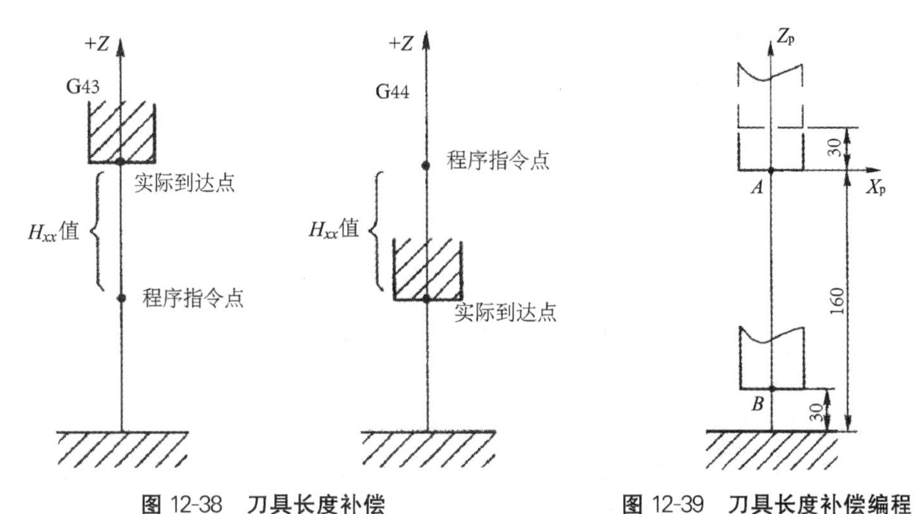

图 12-38 刀具长度补偿　　图 12-39 刀具长度补偿编程

2. 刀具半径补偿（G41、G42、G40）

(1) 刀具半径补偿的目的

在数控铣床进行轮廓加工时，因为铣刀具有一定的半径，所以刀具中心（刀心）轨迹和工件轮廓不重合，如图 12-40 所示。如不考虑刀具半径，直接按照工件轮廓编程是比较方便的，而加工出的零件尺寸比图样要求小了一圈（外轮廓加工时）或大了一圈（内轮廓加工时），为此必须使刀具沿工件轮廓的法向偏移一个刀具半径，这就是所谓的刀具半径补偿。

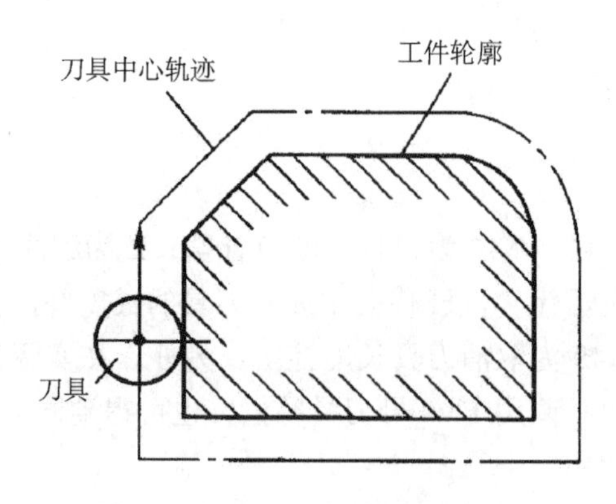

图 12-40　刀具半径补偿

如果数控机床不具备刀具半径补偿功能，则编程前需要根据工件轮廓及刀具半径值来计算刀具中心轨迹，即程序执行的不是工件轮廓轨迹，而是刀具中心轨迹。计算刀具中心轨迹有时非常复杂，而且当刀具磨损、重新刃磨或更换刀具时，还要根据刀具半径的变化重新计算刀具中心轨迹，工作量很大。

近年来数控铣床均具备了刀具半径补偿功能，这时只需按工件轮廓轨迹进行编程，然后将刀具半径值储存在数控系统中。执行程序时，系统会自动计算出刀具中心轨迹，进行刀具半径补偿，从而加工出符合要求的工件形状。当刀具半径发生变化时，也无需更改加工程序，使编程工作大大简化。

（2）刀具半径补偿的格式

格式：$G17\begin{cases}G00\\G01\end{cases}\begin{cases}G41\\G42\end{cases}X\_\ Y\_\ D\_\ (F\_)$；

⋮

$\begin{cases}G00\\G01\end{cases}G40\ X\_\ Y\_\ (F\_)$；

其中：G41 为左偏刀具半径补偿，是指朝着不在补偿平面内的坐标轴由正方向向负方向看去，沿着刀具运动方向向前看（假设工件不动），刀具位于工件左侧的刀具半径补偿。这时相当于顺铣，如图 12-41a 所示。

G42 为右偏刀具半径补偿，是指朝着不在补偿平面内的坐标轴由正方向向负方向看去，沿着刀具运动方向向前看（假设工件不动），刀具位于工件右侧的刀具半径补偿。这时相当于逆铣，如图 12-41b 所示。

G40 为刀具半径补偿取消，使用该指令后，使 G41、G42 指令无效。

G17 为 *XOY* 平面内指定，其他 G18、G19 平面虽然形式不同，但原则一样，这时特别要注意判别 G41、G42 时，朝着不在补偿平面内的坐标轴由正方向向负方向看。

X、Y：建立与撤销刀具半径补偿直线段的终点坐标值。

D：刀具半径补偿寄存器的地址字，在对应刀具补偿号码的寄存器中存有刀具半径补偿值。刀具半径补偿寄存器内存入的是负值，表示与实际补偿方向相反。

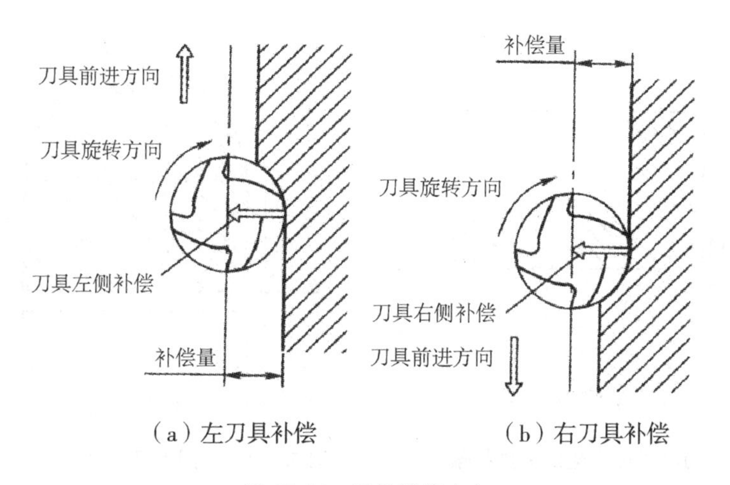

（a）左刀具补偿　　（b）右刀具补偿

图 12-41　刀具补偿方向

（3）刀具半径补偿的应用

数控机床上因为具有进给传动间隙补偿的功能，所以在不考虑进给传动间隙影响的前提下，从刀具寿命、加工精度、表面粗糙度而言，一般顺铣效果较好，因而 G41 指令使用较多。图 12-42 所示为在 *XOY* 平面时内侧切削和外侧切削时刀具半径补偿的使用。

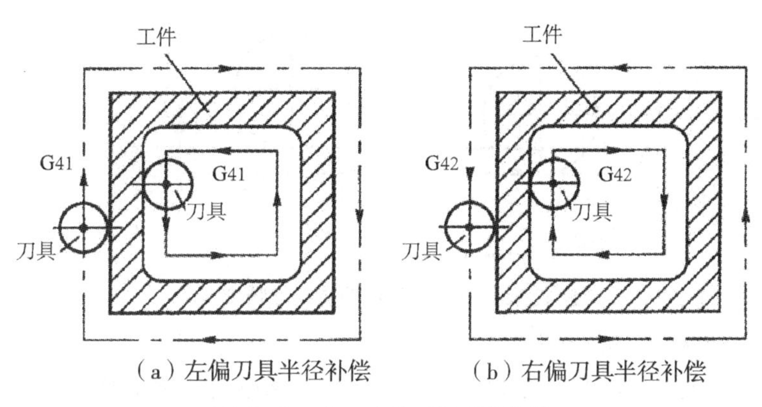

（a）左偏刀具半径补偿　　（b）右偏刀具半径补偿

图 12-42　左、右偏刀具半径补偿

刀具半径补偿在数控铣床上的应用相当广泛，主要有以下几个方面：

①用轮廓尺寸编程。刀具半径补偿可以避免计算刀具中心轨迹，直接用工件轮廓尺寸编程。

②适应刀具半径变化。刀具因磨损、重磨、换新刀而引起半径改变后，不必修改程序，只要输入新的补偿偏置量，其大小等于改变后的刀具半径。如图 12-43 所示，1 为未磨损刀具，2 为磨损后刀具，两者直径不同，只需将偏置量由 r_1 改为 r_2，即可适用同一程序。

③简化粗精加工。用同一程序、同一尺寸的刀具，利用刀具补偿值，可进行粗精加工。如图 12-44 所示，刀具半径 r，精加工余量 Δ。粗加工时，输入偏置量等于 $r+\Delta$，则加工出点画线轮廓；使用同一刀具，但输入偏置量等于 r，则加工出实线轮廓。

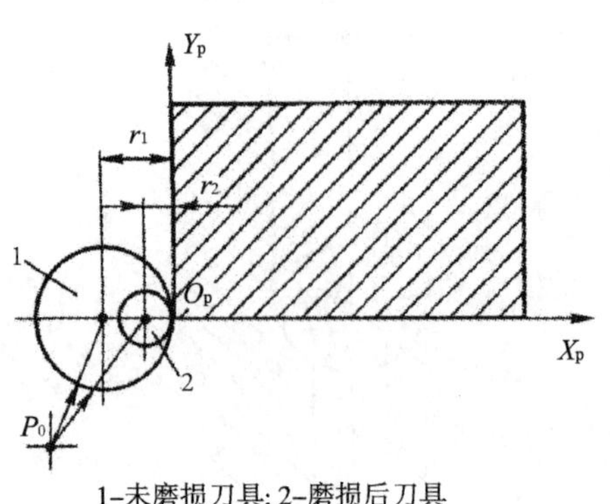

1-未磨损刀具; 2-磨损后刀具

图 12-43　刀具直径变化的刀具补偿

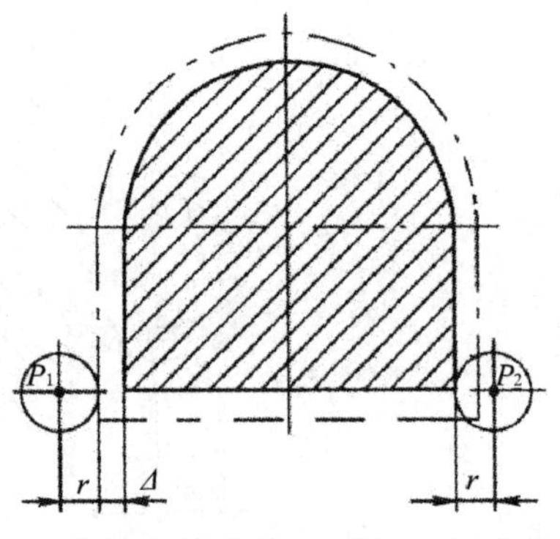

P_1-粗加工刀心位置; P_2-精加工刀心位置

图 12-44　利用刀具补偿进行粗精加工

④控制轮廓精度。利用刀具补偿值控制工件轮廓尺寸精度。由于偏置量（也就是刀具半径的输入值）具有小数点后3位（0.001）的精度，故可控制工件轮廓尺寸精度。如图12-45所示，单面加工，若实测得到尺寸L偏大了Δ（实际轮廓），将原来的偏置量r改为$r-\Delta$，即可获得尺寸L（点画线轮廓）。图中，P_1为原来刀具中心位置，P_2为修改刀具补偿值后的刀具中心位置。

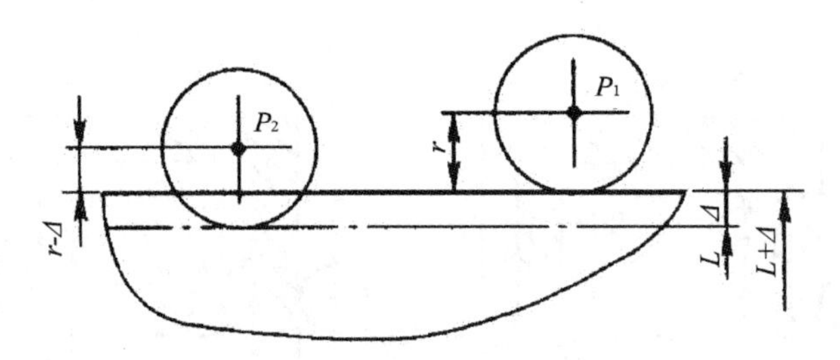

图 12-45　用刀具补偿控制尺寸精度

（4）刀具半径补偿的过程

用刀具半径补偿方法编制图12-46所示加工程序（忽略Z方向的移动）。

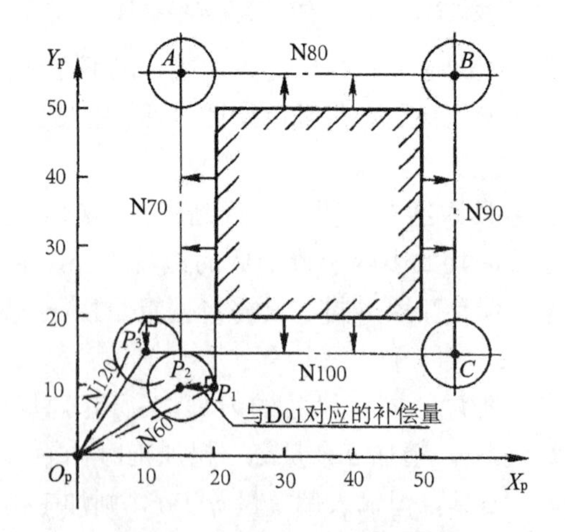

图 12-46　刀具半径补偿的编程

半径补偿程序如表12-4所示。

表 12-4　刀具半径补偿加工参考程序

程序内容	程序说明
O0006；	程序名
N10 G54；	设定工件坐标系
N20 G90；	
N30 G17；	
N40 M03 S1000；	
N50 G00 X0 Y0；	刀具中心移至工件坐标系原点
N60 G41 X20.0 Y10.0 D01；	建立左刀具补偿，补偿量由刀具 D01 补偿指定
N70 G01 Y50.0 F100；	刀具半径补偿进行状态
N80 X50.0；	
N90 Y20.0；	
N100 X10.0；	
N110 G40；	给出撤销刀具半径补偿指令，但未执行
N120 G00 X0 Y0；	在 G00 移动中执行撤销刀具半径补偿
N130 M05；	
N140 M30；	

（5）刀具半径补偿过程分析

刀具半径补偿过程分为三个部分：刀具半径补偿建立、刀具半径补偿进行和刀具半径补偿撤销。以本操作为例介绍刀具半径补偿过程。

①刀具半径补偿建立。数控系统启动时，总是处在补偿撤销状态，上述程序中 N60 程序段指定了 G41 后，刀具就进入偏置状态，刀具从无补偿状态 O_p 点，运动到补偿开始点 P_2。

当系统运行到 N60 指定了 G41 和 D01 指令的程序段后，运算装置即同时先行读入 N70、N80 两段，在 N60 段的程序终点 P_1 作出一个矢量，该矢量的方向与下一段 N70 的前进方向垂直向左，大小等于刀具补偿值（D01 的值）。也就是说刀具中心在执行 N60 中 G41 的同时，就与 G00 直线移动组合一起完成了该矢量的移动，终点为 P_2 点。由此可见，尽管 N60 程序段的坐标为 P_1 点，而实际上刀具中心移至 P_2 点，左偏一个刀具半径值，这就是 G41 与 D01 的作用。

②刀具半径补偿进行状态。G41、G42 都是模态指令，一旦建立便一直维持该状态，直到 G40 撤销刀具半径补偿。N70 开始进入刀具半径补偿状态，直到 N100 程序段，刀具中心运动轨迹始终偏离程序轨迹一个刀具半径的距离。

值得一提的是，B 功能刀具半径补偿只能计算出轮廓终点的刀具中心值，对于轮廓拐角处的转接没有考虑，而目前应用广泛的 C 功能刀具半径补偿具有自动处理轮廓拐角处的转接功能，一般采用直线或圆弧转接方式进行。如图 12-46 所示，半径补偿后刀具中心线明显比实际轮廓线长，这是由于半径左补偿在向右拐角转接时是伸长型转接所致的。

③刀具半径补偿撤销。当刀具偏移轨迹完成后，就必须用 G40 撤销补偿，使刀具中心与编程轨迹重合。当 N110 中指令了 G40 时，刀具中心由 N100 的终点 P_3点开始，一边取消刀具半径补偿，一边移向 N110 指定的终点 O_p点，这时刀具中心的坐标与编程坐标一致，无刀具半径的矢量偏移。

（6）注意事项

①刀具半径补偿建立只能用 G01、G00。G41 或 G42 只能用 G01、G00 来实现，不能用 G02 和 G03 及指定平面以外的轴移动来实现。

②刀具半径补偿过程有偏移。在刀具半径补偿进行状态中，G01、G00、G02、G03 都可以使用。它也是每段都先行读入两段，自动按照启动阶段的矢量做法 ，做出每个沿前进方向左侧（G42 则为右侧），加上刀具半径补偿的矢量路径，如图 12-46 中的点画线所示。

③刀具半径补偿撤销只能用 G01、G00。G40 的实现也只能用 G01 或 G00，而不能用 G02 或 G03 及非指定平面内的轴移动来实现。G40 必须与 G41 或 G42 成对使用，两者缺一不可。另外，若刀具半径补偿的偏置号为 0，即程序中指令了 D00，则也会产生取消刀具半径补偿的结果。

（7）过切现象

在数控铣床上使用刀具半径补偿时，必须特别注意其执行过程的原则，否则往往容易引起加工失误甚至报警，使系统停止运行或刀具半径补偿失效等。

在刀具半径补偿中，需要特别注意的是，在刀具半径补偿建立后的刀具半径补偿状态中，如果存在有连续两段以上没有移动指令或存在非指定平面轴的移动指令段，则有可能产生过切现象。

现仍以上面的操作为例加以说明，现设加工起点距工件表面 $Z=5$ mm 处，轨迹深度为 $Z=-3$ mm，程序如表 12-5 所示。

表 12-5　刀具半径补偿加工参考程序

程序内容	程序说明
O0007；	程序名
N10 G54；	设定工件坐标系
N20 G90；	
N30 G17；	
N40 M03 S1000；	
N50 G00 X0 Y0；	刀具中心移至工件坐标系原点
N60 G41 X20.0 Y10.0 D01；	左刀具半径补偿建立，补偿量由刀具半径补偿 D01 指定
N70 Z3.0；	
N80 G01 Z−3.0 F100；	刀具半径补偿进行状态，连续两段 Z 轴移动
N90 Y50.0；	
N100 X50.0；	
N110 Y20.0；	
N120 X10.0；	
N130 G40 X0 Y0；	
N140 G00 Z50.0；	撤销刀具半径补偿
N150 M05；	
N160 M30；	

以上程序在运行N90时产生了过切现象，如图12-47所示。其原因是当从N60刀具半径补偿建立，进入刀具半径补偿进行状态后，系统只能读入N70、N80两段，但由于Z轴是非刀具半径补偿平面的轴，而且又读不到N90以后程序段，也就做不出偏移矢量，刀具确定不了前进的方向，此时刀具中心未加上刀具半径补偿值而直接移动到了无补偿的P_1点。当执行完N70、N80后，再执行N90段时，刀具中心从P_1点移至交点A，于是产生了过切。

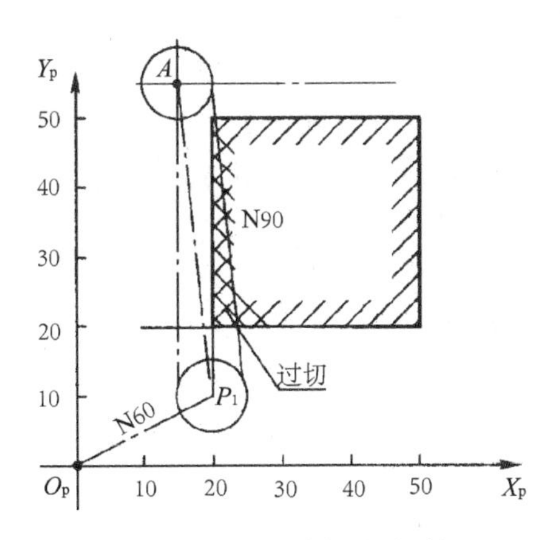

图12-47　刀具半径补偿过切

为避免过切，可将表12-5的程序改成表12-6程序。

表12-6　刀具半径补偿加工参考程序（改进版）

程序内容	程序说明
O0008；	程序名
N10 G54；	设定工件坐标系
N20 G90；	
N30 G17；	
N40 M03 S1000；	
N50 G00 X0 Y0；	刀具中心移至工件坐标系原点
N60 Z3.0；	
N70 G01 Z−3.0 F100；	
N80 G41 X20.0 Y10.0 D01；	左刀具半径补偿建立，补偿量由刀具半径补偿D01指定
N90 Y50.0；	
N100 X50.0；	
N110 Y20.0；	
N120 X10.0；	
N130 G40 X0 Y0；	
N140 G00 Z50.0；	撤销刀具半径补偿
N150 M05；	
N160 M30；	

另外，刀具半径补偿建立与撤销轨迹的长度必须大于刀具半径补偿值，否则系统会产生刀具半径补偿无法建立的情况，有时会产生报警。

第三节　数控铣床对刀

一、综合坐标

如图 12-48 所示的综合坐标显示界面，绝对坐标、机械坐标、相对坐标的区别如下：

（1）机械坐标即是以机床原点为参照而确定的坐标值，为机械本身位置的坐标，此坐标的原点（机械原点）一般位于机床的左下方（*X* 轴、*Y* 轴）。机床原点是厂家假定的客观点，是绝对坐标和相对坐标的前提。只要确定了机台，机床原点就是永远确定的。每次开机后作原点复位时，最好先找出“综合”来看机械坐标值，参考现在机械本身的位置，以免作原点复位时“过行程”。

（2）绝对坐标为我们所写程序的坐标，此坐标的原点一般在工件的中心，在自动执行中绝对坐标所显示的 *X*、*Y*、*Z* 值即为刀尖所在程序里的位置，所以绝对坐标亦成为编程坐标。

（3）相对坐标为增量的坐标，相对坐标可显示是一点相对于另一点的坐标。此坐标可以随时改变，可以随时清零，并没有固定在某一个位置。

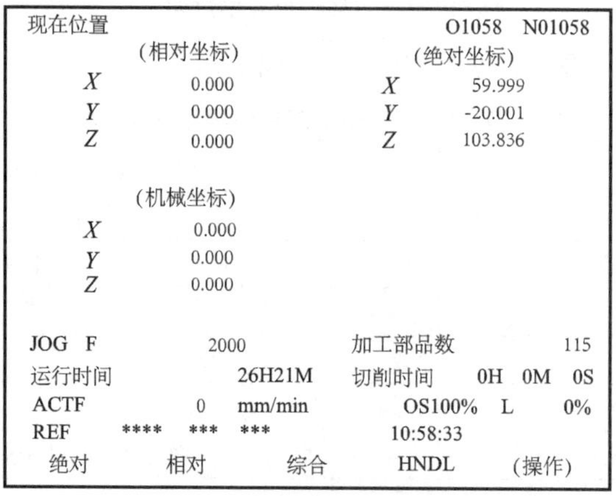

现在位置　　　　　　　　　　O1058　N01058

（相对坐标）　　　　（绝对坐标）

X　0.000　　*X*　59.999

Y　0.000　　*Y*　-20.001

Z　0.000　　*Z*　103.836

（机械坐标）

X　0.000

Y　0.000

Z　0.000

JOG　F　2000　　加工部品数　115

运行时间　26H21M　　切削时间　0H　0M　0S

ACTF　0　mm/min　　OS100%　L　0%

REF　****　***　***　　10:58:33

绝对　相对　综合　HNDL　（操作）

图 12-48　综合坐标显示界面

二、数控铣床对刀的具体操作

工件坐标系的建立过程就是确定工件坐标系在机床坐标系中的位置，这个过程俗称为“对刀”。

正确地确定工件坐标系在机床坐标系中的位置就必须明确工件坐标系原点在机床坐标系中的坐标值。我们知道，机床开机时的坐标值是不确定的，但返回坐标参考点后显示器显示的就是通称的机床坐标系（实际上是第一坐标参考点的位置，一般设置为全 0）。对刀时确定的工件坐标系的坐标值正是利用了这个参考点，将刀具手动移动到工件上的对刀点，通过这个对刀点的坐标值和工件上的相关尺寸计算出机床坐标系原点的坐标值，这个值就是工件坐标系原点相对于机床坐标系原点的偏移值，将这个坐标偏移值输入到数控系统的 G54—G59 工件坐标系存储器中，便确定了工件坐标系。程序执行指令 G54—G59 后，就会建立起这个对刀确定的工件坐标系。

通过上面分析可知，对刀过程中如何确定对刀点的坐标值是关键之一。寻边器便是一种模拟刀具进行对刀的专用工具，其有光电式和机械式等形式，如图 12-49 所示。对刀时，先将寻边器装在机床主轴上，然后移动刀具与工件对刀点接触，通过发光显示或百分表的指示表示，便可知机床主轴当前的位置坐标。这种寻边器一般仅是确定了 X、Y 坐标值。若要确定 Z 坐标，则可以用高度定位器。另外，实际中还广泛采用试切法对刀，这种方法简单实用，其原理与上面是一样的，只是这里采用的是实际的刀具通过试切的方法判断刀具与工件的位置关系。如图 12-50 所示，假设刀具直径为 d，工件尺寸为 $L\times W\times H$，欲将工件坐标系建立在工件上表面左下角，通过刀具分别试切工件的左、前和上侧面。

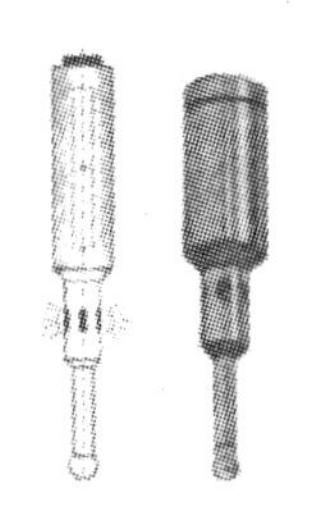
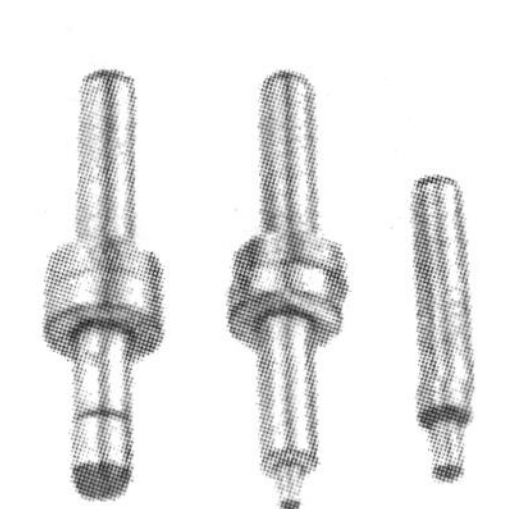
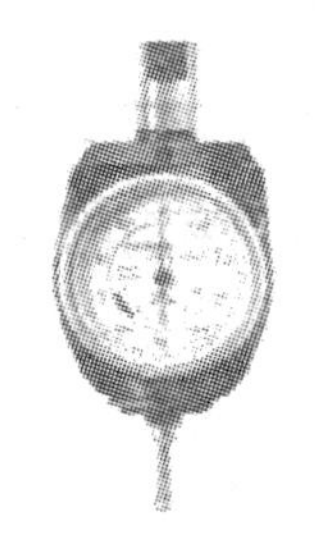
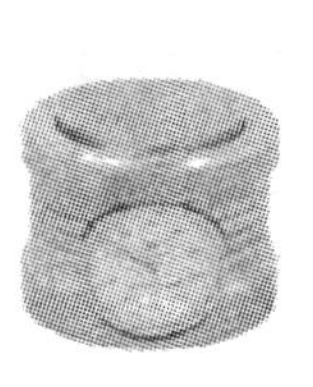

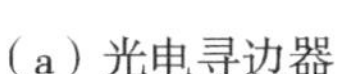

（a）光电寻边器　（b）偏心寻边器　（c）百分表寻边器　（d）高度定位器

图 12-49　对刀专用工具

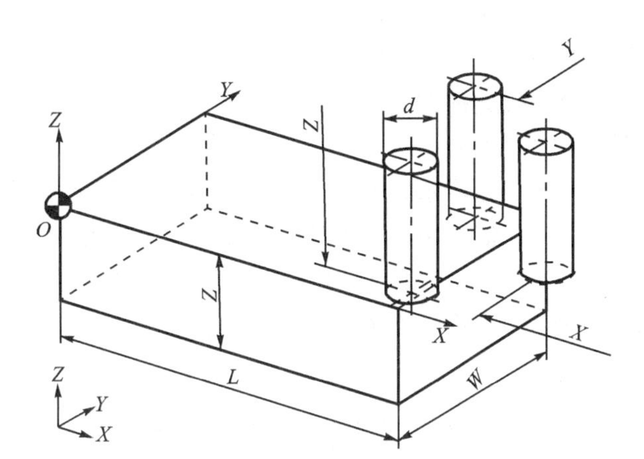

图 12-50　矩形毛坯对刀示意图

1. 建立工件坐标系

直接或通过计算的方法间接使主轴回转中心与工件零点重合，记录此时的机械坐标 X 值和 Y 值，将其输入程序所对应的工件坐标系中；工件坐标系的 Z 坐标设为零。

使用“手轮”模式设置工件坐标系（G54—G59），如图 12-51 所示。相对坐标→操作→起源→全轴→EXEC（坐标轴清零）→按下“OFS/SET”功能键→“坐标系”软键→将光标移到 G54 处（如果定义的工件原点为 G55，就移到 G55 处）→实际操作移动刀具 2 铣削毛坯前侧面，如图 12-52 所示，试切毛坯，发现有切屑，停止进给，抬起 Z 轴，向 Y 正方向移动 $d/2$ 距离，在屏幕 G54 处输入 X0→按“测量”软键（X 轴对刀完毕）→实际操作移动刀具 1 铣削毛坯左侧面，如图 12-52 所示，试切毛坯，发现有切屑，停止进给，抬起 Z 轴，向 X 正方向移动 $d/2$ 距离，在屏幕 G54 处输入 Y0→按“测量”软键（Y 轴对刀完毕）→实际操作移动刀具 3 铣削毛坯上表面，如图 12-52 所示，试切毛坯，发现有切屑，停止进给，在屏幕 G54 处输入 Z0→按“输入”软键（Z 轴对刀完毕）。工件坐标系设置在了毛坯上表面的左下角，如图 12-50 所示。

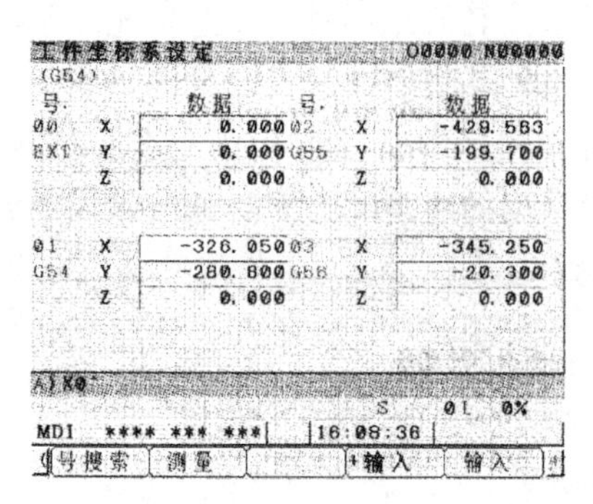

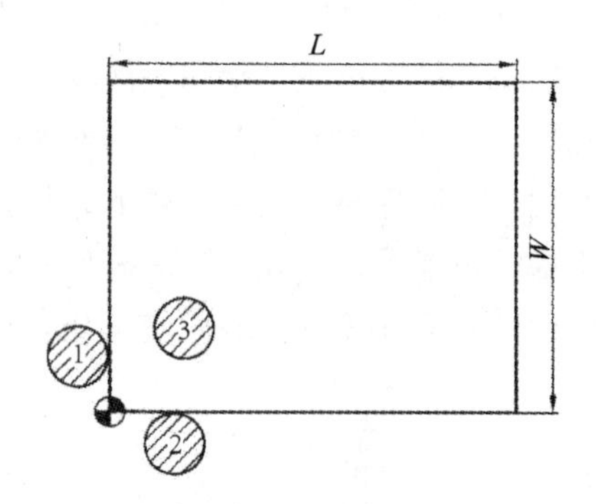

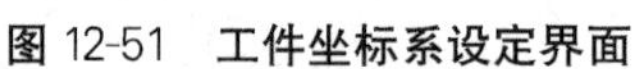

图 12-51 工件坐标系设定界面　　图 12-52 对工件建立坐标系对刀

需要注意以下几点：

（1）主轴中心（轴线）即为刀具中心。

（2）无论直径大小，其刀具中心不会变，即为主轴中心，所以 X、Y 方向对一次刀即可。

（3）刀具长度均不相同，所以每把刀的 Z 向均需对刀。

（4）一般来说，装刀与对刀同步进行，即装完一把对一把，第一把刀 X、Y、Z 方向都需对，以后的刀只需对 Z 向即可。所以把 G54 的 Z 轴设为 0，每把刀的 H 值为机械坐标 Z 值。加工中心的对刀也是按此种方法进行。

2. 输入刀具长度补正和半径补正

刀具偏置设定画界如图 12-53 所示，使用“手轮”模式，使刀尖接触工件 Z0 表面，记录此时的机械坐标 Z 值，将此值作为该把刀具的长度补偿值输入该把刀具所对应的刀具长度补偿代码中；同理，依次输入其他刀具的长度补正值；再将有刀具半径补正的刀具半径补正值输入该把刀具所对应的刀具半径补正代码中。

刀偏　　O0001 N00000

号.	形状(H)	磨损(H)	形状(D)	磨损(D)
001	-100.000	0.000	5.000	0.000
002	-200.000	0.000	5.000	0.000
003	0.000	0.000	0.000	0.000
004	0.000	0.000	0.000	0.000
005	-303.561	0.000	0.000	0.000
006	0.000	0.000	0.000	0.000
007	0.000	0.000	0.000	0.000
008	-303.211	0.000	0.000	0.000

相对坐标 X -21.333 Y -14.401
Z 24.801

A)^
S 0L 0%
MEM **** *** *** 16:04:51
刀偏 设定 坐标系 (操作)

图 12-53 刀具偏置设定界面

刀具补正的设定：按“OFS/SET”功能键→按“刀偏”软键→按“PAGE”键（翻页键）显示需要的补正号→移动光标至所要设定的补正号→用数字键输入补正量→ 按“INPUT”键输入。

注意：对于不使用半径补偿（G41、G42）的刀具，如钻头、丝锥等可以不输入 D 参数；使用半径补偿（G41、G42）的刀具必须输入 D 参数，否则将引起“过切”。

第四节　数控铣削实训

数控铣床加工工艺、工件的安装及主要附件可参考第七章铣削。数控铣床通电初始化，每个生产厂家的机床上电系统默认的 G 指令不尽相同。初态 G 指令可在机床 MDI 页面查询，如不知实训数控铣床的初始化 G 指令，可在开始编程时，把自己编程所需的 G 指令全写出。一般在开机后手动机械原点复位即可，若要在程序中编入，指令格式如下：G91 G28 X0 Y0 Z0。复位后，机械原点指示灯亮。

一、典型零件

已知毛坯为 80 mm×60 mm×25 mm，材料为 45 钢，加工如图 12-54 所示凸台，编写加工程序。

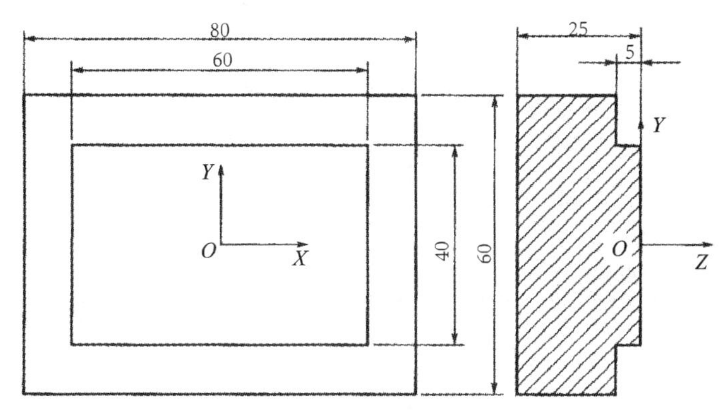

图 12-54　凸台加工

二、工艺分析

该工件的装夹和找正较容易，为编程方便，取工件上表面的中心作为工件原点。又由于台阶只有 5 mm，可以用立铣刀直接铣出。

三、工艺卡片

该工件的数控铣削工艺卡见表 12-7。

表 12-7　数控铣削工艺卡

机床：数控铣床			加工数据表				
工序	加工内容	刀具	刀具类型	主轴转速	进给量	半径补偿	长度补偿
1	外形铣削	T01	Φ18 铣刀	500	80	D01（9.0）	无

四、刀路设计

下刀方式为在工件外面一点下刀，然后沿着外形轮廓走刀，M03 主轴正转，G41 左刀补，加工效果为顺铣，反之，为逆铣，如图 12-55 所示。

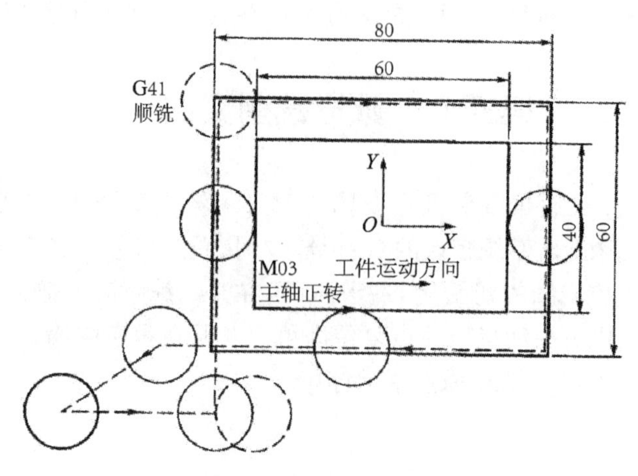

图 12-55　铣削工艺示意图

五、NC 加工程序

加工程序如表 12-8 所示。

表 12-8　凸台加工参考程序

程序内容	程序说明
O0009；	
N10 G90 G54；	设定加工初始状态
N20 M03 S500；	
N30 M08；	冷却液开
N40 G00 X−70.0 Y−60.0 Z100.0；	刀具定位到安全平面高度
N50 G01 Z2.0 F150；	
N60 Z−5.0 F20；	刀具到切削层高度
N70 G41 X−30.0 D01 F80；	D01＝9.0 mm，加左刀补
N80 Y20.0；	
N90 X30.0；	
N100 Y−20.0；	
N110 X−50.0；	
N120 G40 X−70.0 Y−60.0；	取消刀补，返回初始位置
N130 G00 Z100.0；	设定加工结束状态
N140 M05；	
N150 M09；	
N160 G91 G28 Z0；	返回机械原点
N170 G28 X0 Y0；	
N180 M30；	

第四节　加工中心及柔性制造

一、加工中心

加工中心（MC）是一种高效、高精度数控机床，设置有刀具库，具备自动换刀功能，工件在一次装夹中可完成多道工序的加工，加工中心所具有的这些功能决定了加工中心程序编制的复杂性。

加工中心是在镗铣类数控机床的基础上发展起来的一种功能较全面、加工精度更高的工装备。它可以把铣削、镗削、钻削、螺纹加工等功能集中在一台设备上，通常一次能够完成多个加工要素的加工。加工中心配置有容量几十甚至上百把刀具的刀库，刀库中放置有加工过程中使用的刀具和测量工具。通过 PLC 程序控制，在加工中实现刀具的自动更换和加工要素的自动测量。

加工中心能控制的轴数可以达到十几个，联动轴数多的可以实现五轴或六轴联动。此外，它的辅助功能十分强大，有各种固定循环、刀具半径自动补偿、刀具长度自动补偿、刀具破损自动报警、刀具寿命管理、过载自动保护、螺距误差自动补偿、丝杠间隙补偿、故障自诊断、工件在线检测和加工自动补偿。有的还有自适应控制功能，加工中心的控制器一般都有 DNC 功能，高档的还支持自动化协议，具有网络互联功能。

加工中心是一种高性能加工设备，带有复杂的辅助系统，如刀库、在线或离线检测与监控设备。与数控铣床相比，加工中心的工序更为集中，加工精度更高，其生产效率比普通机床高 5～10 倍，特别适宜加工形状复杂、精度要求高的单件或中小批量多品种生产。然而工序高度集中也带来一些新问题，例如粗加工完成后直接进入精加工阶段，中间没有应力释放期和温度消降期，应力和温度会引起零件最终加工后变形，使零件丧失精度。这些加工特点要求加工中心的工艺制订也要有别于其他机床。加工中心选用的刀具、工件的安装及主要附件、程序编写和对刀可参考数控铣床。

1. 镗铣加工中心

镗铣加工中心是机械加工行业应用最多的一类数控设备，有立式和卧式两种，如图 12-56 和图 12-57 所示。其工艺范围主要是铣削、钻削、镗削。镗铣加工中心数控系统控制的轴数多为 3 个，高性能的数控系统可以达到 5 个或更多。我们所说的加工中心一般都指镗铣加工中心。

2. 车削加工中心

车削加工中心是以车床为基本体，并进一步增加铣、钻、镗，以及副主轴的功能，使车件需要二次、三次加工的工序在车削中心上一次完成。车削中心是一种复合式的车削加工机械，能让加工时间大大减少，不需要重新装夹，以达到提高加工精度的要求。如图 12-58 所示。

二、加工中心的换刀系统

加工中心加工与数控铣床加工相比，工艺范围更广，集中多工序、多工步加工的加工中心使用的刀具更多。加工中心具有自动换刀装置，能够方便地自动选用不同刀具，实现换刀过程自动化。

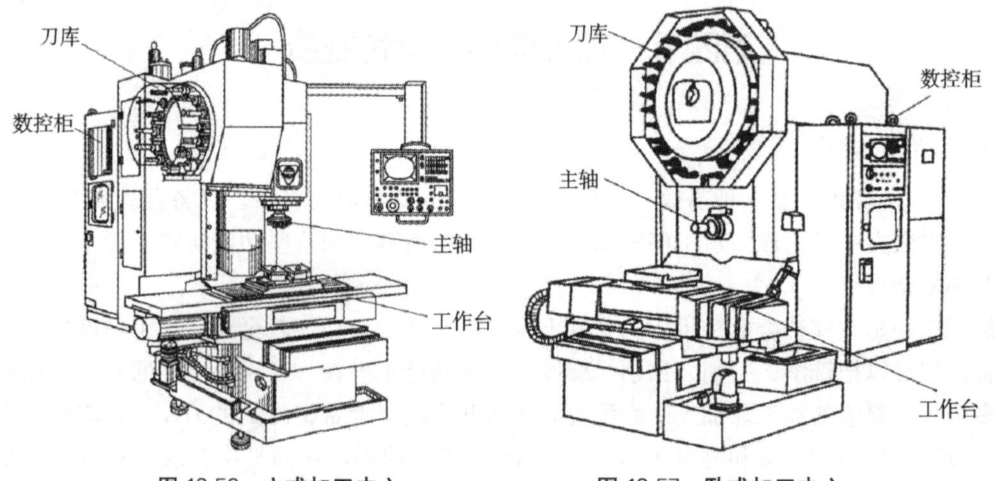

图 12-56　立式加工中心　　　图 12-57　卧式加工中心

图 12-58　车削加工中心

加工中心的自动换刀装置结构一般由刀库、机械手组成。自动换刀装置应当具备换刀时间短、刀具重复定位精度高、足够的刀具储备量、占地面积小、安全可靠等特性。当数控系统发出换刀指令后，由刀具交换装置（如换刀机械手）从刀库中取出相应的刀具装入主轴孔内，然后再把主轴上的刀具送回刀库中，完成整个换刀动作。

1. *刀库形式*

刀库的功能是储存加工工序所需的各种刀具，并按程序 T 指令，把将要用的刀具准确地送到换（取）刀位置，并接受从主轴送来的已用刀具。刀库的储存量一般为 8～64 把，多的可达 100～200 把。加工中心刀库的形式很多，结构也各不相同，最常用的有鼓盘式刀库、链式刀库。

（1）鼓盘式刀库

鼓盘式刀库的形式如图 12-59 所示。鼓盘式刀库结构紧凑、简单，一般存放刀具不超过 32 把，在诸多种刀库中，鼓盘式刀库在小型加工中心上应用得最为普遍。其特点是：鼓盘式刀库置于立式加工中心的主轴侧面，可用单臂或双手机械手在主轴和刀库间直接进行刀具交换，换刀结构简单，换刀时间短；但刀具单环排列，空间利用率低，如要增大刀库容量，那么刀库外径必须设计得比较大，势必造成刀库转动惯量增加，不利于自动控制。

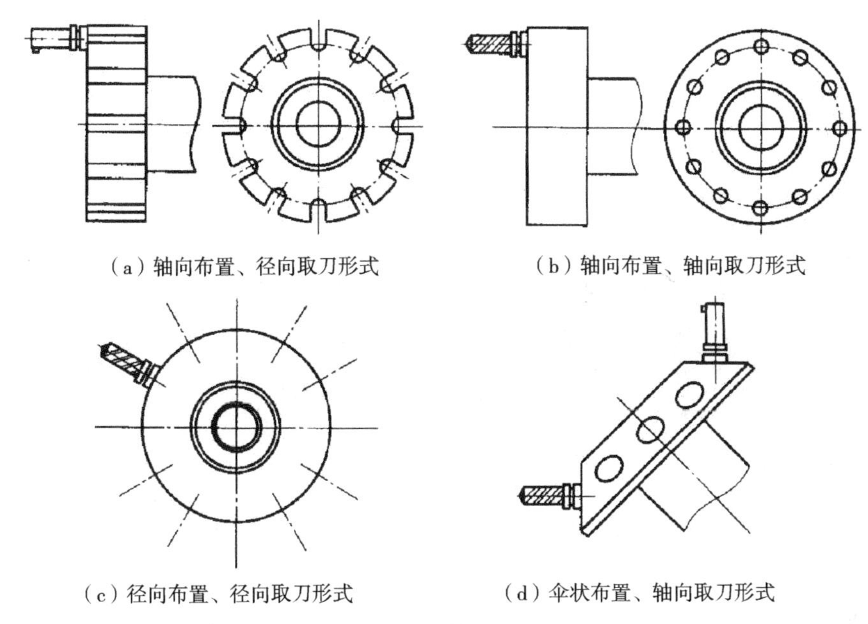
(a) 轴向布置、径向取刀形式　(b) 轴向布置、轴向取刀形式

(c) 径向布置、径向取刀形式　(d) 伞状布置、轴向取刀形式

图 12-59　鼓盘式刀库

(2) 链式刀库

如图 12-60 所示，链式刀库适用于刀库容量较大的场合。链式刀库的特点是：结构紧凑，占用空间小，链环根据机床的总体布局要求配置成适当形式以利于换刀机构的工作。图 12-60a 为单环链式。通常为轴向取刀，选刀时间短，刀库的运动惯量不像鼓盘式刀库那样大。可采用多环链式刀库增大刀库容量，如图 12-60b 所示。还可通过增加链轮的数目，使链条折叠回绕，提高空间利用率，如图 12-60c 所示。

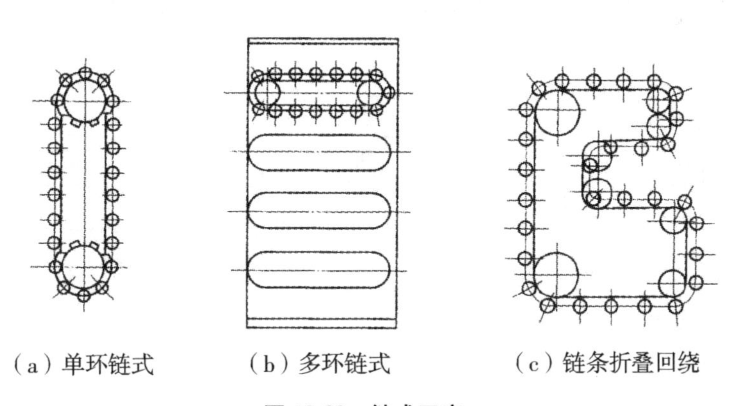
(a) 单环链式　(b) 多环链式　(c) 链条折叠回绕

图 12-60　链式刀库

除此之外，还有格子盒式、直线式、多盘式等形式的刀库。

2. 刀具换刀装置和交换方式

由于刀库结构、机械手类型、选刀方式的不同，加工中心的换刀方式也各不相同，较为常见的有机械手换刀和刀库-主轴换刀两种方式。

(1) 机械手换刀

采用机械手进行刀具交换的方式应用最广泛，这是因为机械手换刀灵活，而且可以减少换刀时间。机械手的结构根据刀库与主轴的相对位置及结构的不同也有多种形式，如单臂式、双臂式、回转式和轨道式等。图 12-61 为回转式机械手，其换刀过程如下：①刀库回转，将欲更换刀具转到换刀所需的预定位置；②主轴箱回换刀点，主轴准停；③机械手抓取主轴上和刀库上的刀具；④活塞杆推动机械手下行，卸下刀具；⑤机械手回转 180°，交换刀具位置；⑥活塞杆缩回，将更换后的刀具装入主轴与刀库。

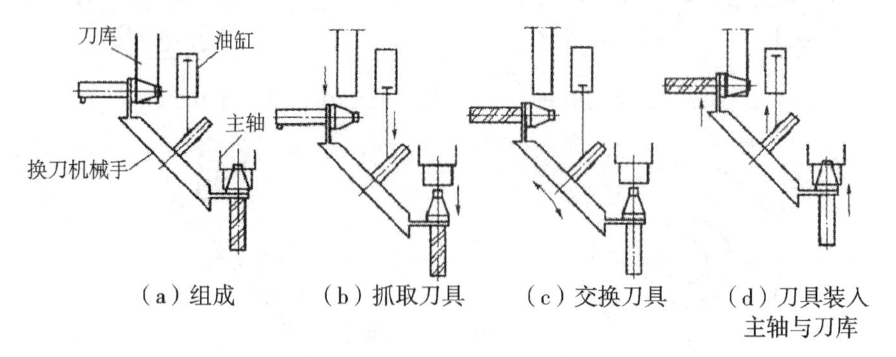

图 12-61　机械手换刀示意图

（2）刀库-主轴换刀

刀库与主轴同方向无机械手换刀方式的特点是：刀库整体前后移动与主轴上直接换刀，省去机械手，结构紧凑，但刀库运动较多，刀库旋转是在工步与工步之间进行的，即旋转所需的辅助时间与加工时间不重合，因而换刀时间较长。无机械手换刀方式主要用于小型加工中心，刀具数量较少（30 把以内），而且刀具尺寸也小。无机械手换刀通常利用刀套编码识别方法控制换刀。如图 12-62 所示，其换刀过程如下：①刀库回转，将刀盘上接收刀具的空刀座转到换刀所需的预定位置；②主轴箱回换刀点，主轴准停；③活塞杆推出，将空刀座送至主轴下方，并卡住刀柄定位槽；④主轴松刀，主轴箱上移至参考点；⑤刀库再次分度回转，将预选刀具转到主轴正下方；⑥主轴箱下移，主轴抓刀，活塞杆缩回，刀盘复位。

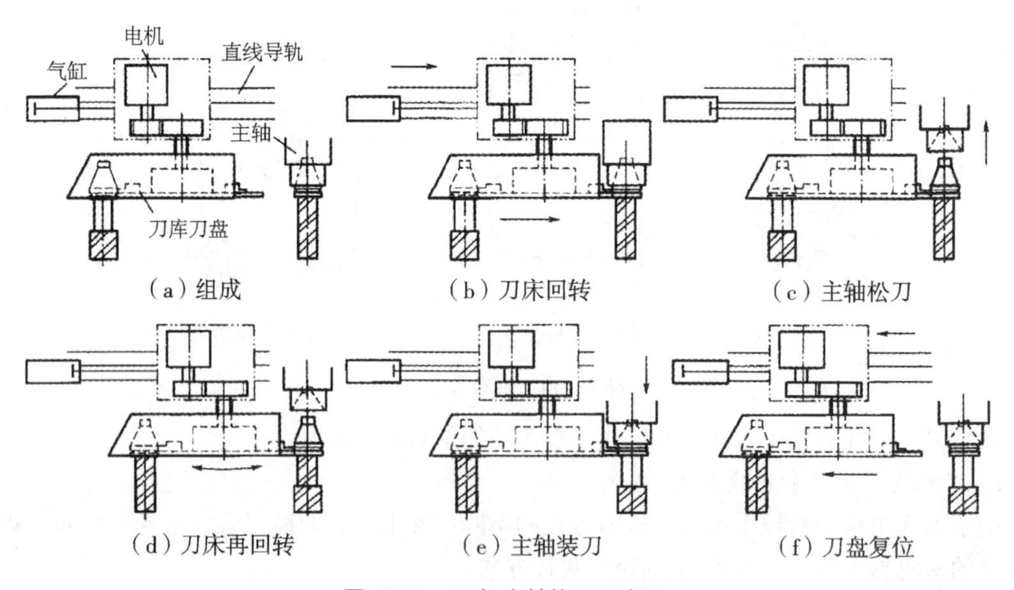

图 12-62　刀库-主轴换刀示意图

换刀前，必须第二原点复归（回到换刀点）才能进行换刀操作。指令格式：G91 G30 X0 Y0 Z0。回归后，第二原点指示灯亮。

二、柔性制造

柔性制造（FM）可视为普通数控机床以及加工中心的扩展，如图 12-63 所示。

1. 柔性制造单元（FMC）

它是在数控加工中心的基础上，与一个工件托盘循环存储站相连，配备自动上下料装置或机器人、自动测量和监控装置所组成。它能高度自动化地完成工件与刀具的运输、装卸、测量、过程监控等，实现零件加工的自动化，常用于箱体类复杂零件的加工。与加工中心相比，它具有更好的柔性（可变性）和更高的生产效率。FMC 是多品种、小批量生产中机械加工自动化的理想设备，特别适用于中、小型企业。

2. 柔性制造系统（FMS）

它是指以多台数控机床、加工中心及辅助设备为基础，通过柔性的自动化输送和存储系统实现有机的结合，由计算机对系统的软、硬件资源实施集中的管理和控制，从而形成一个物料流和信息流密切结合的高效自动化制造系统。FMS 具有多方面的柔性，也称为柔性自动线，能够实现多品种、中小批量产品的生产自动化。

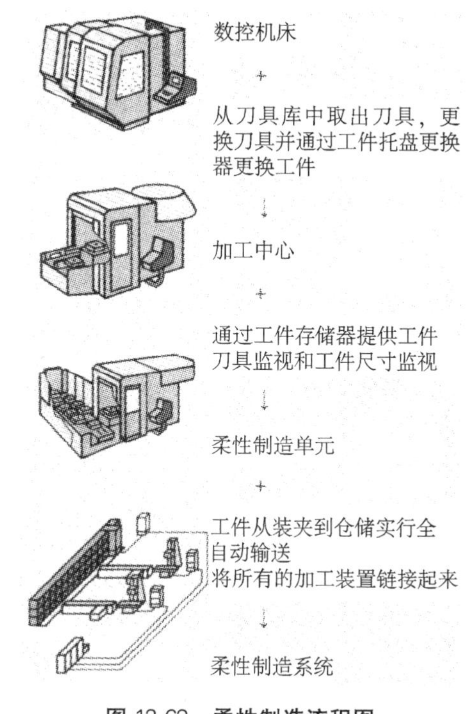

图 12-63 柔性制造流程图

3. 柔性加工岛

在车间的某个划定范围内将不同的加工机床与其他工作站松散地链接起来，形成一个柔性加工岛，以便能够尽可能完整地加工同类工件。加工自动化程度的增加降低了人工介入加工工艺流程的必要性。与刚性自动化相比，柔性自动化应达到尽可能高的灵活性，以期能够对市场需求做出快速反应。如图 12-64 所示。

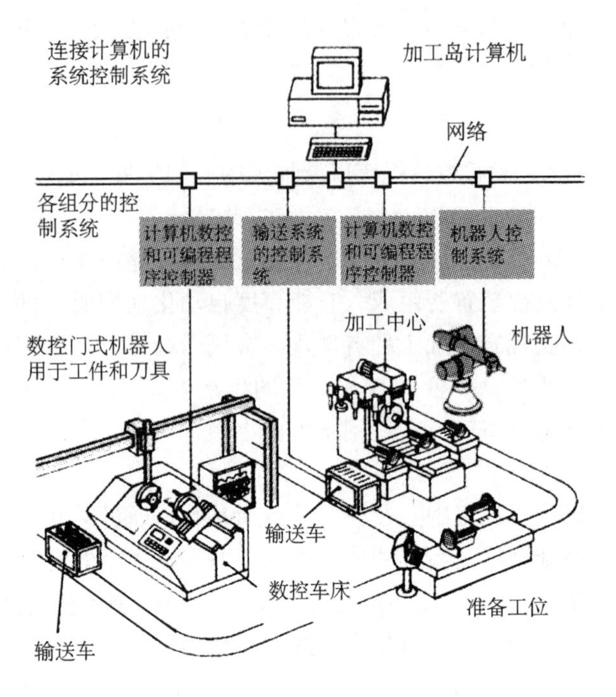

图 12-64 柔性加工岛

复习思考题

1. 简述数控铣床的工具系统。
2. 简述组合夹具。
3. 简述数控铣床刀具长度补偿的目的。
4. 简述数控铣床刀具半径补偿的目的。
5. 简述数控铣床的对刀过程。
6. 简述数控铣床和加工中心的区别。
7. 简述加工中心的换刀系统。
8. 简述柔性制造系统。

第五篇

特 种 加 工

常规的机械切削加工是依靠刀具与工件相互作用从而去除工件上多余金属达到所需加工要求的。切削时要求刀具材料的硬度必须大于工件硬度。由于加工中存在切削力，因此无论刀具或工件都必须具有一定的刚度和强度，才能保证加工的顺利进行。但随着生产和科学技术产品向高精度、高速度、高压、大功率、小型化等方向发展，人们越来越多地使用各种硬质难熔或有特殊物理、力学性能的材料，有的硬度已接近甚至超过现有刀具材料的硬度，使得常规的切削加工无法实现。同时，这些产品中有些零部件精密细小、结构复杂，尺寸、形状、位置和表面粗糙度等几何公差要求很高。如零件上的微孔、异型孔、窄缝、精密细杆、薄壁件、弹性元件，以及各类模具上的特殊型腔、孔槽等，采用常规的切削方法加工已难以满足要求。特种加工就是在这种前提下产生和发展起来的。

特种加工是指那些不属于常规加工工艺范畴的，且主要是利用电能、光能、声能、热能、化学能等去除材料的加工方法。其种类很多，一般按能量来源和作用原理可分为以下几类：

（1）电类，如电火花加工、电子束加工、离子束加工等。

（2）光类，如激光加工等。

（3）机械类，如喷射加工等。

（4）化学类，如化学加工等。

（5）声机械类，如超声波加工等。

（6）电化学类，如电解加工、电铸加工、涂镀加工等。

（7）液流机械类，如挤压研磨、水射流切割等。

（8）电化学机械类，如电解磨削、电解研磨等。

与传统的机械加工方法比较，特种加工具有以下特点：

（1）能“以柔克刚”。特种加工的工具与被加工零件基本不接触，它是直接利用电能、光能、化学能等能量形式去除工件的多余部分，加工出合格零件；在加工过程中没有明显的机械力，加工时不受工件强度和硬度的制约，故可加工超硬脆材料和精密微细零件，甚至工具材料的硬度可低于工件材料的硬度。

（2）加工机理不同于一般金属切削加工，不产生宏观切削力，不产生强烈的弹性、塑形变形，故可获得很低的表面粗糙度，其残余应力、冷作硬化、热影响程度等也远比一般金属切削加工小。

（3）加工能量易于控制和转换，故加工范围广，适应性强。

实践表明，越是用常规切削方法难以完成的加工，特种加工则越能显示其优越性和经济性。特种加工已经成为现代机械制造中一种不可缺少的加工方法，并为新产品的设计打破了许多受加工手段限制的禁区，使产品设计趋向合理，为新材料的研制提供了很好的应用基础。随着科学技术的发展，在未来的机械制造中，特种加工的应用范围将更加广泛。

第十三章　电火花加工

第一节　电火花加工基本知识

电火花加工是利用浸在工作液中的两极间脉冲放电时产生的电蚀作用蚀除导电材料的特种加工方法，又称放电加工或电蚀加工。

一、电火花加工原理

如图 13-1 所示，进行电火花加工时，工具电极和工件分别接脉冲电源的两极，并浸入工作液中，或将工作液充入放电间隙。通过间隙自动控制系统控制工具电极向工件进给，当两电极间的间隙达到一定距离时，两电极上施加的脉冲电压将工作液击穿，产生火花放电。在放电的微细通道中瞬时产生大量的热能，温度可高达一万摄氏度以上，压力也有急剧变化，从而使这一点工作表面局部微量的金属材料立刻被熔化、气化，并爆炸式地飞溅到工作液中，迅速冷凝，形成固体的金属微粒，被工作液带走。这时在工件表面上便留下一个微小的凹坑痕迹，放电短暂停歇，两电极间工作液恢复绝缘状态。紧接着，下一个脉冲电压又在两电极相对接近的另一点处击穿，产生火花放电，重复上述过程。这样，虽然每个脉冲放电蚀除的金属量极少，但因每秒有成千上万次脉冲放电作用，就能蚀除较多的金属，具有一定的生产率。在保持工具电极与工件之间恒定放电间隙的条件下，一边蚀除工件金属，一边使工具电极不断地向工件进给，最终便加工出与工具电极形状相对应的形状来。因此，只要改变工具电极的形状和工具电极与工件之间的相对运动方式，就能加工出各种复杂的型面，可实现电火花切割加工、共轭回转加工、磨削加工等。

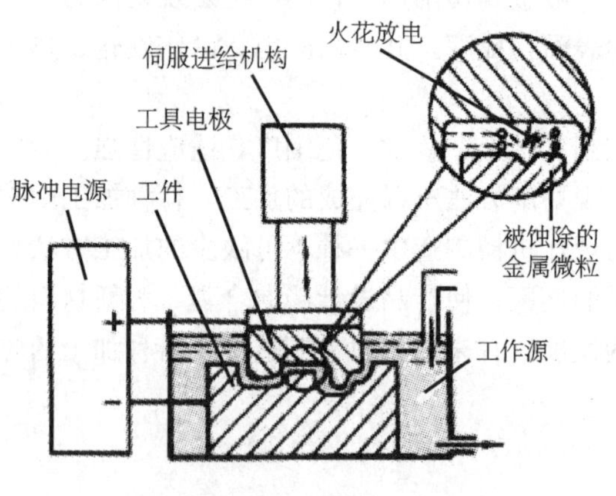

图 13-1　电火花加工原理

二、电火花加工工艺分类

按照工具电极的形式及其与工件之间相对运动的特征，可将电火花加工方式分为以下六类：

（1）电火花成形加工。利用成形工具电极相对工件作简单进给运动。

（2）电火花线切割加工。利用轴向移动的金属丝作工具电极，工件按所需形状和尺寸作轨迹运动以切割导电材料。

（3）电火花磨削加工。利用金属丝或成形导电磨轮作工具电极进行小孔磨削或成形磨削。

（4）电火花共轭回转加工。用于加工螺纹环规、螺纹塞规、齿轮等。

（5）电火花高速小孔加工。用于线切割穿丝预孔、加工深径比很大的小孔。

（6）刻印、表面合金化、表面强化等其他种类的加工。

表 13-1 所列为总的分类情况及各类加工方法的主要特点和用途。

表 13-1　电火花加工分类

类别	工艺方法	特点	用途
1	电火花成形加工	（1）工具和工件间主要只有一个相对的伺服进给运动 （2）工具为成形电极，与被加工表面有相同的截面和相应的形状	（1）穿孔加工：加工各种冲模、挤压模、粉末冶金模、异形孔及微孔等 （2）型腔加工：加工各类型腔模及各种复杂的型腔零件
2	电火花线切割加工	（1）工具电极为顺电极丝轴线垂直移动着的线状电极 （2）工具与工件在两个水平方向同时有相对伺服进给运动	（1）切割各种冲模和具有纹面的零件 （2）下料、截割和窄缝加工
3	电火花内孔、外圆和成形磨削	（1）工具与工件有相对的旋转运动 （2）工具与工件间有径向和轴向的进给运动	（1）加工高精度、表面粗糙度值小的小孔 （2）加工外圆、小模数滚刀等
4	电火花同步共轭回转加工	（1）成形工具与工件均作旋转运动，但两者角速度相等或成整倍数，相对应接近的放电可有切向相对运动速度 （2）工具相对工件可作纵、横向进给运动	以同步回转、展成回转、倍角速度回转等不同方式，加工各种复杂形面的零件
5	电火花高速小孔加工	（1）采用细管电极，管内冲入高压水基工作液 （2）细管电极旋转 （3）穿孔速度很高	（1）线切割穿丝预孔 （2）深径比很大的小孔
6	电火花表面强化、刻字	（1）工具在工件表面上振动，在空气中放电火花 （2）工具相对工件移动	（1）模具刃口，刀、量具刃口表面强化 （2）电火花刻字、打印记

三、电火花加工常用术语

1. 加工电压

加工电压是指脉冲电源电路输出的直流电压。它有高压电流电压和低压直流电压两种，典型高压直流电压幅值约为 250 V，典型低压电流电压幅值约为 60 V。由电火花加工原理可知，加工过程中，首先加高压直流电压，形成放电通道；在放电通道形成后，则由低压直流电压来维持放电通道。可用电压表指示加工电压的幅值。

2. 加工电流

加工电流是指脉冲电源输出的峰值电流。加工电流在同一脉宽条件下，与加工面积成正比，与电极损耗成正比，与生产率成正比，与工件的表面粗糙度成反比。

3. 脉冲宽度

脉冲宽度是指一次放电的脉宽时间。脉冲宽度与放电间隙成正比，与生产率成正比，与工件的表面粗糙度成反比，与电极损耗成反比。通常，增加电压脉宽可以提高加工稳定性和提高生产率。

4. 脉冲间隔

脉冲间隔是指一次不放电的脉冲间隔时间。加大脉冲间隔更加有利于工件电蚀物的排出，使加工稳定性变好，不容易产生短路或电弧烧伤工件的情况。由于加工电流与加工效率成正比，因此，在一定的脉宽前提下，脉冲间隔越小，加工效率越高，但稳定性就越差；反之，稳定性就越好。

5. 放电间隙

放电间隙是指电火花加工时，工具和工件之间产生火花放电的距离间隙。粗加工时放电间隙较大，精加工时则较小，放电间隙又可分为端面间隙（工具电极的端面与工件之间的间隙）和侧向间隙（工具电极的侧面与工件之间的间隙）。

6. 正、负极性加工

电火花加工时，以工件为准，工件接脉冲电源的正极，称为正极性加工。工件若接脉冲电源的负极，则称为负极性加工。高生产率和低电极损耗加工时，常采用负极性长脉宽加工。

7. 加工速度（蚀除速度）

加工速度是指单位时间（1 min）内从工件上蚀除下来的金属体积或质量，也称为加工生产率。通常粗加工时大于 500 mm^3/min，精加工时则小于 20 mm^3/min。

8. 损耗速度

损耗速度是指单位时间（1 min）内工具电极的损耗量（体积或质量）。

9. 工具相对损耗比

工具相对损耗比是指工具电极损耗速度与工件加工速度之比，在实际加工中用以衡量工具电极的耐损耗和加工性能。

第二节　电火花线切割加工

电火花线切割加工（Wire cut Electrical Discharge Machining，简称 WEDM），有时又称线切割。其基本工作原理是利用连续移动的细金属丝（称为电极丝）作电极，对工件进行脉冲火花放电蚀除金属、切割成形。1960 年，苏联首先研制出靠模线切割机床。我国于 1961 年也研制出类似的机床。早期的线切割机床采用电气靠模控制切割轨迹。当时由于切割速度低，制造靠模比较困难，仅用于在电子工业中加工其他加工方法难以解决的窄缝等。1966 年，我国研制成功采用乳化液和快速走丝机构的高速走丝线切割机床，并相继采用了数字控制和光电跟踪控制技术。此后，随着脉冲电源和数字控制技术的不断发展以及多次切割工艺的应用，大大提高了切割速度和加工精度。

目前，电火花线切割机床按电极丝运动的速度，可分为高速走丝（快走丝，WEDM-HS）机床和低速走丝（慢走丝，WEDM-LS）机床。国内普遍采用高速走丝方式，电极丝采用钼丝，作高速往返式运动，速度为 7～10 m/s。高速运动的电极丝有利于不断往放电间隙中带入新的工作液，同时也有利于把电蚀产物从间隙中带出去，但精度不如慢走丝方式。国外以慢走丝方式居多，电极丝选用铜丝，一次性使用。

一、电火花线切割工作原理

电火花线切割工作过程的微观物理机制：电火花线切割时，电极丝接脉冲电源的负极，工件接脉冲电源的正极。正常工作时，在正负极之间加有脉冲电源，同时工件与电极丝之间要有工作液（皂化液以及去离子水等）。当发生一个电脉冲时，电极丝和工件之间会产生一次火花放电，放电时间在毫秒量级，在放电通道的中心温度瞬时可高达10 000 ℃以上，高温使工件金属熔化，甚至有少量气化，同时高温也使电极丝和工件之间的工作液气化，这些气化后的工作液和金属蒸气瞬间迅速热膨胀，具有爆炸的特性，是一种类空化效应。这种热膨胀和局部微爆炸，将熔化和气化了的金属材料抛出从而实现对工件材料进行电蚀切割加工。通常认为电极丝与工件之间的放电间隙在 10 μm 左右，随电脉冲电压高低不等，放电间隙会有所不同。

保证电火花加工顺利进行非常关键的一点是，必须创造条件保证每来一个电脉冲时在电极丝和工件之间产生的是火花放电而不是电弧放电。首先须使两个电脉冲之间有足够的间隔时间，使放电间隙中的介质消电离，即使放电通道中的带电粒子复合为中性粒子，恢复本次放电通道处间隙中介质的绝缘强度，以免总在同一处发生放电而导致电弧放电。一般脉冲间隔应为脉冲宽度的 4 倍以上。为了保证火花放电时电极丝不被烧断，还必须向放电间隙注入大量工作液，以便电极丝得到充分冷却，同时电极丝必须作高速轴向运动，以避免火花放电总在电极丝的局部位置而被烧断。

二、电火花线切割加工的特点及应用

电火花线切割具有电火花加工的共性，金属材料的硬度和韧性并不会影响加工速度，常用来加工淬火钢和硬质合金。其工艺特点是：

（1）没有特定形状的工具电极，采用直径不等的金属丝作为工具电极，因此切割所用刀具简单，降低了生产准备工时。

（2）利用计算机自动编程软件，能方便地加工出复杂形状的直纹表面。

（3）电极丝在加工过程中是移动的，不断更新（慢走丝）或往复使用（快走丝），基本上可以不考虑电极丝损耗对加工精度的影响。

（4）电极丝比较细，可以加工微细的异形孔、窄缝和复杂形状的工件。

（5）脉冲电源的加工电流比较小，脉冲宽度比较窄，属于中、精加工范畴，采用正极性加工方式。

（6）工作液多采用水基乳化液，不会引燃起火，容易实现无人操作运行。

（7）当零件无法从周边切入时，工件需要钻穿丝孔。

（8）与一般切削加工相比，线切割加工的效率低，加工成本高，不适合形状简单的大批量零件的加工。

(9) 依靠计算机对电极丝轨迹的控制，可方便地调整凹凸模具的配合间隙；利用锥度切割功能，有可能实现凹凸模一次加工成形。

电火花线切割加工主要应用于以下方面：

(1) 加工模具，适用于加工各种形状的冲模、注塑模、挤压模、粉末冶金模、弯曲模等。

(2) 加工电火花成形加工用的电，一般穿孔加工用、带锥度型腔加工用及微细复杂形状的电极，以及铜钨、银钨合金之类的电极材料，用线切割加工特别经济。

(3) 加工零件，可用于加工材料试验样件、各种型孔、特殊齿轮和凸轮、样板、成形刀具等复杂形状零件及高硬度材料的零件，可进行微细结构、异形槽的加工；试制新产品时，可在坯料上直接割出零件；加工薄件时，可多片叠在一起加工。如图 13-2 所示。

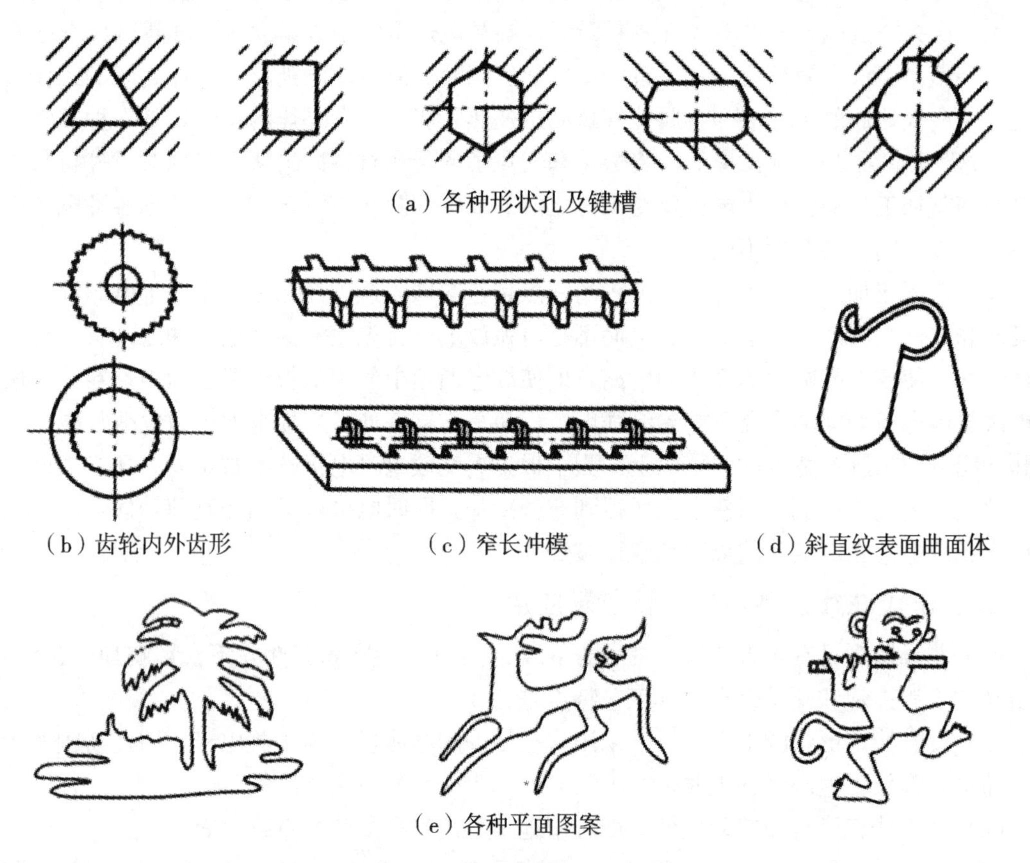
(a) 各种形状孔及键槽

(b) 齿轮内外齿形　(c) 窄长冲模　(d) 斜直纹表面曲面体

(e) 各种平面图案

图 13-2　数控线切割加工的应用

三、电火花线切割机床

1. 线切割机床分类

线切割机床一般按照电极丝运动速度分为快走丝线切割机床和慢走丝线切割机床。快走丝线切割机床已成为我国特有的线切割机床品种和加工模式，应用广泛；慢走丝线切割机床是国外生产和使用的主流机种，属于精密加工设备，代表着线切割机床的发展方向。表 13-2、表 13-3 列出了快、慢走丝机床的区别及工艺性能。

表 13-2　快、慢走丝线切割机床的主要区别

比较项目	快走丝线切割机床	慢走丝线切割机床
走丝速度/（$m \cdot s^{-1}$）	≥2.5，常用值 6～10	<2.5，常用值 0.25～0.001
电极丝工作状态	往复供丝，反复使用	单向运行，一次性使用
电极丝材料	钼、钨钼合金	黄铜、铜、以铜为主体的合金或镀覆材料
电极丝直径/mm	0.03～0.25，常用值 0.12～0.20	0.003～0.300，常用值 0.20
穿丝方式	只能手工	可手工，可自动
工作电极丝长度	数百米	数千米
电极丝张力/N	上丝后即固定不变	可调，通常 2.0～25.0
电极丝振动	较大	较小
运丝系统结构	较简单	复杂
脉冲电源	开路电压 80～100 V，工作电流 1～5 A	开路电压 300 V 左右，工作电流 1～32 A
单面放电间隙/mm	0.01～0.03	0.01～0.12
工作液	线切割乳化液或水基工作液	去离子水，个别场合用煤油
工作液电阻率/（kΩ·cm）	0.5～50	10～100
导丝机构型式	导轮，寿命较短	导向器，寿命较长
机床价格	便宜	昂贵

表 13-3　快、慢走丝线切割机床加工工艺水平比较

比较项目	快走丝线切割机床	慢走丝线切割机床
切割速度/（$mm^2 \cdot min^{-1}$）	20～160	20～240
加工精度/mm	±0.020～0.005	±0.002～0.005
表面粗糙度/（$Ra/\mu m$）	3.2～1.6	1.6～0.1
重复定位精度/mm	±0.01	±0.002
电极丝损耗/mm	均布于参与工件的电极丝全长， 加工（3～10）×$10^4 mm^2$时，损耗 0.01	不计
最大切割厚度/mm	钢 500，铜 610	400
最小切缝宽度/mm	0.09～0.04	0.014 0～0.004 5

此外，线切割机床可按电极丝位置分为立式线切割机床和卧式线切割机床，按工作液供给方式分为冲液式线切割机床和浸液式线切割机床。

2. 电火花线切割快走丝机床的工作原理

本教材中所提均为快走丝线切割机床，其主要由机床本体、脉冲电源、工作液循环系统、控制系统和机床附件等几部分组成。

电火花线切割快走丝机床的工作原理如图 13-3 所示。绕在运丝筒上的电极丝沿运丝筒的回转方向以一定的速度移动，装在机床工作台上的工件由工作台按预定控制轨迹相对与电极丝作成形运动。脉冲电源的一极接工件，另一极接电极丝。在工件与电极丝之间总是保持一定的放电间隙且喷洒工作液，电极之间的火花放电蚀出一定的缝隙，连续不断的脉冲放电就切出了所需形状和尺寸的工件。

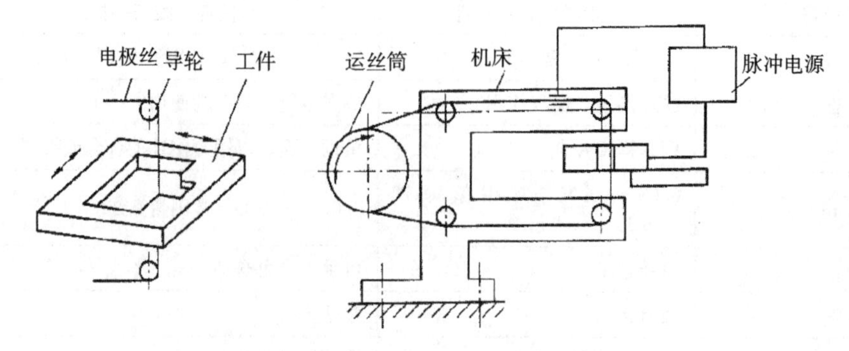

图 13-3 快走丝线切割机床的工作原理图

3. 快走丝线切割加工机床的组成

快走丝线切割机床可分为控制台和机床主机两大部分。

(1) 控制台

控制台中装有控制系统和自动编程系统，能在控制台中进行自动编程和对机床坐标工作台的运动进行数字控制。

电火花线切割机床控制系统的主要功能是：

①轨迹控制，精确控制电极丝相对于工件的运动轨迹，从而保证加工出所要求的工件尺寸和形状。

②加工控制，用以控制步进电机的步距角、伺服电机驱动的进给速度、脉冲电源产生的脉冲能量、运丝机构的钼丝排放、工作液循环系统的工作液流量等。其中电火花切割加工脉冲电源的脉宽较窄（2～60 μs），单个脉冲能量的平均峰值电流仅 1～5 A，所以电火花线切割加工通常采用正极性加工。最为常用的是高频分组脉冲电源。

(2) 机床主机

机床主机主要包括坐标工作台、运丝机构、丝架、冷却系统和床身五个部分。图 13-4 为快走丝线切割机床主机示意图。

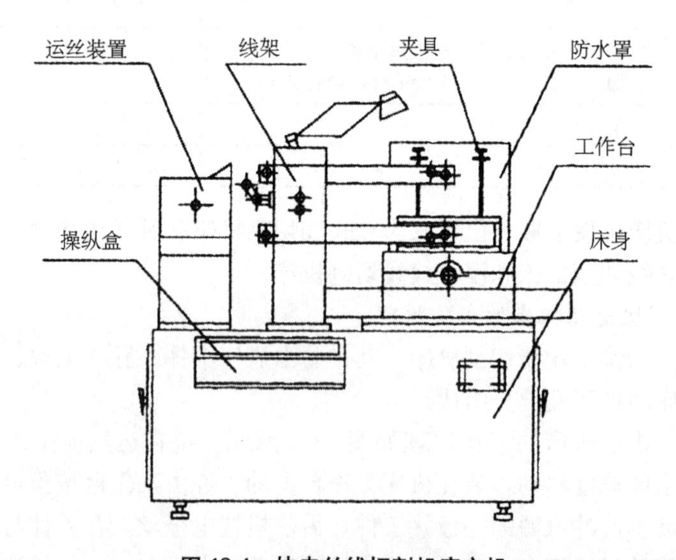

图 13-4 快走丝线切割机床主机

①坐标工作台，用来装夹被加工的工件，其运动分别由两台步进电机控制。

②运丝机构，用来控制电极丝与工件之间产生相对运动。

③丝架，它与运丝机构一起构成电极丝的运动系统。它的功能主要是对电极丝起支撑作用，并使电极丝工作部分与工作台平面保持一定的几何角度，以满足各种工件（如带锥工件）加工的需要。

④冷却系统，用来提供有一定绝缘性能的工作介质（工作液），同时可对工件和电极丝进行冷却。

在电火花线切割加工过程中，需要给机床稳定地供给有一定绝缘性能的工作液，用来冷却电极丝和工件，并排除电蚀物。快走丝线切割机床使用的工作液是专用乳化液，常用浇注式供液方式。慢走丝线切割机床采用去离子水工作液，采用浸没式供液方式。线切割机床工作液循环系统如图 13-5 所示。

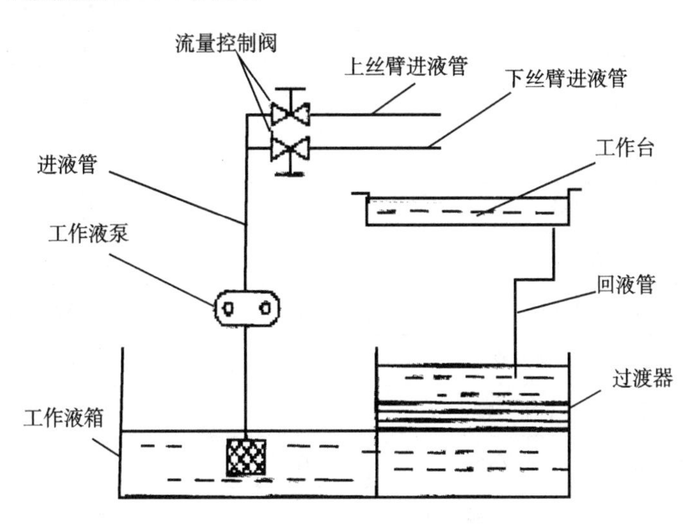

图 13-5　线切割机床工作液循环系统图

四、电火花线切割加工工艺

电火花线切割加工工艺包含线切割加工程序的编制、工件加工前的准备、合理电规准的选择、切割路线的确定以及工作液的合理配置几个方面。

1. 加工程序的编制

（1）程序编制方法

数控机床线切割程序编制的方法有三种，即手工编程、自动编程和 CAD/CAM 编程。

①手工编程由人工完成零件图样分析、工艺处理、数值计算、书写程序清单直到程序的输入和检验，适用于点位加工或几何形状不太复杂的零件，但非常费时，且编制复杂零件时容易出错。

②自动编程使用计算机或程编机完成零件程序的编制过程，对于复杂的零件很方便。

③CAD/CAMxy 编程是利用 CAD/CAM 软件实现造型及图像自动编程。最为典型的软件是 MasterCAM，其可以完成铣削二坐标、三坐标、四坐标和五坐标以及车削、线切割的编程。

数控线切割编程的主要内容包括分析零件图样、确定加工工艺过程、进行数学处理、编写程序清单、制作控制介质、进行程序检查、输入程序以及工件试切。

我国电火花线切割程序格式使用最多的是3B格式和ISO代码。本节以ISO代码（G代码）为主，介绍工程训练中零件程序的手工编程。

（2）ISO代码格式

ISO代码是国际标准化机构制定的用于数控编程和控制的一种标准代码。代码中有准备功能G指令和辅助功能M指令。表13-4为电火花线切割加工中常用的指令代码，它是从切削加工机床的数控系统中套用过来的，不同工厂的代码，可能有多有少，含义上也可能稍有差异，具体应遵照所使用电火花加工机床说明书中的规定。

表13-4　电火花线切割加工中常用的G指令和M指令代码

代码	功能	代码	功能
G00	快速定位	G54	工作坐标系1
G01	直线插补	G55	工作坐标系2
G02	顺时针圆弧插补	G56	工作坐标系3
G03	逆时针圆弧插补	G57	工作坐标系4
G05	*X*轴镜像	G58	工作坐标系5
G06	*Y*轴镜像	G59	工作坐标系6
G07	*X*、*Y*轴交换	G80	有接触感知
G08	*X*轴镜像，*Y*轴镜像	G84	微弱放电找正
G09	*X*轴镜像，*X*、*Y*轴交换	G90	绝对坐标系
G10	*Y*轴镜像，*X*、*Y*轴交换	G91	增量坐标系
G11	*Y*轴镜像，*X*轴镜像，*X*、*Y*轴交换	G92	赋予坐标系
G12	取消镜像	M00	程序暂停
G40	取消间隙补偿	M02	程序结束
G41	左偏间隙补偿，*D*偏移量	M96	主程序调用文件程序
G42	右偏间隙补偿，*D*偏移量	M97	主程序调用文件结束
G50	消除锥度	W	下导轮到工作台面高度
G51	锥度左偏，*A*角度值	H	工件厚度
G52	锥度右偏，*A*角度值	S	工作台面到上导轮高度

在加工中使用频率最多的代码如下所示：

①快速定位指令G00

在机床不加工的情况下，G00指令可使指定的某轴以最快速度移动到指定位置。程序格式：G00　X_Y_。

②直线插补指令G01

该指令可使机床在各个坐标平面内加工任意斜率直线轮廓和用直线段逼近曲线轮廓。程序格式：G01　X_Y_。

目前，可加工锥度的电火花线切割数控机床具有 X、Y 坐标轴及 U、V 附加轴工作台。程序格式：G01X Y _U_V_。

③圆弧插补指令 G02/G03

G02 为顺时针插补圆弧指令，G03 为逆时针插补圆弧指令。程序格式：

G02 X_Y_I_J_ ；

G03 X_Y_I_J_ ；

X、Y 分别表示圆弧终点坐标；I、J 分别表示圆心相对圆弧起点在 X、Y 方向的增量尺寸。

④G90、G91、G92 指令

G90 为绝对坐标系指令，表示该程序中的编程尺寸是按绝对尺寸给定的，即移动指令终点坐标值 X、Y 都是以工件坐标系原点为基准来计算的。

G91 为增量坐标系指令，表示该程序中的编程尺寸是按增量尺寸给定的，即坐标值均以前一个坐标位置作为起点来计算下一点位置值。

G92 为定起点坐标指令，指令中的坐标值为加工程序起点的坐标值。程序格式：G92 X_Y_。

⑤间隙补偿指令 G41、G42 、G40

G41 为左偏间隙补偿，沿着电极丝前进的方向看，电极丝在工件的左边。程序格式：G41 D_。

G42 为右偏间隙补偿，沿着电极丝前进的方向看，电极丝在工件的右边。程序格式：G42 D_ 。D 表示间隙补偿量。注意：左偏、右偏必须沿着电极丝前进的方向看，如图 13-6 所示。

G40 为取消间隙补偿，G40 指令必须放在退刀线前。

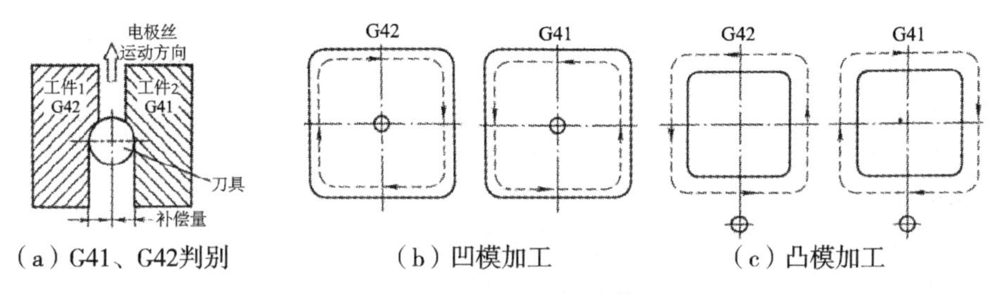

（a）G41、G42判别　（b）凹模加工　（c）凸模加工

图 13-6 间隙补偿指令

⑥间隙补偿量

实际编程时，应该编辑加工时电极丝中心所走轨迹的程序，即还应该考虑电极丝的半径和电极丝与工件间的放电间隙。如图 13-7 所示，点画线是电极丝中心轨迹，工件图形与电极丝中心轨迹的距离在圆弧半径方向和线段的垂直方向都等于间隙补偿量 f，即

$$f = r_{丝} + \delta_{电}$$

式中：$r_{丝}$ 为电极丝半径；$\delta_{电}$ 为单边放电间隙。

(3) 编程加工实例

①加工零件图

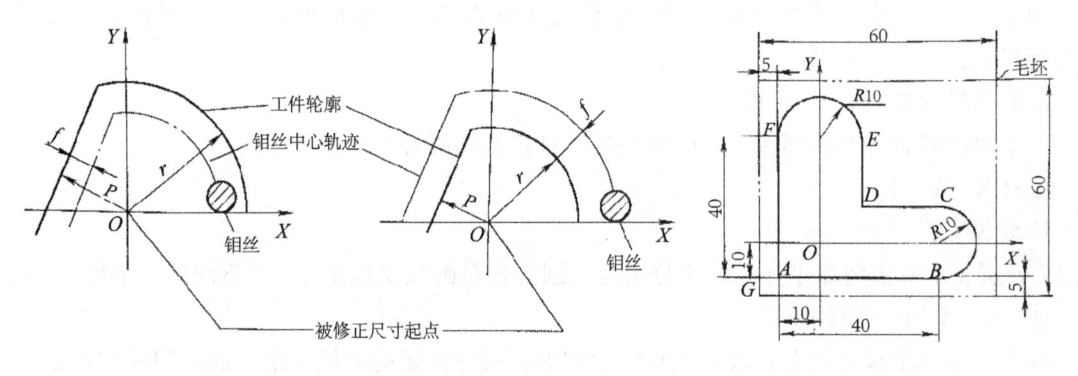

图 13-7　电极丝中心轨迹　　　　图 13-8　零件一

下导轮中心到工作台面高度 $W=40$ mm，工作台面到上导轮中心高度 $S=120$ mm。用 ϕ0.13 mm 的电极丝加工，单边放电间隙为 0.01 mm，编制加工程序。

②工艺分析

加工零件外形如图 13-8 所示，毛坯尺寸为 60 mm×60 mm，对刀位置必须设在毛坯之外，以图中 G 点坐标（−20，−10）作为起刀点，A 点坐标（−10，−10）作为起割点。逆时钟方向走刀。

间隙补偿量 $f=0.14/2+0.01=0.08$mm。

③程序

```
程序                              注解
G92 X-20000 Y-10000;          //以O点为原点建立工件坐标系，起刀点为（-20，-10）;
W40000;
H10000;
S120000;
G42 D80;
G01 X10000 Y0;                //从G点走到A点，A点为起割点;
G01 X40000 Y0;                //从A点到B点;
G03 X0 Y20000 I0 J10000;      //从B点到C点;
G01 X-20000 Y0;               //从C点到D点;
G01 X0 Y20000;                //从D点到E点;
G03 X-20000 Y0 I-10000 J0;    //从E点到F点;
G01 X0 Y-40000;               //从F点到A点;
G01 X-10000 Y0;               //从A点回到起刀点G;
G40;
M02;                          //程序结束。
```

线切割加工程序的编制必须遵循以下几点：

①加工补偿的确定。为了获得加工零件正确的几何尺寸，必须考虑电极丝的半径和放电间隙，因此补偿量应稍大于电极丝的半径与放电间隙之和。

②切割方向的确定。对于工件外轮廓的加工，适宜采用顺时针切割方向进行加工，而对于工件上孔的加工则较适宜采用逆时针切割方向进行加工。

③过渡圆半径的确定。对工件的拐角处以及工件线与线、线与圆或圆与圆的过渡处都应考虑用圆角过渡，这样可增加工件的使用寿命。过渡圆角半径的大小应根据工件实际使用情况、工件的形状和材料的厚度加以选择。过渡圆角一般不宜过大，可为 0.1～0.5 mm。

2. 工件加工前的准备

电火花线切割加工前必须做好以下几项工作：

（1）加工工件必须是可导电材料。

（2）工件加工前应进行热处理，消除工件内部的残余应力。另外，工件需要磨削加工时还应进行去磁处理。

（3）工件在工作台上应合理装夹，避免电极丝切割时割到工作台或超程而损坏机床。需调整的项目为电极丝位置的调整和工件位置的矫正。

电极丝垂直度找正的常见方法有两种，一种是利用找正块，另一种是利用校正器。

利用找正块进行火花法找正。找正块是一个六方体或类似六方体（如图 13-9a 所示）。在校正电极丝垂直度时，首先目测电极丝的垂直度，若明显不垂直，则调节 U、V 轴，使电极丝大致垂直工作台；然后将找正块放在工作台上，在弱加工条件下，将电极丝沿 X 方向缓缓移向找正块。当电极丝快碰到找正块时，电极丝与找正块之间产生火花放电，然后肉眼观察产生的火花：若火花上下均匀（如图 13-9b 所示），则表明在该方向上电极丝垂直度良好；若下面火花多（如图 13-9c 所示），则说明电极丝右倾，故将 U 轴的值调小，直至火花上下均匀；若上面火花多（如图 13-9d 所示），则说明电极丝左倾，故将 U 轴的值调大，直至火花上下均匀。同理，调节 V 轴的值，使电极丝在 V 轴垂直度良好。

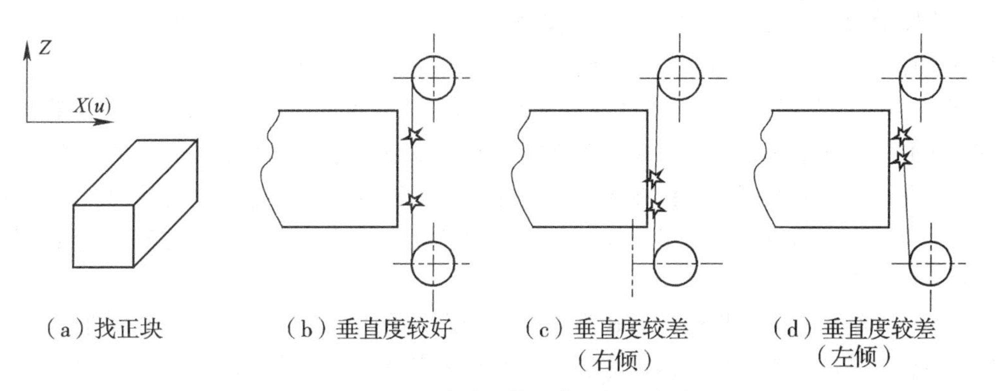

图 13-9　用火花法校正电极丝垂直度

在用火花法校正电极丝的垂直度时，需要注意以下几点：

①找正块使用一次后，其表面会留下细小的放电痕迹，下次找正时要重新换位置，不可用有放电痕迹的位置碰火花校正电极丝的垂直度。

②在精密零件加工前，分别校正 U、V 轴的垂直度后，需要再检验电极丝垂直度校正的效果。具体方法是：重新分别从 U、V 轴方向碰火花，看火花是否均匀，若 U、V 方向上火花均匀，则说明电极丝垂直度较好；若 U、V 方向上火花不均匀，则重新校正，再检验。

③在校正电极丝垂直度之前，电极丝应张紧，张力与加工中使用的张力相同。

④在用火花法校正电极丝垂直度时，电极丝要运转，以免电极丝断丝。

用校正器进行校正。校正器是一个触点与指示灯构成的光电校正装置，电极丝与触点接触时指示灯亮。它的灵敏度较高，使用方便且直观。底座用耐磨不变形的大理石或花岗岩制成(如图 13-10 所示)。

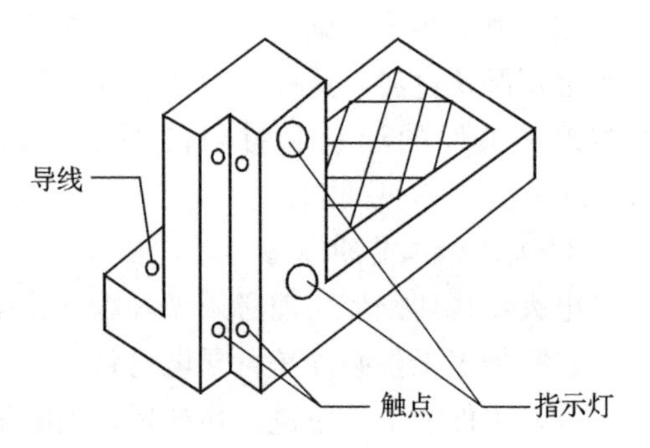

图 13-10　垂直度校正器

使用校正器校正电极丝垂直度的方法与火花法大致相似。主要区别是：火花法是观察火花上下是否均匀，而用校正器则是观察指示灯。若在校正过程中，指示灯同时亮，则说明电极丝垂直度良好，否则需要校正。

在使用校正器校正电极丝的垂直度时，要注意以下几点：

①电极丝停止走丝，不能放电。

②电极丝应张紧，电极丝的表面应干净。

③若加工零件精度高，则电极丝垂直度在校正后需要检查，其方法与火花法类似。

工件装夹时，还必须配合找正进行调整，使工件的定位基准面与机床的工作台面或工作台进给方向保持平行，以保证所切割的表面与基准面之间的相对位置精度。常用的找正方法有：百分表找正法、划线找正法。

(4) 穿丝孔位置需合理选择，一般放在可容易修磨凸尖的部位上。穿丝孔的大小以 3～10 mm 为宜。

3. 合理电规准的选择

正确选择脉冲电源加工参数，可以提高加工工艺指标和加工的稳定性。在实际生产中，粗加工时应选用较大的加工电流和脉冲能量，以获得较高的材料去除率（即加工生产率）；而精加工时应选用较小的加工电流和脉冲能量，以获得加工工件较低的表面粗糙度。

在电规准中加工电流是最重要的一项指标，它主要是指通过加工区的电流平均值。单个脉冲能量大小由脉冲宽度、峰值电流、加工幅值电压决定。脉冲宽度是指脉冲放电时脉冲电流持续的时间，峰值电流是指放电加工时的脉冲电流峰值，加工幅值电压是指放电加工时脉冲电压的峰值。

若工件尺寸精度和表面粗糙度有较高要求，则必须采用小的脉冲能量的电规准进行加工，以提高加工精度和改善加工表面粗糙度，但是加工速度将会降低。

当切割对象是尺寸精度和表面粗糙要求不高的零件，或者对理化性能特殊的材料实行切断加工时，可采用大的脉冲能量。

采用相同的电规准加工不同厚度的工件材料时，工艺效果不同，因此电规准必须视工件厚度的变化而变化。厚度较小时，可采用小的电规准；而厚度较大时，应采用大的电规准。

脉冲宽度与放电量成正比，脉冲宽度大，每一周期内放电时间所占比例就大，切割效率高，加工稳定；脉冲宽度小，放电间隙又较大时，虽然工件切割表面质量很高，但是切割效率很低。

脉冲间隔与放电量成反比，脉冲间隔越大，单个脉冲的放电时间就越少，虽然加工稳定，但是切割效率低，不过对排屑有利。

加工电流与放电量成正比，加工电流大，切割效率高，但工件切割表面粗糙度将增大。

4. 切割路线的确定

在整块坯料上切割工件时，坯料的边角处变形较大（尤其是淬火钢和硬质合金），因此，确定切割路线时，应尽量避开坯料的边角处。一般情况下，合理的切割路线应将工件与其夹持部位分离的切割段安排在总的切割程序末端，尽量采用穿孔加工以提高加工精度。这样可保持工件具有一定的刚度，防止加工过程中产生较大的变形。图 13-11 所示的三种切割路线中，图(a)的切割路线不合理，工件远离夹持部位的一侧会产生变形，影响加工质量；图(b)的切割路线比较合理；图(c)的切割路线最合理。

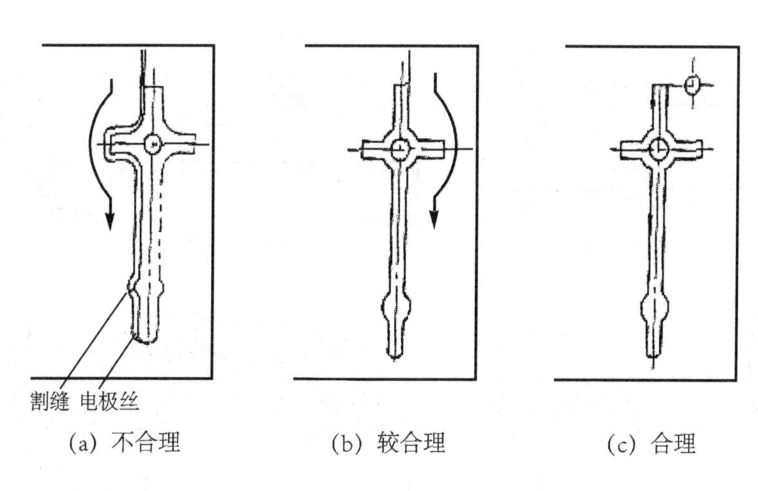

(a) 不合理　　(b) 较合理　　(c) 合理

图 13-11　切割路线图

5. 工作液的合理配制

慢走丝机床的工作液是去离子水，基本上无需考虑工作液的配制。但是快走丝机床的工作液是乳化液，因而必须根据工作的厚度变化进行合理的配制。工件较厚时，工作液的浓度应降低，以增加工作液的流动性；工作较薄时，工作液的浓度应适应提高。

五、工件的正确装夹与校准

线切割加工的工件在装夹过程中需要注意如下几点：

(1) 确认工件的设计基准或加工基准面，尽可能使设计或加工基准面与 X、Y 轴平行。

(2) 工件的基准面应清洁、无毛刺。经热处理的工件，在穿丝孔内及扩孔的台阶处，要清理热处理残物及氧化皮。

(3) 工件装夹的位置应有利于工件找正，并与机床行程相适应。

(4) 工件的装夹应确保加工中电极丝不会过分靠近或误切割机床工作台。

(5) 工件的夹紧力大小要适中、均匀，不得使工件变形或翘起。

1. 装夹方法

在线切割电火花加工中常用的工件装夹方法如下：

(1) 悬臂支撑方式。悬臂支撑方式装夹工件（如图 13-12a 所示）具有较强的通用性，且装夹方便，但是工件一端固定，另一端悬空，工件容易变形，切割质量稍差。因此，只有在工件技术要求不高或悬臂部分较小的情况下使用。

(2) 板式支撑方式。板式支撑方式装夹工件(如图 13-12b 所示)通常可以根据加工工件的尺寸变化而定,可以是矩形或圆形孔,增加了 X 和 Y 方向的定位基准。它的装夹精度比较高,可适用于大批量生产。

(3) 桥式支撑方式。桥式支撑方式装夹工件(如图 13-12c 所示)是将工件的两端都固定在夹具上,该装夹方式装夹支撑稳定,平面定位精度高,工件底面与线切割面垂直度好,适用于较大尺寸的零件。

(4) 复式支撑方式。复式支撑方式(如图 13-12d 所示)是在两条支撑垫铁上安装专用夹具。它装夹比较方便,特别适用于批量生产的零件装夹。

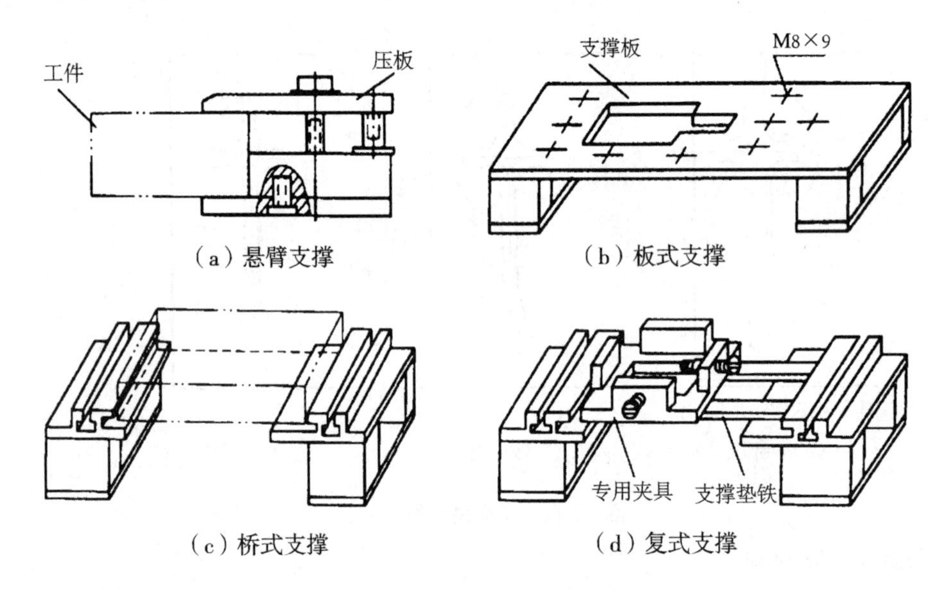

图 13-12 常用工件装夹方式

2. 工件找正

工件的找正精度关系到线切割加工零件的位置精度。在实际生产中,根据加工零件的重要性,往往采用按划线找正、按基准孔或已成形孔找正、按外形找正等方法。其中按划线找正用于零件要求不高的情况。

(1) 用划线找正(如图 13-13 所示)

①将工件装夹在工作台上。

②装夹工件时压板螺钉先不必旋紧,只要保证工件不能移动即可。

③将百分表的磁性表座吸附在丝架上,并将一根划针吸附在磁性表座上,让划针的针尖接触工件表面。

④转动 X 方向的手轮,使工作台移动,观察划针的针尖是否与工件上的划线重合。若不重合,调整工件。

⑤转动 Y 方向的手轮,移动 Y 轴工作台,重复步骤④。

⑥旋紧压板螺钉,将工件固定。

(2) 用百分表找正(如图 13-14 所示)

①将工件装夹在工作台上。

②装夹工件时压板螺钉先不必旋紧，只要保证工件不能移动即可。

③将百分表的磁性表座吸附在上丝架上，在连接杆上安装百分表，让百分表的测量杆接触工件的侧面，使百分表上有一定的数值。

④转动 X 轴方向的手轮，使工作台移动，观察百分表指针的偏转变化，用铜棒轻轻敲击工件，使百分表的指针偏转最小。

⑤转动 Y 轴方向的手轮，移动 Y 轴工作台，重复步骤④

⑥旋紧压板螺钉，将工件固定。

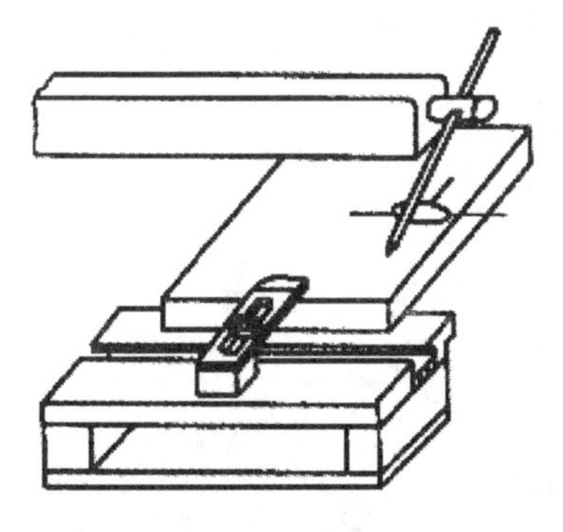

图 13-13　划线方式找正工件

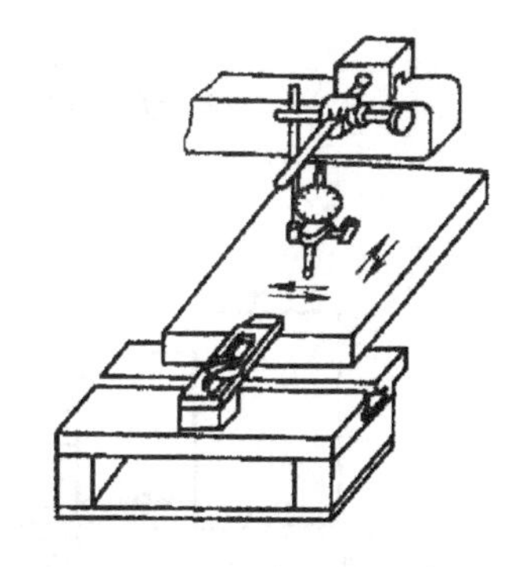

图 13-14　百分表找正工件

特别提示：工件找正时，机床并未开机，转动手轮可移动工作台。机床上电，工作台手轮将被锁定，转由步进电机驱动。只有按下电器控制柜上的红色蘑菇头“急停”按钮或机床床身上的“急停”按钮才能解除步进电机驱动。这两个红色蘑菇头“急停”按钮均抬起后，再按电器控制柜上的“机床电器”按钮，手轮又将被锁定。

六、电火花线切割加工的安全技术规程

（1）用手摇柄操作储丝筒后，应将摇柄拔出，防止储丝筒转动时将摇柄甩出伤人。

（2）加工前应安装好防护罩。

（3）打开脉冲电源后，不得用手或手持导电工具同时接触脉冲电源的两输出端（床身和工件），以防触电。

（4）停机时，应先停脉冲电源，后停工作液，并且要在储丝筒刚换向后尽快按下“停止”按钮，防止因储丝筒惯性造成断丝或传动件碰撞。

（5）工作结束后，关掉总电源，擦净工作台及夹具。

（6）机床附近不得放置易燃、易爆物品。

第三节　电火花成形加工

电火花成形加工是在一定的介质中通过工具电极和工件电极之间的脉冲放电的电蚀作用，对工件进行加工的方法。电火花成形加工的原理如图 13-15 所示。工件与工具分别与脉冲电源的两输出端相连接，自动进给调节装置（此处为液压油缸和活塞）使工具和工件间经常保持一很小的放电间隙，当脉冲电压加到两极之间，便在当时条件下相对某一间隙最小处或绝缘强度最弱处击穿介质，在该局部产生火花放电，瞬时高温使工具和工件表面局部熔化，甚至气化蒸发而电蚀掉一小部分金属，各自形成一个小凹坑，如图 13-16a 所

示。图 13-16a 表示单个脉冲放电后的电蚀坑，图 13-16b 表示多次脉冲放电后的电极表面。脉冲放电结束后，经过脉冲间隔时间，使工作液恢复绝缘后，第二个脉冲电压又加到两极上，又会在当时极间距离相对最近或绝缘强度最弱处击穿放电，又电蚀出一个小凹坑，整个加工表面将由无数小凹坑所组成。这种放电循环每秒钟重复数千次到数万次，使工件表面形成许许多多非常小的凹坑，称为电蚀现象。随着工具电极不断进给，工具电极的轮廓尺寸就被精确地“复印”在工件上，达到成形加工的目的。

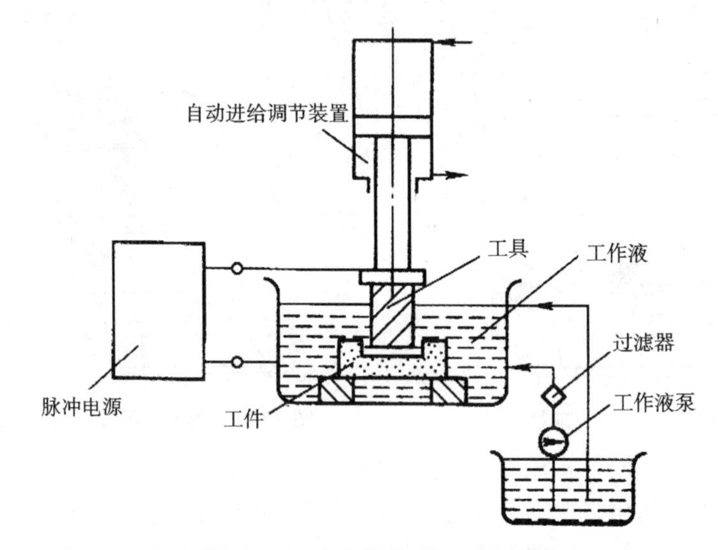

图 13-15　电火花成形加工原理图

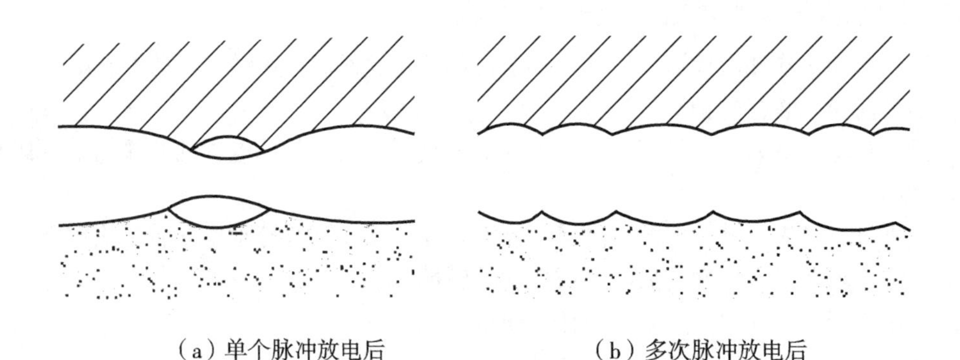

图 13-16　电火花加工表面局部放大

一、机床设备

电火花成形加工机床由床身和立柱、工作台、主轴头、工作液及其循环过滤系统、脉冲电源、伺服进给机构、机床附件等部分组成，如图 13-17 所示。

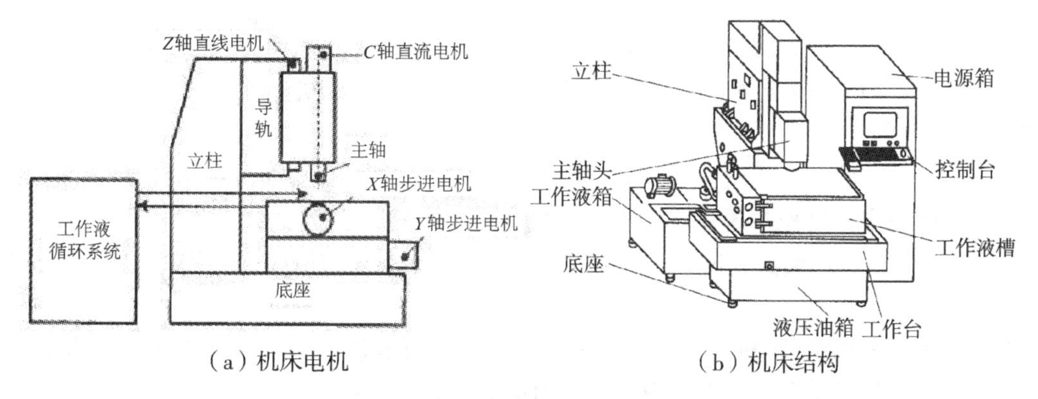

图 13-17　电火花成形加工机床的组成

1. 床身和立柱

床身和立柱是基础结构，由它确保电极与工作台、工件之间的相互位置。床身和立柱位置精度的高低对加工有直接的影响，如果机床的精度不高，加工精度也难以保证。因此，不但床身和立柱的结构应该合理，有较高的刚度，能承受主轴负重和运动部件突然加速运动的惯性力，还应能减小温度变化引起的变形。

2. 工作台

工作台主要用来支承和装夹工件。在实际加工中，通过转动纵横向丝杆来改变电极与工件的相对位置。工作台上装有工作液箱，用以容纳工作液，使电极和工件浸泡在工作液中，起到冷却、排屑作用。工作台是操作者装夹找正时经常移动的部件，通过移动上下滑板，改变纵横向位置，达到电极与工件间所要求的相对位置。

3. 主轴头

主轴头是电火花成形加工机床的一个关键部件，在结构上由伺服进给机构、导向和防扭机构、辅助机构三部分组成，用以控制工件与电极之间的放电间隙。

主轴头的好坏直接影响加工的工艺指标，如生产率、几何精度以及表面粗糙度。因此对主轴头有如下要求：

(1) 有一定的轴向和侧向刚度及精度。

(2) 有足够的进给和回升速度。

(3) 主轴运动的直线性和防扭转性能好。

(4) 灵敏度要高，无爬行现象。

(5) 具备合理的承载电极质量的能力。

我国早在 20 世纪 60—70 年代曾广泛采用液压伺服进给的主轴头，如 DYT-1 型、DYT-2 型，而目前已普遍采用步进电动机、直流电动机或交流伺服电动机作进给驱动的主轴头。

4. 工作液及其循环过滤系统

工作液循环过滤系统主要由储油箱、过滤泵、控制阀及各种管道等组成，主要向主机加工液槽提供足够的加工液，实现电极与工件的正常放电加工。

工作液冲液方式按蚀除产物的排出方式可分为上冲液、下冲液、上抽液、下抽液、侧喷液五种，如图 13-18 所示。

上冲液和下冲液（13-18a、b）是把过滤的清洁工作液经油泵加压，强迫冲入电极与工件之间的放电间隙中，将蚀除产物随同工作液一起从放电间隙中排出，以维持稳定加工。在加工时，冲液压力可根据不同工件和几何形状及加工深度随时改变，一般压力选为0～0.2 MPa。

上抽液和下抽液（13-18c、d），直接将放电间隙中蚀除的产物抽出，并将清洁工作液补充在放电间隙中，这种方式必须在特定的附件抽液装置上完成。

侧喷液（13-18e）是在电极和工件都不易加工冲/抽液孔的情况下使用的，特别适宜深窄槽的加工。

对盲孔加工采用（a）和（c）方式，从图 13-18 中可看出，采用冲液方式循环的效果比抽液方式好，特别是在型腔加工中大都采用这种方式。

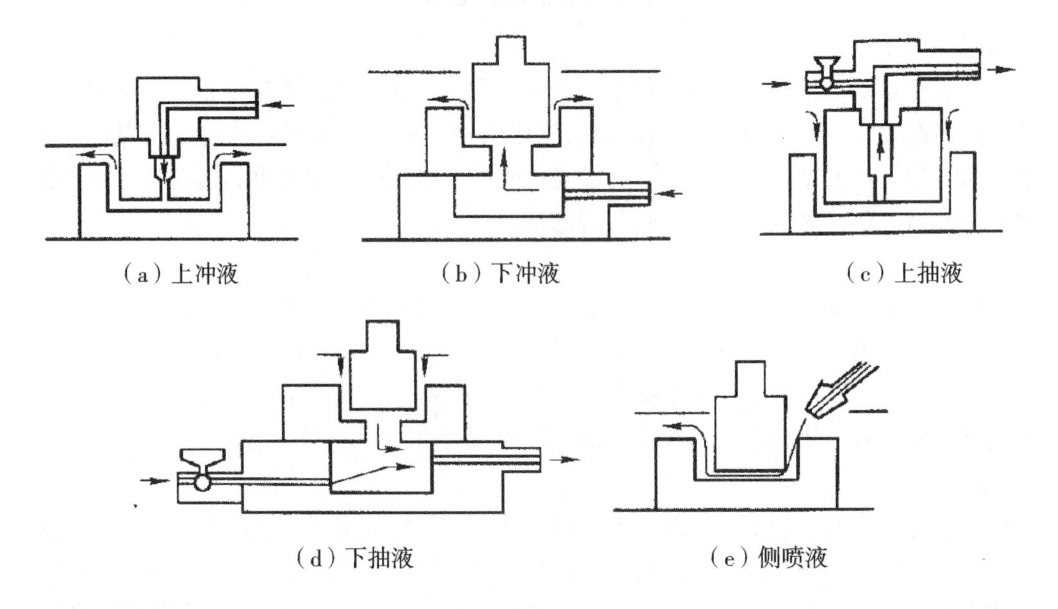

图 13-18　工作液冲液方式

工作液的使用注意事项：

（1）要防止溶解水带入，溶解水的出现常引起工作台的锈蚀和油品混浊，也会影响油品的介电性能。

（2）要预防人体皮肤过敏。

5. 脉冲电源

脉冲电源的作用是将工频交流电转换成一定频率的单向脉冲电流，用以供给电火花放电间隙所需要的能量来蚀除金属。脉冲电源是电火花加工机床的重要组成部分，为了满足电火花加工的要求，脉冲电源应符合下列条件：

（1）有一定的脉冲放电能量，使放电加工能正常进行。

（2）脉冲波形基本是单向的。

（3）脉冲电源的主要脉冲参数（如电流峰值、脉冲宽度、脉冲间隙等）有较宽的调节范围。

（4）相邻的脉冲之间有一定的间隙时间。

（5）脉冲电源的性能应稳定可靠，结构简单，操作、维修方便。

脉冲波的标准波形如图 13-19 所示。

电参数对电火花加工的质量影响很大，加工时必须选择合适的电流强度、脉冲宽度、脉冲间隙等电参数。具体分析如下：

①脉冲宽度 T_{on}。单个脉冲的能量大小是影响加工速度的重要因素。对于矩形波来说，加速度与脉冲宽度成正比，脉冲宽度增加，加工速度随之增加；脉冲宽度增加到一定数值时，加工速度达到最高；此后再继续增大脉冲宽度，加工速度反而下降。因而在生产中应根据加工对象的具体要求，选择适合的脉冲宽度。

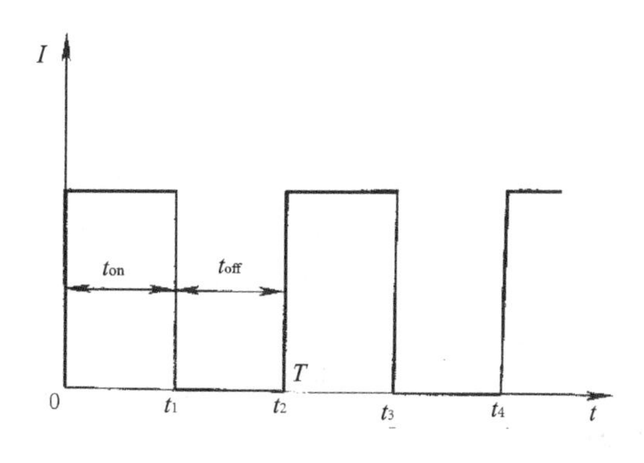

图 13-19　标准脉冲电源

②脉冲间隙 T_{off}（停歇时间）。在脉冲宽度一定的条件下，间隙小，加工速度高，但脉冲间隙小于某一数值后，随着脉冲间隙的继续减小，加工速度反而降低。因为脉冲间隙减小，使单位时间内工作脉冲数目增多，加工电流增大，加工速度提高。但脉冲间隙小于某一数值后，若仍继续减小，会因放电间隙来不及消电离，引起加工稳定性变差，使加工速度变慢。

③电流峰值 I。当脉冲宽度和脉冲间隙一定时，随着电流峰值的增加，加工速度也增加。此外，电流峰值增大将增大表面粗糙度和增加电极损耗，在生产中应根据不同的要求选择合适的电流峰值。

④电规准。电规准就是在电火花加工中的一组电参数，如上所提的脉宽、电流峰值以及脉冲电压、频率、极性等。电规准一般分为粗、中、精三种，各种类间又分为几档。一般粗规准用于粗加工，蚀除量大，生产率高，电极损耗小，加工中采用大电流（数十至上百安培）和大脉宽（20～300 μs），其加工粗糙度 R_a 为 6.3 μm 以上。中规准用于过渡加工，采用电流一般在 20 A 以下，脉宽为 4～20 μs，加工粗糙度 R_a 值为 3.2 μm 以上。精规准用于最终的精加工，多采用高频率，小电流（1～4 A）、短脉宽（2～6 μs），加工粗糙度 R_a 值为 0.8 μm 以下。

6. 机床附件

机床附件的品种很多，常用的附件有可调节的工具电极夹头、平动头、油杯、永磁吸盘及光栅磁尺等，其主要作用是为了装夹工具电极、压装工件、辅助主机以实现各种加工功能。

二、工艺因素

电火花加工中的工艺因素包括：极性效应、电极损耗、表面变质层、斜度、加工精度及粗糙度等。

1. 极性效应

在电火花加工过程中，无论是正极还是负极，都会受到不同程度的蚀除。正、负电极的蚀除量是不同的，这种单纯由于正、负极性不同而彼此蚀除量不一样的现象叫做极性效应。在生产中，当电源为短脉冲（放电能量小）时，通常把工件接脉冲电源的正极（工具电极接负极），称之为正极性加工；当电源为长脉冲（放电能量大）时，则采用工件接负极（电极接正极）的负极性加工。一般若放电能量大（如脉冲大），则采用负极性加工；反之，则用正极性加工。

2. 表面变质层

在电火花加工过程中，在火花放电局部的瞬时高温高压下，煤油中分解出的碳微粒渗入工件表层，又在工作液的快速冷却作用下，材料的表层发生了很大的变化，形成一层既硬又脆，具有许多微裂纹的变质层，大致可分为熔化凝固层和热影响层。

3. 电极损耗

是指工具电极的被腐蚀的程度。它与加工极性的选择、电极的吸附效应和传热效应有关。

4. 斜度

是由二次放电形成的，在工件侧壁上形成的上大下小的斜度。

三、应用范围

（1）可以加工任何难加工的金属材料和导电材料，可以实现用软的工具加工硬、韧的工件，甚至可以加工聚晶金刚石、立方氮化硼一类的超硬材料。目前电极材料多采用紫铜或石墨，因此工具电极较容易加工。

（2）可以加工形状复杂的表面，特别适用于复杂表面形状工件的加工，如复杂型腔模具加工，电加工采用数控技术以后，使得用简单的电极加工复杂形状零件成为现实。

（3）可以加工薄壁、弹性、低刚度、微细小孔、异形小孔、深小孔等有特殊要求的零件。由于加工中工具电极和工件的非接触，没有机械加工的切削力，更适宜加工低刚度工件及微细工件。

图 13-20 所示为电火花成形加工应用范围。

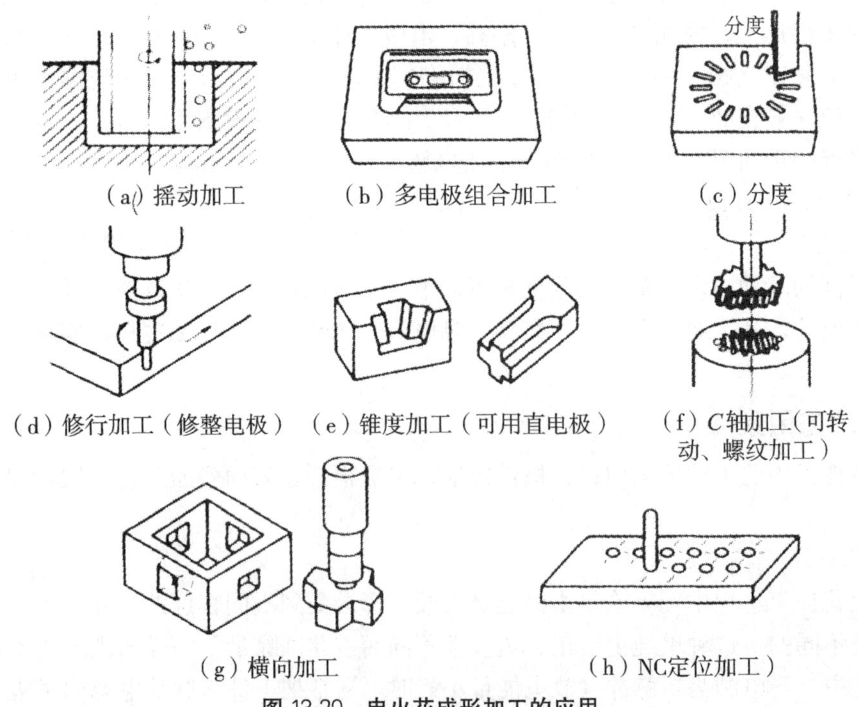

图 13-20　电火花成形加工的应用

四、电火花成形加工的类型

电火花成形加工主要有两种类型：穿孔加工和型腔加工。

1. 穿孔加工工艺

电火花穿孔加工主要用来加工冲模、粉末冶金模、挤压模、型孔零件、小孔或小异型孔、深孔，其中冲模加工是电火花加工中加工最多的一种模具。

(1) 冲模电火花加工工艺方法

在电火花穿孔加工中，常采用“钢打钢”直接配合的方法。电火花加工时，应将凹模刃口端朝下，形成向上的“喇叭口”，加工后将凹模翻过来使用，这就是冲模的“正装反打”工艺。如图 13-21 所示。

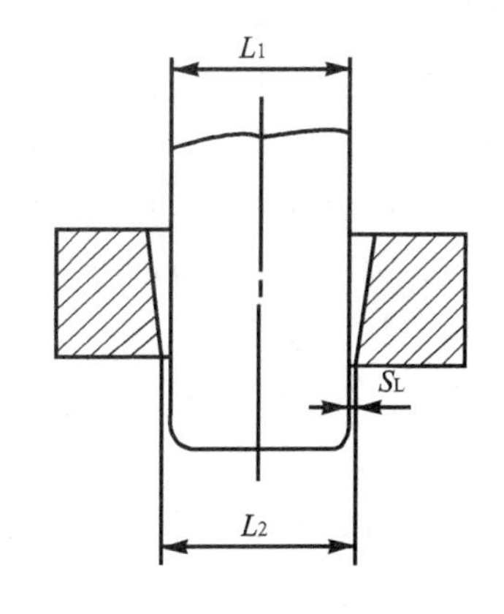

图 13-21 冲模的“正装反打”工艺

(2) 工具电极

①工具电极材料的选择。凸模一般选择优质高碳钢、滚动轴承钢、不锈钢、硬质合金等，但应注意凹、凸模的材料最好选择不同钢号，否则会造成加工时的不稳定。

②工具电极的设计。工具电极的尺寸精度应高于凹模，表面粗糙度也应小于凹模。另外，工具电极的轮廓尺寸除考虑配合间隙外，还应考虑单面放电间隙。

③工具电极的制造。一般先经过普通的机加工，然后再进行成形磨削；也可采用线切割切割出凸模。

(3) 加工前的工件准备

在电火花加工前，应对工件进行切削加工，然后再进行磨削加工，并应预留适当的电火花加工余量。一般情况下，单边的加工余量以 0.3～1.5 mm 为宜，这样有利于电极平动。

2. 型腔加工工艺

电火花型腔加工主要用来加工锻模、压铸模、塑料模、胶木模或型腔零件。型腔加工属于盲孔加工，工作液循环和电蚀物排除条件差，金属蚀除量比较大。另外，加工面积变化大，电规准的变化范围也较大。

(1) 电火花型腔加工方法

电火花型腔加工主要有单电极平动法、多电极更换法和分解电极法等。

(2) 工具电极

①电极材料选择。电极一般选用耐腐蚀性较好的材料，如纯铜和石墨等。纯铜和石墨材料的特点是在粗加工时能实现低损耗，机加工时成形容易，放电加工时稳定性好。

②工具电极设计。工具电极的尺寸设计一方面与模具的大小、形状和复杂程度有关；另一方面也与电极材料、加工电流、加工余量及单面放电间隙等有关。若采用电极平动方法加工，还应考虑平动量的大小。

电极结构形式通常有整体式、镶拼式和组合式三种类型。

整体式电极是常用的一种结构形式，一般用于冲模或型腔尺寸比较小的情况。对于尺寸较大的冲模或型腔，电极材料比较昂贵，代价太大。

镶拼式电极一般在机械加工困难时采用，如某些冲模电极，要做清棱、清角就需要采用镶拼式电极。另外，在整体电极不能保证制造精度时也采用镶拼式电极。

组合式电极是将多个电极组合在一起，成为一个电极，多用于一次加工多孔落料模、级进模和在同一凹模上加工若干个型孔的情况。

五、电火花成形加工的特点

（1）电火花加工属不接触加工。工具电极和工件之间不直接接触，而有一个火花放电间隙（0.01～0.10 mm），间隙中充满工作液。脉冲放电的能量密度高，便于加工用普通的机械加工方法难以加工或无法加工的特殊材料和复杂形状的工件。

（2）加工过程中工具电极与工件材料不接触，两者之间宏观作用力极小。火花放电时，局部、瞬时爆炸力的平均值很小，不足以引起工件的变形和位移。

（3）电火花加工直接利用电能和热能来去除金属材料，与工件材料的强度和硬度等关系不大，因此可以用软的工具电极加工硬的工件，实现“以柔克刚”。

（4）脉冲参数可以在一个较大的范围内调节，可以在同一台机床上连续进行粗、半精及精加工。精加工时精度一般为0.01 mm，表面粗糙度R_a为0.63～1.25 μm；微精加工时精度可达0.002～0.004 mm，表面粗糙度R_a为0.04～0.16 μm。

（5）直接利用电能加工，便于实现加工过程的自动化。

1. 简述电火花线切割加工的原理及特点。
2. 数控电火花线切割机床由哪几部分组成。
3. 电火花线切割加工与电火花成形加工相比有何特点？

第十四章　3D 打印

第一节　3D 打印的基本知识

3D 打印技术也称快速成形（RP 或 RPM）、增材制造（AM）技术等，是以计算机三维设计模型为蓝本，通过软件分层离散和数控成形系统，利用激光束、热熔喷嘴等方式将金属粉末、陶瓷粉末、塑料、细胞组织等特殊材料进行逐层堆积黏结，最终叠加成形，制造出实体产品的技术。

3D 打印制造过程包括三个主要环节：前端数据获取（3D 扫描或建模）、中端数据加工处理（计算机软件辅助）、后端产品打印（3D 打印生成）。传统制造过程与之相对应的两种技术是切削和铸塑，相比这两种技术，3D 打印技术有明显的优势，那就是既不像切削那样浪费材料，也不像铸塑那样要求先制作模具。一次成形、快速、个性化定制是它的重要特点，这在小批量、多品种（个性化）的生产中占有非常大的优势。这种数字化制造模式不需要复杂的工艺、庞大的机床和众多的人力，直接从计算机数据中便可生成任何形状的零件，使生产制造得以向更广的人群范围延伸。

3D 打印技术被认为是近 20 年制造技术领域的一次重大突破，作为与科学计算可视化和虚拟现实相匹配的新兴技术，3D 打印技术提供了一种可测量、可触摸的手段，是设计者、制造者与用户之间的新媒体。它集计算机、数控、机械、电子、激光、材料工程科学等多学科和多种新技术为一体，可以自动、直接、快速、精确地将设计思想转化为具有一定功能的原型或直接制造零件、模具，从而有效地缩短了产品的研究开发周期。与传统制造技术相比，3D 打印技术节省 30％～50％工时和降低 20％～35％成本，极大地提高了零件的加工效率和经济效益。图 14-1 所示为 3D 打印技术的应用。

3D 打印是目前世界上先进的产品开发与快速工具制造技术，其核心是基于数字化的新型成形技术，与虚拟制造技术一起被称为未来制造业的两大支柱。它对于制造企业的模型、原型及成形件的制造方式正产生深远的影响。

（a）3D打印汽车

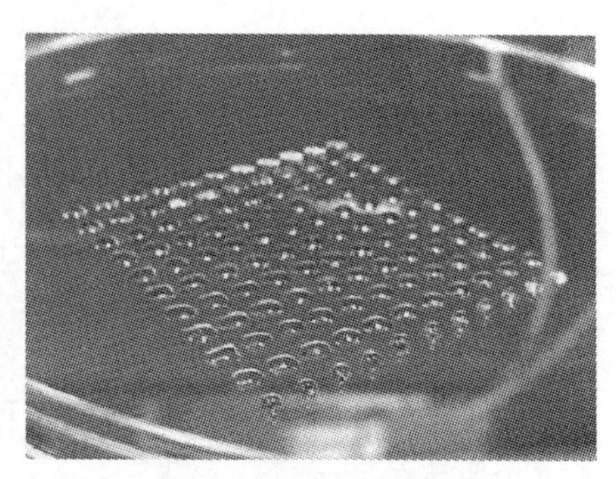

（b）3D打印胚胎干细胞

（c）3D打印胸腔

（d）3D打印建筑

图 14-1　3D 打印（快速成形）的应用

一、3D 打印技术的原理

3D 打印技术是一种基于离散、堆积原理，集成计算机、数控、精密伺服驱动、激光和材料等高新技术而发展起来的先进制造技术。图 14-2 所示为 3D 打印技术的基本原理示意图。在计算机控制下，根据零件 CAD 模型，采用材料精确堆积（由点堆积成面，由面堆积成三维实体）的方法制造零件。首先采用 CAD 软件设计出所需零件的计算机三维曲面或实体模型（数字模型）；然后根据工艺要求，按照一定的规则将该模型离散为一系列有序的单元，一般在 Z 向将其按一定厚度进行离散（称为分层），把原来的三维数字模型变成一系列的二维层片；再根据每个层片的轮廓信息，进行工艺规划，选择合适的加工参数，自动生成数控代码；最后由成形机床接受控制指令，制造一系列层片，并自动将它们连接起来，得到一个三维物理实体。这样就将一个物理实体复杂的三维加工离散成一系列层片的加工，大大降低了加工难度，并且成形过程的难度与待成形的物理实体形状和结构的复杂程度无关。

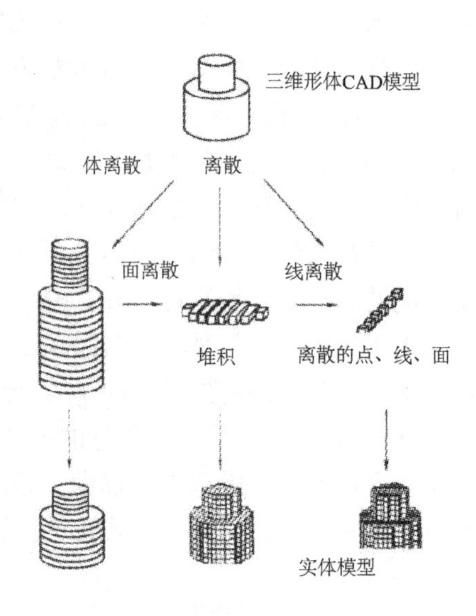

图 14-2　3D 打印基本原理示意图

二、3D 打印技术的工艺过程

3D 打印是采用分层累加法，即用 CAD 造型、生成 STL 文件、分层切片等步骤进行数据处理，借助计算机控制的成形机床完成材料的形体制造。图 14-3 为 3D 打印的工艺流程。

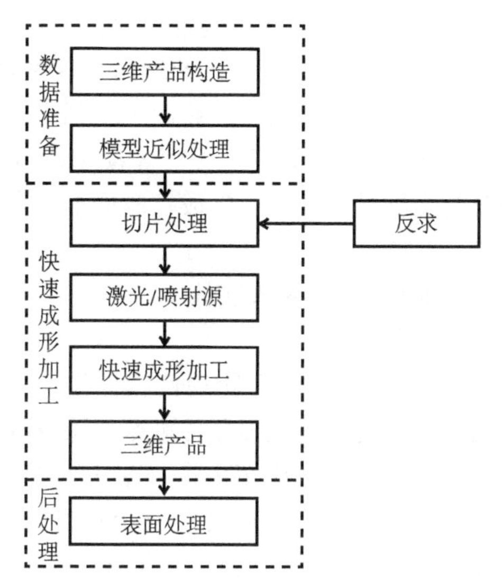

图 14-3　3D 打印（快速成形）的工艺流程

1. CAD 三维造型（包括实体造型和曲面造型）

利用各种三维 CAD 软件进行几何造型，得到零件的三维 CAD 数学模型。目前比较常用的 CAD 造型软件系统有 AutoCAD、Pro/Engineer、UG、I-DEAS 等。许多造型软件在系统中加入了专用模块，可以将三维造型结果离散化，生成所需的二维模型文件。

2. 逆向工程物理形态的零件

逆向工程（RE）也称反求工程、反向工程，是 3D 打印技术中零件几何信息的另一个重要来源。几何实体中包含了零件的几何信息，但这些信息必须经过反求工程将三维物理实体的几何信息数字化，将获得的数据进行处理，实现三维重构而得到 CAD 三维模型。提取零件表面三维数据的主要技术手段有三坐标测量仪、三维激光扫描仪、工业 CT、磁共振成像以及自动断层扫描仪等，如图 14-4 所示。

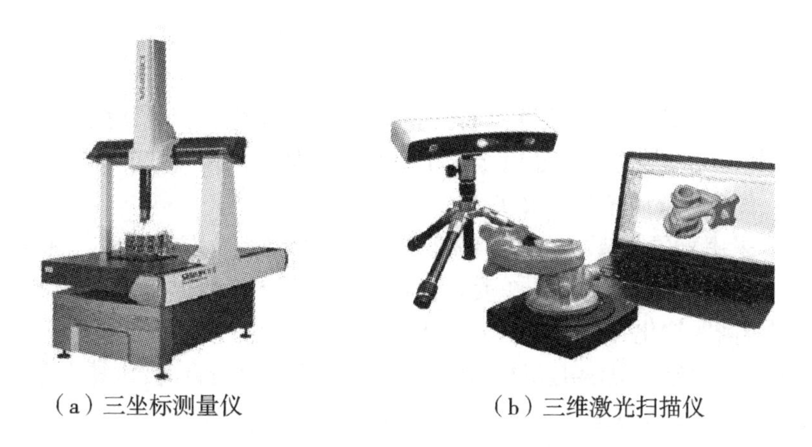

（a）三坐标测量仪　　（b）三维激光扫描仪

图 14-4　零件逆向工程的主要仪器

3. 数据处理

对三维 CAD 造型或反求工程得到的数据必须进行处理，才能用于控制 3D 打印成形设备制造零件。数据处理的主要过程包括表面离散化、分层处理、数据转换。表面离散化是在CAD系统上对三维的立体模型或曲面模型内外表面进行网络化处理，即用离散化的小三角形平面片来代替原来的曲面或平面，经网络化处理后的模型即为STL文件。该文件记录每个三角形平面片的顶点坐标和法向矢量，然后用一系列平行于 XY 的平面（可以是等间距或不等间距）对基于STL文件表示的三维多面体模型用分层切片方法对其进行分层切片，然后对分层切片信息进行数控后处理，生成控制成形机床运动的数控代码。

4. 原型制造

利用3D打印设备将原材料堆积为三维物理实体。

5. 后处理

通过3D打印系统制造的零件的力学性能、物理性能往往不能直接满足实际生产的需要，仍然需要后续处理。后处理主要包括对成形零件进行去除支撑、清理、二次固化和表面处理等工序，该环节在3D打印技术实际应用中占有很重要的地位。如果硅橡胶铸造、陶瓷型精密铸造、金属喷涂制模等多项配套制造技术与3D打印技术相结合，即形成快速铸造、快速模具制造等新技术，将会使3D打印技术在工业应用方面的发展更为迅速。

三、3D打印技术的特点

1. 高度柔性化

3D打印技术最突出的特点是具有高度柔性，它摒弃了传统加工中所需要的工装夹具、刀具和模具等，可以快速制造出任意复杂形状的零件，将可重编程、重组、连续改变的生产装备用信息方式集成到一个制造系统中。

2. 高度集成化

3D打印技术是机械工程、计算机、数控、激光和材料科学等技术的集成。在成形理念上以离散、堆积原理为指导；在控制上以计算机和数控技术为基础，以最大的柔性为目标。

3. 设计制造一体化

由于3D打印技术克服了传统成形思想的局限性，采用了离散、堆积分层制造工艺，有机地将CAD/CAM结合起来，实现了设计制造的一体化。

4. 快速化

3D打印制造技术完全体现了快速的特点，其借助高速发展的计算机等技术，使从产品设计到原型的加工完成只需几个小时至几十个小时，具有快速制造的突出特点。

5. 可以制造任意复杂的三维几何实体

3D打印技术采用分层制造原理，将任意复杂的三维几何实体，沿某一确定方向用平行的截面去依次截取厚度为 δ 的制造单元，再将这些制造单元叠加起来，形成原来的三维实体，从而将三维问题转化为二维问题，降低了加工的难度，同时又不受零件复杂程度的限制。越是复杂的零件越能显示出3D打印技术的优越性，3D打印技术特别适合于复杂型腔、型面等传统方法难以加工甚至无法加工的零件。

6. 被加工材料的广泛性

金属、陶瓷、纸、塑料、光敏树脂、蜡和纤维等材料在快速成形领域已得到很好的应用，与传统加工技术相比，3D打印技术极大地简化了工艺规程、工装准备、装配等过程，使其更容易实现由产品模型驱动的直接制造。

第二节　3D 打印的主要工艺方法

3D 打印工艺有多种，有按材料分类的，有按成形方法分类的。图 14-5 为按材料分类的示意图。按成形方法对 3D 打印工艺进行分类，可分为两类：一是基于激光及其他光源的成形技术，如液态光敏树脂选择性固化（SLA）、叠层实体制造（LOM）、粉末材料选择性激光烧结（SLS）、形状沉积成形（SDM）；二是基于喷射的成形技术，如熔融沉积成形（FDM）、三维打印成形（3DP）、多相喷射沉积（MJD）等。其他三维打印工艺还有直接壳型铸造成形工艺（DSPC）等。这些工艺方法都是在材料累加成形原理的基础上，结合材料的物理化学特性和先进的工艺方法而形成的，它与其他学科的发展密切相关。

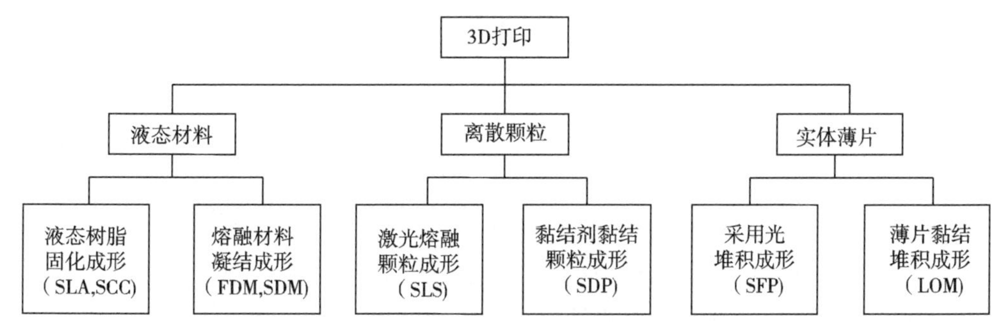

图 14-5　按材料分类的示意图

1. 熔融沉积造型

熔融沉积造型（FDM）是将丝状的热熔性材料加热融化，同时三维喷头在计算机的控制下，根据截面轮廓信息，将材料选择性地涂敷在工作台上，冷却后形成模型的一种 3D 打印方法。这种工艺不用激光、刻刀，而是使用喷头，如图 14-6 所示。其技术原理为：PLA（聚乳酸）等热熔材料通过挤出机被送进可移动加热喷头，在喷头内被加热熔化，喷头根据计算机系统的控制，让喷头沿着零件截面轮廓和填充轨迹运动，同时将半熔融状态的材料按软件分层数据控制的路径挤出并沉积在可移动平台上凝固成形，并与周围的材料黏结，层层堆积成型。图 10-7 为熔融沉积造型（FDM）实例。

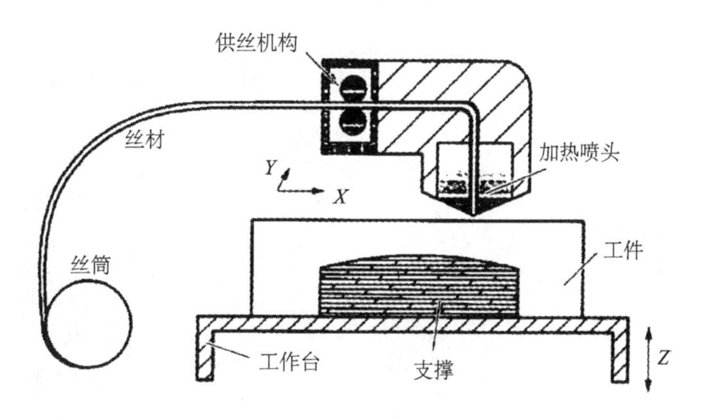

图 14-6　FDM 成形原理示意图

（a）上海音乐厅模型

（b）齿轮模型

图 14-7 熔融沉积造型（FDM）实例

该技术的优点在于：可使用绿色无毒材料作为原料，如 PLA 等；成型速度快，可进行复杂内腔的制造；PLA 等材料热变化不明显，零件翘曲现象不明显；成本较低。但其主要缺陷也较为明显，如成形件表面会出现阶梯效应，需要后期的处理，复杂零件还需要打印支撑结构。

2. 光固化成形技术

光固化成形技术（SLA）也称立体印刷、液态光敏树脂选择性固化，是采用紫外光在液态光敏树脂表面进行扫描，每次生成一定厚度的薄层，从底部逐层生成物体，如图 14-8 所示。其技术原理为：激光器通过扫描系统照射光敏树脂，当一层树脂固化完毕后，可移动平台下移一层的距离，刮板将树脂液面刮平，然后再进行下一层的激光扫描固化，循环往复最终得到成形的产品。图 14-9 为光固化成形技术实例。

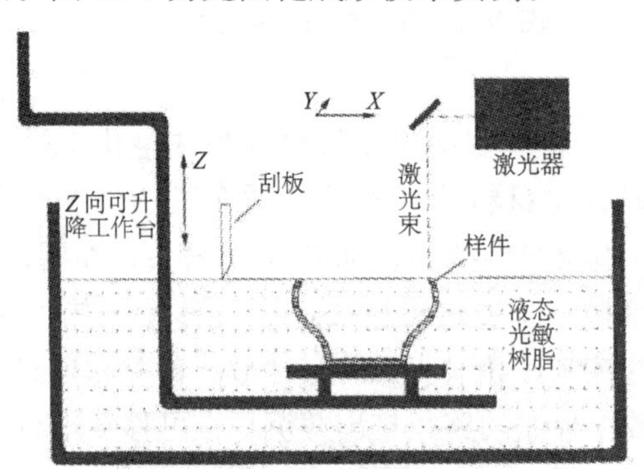

图 10-8 SLA 成形原理示意图

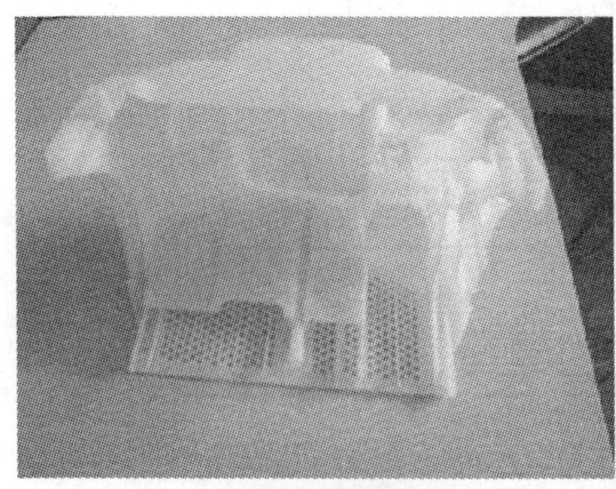

（a）机匣模型

（b）艺术品模型

图 14-9 光固化成形技术（SLA）实例

此技术的优点在于具有打印快速性、高度柔性、精度高、材料利用率高、耗能少等特点。主要缺点是在设计零件时需要设计支撑结构才能确保成形过程中制作的每一个结构部位都坚固可靠；同时，技术成本也较高，可使用的材料选择较少，目前可用的材料主要是光敏液态树脂，强度也较低，另外此种材料具有刺激气味和轻微毒性，需避光保存，防止其发生聚光反应。

3. 选择性激光烧结

选择性激光烧结（SLS）是采用高功率的激光，把粉末加热烧结在一起形成零件，是一种由离散点一层层地堆积成三维实体的工艺方法，如图 14-10 所示。应用此技术进行打印时，首先铺一层粉末材料，将材料预热到接近熔点，再使用激光在该层截面上扫描，使粉末温度升至熔点，然后烧结形成黏结，接着不断重复铺粉、烧结的过程，直至整个模型成形。图 14-11 为粉末材料选择性激光烧结（SLS）实例。

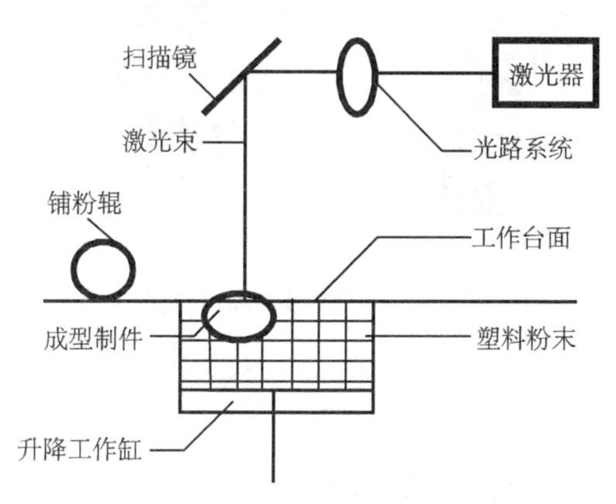

图 14-10　SLS 成形原理示意图

（a）法兰模型

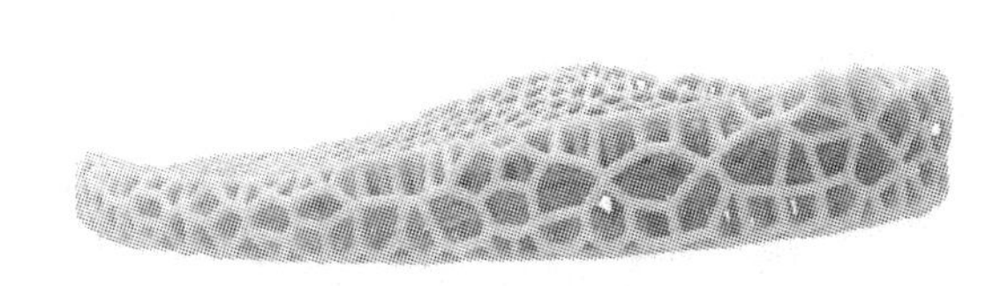

（b）鸟巢模型

图 14-11　粉末材料选择性激光烧结（SLS）实例

此技术的主要优点在于：其可以使用的材料非常多样化，如石蜡、尼龙、陶瓷甚至金属等；打印时无需支撑，打印的零件机械性能好、强度高、成形时间短。此技术的主要缺陷是：粉末烧结的零件表面粗糙，需要后期的处理；生产过程中需要大功率激光器，本身机器成本较高，技术难度大，普通用户无法承受其高昂的费用支出，多用于高端制造领域。

4. 三维打印

三维打印（3DP）也称粉末材料选择性黏结。它是从喷嘴喷射出液态微滴或连续的熔融材料束，按一定路径逐层堆积成形的快速成形技术。由于它的工作原理与打印机或绘图仪相似，所以通常称为三维印刷。

因为这种技术和平面打印非常相似，连打印头都是直接用平面打印机的，是实现全彩打印的最好打印技术，主要使用石膏粉末、陶瓷粉末、塑料粉末等作为原材料，如图 14-12 所示。其技术原理为：在平台上先铺一层粉末，然后使用喷嘴将黏合剂喷在需要成形的区域，让粉末黏结形成一层截面，然后不断重复铺粉、喷涂、黏结的过程，层层叠加，最终形成整个模型。图 14-13 为三维打印机，图 10-14 为三维打印实例。

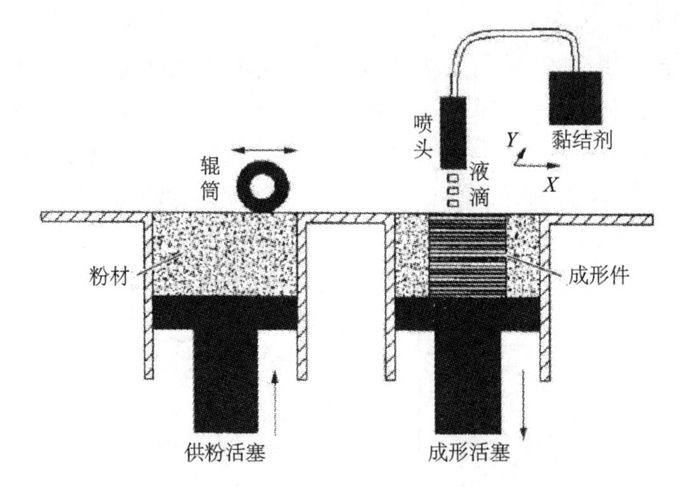

图 14-12　3DP 成形原理示意图

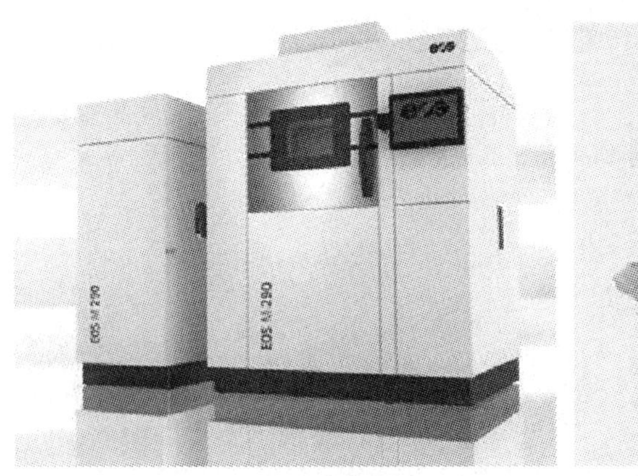

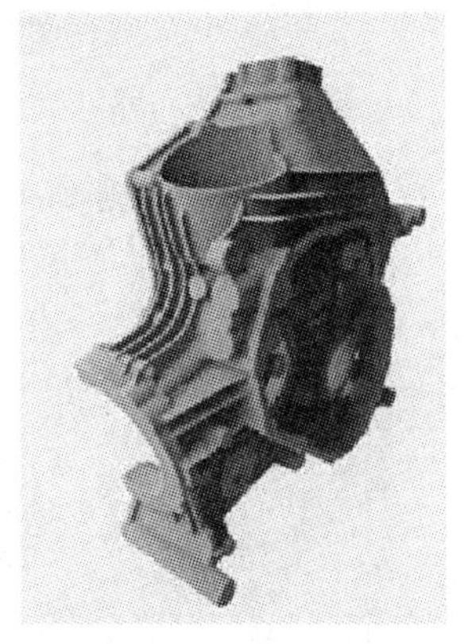

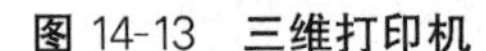

图 14-13　三维打印机　　　　图 14-14　三维打印实例

此技术的优点在于成形速度快、打印过程无需支撑结构，并且能打印全彩色产品，这是其他技术难以实现的一大优势。但其主要的缺陷也较为明显，如粉末黏结的直接成品强度不高；表面粗糙度较差，精细度也处于劣势。因其技术复杂，成本高，故此技术的应用推广受到一定的制约。

5. 分层实体制造技术

分层实体制造技术（LOM）又称叠层实体制造、薄型材料选择性切割，它是一种薄片材料叠加工艺。其工艺原理是：根据零件分层几何信息切割箔材和纸等，将所获得的层片黏结成三维实体（如图 14-15 所示）。其技术原理为：首先铺上一层箔材，然后用切割工具（如二氧化碳激光器）在计算机控制下切出本层轮廓，非零件部分全部切碎以便于去除。当本层完成后，再铺上一层箔材，用辊子碾压并加热，以固化黏结剂，使新铺上的一层牢固地黏结在已成形体上，再切割该层的轮廓，如此反复直到加工完毕，最后去除切碎部分以得到完整的零件。图 14-16 为分层实体制造技术实例。

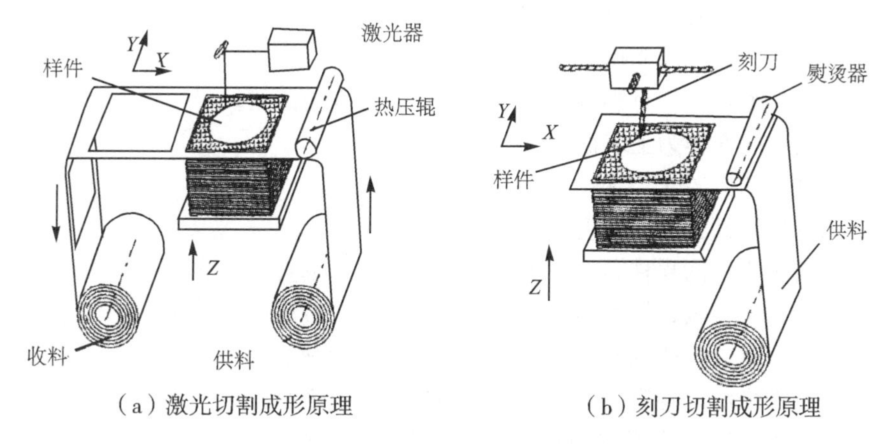

（a）激光切割成形原理　　（b）刻刀切割成形原理

图 14-15　LOM 成形原理示意图

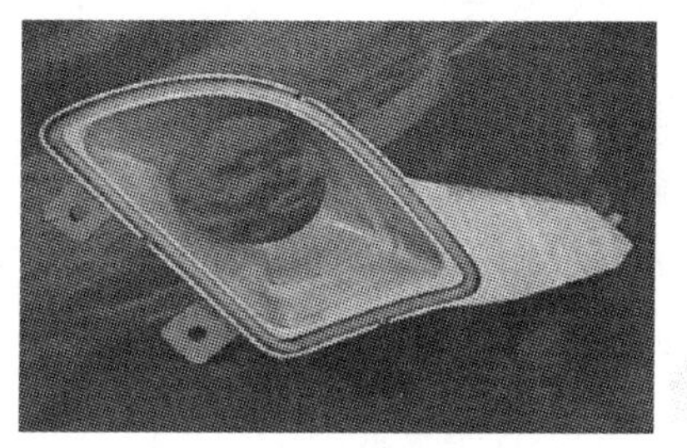

（a）汽车车灯模型

（b）齿轮传动组件模型

图 14-16　分层实体制造技术实例

此技术的优点在于：成形速度较快，由于只需要使用激光束沿物体的轮廓进行切割，无需扫描整个断面，所以成形速度很快，因而常用于加工内部结构简单的大型零件；原型刚度高，翘曲变形小；原型能承受高达 200 ℃的温度，有较高的硬度和较好的力学性能等。其主要缺陷在于：不能直接制作塑料原型；原型易吸湿膨胀，因此，成形后应尽快进行表面防潮处理；原型表面有台阶纹理，难以构建形状精细、多曲面的零件，因此一般成形后需进行表面打磨。

第三节　3D 打印实训

一、操作步骤详解和注意事项

以北京太尔时代科技有限公司生产的 UP BOX 为例，该机器采用熔融沉积造型（FDM）成形工艺，打印材料为 ABS，所用软件为该公司研发的 UP Software。

第一步：打开电源，机器自动初始化。

第二步：打开软件，载入所需打印的模型（STL 文件）。

第三步：将模型放到适当的位置。选择成形方向有以下几个原则：

（1）不同表面的成形质量不同，水平面好于垂直面，上表面好于下表面，垂直面好于斜面。水平面上的立柱质量、圆孔精度是最好的，垂直面上的较差。选择面应选择辅助支撑更易于去除的那个面。

（2）水平方向的强度高于垂直方向的强度。

（3）减小支撑面积，降低支撑高度。

（4）有平面的模型，以平行和垂直于大部分平面的方向摆放。

（5）选择重要的表面作为上表面。

（6）选择强度高的方向作为水平方向。

（7）避免出现投影面积小，高度高的支撑面。

（8）如果有较小直径的立柱、内孔等特征，尽量选择垂直方向成形。

第四步：设置分层参数、模型内部结构、支撑结构，然后进行分层。

（1）层片厚度即每层打印的厚度，该值越小，生成的细节越多。

（2）密封表面即模型底层数量，密封表面的角度决定密封层生成范围。

（3）支撑包括密封层（选择密封层厚度）、间距（设置支撑结构的密度，该值越大，支撑结构越疏）、面积三部分。如果需要支撑面积小于该值，则不产生支撑（可以通过选择“仅基底”关闭支撑）。

（4）稳固支撑可产生更稳定的支撑，但是更难剥除。

（5）填充有四种不同的效果，如图 14-17 所示。密封层为实心承载结构，确保被支撑的表面保留其形状和表面纹理；填充为打印目标的内部结构，填充的密度可以调节；基底为厚厚的底座，有助于将目标粘合到平台上；表面为作品的底层，如图 14-18 所示。

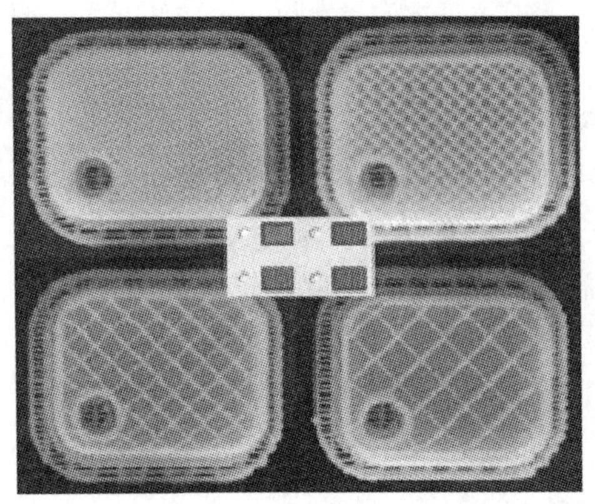

图 14-17　四种不同的填充效果图

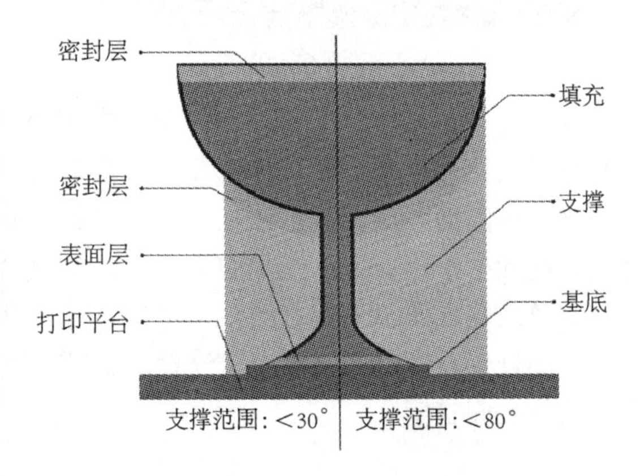

图 14-18　打印参数示意图

第五步：模型做完后，再进行上色、打磨等后处理。

二、3D 打印实例

（1）打开软件，如图 14-19 所示。

（2）点击打开按钮，跳出对话框，如图 14-20 所示。

（3）插入要打印的 STL 文件，以托盘（tuopan）为例，如图 14-21 所示。

（4）调整零件大小、放置位置、放置方向。

选中零件，点击缩放，选择缩放倍数，此处选择 0.5 倍，缩放至合适尺寸，如图 14-22 所示。

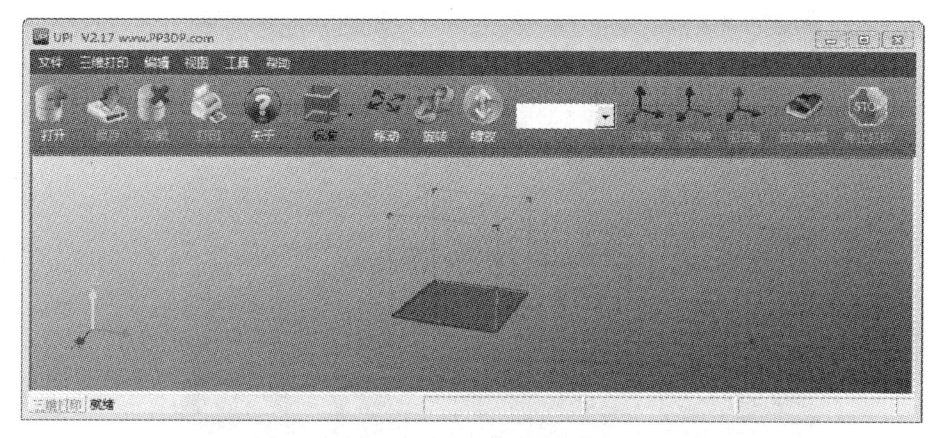

图 14-19 up 软件操作界面

图 14-20 文件选择对话框

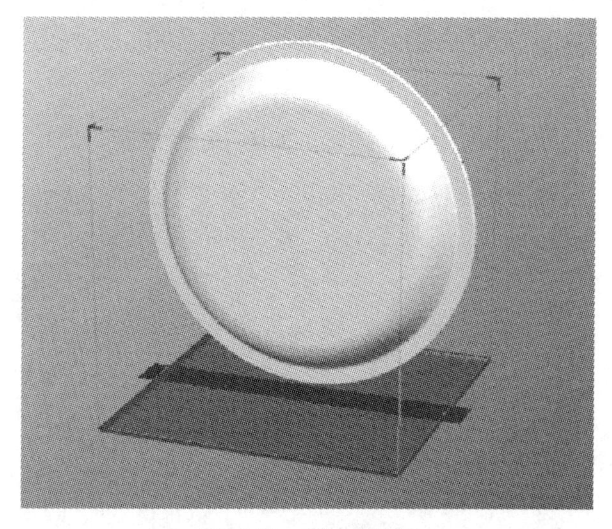

图 14-21 托盘模型图

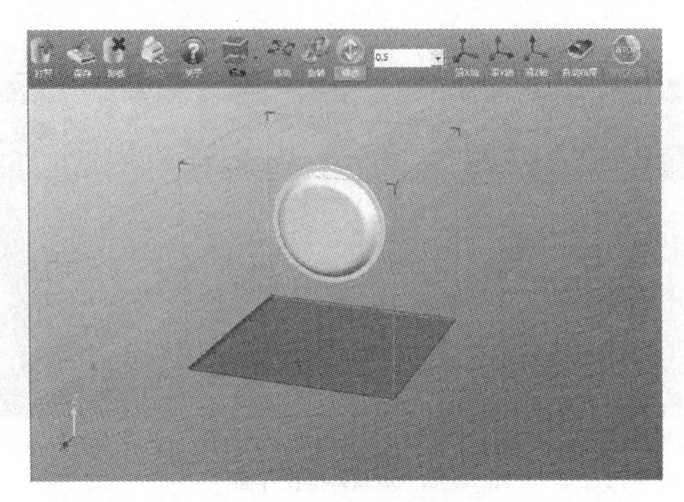

图 14-22　托盘缩放效果图

点击旋转按钮，然后分别点击沿 X 轴、沿 Y 轴、沿 Z 轴调整零件放置方向，根据放置选择原则，选择底面向下，如图 14-23 所示。

图 14-23　托盘旋转效果图

选择自动布局，让下底面和打印面板接触，如图 14-24 所示。

图 14-24　托盘放置效果图

（5）设置参数，点击“三维打印”—“设置”，根据零件精度、使用性能等设置相关参数，如图 14-25 所示。

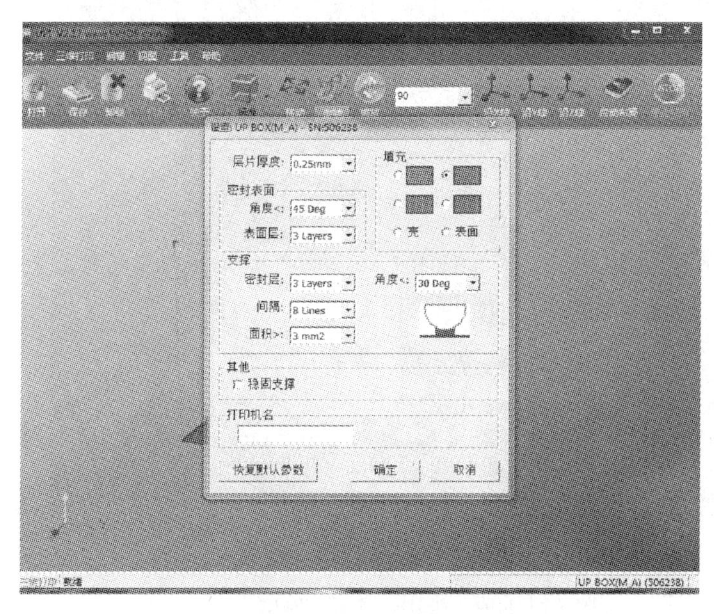

图 14-25　参数设置对话框

（6）点击“三维打印”—“打印预览”，如图 14-26 所示。

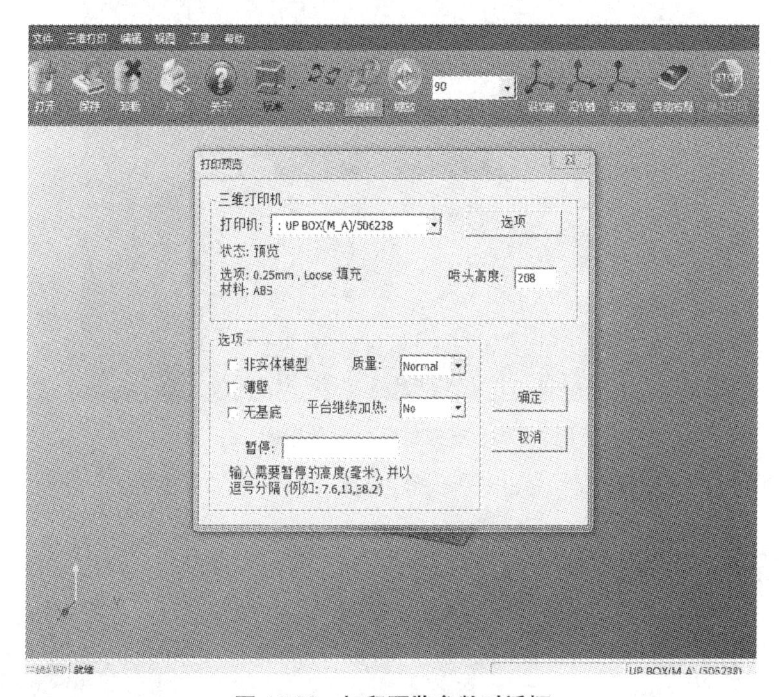

图 14-26　打印预览参数对话框

（7）点击“确定”，跳出“时间”对话框，如图 14-27 所示。

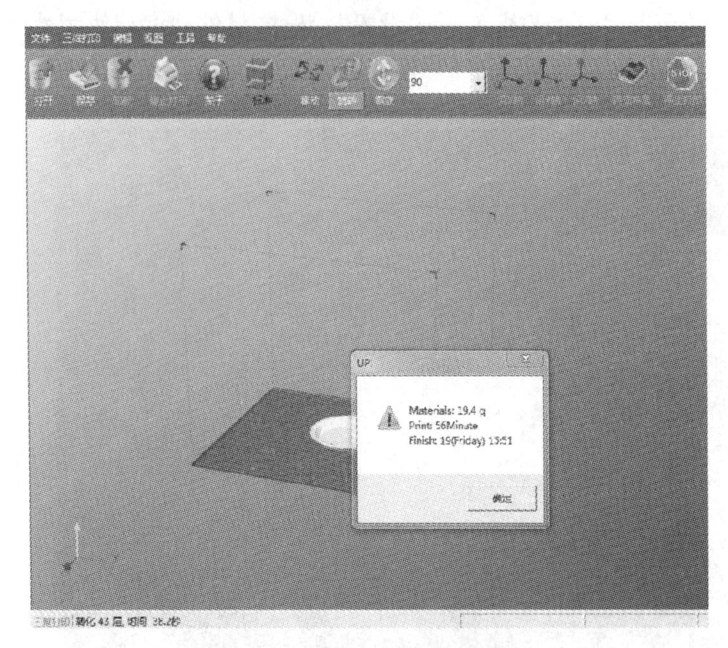

图 14-27 打印预览显示对话框

（8）点击“确定”，支撑材料生成，如图 14-28 所示。

图 14-28　支撑材料生成效果图

（9）点击“打印”，成形零件，如图 14-29 所示。

（a）正面　　（b）反面　　（c）侧面

图 14-29　零件成形图

1. 简述3D打印技术的原理。
2. 简述3D打印技术的工艺过程。
3. 举例3D打印的主要工艺方法。

第十五章　激光加工

第一节　激光及激光加工基本原理

激光加工技术是利用激光束与物质相互作用的特性对材料进行切割、焊接、表面处理、打孔、增材加工及微加工等的一种加工技术。激光加工技术涉及光、机电、材料及检测等多门学科，其研究范围一般可分为激光加工系统和激光加工工艺。

一、激光产生的基本原理

1. 基本概念

激光是通过光与物质相互作用，即所谓的受激辐射光放大产生的。要理解受激辐射光放大原理，首先需要了解自发辐射、受激吸收和受激辐射的概念。

（1）自发辐射

在热平衡情况下，绝大多数原子都处于基态，处于基态的原子从外界吸收能量后，会跃迁到能量较高的激发态。处于激发态的原子，在没有任何外界作用下，它倾向于从高能级 E_2 跃迁到低能级 E_1，并把相应的能量释放出来。能量释放的方式有两种：一种是以热量的形式释放，称为无辐射跃迁；另一种是通过光辐射形式释放，称为自发辐射跃迁，如图 15-1 所示。

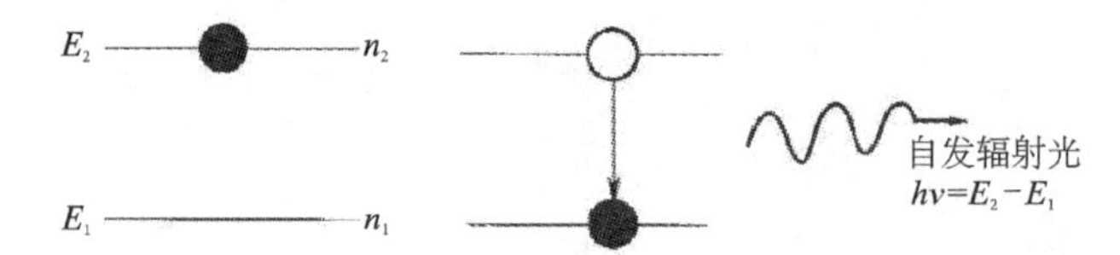

图 15-1　自发辐射跃迁示意图

自发辐射只与原子本身的性质有关，所以是完全随机的。各个原子在自发跃迁过程中彼此无关，因此产生的自发辐射光的相位、偏振态以及传播方向上是杂乱无章的，光能量分布在一个很宽的频带范围内。日常生活中普通照明灯的发光属于此类。

（2）受激吸收

原子受到外来的能量为 hv（ h 为普朗克常量，v 为光子频率）的光子作用（激励）下，处于低能级 E_1 的原子由于吸收了该光子的能量而跃迁到高能级 E_2，这种过程称为光的受激吸收，如图 15-2 所示。

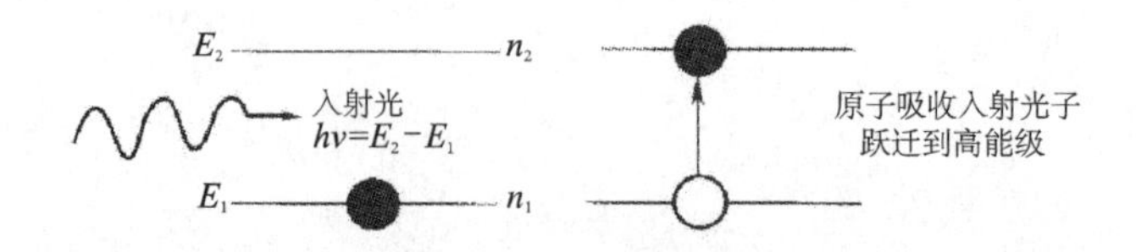

图 15-2　受激吸收示意图

受激跃迁与自发跃迁是两种本质不同的物理过程，后者只与原子本身的性质有关，而前者不仅与原子的性质有关，还与辐射场密切相关。

（3）受激辐射

受激辐射与受激吸收的过程正好相反，当原子受到外来的能量为 $h\upsilon$ 的光子作用时，处在高能级 E_2 上的原子也会在能量为 $h\upsilon$ 光子的诱发下，从高能级 E_2 跃迁到低能级 E_1，这时原子发射一个与外来光子一模一样的光子，这种过程叫受激辐射，如图 15-3 所示。

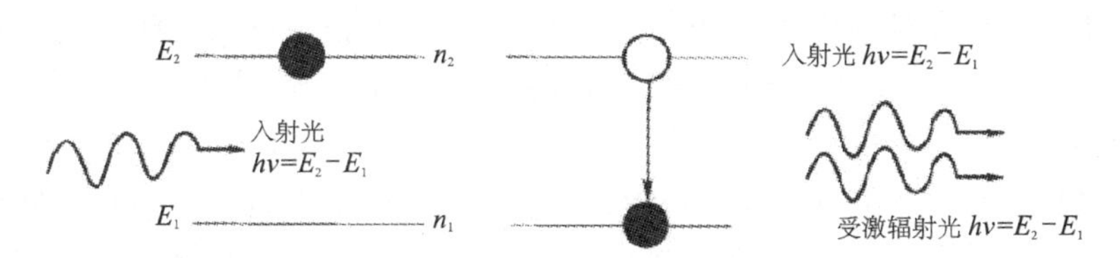

图 15-3　受激辐射示意图

与普通光相比，激光具有相干性、单色性、方向性好的优点，激光正是利用了受激辐射可以诱发与入射光子一模一样光子的这一特点。

2. 激光产生的基本条件

物质在热平衡状态时，高能级上的粒子数总是少于低能级上的粒子数。因此，在通常情况下，受激吸收比受激辐射更频繁地出现。但是如果能使高能级的粒子数（n_2）大于低能级的粒子数（n_1），这样当频率为 $v=(E_2-E_1)/h$ 的光通过该物质时，就可以实现受激辐射光子数大于受激吸收光子数，从而实现受激辐射光放大。

物质中 $n_2>n_1$，称为粒子数反转，这种物质也被称为激活介质或激光工作介质。实现粒子数反转的过程称为激励过程或泵浦过程，这也是受激辐射光放大的必要条件。

由于实际应用的激活介质不可能做得太长，因此通常采用在激活介质（放大器）两端各放置一块镀有高反射率膜的反射镜，形成光学谐振腔。这样，激光将在反射镜间的激活介质中往复传播放大。通常所说的激光器就是指由光放大器和光学谐振腔两部分组成的激光自激振荡器，如图 15-4 所示。光学谐振腔决定并限制了激光的传播方向。

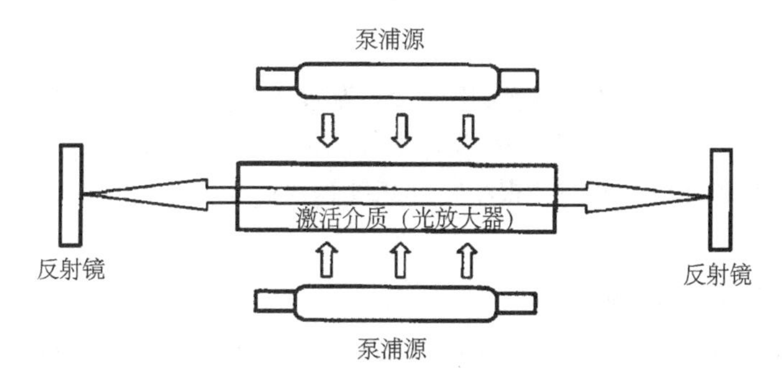

图 15-4　激光器示意图

总之，激光产生必须具备以下三个条件：

（1）有能够实现粒子数反转的适合产生激光的物质（工作介质）；

（2）有外界激励源（泵浦源）；

（3）有实现激光振荡的谐振腔。

3. 激光束的特性

如前所述，激光是一种受激辐射光，是在一定条件下光电磁场和激光工作物质相互作用，以及光学谐振腔选模作用的结果。

激光束与普通光相比，最突出的特性是单色性、方向性、相干性和高亮度，另外一个特点是瞬时性。

（1）瞬时性

瞬时性是指激光器通过调节品质因数、锁模等脉冲压缩技术可以实现激光脉冲持续时间仅为纳秒（ns，10^{-9}s）、皮秒（ps，10^{-12}s）甚至飞秒（fs，10^{-15}s）。

（2）方向性

一般采用光束发散角表征方向性，指激光束在传播方向的发散性。激光的最小光束发散角受衍射效应的限制，衍射极限发散角 θ_m 取决于激光输出孔径 D 和激光波长 λ；表达式为：

$$\theta_m = \lambda / D$$

不同类型激光器的方向性差别很大，它与工作物质的类型、均匀性、光腔类型、腔长、泵浦方式以及激光器的工作状态等有关。例如，He-Ne 气体激光器，$\lambda = 0.6328\ \mu m$，取 $D = 3$ mm，则衍射极限发散角 $\theta_m = 2 \times 10^{-4}$ rad。

（3）单色性

单色性是指光源谱线的宽窄程度，例如，He-Ne 激光器的线宽极限可达 10^{-4} Hz，单色性非常好。

（4）相干性

相干性是指光在不同时刻、不同空间点上两个光波场的相关程度。相干性可分为空间（横向）相干性和时间（纵向）相干性。

（5）高亮度

光源的亮度是表征光源定向发光能力强弱的一个重要参量，其定义为

$$B = \frac{\Delta P}{\Delta S \Delta \Omega}$$

其量纲为 $W/(cm^2 \cdot sr)$。

对于激光束而言，式中 ΔP 为激光功率，ΔS 为激光束截面面积，$\Delta \Omega$ 为光束立体发散角。普通光源由于方向性很差，亮度极低。例如，太阳的亮度值为 $B = 2 \times 10^3\ cm^2 \cdot sr$。而激光束由于方向性非常好，发散角很小，其亮度是普通光无法比拟的。一般激光器的亮度值可以达到 $B = 10^4 \sim 10^{11}\ cm^2 \cdot sr$。

二、激光加工基本原理

激光是通过光与物质相互作用，使原子受激辐射发光和共振放大而形成的强光。激光除具有一般光源的共性之外，还具有好的方向性、高亮度和瞬时性、单色性和相干性好等特性。由于激光发散角小和单色性好，通过光学系统把激光束聚集成一个极小的光斑（直径仅几微米或几十微米），使光斑处获得极高的能量密度（可高达 $10^8 \sim 10^{10}\ W/cm^2$），同时产生上万摄氏度的高温，从而能在千分之几秒甚至更短的时间内使物质熔化、气化或改变物质的性能。激光加工就是利用功率密度极高的激光束照射工件被加工表面，激光束一部分透入材料内部，光能被吸收并转换为热能，使其照射区域材料瞬间熔化和蒸发，并在

冲击波作用下，将熔融物质喷射出去，从而对工件进行穿孔、蚀刻、切割，或用较小能量密度使加工区域材料熔融结合，对工件进行焊接，这就是激光加工。

实现激光加工的设备主要由激光器、电源、光学系统和机械系统等组成，如图 15-5 所示。

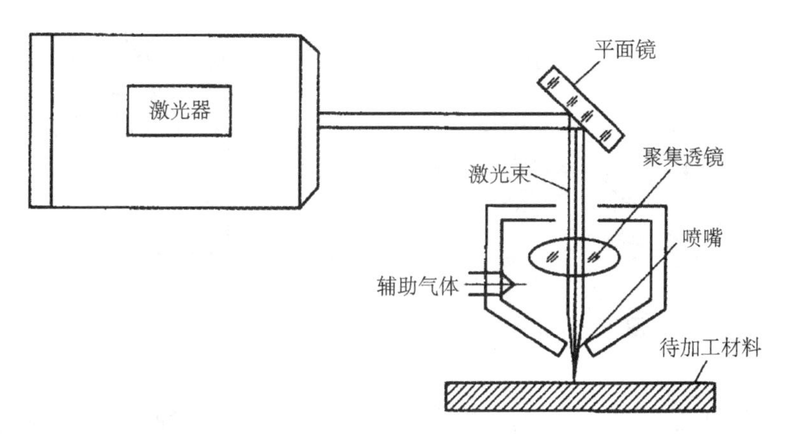

图 15-5　激光加工原理

三、激光加工基本特点

目前，激光加工技术在工业领域已经得到了广泛应用，其特点可以概括为以下三个基本方面。

1. 应用领域十分广泛

激光切割、打孔、打标、雕刻、焊接、熔覆、快速制造、表面处理、清洗、冲击强化、微细加工等制造技术均已成熟并得到广泛的应用。

2. 灵活、快速、柔性

一台激光加工设备通常具备多种应用功能。例如，一台连续 CO_2 激光器，随工艺参数选择和工艺装置配置的不同，具备焊接、切割、熔覆、表面热处理等多种功能。

3. 可加工的材料范围大

激光不但可以加工金属材料，还可以加工非金属材料，例如，陶瓷、玻璃、复合材料、聚合物、木质材料等，特别是还可以加工高硬度、高脆性及高熔点的材料。

四、激光加工分类

激光加工是根据照射到被加工物表面上激光的能量密度和辅助气体的作用而进行各种加工的。图 15-6 表示了聚焦激光照射时间和根据照射而变化的被加工物表面温度的关系。随着温度的上升，被加工物从固相到液相变化，进一步向气相变化。照射的激光能量密度高，如图中 A 所示，在短时间内从固相变到气相，属于打孔、切割加工的工况。图中的 B 所示没有到达气相，而是在液相状态停止加热的熔接工况，C 所示为在固相状态下停止温度上升的淬火工况。

激光材料加工技术主要分为三个主要方向（激光连接与去除、激光表面工程、激光增材制造），以及以下四大类型。

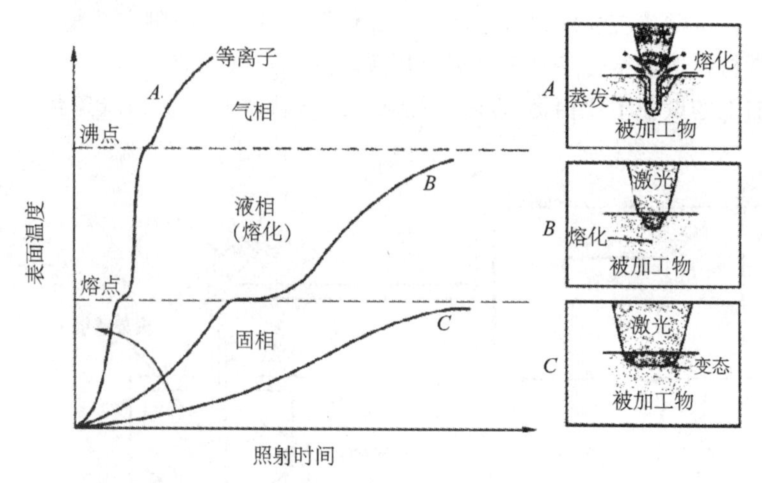

图 15-6 由激光照射引起的温度上升和相变化

1. 激光去除

激光去除包括打孔、切割、雕刻、打标、清洗、划片以及微细加工等。由于激光光斑聚焦后可以达到微米甚至纳米量级，因此微细去除加工的尺寸精度已经可以达到 1～50 μm。

2. 激光表面工程

激光表面工程包括表面热处理（硬化、退火）、表面合金化、熔覆、激光化学气相沉积、激光物理气相沉积、激光毛化、冲击强化等。

3. 激光连接技术

激光连接技术包括热导焊、深熔焊、钎焊以及激光复合焊等。

4. 激光增材制造

激光增材制造包括树脂凝固成形法、选区烧结法、直接熔铸法、激光铣削法、分层切割法、激光成形等。

第二节 激光加工应用

一、激光焊接

激光焊接是利用激光束的热能使工件接头处加热到熔化状态，冷却后连接在一起。激光焊接在航空航天、机械制造及电子和微电子工业方面得到了广泛的应用。激光焊接过程如图 15-7 所示，应用实例如图 15-8 所示。

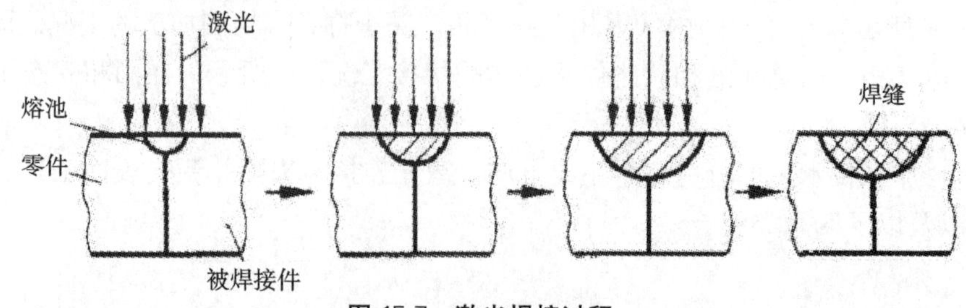

图 15-7 激光焊接过程

（a）汽车制造

（b）机械制造

图 15-8　激光焊接应用实例

二、激光切割

激光切割所需的功率密度与激光焊接大致相同。激光可以切割金属材料，如铜板、铁板；也可以切割非金属材料，如半导体硅片、石英、陶瓷、塑料以及木材等；还能透过玻璃真空管切割其内的钨丝，这是任何常规切削方法都不能做到的。图 15-9 为激光切割机工作原理示意图，激光切割实例如图 15-10 所示。

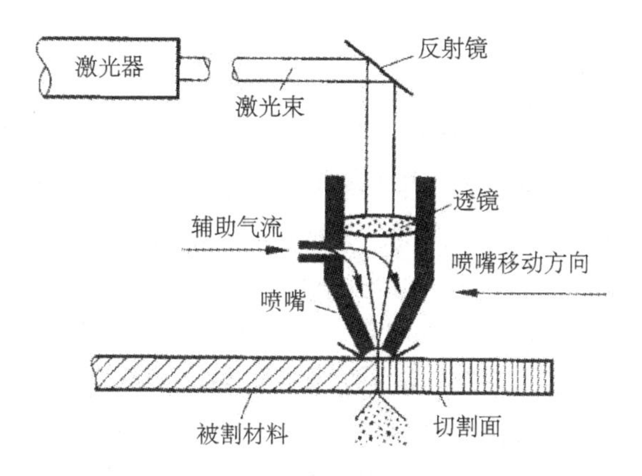

图 15-9　激光切割机工作原理示意图

（a）外光

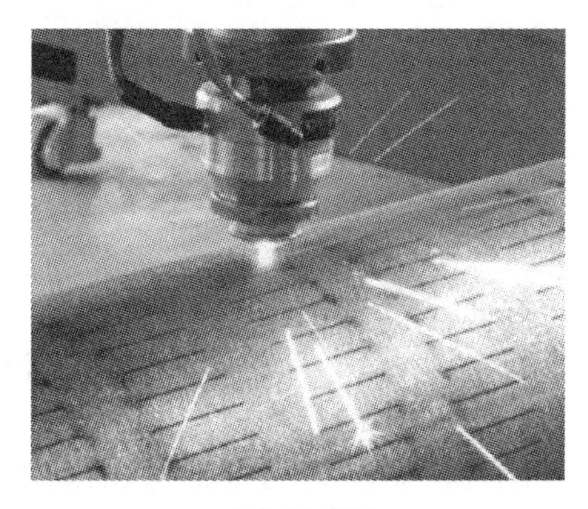

（b）过滤器

图 15-10　激光切割实例

3. 激光打孔

激光打孔时的功率密度一般为 $10^7 \sim 10^8$ W/cm^2，目前已应用于燃料喷嘴、飞机机翼、发动机燃烧室、涡轮叶片、化学纤维喷丝板、宝石轴承、印刷电路板、过滤器、金刚石拉丝模、硬质合金、不锈钢等金属和非金属材料小孔、窄缝的微细加工。另外，激光打孔也成功地用于集成电路陶瓷衬套和手术针的小孔加工。图 15-11 所示为激光打孔实例。

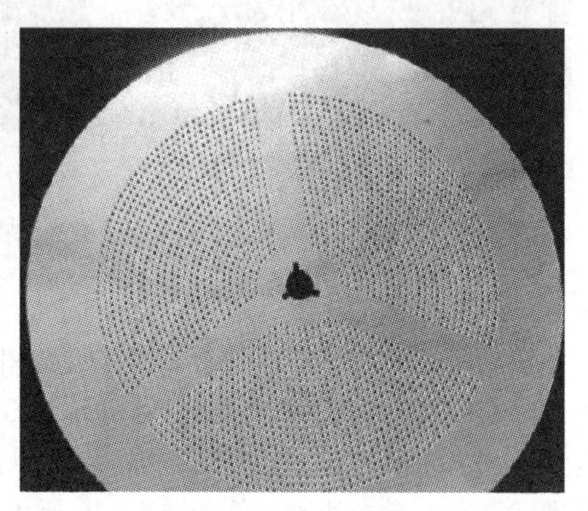

图 15-11　激光打孔实例

4. 激光表面处理

图 15-12 所示为金属激光强化处理方法分类，激光表面处理工艺主要有激光表面淬火、激光表面合金化等。表面淬火的功率密度为 $10^3 \sim 10^5$ W/cm^2。激光表面淬火是利用激光束扫描材料表面，使金属表层材料产生相变甚至熔化，随着激光束离开工件表面，工件表面的热量迅速向内部传递而形成极高的冷却速度，使表面硬化，从而提高零件表面的耐磨性、耐腐蚀性和疲劳强度。激光淬火可实现对球墨铸铁凸轮轴的凸轮、齿轮齿形以及中碳钢甚至低碳钢的表面淬火。激光表面淬火层深度一般为 0.7～1.1 mm。

激光表面合金化是利用激光束的扫描照射作用，将一种或多种合金元素与工件表面快速熔凝，从而改变工件表面层的化学成分，形成具有特殊性能的合金层。往熔化区加入合金元素的方法很多，包括工件表面电镀、真空蒸镀、预置粉末层、放置厚膜、离子注入、喷粉、送丝和施加反应气体等。

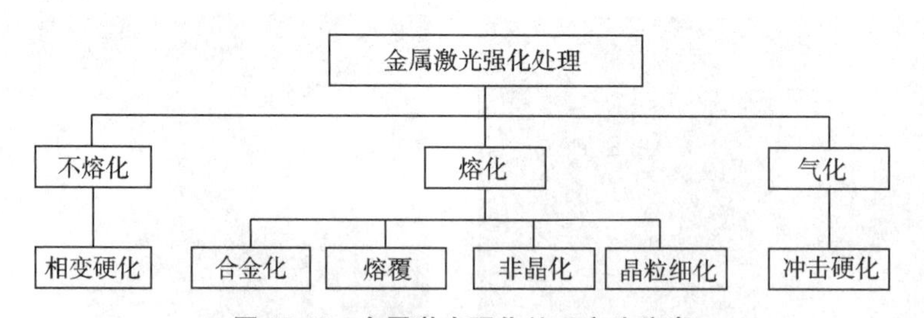

图 15-12　金属激光强化处理方法分类

5. 激光打标、雕刻机

激光打标、雕刻机的特点是非接触加工。激光打标的基本原理是利用高能量的激光束照射在工件表面上，光能瞬间转变成热能，使工件表面迅速产生蒸发，露出深层物质，或由光能导致表层物质的化学物理变化而刻出痕迹，或通过光能烧掉部分物质，从而在工件表面刻出任意所需要的文字和图形，可以作为永久防伪标志。激光雕刻与激光打标的原理大体相同。激光雕刻的工作原理如图 15-13 所示。

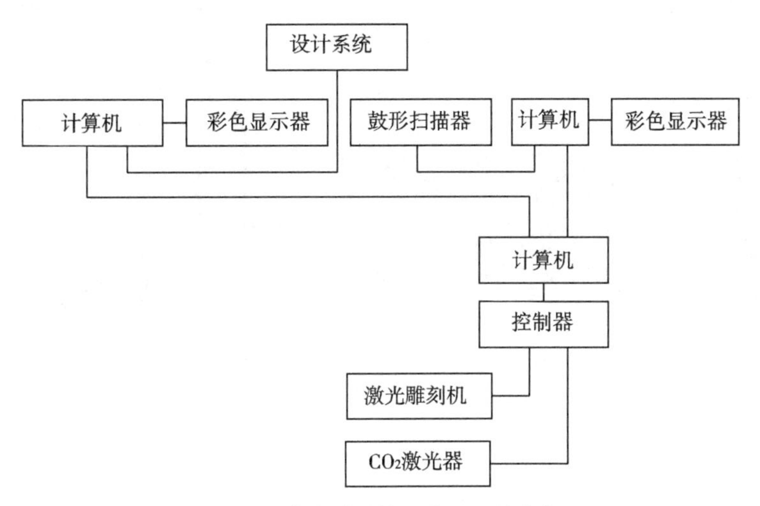

图 15-13 激光雕刻的工作原理结构框图

激光打标可在任何异形表面标刻，工件不会变形也不会产生应力，适用于金属、塑料、玻璃、陶瓷、木材、皮革等各种材料，能标记条形码、数字、字符、图案等；标记清晰、永久、美观，并能有效防伪。激光打标的标记线宽可小于 12 μm，线的深度可小于 10 μm，可以对毫米级的小型零件进行表面标记。激光打标能方便地利用计算机进行图形和轨迹自动控制，具有标刻速度快、运行成本低、无污染等特点，可显著提高被标刻产品的档次。激光打标的方法可分为点阵式激光打标法、掩模式激光打标法和振镜式激光打标法三种。

激光打标机的加工实例如图 15-14 所示，激光雕刻机的加工实例如图 15-15 所示，激光内雕机的加工实例如图 15-16 所示。

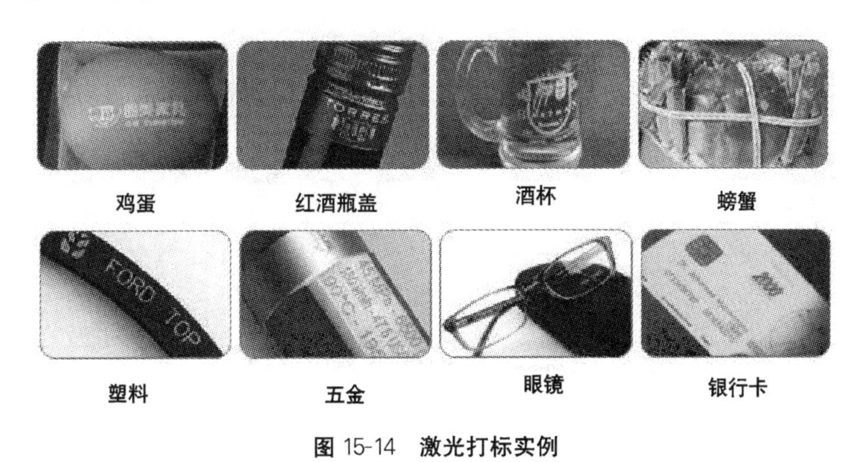

图 15-14 激光打标实例

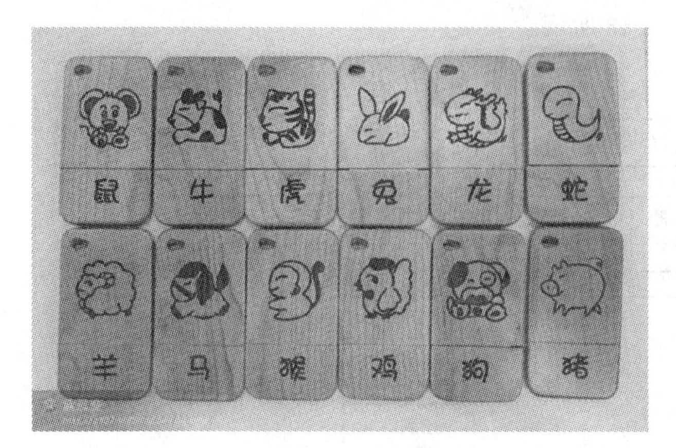

图 15-15 激光雕刻实例

图 15-16 激光内雕实例

复习思考题

1. 简述激光产生的基本原理。
2. 简述激光加工的基本原理。
3. 举例激光材料加工应用。

参考文献

[1]王瑞芳．金工实习[M]．北京:机械工业出版社,2000.
[2]周伯伟．金工实习[M]．南京:南京大学出版社,2006.
[3]俞庆,于吉鲲,陈兴强．工程训练教程[M]．北京:中国原子能出版社,2015.
[4]陈渝,朱建渠．工程技能训练教程[M]．北京:清华大学出版社,2011.
[5]张力．工程训练教程[M]．北京:机械工业出版社,2012.
[6]狄平．金工实习[M]．上海:东华大学出版社,2001.
[7]狄平．金工实习习题集[M]．上海:东华大学出版社,2002.
[8]GB/T 5117－2012,非合金钢及细晶粒钢焊条,2012.
[9]丁树模,丁问司．机械工程学[M]．北京:机械工业出版社,2015.
[10]魏德强,吕汝金,刘建伟．机械工程训练[M]．北京:清华大学出版社,2016.
[11]张立红,尹显明．工程训练教程:机械类及近机械类[M]．北京:科学出版社,2017.
[12]王永国．金属加工刀具及其应用[M]．北京:机械工业出版社,2011.
[13]师建国,冷岳峰,程瑞．机械制造技术基础[M]．北京:北京理工大学出版社,2016.
[14]郝永兴．机械制造技术基础[M]．北京:高等教育出版社,2016.
[15](德)约瑟夫·迪林格．机械制造技术基础[M]．长沙:湖南科技出版社,2007.
[16]杨冰．车削加工技术[M]．杨祖群,译.中文版2版．北京:机械工业出版社,2015.
[17]王庭俊,赵东宏．机械及数控加工知识与技能训练[M]．天津:天津大学出版社,2017.
[18]鞠鲁粤．机械制造基础[M]．上海:上海交通大学出版社,2005.
[19]程玉．公差配合与测量技术[M]．上海:上海科学技术出版社,2011.
[20](德)阿尔坦尼狄克．机械工人基础知识[M]．彭绍渊,等,译．北京:机械工业出版社,1981.
[21]范大鹏,卢耀晖,吴正宏,等．机械制造工程实践[M]．武汉:华中科技大学出版社,2011.
[22]谭豫之,李伟．机械制造工程学[M]．北京:机械工业出版社,2016.
[23]郭建烨,于超,张艳丽．机械制造技术基础[M]．北京:北京航天航空大学出版社,2016.
[24]天津组合夹具厂．组合夹具组装与使用[M]．北京:机械工业出版社,1971.
[25]杨明金,邱兵,胡旭,等．机械制造基础实习[M]．北京:科学出版社,2015.
[26]贾恒旦．图解车削加工技术[M]．北京:机械工业出版社,2015.
[27]张晓琳．铣削加工技术[M]．北京:机械工业出版社,2015.
[28]邵丹,胡兵,郑启光．激光先进制造技术与设备集成[M]．北京:科学出版社,2009.
[29]黄文恺,朱静．3D建模与3D打印技术应用[M]．广州:广东教育出版社,2016.
[30]胡庆夕,张海光,徐新成．机械制造实践教程[M]．北京:科学出版社,2017.
[31]巩水利．先进激光加工技术[M]．北京:航空工业出版社,2016.
[32](日)金冈优．激光加工[M]．北京:机械工业出版社,2005.
[33]曹凤国．激光加工[M]．北京:化学工业出版社,2015.